# 손감묘결

# 손감묘결

## 조선 500년 내력의 풍수 비기

고제희 평역

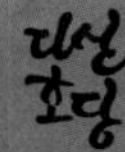

# 책을 펴내며

풍수지리학은 자연 속에서 좀더 건강하고 안락한 살터를 구하는 동양의 지리관이며 경험 과학적 학문이다. 방법은 지질, 일조, 기후, 풍향, 물길, 경관 등 일련의 자연적 요소를 음양오행론陰陽伍行論에 의해 관찰한 다음, 그것들이 사람에게 미치는 영향을 파악하고, 각자의 우열을 가려서 그 중에서 좋은 것만 취사선택한다. 즉 천, 지, 인이 조화를 이룬 좋은 터를 구해 인생의 번영을 꾀하려는 데 목적이 있다. 조상의 묘지를 자연의 생명력이 왕성한 터로 택해 영혼과 유골의 편안함을 구하거나, 주택을 길지에 지어서 지력地力에 의해 건강과 행복을 꾀하거나, 마을이나 도시가 들어설 부지를 선택하거나, 혹은 생기生氣가 부족하거나 결함이 있을 경우 지혜를 기울여 살기 좋은 터로 바꾸는 것 역시 풍수학이 일상에 쓰이는 방법들이다.

바람과 물의 순환 궤도와 양[양기陽氣]은 어떤 형태든 사람을 비롯한 생물의 생명과 활동에 막대한 영향을 미친다. 또 땅의 생명력 [음기陰氣] 역시 왕성하고 쇠약한 정도에 영향을 준다. 따라서 사람이 보다 건강하고 안락하게 살터와 방향(좌향)을 선택하는 방법이 학문적으로 체계화되어 전승, 발전한 학문이 풍수학이다. 이 풍수학은 현대 지리학, 지질학, 생태학, 조경학, 건축학 등 다방면에서 응용 가능한 합리적인 내용을 풍부하게 담고 있다. 그런 이유로 서양에서는 환경오염이란 재앙을 치유할 대안으로 동양의 풍수학을 새롭게 주목하고 있다.

한국의 풍수학은 조선 초기에 유학 · 무학 · 이학 등과 함께 십학十學의 하나로 선정될 만큼 전통성을 인정받은 학문으로, 개성과 한양을 고려와 조선의 도읍지로 결정하는데 지대한 영향을 미쳤다. 또 과거를 통해 선발된 지관들은 왕릉과 궁궐터를 점지함으로써 극진한 예우를 받았다. 그런데 현대의 한국 풍수학은 보다 나은 학문적 성과를 얻지 못한 채 쇠퇴 일로를 걷고 있다. 장묘 문화의 급속한 변화는 묘지 위주의 풍수 바탕을 허약하게 만들었고, 또 일부 풍수사의 사회적 폐단 역시 풍수학의 학문적 이미지를 흐려 놓았다. 그런 이유로 풍수학을 깊이 연구하는 학자는 드물어졌고, 심지어 미신으로까지 치부되어 현대인에게 외면당하고 있다.

또 한국 풍수학이 사회적으로 주목받지 못하고 학문적 성과를 인정받지 못하는 원인에는 풍수를 배웠다고 하나 선배 풍수사가 남긴 『비기秘記』조차 제대로 해석하지 못하는 열악한 현실에도 책임이 있다. 풍수에 관심을 가졌다면 "어디에 어떤 명당이 있다."란 이야기나 혈처의 산세를 그린 '명당도'를 듣고 보았을 것이다. 하지만 그 내용을 정확히 이해하고 현대적 위치까지 되찾는 풍수사를 만나기란 매우 어려운 실정이다. 비기에 수록된 풍수 결록은 패철로 길흉을 판단한 이기풍수학이 주류였으나, 현대 풍수는 산천 형세를 눈으로 보고 길흉을 점치는 형기풍수학이 널리 자리를 잡았기 때문이다. 그 결과 한국의 산천을 실제로 돌아보고 각지의 풍수적 길흉을 기술한 『손감묘결巽坎妙訣』조차 아직까지 편역본이 나오지 않았다.

『손감묘결』은 언제 누구에 의해 쓰인 것인지는 명확치 않지만, 주로 남한 지역의 78개 군 · 현에 전하는 218개의 길지를 수록하고, 그 소재와 유형 그리고 소응을 부기했고, 그 중 하나가 왕릉으로까지 선정된 귀중한 풍수서이다. 하지만 이 책은 패철로 방위적 길흉을 판단한 결록이 전체의 57%인 124개나 되어 이기풍수학을 모르고서는 해석이 어려운 책이다. 또 결록에 수록된 내룡의 입수, 득수, 파, 좌향에 대한 방위는 〈수법〉과 〈88향법〉에 능통해야 의미를 제대로 이해할 만큼 어려운 내용이다. 그럼으로 조선 최고의 비기인 『손감묘결』을 평역하는 작업은 전통 풍수학과 현대 풍수학을 연결하는 가교架橋를 건설하는 일이며, 나아가 풍수사마다 각자의 논리로 세상을 풍미하는 혼탁한 풍수계에서 21세기 풍수학은 어떤 모습으로 발전해야 하는가를 제시하는 일도 된다.

『손감묘결』에 대한 평역 작업은 2000년 11월부터 시작했고, 국내 도서관에 소장된 다른 '비기'들도 함께 참고하였다. 『손감묘결』에는 이 책에만 독특히 기록된 길지도 있으나, 다른 '비기'에 함께 수록된 것도 있어 평역에 오류를 줄이기 위함이었다. 또 이 책은 필자만의 노력이 아닌 여러 분의 분골쇄신한 노고의 덕택으로 빛을 보게 되었다. 한문 결록을 활자화시키고 번역하는 데 사단법인 대동풍수지리학회의 심국웅, 김영환 회장님이 애써 주셨고, 초고 감평에 대해 김경훈 선생이 오류를 잡아 주셨고, 학회의 안경미 선임연구원은 편집에 수고를 아끼지 않았다. 이 자리를 빌어서 거듭 감사드리며 또한 사단법인 대동풍수지리학회의 회장단과 회원들께도 머리 숙여 감사를 드린다.

이제 한국 풍수학은 21세기 인류에게 공헌하는 신지식 · 신학문으로 거듭 나야 한다. 풍수학은 지형이나 바람 · 물의 운행에 따른 잠재적 흉조를 감지하고 또 치유하는 데 탁월한 메커니즘을 가졌고, 나아가 초현실적 요소만 걷어 낸다면 실상은 역사적인 진리를 가득 담아 세상을 널리 이롭게 할 가치 있는 학문이기 때문이다. 거듭 이 책이 한국 풍수학의 쓰임새를 현대화 내지 다양화하는 데 기여하길 바라며, 강호제현의 지도 편달을 구한다.

고제희

## ○○ 목차 ○



### 제1장 경기도

## 제2장 충청도

## 제3장 강원도



## 제4장 전라도

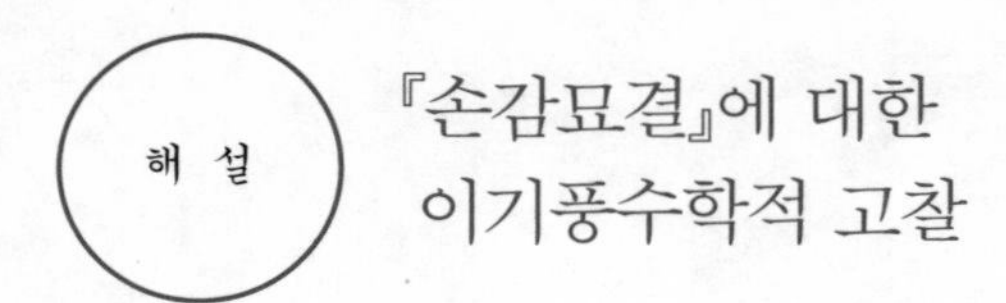

해 설

# 『손감묘결』에 대한 이기풍수학적 고찰

1931년 조선총독부에 의해 간행된 『조선의 풍수』라는 책은 조선왕조의 지관이던 전기응全基應이 자문하고, 총독부 문서과 소속이던 무라야마 지쥰村山智順이 저술한 일본어로 쓰인 풍수지리서이다. 우리가 이 책을 주목하는 이유는 당시의 음택과 양택, 그리고 양기풍수에 이르기까지 다양한 풍수 이론을 상세하게 다루었고, 또 한국의 장묘제도와 풍수신앙과 영향, 국가 · 도읍의 풍수에 이르기까지 폭넓게 서술해 풍수서로서 간과할 수 없는 책이기 때문이다. 이 책을 간행한 목적은 우리 민족의 기층사상을 심층적으로 연구해 식민통치를 위한 기초 자료로 널리 활용하자는 의도가 분명하다. 총독부라는 통치기관이 이 책을 발행했다는 점에서 수긍이 간다. 이 책은 한국인의 생활에 전승된 고유사상과 신앙을 문화라는 관점에서 고찰하고, 민속신앙 중에서 특히 풍수신앙을 집중적으로 다루었다. 그 내용 중 '조선 민간의 풍수서'에 다음과 같은 기록이 있다.

조선에서 만들어진 풍수서의 대부분은 중국 풍수서의 사본이거나 풍수사의 비망록적인 것으로, 중국 풍수서에서 자신의 시술施術에 필요한 것을 발췌해 모은 것이다. 제설을 비판했거나 또는 자신의 학설을 논한 책은 거의 없다고 해도 좋을 것이다.(『조선의 풍수』)

조선시대, 나라의 풍수사를 선발하던 과거시험인 음양풍수학에서 시험 과목으로 채택된 풍수서는 모두 중국 풍수서였고, 그 책들에 근거해 지관을 선발했으니 당연한 제도적 귀착이었을 것이다. 특히 『청오경青烏經』·『장경葬經』·『호순신胡舜申』·『명산론明山論』 등은 시대를 막론하고 음양풍수학 과목으로 일괄되게 채택되었으니, 한국의 풍수학이 새롭게 창안되거나 보급될 여건은 아니었다. 현재까지도 한국에 전해지는 풍수서의 대부분은 중국 풍수서의 번역본이거나 중국 풍수서에서 중요 부분을 발췌해 모은 것들이고 자기만의 독창적 학설이나 풍수 내용을 비판한 서적은 찾아보기 어렵다.

그러나 조선 풍수서 중에도 실제로 산천을 돌아보고 각지의 풍수적 길흉을 기술한 귀중한 것이 있다. 그 대표적인 것 중의 하나가 『도선비결道詵秘訣』이라는 답산기이고, 하나는 『설심경雪心經』이다. 이 설심경은 다른 이름으로 『손감묘결巽坎妙訣』이라 하는데, 손巽은 바람이고, 감坎은 물이기 때문에 즉 『풍수요결』이란 뜻이다. 언제 누구에 의해 쓰인 것인지는 명확치 않지만, 주로 경기도 일원에서 길지의 그림을 수록했음으로 조선에서 만들어진 것이 분명하다. 2백여 개의 길지를 수록하고, 그 소재와 유형, 소응을 부기하였다. 그 중의 하나가 근래 왕가의 산소로 선정된 점으로 보면 풍수적 식견이 상당히 명확한 사람에 의해 선별되고 그려진 것이라 생각한다.(『조선의 풍수』)

『도선비결』은 『옥룡자유산록玉龍子遊山錄』으로 분류된 풍수 답산기로, 호남지방의 천장지비天藏地秘한 명당을 주로 소개하였다. 특이한 점은 한문본이 아니고 국한문 혼용의 가사체 형식이라는 것이다. 도선국사는 한글이 창제되기 이전인 신라 말의 사람이니, 이 책은 결국 후세 사람에 의해 의역된 것이 자명하다. 가사 문학의 발달에 비추어 보아 대략 영정조英正朝 시대의 것으로 추측된다. 또 '우리 先生가라칠졔, 朝鮮山水吉凶地.'라는 글귀에서 '朝鮮(조선)'이란 단어가 등장하니 도선국사가 지은 진본眞本이 아님은 분명하고, 도선의 글에 누군가가 내용을 첨가하거나 보충한 책이라 볼 수 있다. 그렇지만 해박한 풍수적 식견으로 남부 각지의 길지를 소개한 점은 한국 풍수서에서 중요한 위치를 차지한다.

『손감묘결(한국정신문화연구원 소장본)』은 『옥룡자유산록』과는 달리 길지를 글이 아닌 그림으로 그렸고, 주변의 산세와 위치 그리고 풍수적 물형과 발복의 내용을 자세히 수록해 시중의 풍수서와는 차별화된다. 특히 길지가 자리한 내룡來龍의 형세 이외에 주변 산과 지명을 그림에 부기해 마치 현대의 지도를 입체적으로 보는 듯하다. 유형과 소응의 내용은 모두 한문으로 쓰였고, 결록에는 패철로 판단되는 방위가 곳곳에 포함되어 있다. 그 결과 이기풍수학理氣風水學을 모르고서는 방위가 가진 길흉적 의미를 알지 못하며, 결록의 진가와 위치도 되찾기 어렵다. 이것은 『손감묘결』이 풍수학 전반에 조예가 깊은 사람이 저술하고, 그는 이기풍수학에도 식견이 상당했음을 대변한다. 이에 『손감묘결』을 한글로 평역하되, 주해를 달아 이

해를 돕고, 결록에 대해 풍수적 감평을 덧붙일 필요가 생겨났다. 이런 작업은 한국 풍수학의 발전을 위해서도 뜻이 깊고, 또 한국 최초로 풍수 비판이란 의의도 있을 것이다.

## 『손감묘결』의 연대와 저자

### 저작 연대

무라야마 지쥰은 『손감묘결』은 언제 누구에 의해 만들어진 책인지 분명치 않다고 하였다. 하지만 용혈도에 기록된 결록을 살피면, 대략적인 연대를 추정할 수 있다. 먼저 이 책에 소개된 78개 군현의 지명은 조선시대의 군현명과 동일하니, 행정적 군현의 지명이 개칭된 조선 태종 이후에 저작된 책으로 볼 수 있다. 그 중에서 낭천狼川은 현재 강원도 화천군을 가리키는데, 이 고장은 신라 때부터 낭천으로 불리다가 인조 22년(1644)에 폐현된 뒤 김화현으로 불렸고, 1653년 다시 낭천으로 복구되었다가 1896년 화천군으로 개칭되었다. 따라서 이 책의 발간 연대는 1896년 이전으로 거슬러 올라간다.

또 결록의 내용에 서술된 사람의 이름으로 저작 연대를 추정할 수 있다. 양주편에 수록된 김영유金永柔는 성종 때에 황해도 관찰사를 지낸 김영유(金永濡 1418~1494)를 지목한 것으로 추측되고, 남양편의 이광李光은 연산군 때에 승문관 부정자副正字를 지낸 이광(1474~1496)이다. 적성 · 철원편에 수록된 이의신李懿信은 광해군 때의 유명한 풍수사로 교하천도론을 주장한 인물이다. 1612년(광해군 4년) 통례원 종6품 벼슬의 이의신은 상소를 오려 도읍을 교하(현재 파주시 교하면)로 옮길 것을 주장하였다. 그 전문은 전하지 않으나, 도읍지를 옮기자는 그의 주장은 이의신을 벌 주자는 이정귀의 상소에서 다음과 같이 추론된다.

> 임진왜란과 역변이 계속 일어나고, 조정의 관리들이 분당하는 것과 사방의 산들이 벌거벗는 것은 국도의 탓이다. 이것은 한양의 왕기旺氣가 이미 쇠하였음으로 도성을 교하현에 세워 순행巡幸을 대비해야 한다.

하지만 이항복 · 이정귀 같은 대신들과 홍문관, 사간원에서 이의신을 처벌하여 흉흉한 인심을 안정시킬 것을 주장하여 교하 천도를 대신해 한양 도성 내(인왕산 아래)에 궁궐을 신축하는 것으로 마무리되었다. 철원편의 박문수朴文秀는 영조 때 암행어사로 유명한 사람이고, 남포편에 기록된 토정土亭은 선조 때에 지리 · 음양학에 밝았던 이지함(李之菡 1517~1578)을 가리킨다. 또 다른 연대 추정의 증거는 양주편에 기록된 '진답陣沓'이란 지명이다. 은현면 용암리는 '묵은 논'이라 불리다가 약 200년 전에 '진답'으로 바뀌었고, 춘천편의 '소양정'은 순조 이후에 불린 정자 이름이다. 따라서 『손감묘결』은1800년 이후에 발간된 것으로 추정되며, 패철로 판단한 감결 내용을 보아서도 연대 추정이 가능하다.

『옥룡자유산록』에는 '壬坎으로 入首하야, 陽來陰作하엿구나. 艮丙得 丁水口의 三台七峰 벌려시니(임피편)'처럼 패철을 이용해 내룡의 입수, 득수, 그리고 파破의 방위를 판단한 기록은 많이 보이나, 좌향을 어떻게 놓았다는 기록은 매우 적다. 그렇지만 『손감묘결』에는 '右旋丑龍艮坐坤向子坐午向甲卯水丁未破(양주편)'처럼 좌향까지 기록한 용혈도가 보다 많으며, 좌향을 놓는 방법도 내룡의 입수에 따라 달랐다. 계축룡癸丑龍이지만 좌측과 우측으로 각각 22.5도를 튼 오향午向이나 곤향坤向을 놓은 경우는 청나라 때 조정동趙廷棟에 의해 창안된 '88향법'을 적용한 예들이다. 그런데 조정동은 대략 1800년대 초에 활약한 사람이라 전하니, '88향법'에 맞추어 입향立向한 점은 청나라의 풍수이론이 조선에 전해지는 절대적인 시간을 감안할 때 1800년대 중엽일 것이다. 이런 이유로 『손감묘결』은 현재 전해지는 『옥룡자유산록』보다 늦게 발간된 것으로 추정된다. 따라서 상기의 증거에 입각해 『손감묘결』은 1800년대 중엽 이후에 발간되었다고 봄이 타당하다.

### 저자

조선시대에 풍수사가 되기 위해서는 우선 한문에 능통해야 하고, 또 선배 풍수사를 따라 전국의 명산대천을 수없이 답산해야 했음으로 생업에 종사하는 평민이나 글을 모르는 무당 · 점쟁이는 풍수사가 되기 어려웠다. 따라서 조선의 풍수사는 대개 승려였거나 양반 혹은 중인 계층에서 학식이 뛰어난 사람이었다. 『손감묘결』의 저자 역시 한문에 해박하고 풍수적 식견도 뛰어났으며, 또 현을 기점으로 길지가 위치한 지리적 거리나 지명을 고찰한 것으로 보아 지리에 밝은 사람이 분명하다. 또 발복의 내용이나 시기를 상세히 지적한 점으로 보아 주역周易과 관제官制 그리고 인물에도 능통한 사람으로 보인다.

하지만 저자를 신분적으로 재상 · 판서에 오른 관리로 보기는 어렵다. 사람의 이름을 거명할 때, 홍수안洪遂安, 이판서가李判書家, 김영유상金永柔相, 성승지가成承旨家, 이광선가李光先家, 이의신적李懿信賊이라 한 것은 저자가 중앙 관직에 임명된 경험이 있어 거명된 판서나 재상의 이름을 익히 알고 있으며, 낮은 벼슬의 관리는 이름만을 거명한 것으로 보아 상당한 벼슬에 있었다고 추측된다. 여기서 이광李光은 종9품인 승문관 부정자副正字을 지냈고, 이의신은 풍수사로서 파격적인 신임을 얻어 종6품 인의引儀에 올랐다. 조선시대에 지관地官은 관상감에 소속된 관리로 지리학교수는 종6품의 벼슬이고 지리학훈도地理學訓導는 정9품의 벼슬이었으니, 저자의 신분은 정9품에서 종6품의 관리로 추측된다.

『손감묘결』은 한 사람이 홀로 전국의 길지를 답산한 후 기록한 책이 아니다. 우선 『손감묘결』에 수록된 218개 용혈도을 보면, 결록의 기록에서 필체가 같은 것도 있지만 확연히 다른 필체가 수두룩하다. 필체를 육안으로 감정한다면 20여 명의 사람이 저자로 등장하는데, 이로 보아 『손감묘결』은 여러 사람들이 남긴 용혈도를 누군가가 수집 후 지역별로 집대성해 하나의 책으로 엮은 것이라 추측된다. 또 당시는 교통도 불편하고, 산에는 짐승이 우글거려 시간적, 경제적으로 혼자서 이 모든 곳을 답산하는 것은 불가능했다. 이 책이 당시까지 전해지는 풍수 용혈도나 고지도를 참고했음이 여러 곳에서 발견된다. 먼저 용혈도에 그려진 산세가 매우 광활한 범위를 포함하고 있다. 양주의 한 용혈도는 감악산 · 회암령 · 칠봉산 · 어등산을 그려 표기하였는데, 이곳들은 2~3개 면을 아우르는 지역으로 혈에 올라서도 한눈에 조망할 수 없는 크기이다. 용혈도를 다점방식多占方式으로 그린 것도 고지도를 참고했음을 알 수 있다. 그리고 결록에 '一本', '一云'이라 했는데, 이것은 '~이런 말도 있다'는 뜻으로 저자가 현장에서 직접 확인하지 않고 풍문을 들었거나 다른 기록을 보았음을 토로한 표현이다.

현재 한국에는 각 지방마다 전해오는 길지를 그림으로 그린 명당도가 많고, 한자리만 차지해도 대대손손 부귀영화를 누린다는 풍수신앙과 결부되어 명문가에 비장되어 온 용혈도가 부지기수이다. 그렇지만 이런 용혈도를 지역적으로 분류해 책자로 묶은 것은 몇 권에 지나지 않으니, 규장각, 국회도서관, 중앙도서관, 한국정신문화연구원 등 한국의 대표 도서관에 소장된 것들로 그 내용과 수량을 파악할 수 있다. 상기의 도서관에 소장된 풍수 명당도에 대한 책자는 『손감묘결』 이외에 『일이선사팔도유산록—耳禪師八道遊山錄』, 『명산도(음택비결)』, 『명산도(음택)』 등이 있다. 그런데 이 책들에 포함된 용혈도와 내용은 상당히 중복돼 있고, 『손감묘결』의 용혈도도 명산도(음택비결) · 명산도(음택) 또는 제목 미상의 명당도를 참고하면 내용의 90% 이상이 상호 중복되고 10% 정도만 『손감묘결』이 독자적으로 수록하고 있다. 특히 호남과 충북의 길지도를 수록한 『일이선사팔도유산록』을 참고하면, '익산편'에 소개된 4개의 길지도가 『일이선사유산록』의 6개 중 4개와 같다. 따라서 『손감묘결』은 타 명산도에서 길지의 내용을 일부 선별해 실은 책이거나 다른 책들이 『손감묘결』의 내용을 차용해 그린 것이라 생각되며, 일이선사—耳禪師의 행적을 안다면 『손감묘결』의 발간 연대도 추정할 수 있을 것이다. 그러지만 일이선사의 행적은 확인치 못했고, 호남편에서는 두 책의 내용이 상당히 중복되었어도 『일이선사팔도유산록』은 『손감묘결』이 집중적으로 다룬 경기도는 한 곳도 수록하지 않았다. 그러므로 『손감묘결』의 저자를 일이선사로 보는 것은 타당하지 않다. 따라서 『손감묘결』의 저자는 풍수학에 밝은 학자이고 중앙 관직을 지낸 관리 신분으로 한 사람이 아닌 여러 명이다. 그들은 그때까지 세상에 전하는 여러 풍수 명산도를 열람 내지 해석할 수 있는 위치와 실력을 갖추었고, 나아가 직접 길지를 찾아 산천을 답산한 다음 용혈도를 그린 것으로 생각된다.

## 지명

『손감묘결』의 결록에 나타난 지명은 상당히 다양하면서 구체적이다. 특히 마을 이름과 고개, 산 이름은 현대의 지명과 같은 것도 있으나 변경되거나 확인이 불가능한 것도 상당수이다. 대부분 일제강점기 때 지명을 한자로 고치면서 이름이 바뀌었다. 예를 들어 양평의 수입천水入川은 통방산(650m) 연화봉 삼각골三角谷에서 발원해 북한강과 합류하는 길이 15km의 하천인데, 본 이름은 '무들이내[水回川]'라 하였다. 수회천은 우리말로 '물돌이'인데 '무들이'로 바뀌어 불리다가 한자로 바꾸면서 '물들이'가 '수입천'으로 변한 것이다.

남양주의 '덧고개'는 『손감묘결』에서 '가현加峴'이라 했는데, '加(더할 가)'자의 한글식 표기가 '덧'이기 때문이다. 양주의 '갈어비점渴魚肥店'은 현재 양주군 광적면 가납리의 가래비장터(갈어비→가래비)이고, '차유령車踰嶺'은 광적면 효촌리의 '수레너미고개'를 말한다. 중국으로 가는 국도로 많은 수레가 왕래했기에 붙여진 지명이다.

또 지명을 비슷하게 표기한 것도 많다. 동두천시와 포천군과의 경계에 있는 왕방산(737m)을 '황방산篁芳山'으로, 동두천 서쪽의 마차산(588m)을 '마채산摩釵山'으로, 안성의 칠장산(七長山 492m)은 '칠정산七定山'이라 하여 해석에 주의를 요한다. 아예 지명이 바뀐 것도 있는데, 안성의 '청룡산靑龍山'은 서운산(瑞雲山 547m)으로, 부평의

'안남산安南山'은 계양산(桂陽山 394m)으로, 양평의 '소설사小雪寺'는 용문사로, 공주의 '월성산月城山'은 봉화산(烽火臺 312m)으로, 부여의 '석탄石灘'은 현재 낙화암으로 불리는 것 등이다. 현대의 지명으로 확인하지 못한 곳도 많다. 음성의 '고초천古草川', 천안의 '공석곡孔碩谷', 진천의 '문구리文口里', 용인의 '만봉산萬峰山, 청주의 '우명산牛鳴山', 충주의 '사령현司令峴', 온양의 '연화동蓮花洞' 등 그 숫자가 상당하다.

지명은 해당 군지郡誌까지 열람하며 확인했으나, 수록된 길지를 오늘에 되찾는 데 실패했거나 확증치 못한 것이 많다. 또 '公州東二十里', '青山東五里' 등과 같이 용혈도에 수록된 현과의 거리를 감안하여 지명과 혈의 위치를 고찰했으나, 『손감묘결』에 기록된 거리는 현재와 같은 거리(4km가 10리)의 개념과는 다르다. 당시는 걸음을 기준으로 1보步는 6척尺이고 1척은 약 22cm였으니, 1보는 약 135cm이다. 하지만 장정의 걸음걸이와 우마차의 속도는 일률적이지 않아 '10리=4km'란 등식은 적용하기 어렵다. 따라서 용혈도에 기록된 거리와 현대의 거리와는 차이가 상당하니, 이 점 때문에 『손감묘결』을 제대로 해석하기 어렵다.

## 『손감묘결』 내 용혈도의 분포

### 용혈도의 도별 분포

**표1** 용혈도의 도별 분포

| 도별 | 용혈도수 | 비율(%) | 비고 |
|---|---|---|---|
| 경기 | 68 | 31.2 | |
| 충북 | 37 | 17.0 | |
| 충남 | 60 | 27.5 | |
| 강원 | 17 | 7.8 | |
| 전북 | 8 | 3.6 | |
| 전남 | 10 | 4.6 | |
| 경북 | 5 | 2.3 | |
| 경남 | 10 | 4.6 | |
| 기타 | 3 | 1.4 | 황해도 |
| 계 | 218 | 100.0 | |

『손감묘결』에 수록된 용혈도는 총 218개이고, 현재 남한 지역인 경기, 충북, 충남, 강원, 전북, 전남, 경북, 경남의 길지를 주로 소개하였다. 그 중에서 경기도가 68개로 가장 많고, 충북이 37개, 충남이 60개, 경북이 5개로 가장 적다. 지역별 분포 내용은 표1과 같다.

길지의 유형과 소응에 대해 경기도와 충청도 것들은 용혈도를 상세히 그려졌고, 결록의 내용도 충실하다. 그렇지만 강원 · 전북 · 전남 · 경북 · 경남 · 기타 지역은 그림이 대체로 엉성하고, 산이나 마을의 지명도 넣지 않았으며 유형이나 지명만 기록한 것도 있어 대부분 현재의 위치를 되찾기 어렵다. 이것들은 저자가 현장을 찾아 풍수적으로 직접 관찰한 것이 아닌 다른 명산도의 내용을 발췌한 것일 가능성이 높다. 기타 3개는 연안延安 1개, 신계新溪 1개, 안주安州 1개로 이들은 모두 황해도에 위치한다. 연안은 연백으로, 안주는 재령으로 지명이 바뀌었다.

## 용혈도의 군현별 분포

○ 표2 용혈도의 군현별 분포

| 도별 | 군현수 | 비율(%) | 비고 |
|---|---|---|---|
| 경기 | 21 | 26.9 | |
| 충북 | 11 | 14.1 | |
| 충남 | 18 | 23.0 | |
| 강원 | 5 | 6.4 | |
| 전북 | 4 | 5.1 | |
| 전남 | 6 | 7.6 | |
| 경북 | 4 | 5.1 | |
| 경남 | 6 | 7.6 | |
| 기타 | 3 | 4.2 | 황해도 |
| 계 | 78 | 100.0 | |

『손감묘결』의 용혈도는 양주가 총 29개로 가장 많은데, 현재의 양주시와 남양주시 그리고 의정부시와 동두천시까지 그 범위가 가장 넓게 분포한다. 그 다음은 청주가 13개로 많으나 그 안에 기록된 여러 지명을 현대적으로 되찾기 어렵고, 공주 10개, 부여 8개, 적성 7개, 진잠 6개, 진천 6개의 순으로 수록되었다. 또 조선시대의 지방 행정은 360개의 군현으로 나누어 목사와 현감이 파견됐는데, 군현에 따라 지역을 구분해 현재의 시·군 행정과는 차이가 있다. 낭천狼川과 양근陽根은 지명이 화천군과 양평군으로 바뀌었고, 금천衿川·부평은 각각 서울시와 인천광역시에 편입되었다. 그 이외에 남양, 적성, 장단, 영평, 장단, 문의, 청산, 청안 등은 해당 군의 면으로 명맥을 유지하고, 회인懷仁은 회북과 회남으로 분리된 채 보은군에 편입돼 현재에 이른다.

『손감묘결』에 수록된 도별의 용혈도 수와 해당 현의 숫자와의 관계를 살피면, 경기도의 경우 21개 현에 용혈도 수가 68개이고(3.23배), 충남은 18현에 60개의 용혈도(3.33배), 충북은 11현에 37개 용혈도(3.36배), 강원은 5개 현에 17개 용혈도(3.40배), 전북은 4현에 8개의 용혈도로(2배) 대체적으로 도별 현의 숫자와 용혈도수를 균등 배분해 수록하였다. 이것은 저자가 현장을 직접 답산한 결과를 『손

**표3 군현별 용혈도의 수**

| 도별 | 군현 | 비결도 수 | 비고 |
|---|---|---|---|
| 경기도 | 양주 | 29 | |
| | 과천 | 2 | |
| | 광주 | 1 | |
| | 남양 | 2 | 화성-남양 |
| | 적성 | 7 | 파주-적성 |
| | 파주 | 1 | |
| | 양지 | 3 | 용인-양지 |
| | 가평 | 2 | |
| | 안성 | 4 | |
| | 안산 | 2 | |
| | 김포 | 1 | |
| | 장단 | 1 | 파주-장단 |
| | 부평 | 3 | 인천-부평 |
| | 연천 | 1 | |
| | 죽산 | 1 | 안성-죽산 |
| | 영평 | 3 | 포천-영평 |
| | 양근 | 1 | 양평 |
| | 용인 | 1 | |
| | 고양 | 1 | |
| | 금천 | 1 | 서울-금천 |
| | 삭녕 | 1 | 연천-삭녕 |
| | 소계 | 68 | |
| 충북 | 음성 | 2 | |
| | 충주 | 5 | |
| | 청주 | 13 | |
| | 문의 | 2 | 청원-문의 |
| | 진천 | 6 | |
| | 옥천 | 1 | |
| | 청산 | 1 | 옥천-청산 |
| | 단양 | 1 | |
| | 청안 | 1 | 괴산-청안 |
| | 보은 | 3 | |
| | 회인 | 2 | 보은-회북·회남 |
| | 소계 | 37 | |
| 충남 | 공주 | 10 | |
| | 천안 | 2 | |
| | 노성 | 1 | 논산-노성 |
| | 온양 | 2 | 아산-온양 |
| | 청양 | 1 | |
| | 연기 | 2 | |
| | 진잠 | 6 | 대전-유성 |
| | 은진 | 3 | 논산-은진 |
| | 소계 | 27 | |
| 충남 | 부여 | 8 | |
| | 남포 | 4 | 보령-남포 |
| | 홍산 | 3 | 부여-홍산 |
| | 비인 | 3 | 서천-비인 |
| | 목천 | 1 | 천안-목천 |
| | 임천 | 3 | 부여-임천 |
| | 한산 | 1 | 서천-한산 |
| | 직산 | 2 | 천안-직산 |
| | 연산 | 6 | 논산-연산 |
| | 정산 | 2 | 청양-정산 |
| | 소계 | 33 | |
| 강원 | 원주 | 3 | |
| | 춘천 | 6 | |
| | 철원 | 4 | |
| | 낭천 | 2 | 화천 |
| | 강릉 | 2 | |
| | 소계 | 17 | |
| 전북 | 익산 | 4 | |
| | 남원 | 2 | |
| | 금구 | 1 | 김제-금구 |
| | 흥덕 | 1 | 고창-흥덕 |
| | 소계 | 8 | |
| 전남 | 나주 | 3 | |
| | 순천 | 2 | |
| | 동복 | 1 | 화순-동복 |
| | 강진 | 2 | |
| | 영암 | 1 | |
| | 보성 | 1 | |
| | 소계 | 10 | |
| 경북 | 청도 | 1 | |
| | 하양 | 2 | 경산-하양 |
| | 안동 | 1 | |
| | 김천 | 1 | |
| | 소계 | 5 | |
| 경남 | 남해 | 3 | |
| | 진주 | 2 | |
| | 곤양 | 1 | 사천-곤양 |
| | 양산 | 1 | |
| | 거창 | 1 | |
| | 동래 | 2 | 부산-동래 |
| | 소계 | 10 | |
| 기타 | 연안 | 1 | 황해도 |
| | 신계 | 1 | 황해도 |
| | 안주 | 1 | 황해도 |
| | 소계 | 3 | |
| 총계 | | 218개 | |

감묘결』에 수록한 결과이기보다 기존의 명산도에서 자의에 따라 해당 용혈도를 선별해 모았다고 의심받기에 충분하다.

## 『손감묘결』의 물형과 소응

### 물형론

물형론은 자연 속에서 지기가 응집한 혈을 찾는 풍수론의 한 방법으로, 산천의 겉모양과 그 속에 내재된 정기精氣는 서로 통한다는 가설에 전제를 둔다. 산세가 웅장하고 활달하면 땅속의 기운도 왕성하고, 산세가 밋밋하거나 굴곡 없이 뻗었다면 그 속의 기운도 쇠약하다고 본다. 따라서 보거나 잡을 수 없는 지기地氣가 담긴 산세를 금계포란형, 와우형, 맹호출림형, 선인독서형, 행주형 등과 같이 사람이나 동물의 모습에 빗대어 형태를 설명하고, 그들의 소응까지 판단한다. 『장경』은 '땅은 사람, 호랑이, 뱀, 거북이 모양 등 무수한 형체를 가지고 있는데, 기는 이러한 여러 가지 모양을 이룬 땅을 흘러 다니면서 만물을 생성시키는 중요한 역할을 한다(土形氣行 物因以生)' 하였고, 『설심부雪心賦』는 '물체의 유형으로 추측하고, 혈은 형체에 연유하여 취한다(物以類推 穴由形取)' 하여 산천을 물형에 비유해 혈을 찾을 수 있음을 밝혔다. 사람이 힘을 쓰거나 정신을 집중하면, 몸의 한 부위가 긴장하면서 기가 모인다. 혈 역시 자연의 기가 응집된 장소로 자연이 힘을 쓰거나 정신을 집중하면 기가 한 곳에 모인다고 본다. 그렇지만 자연이 어떤 형상이든지 물형에 정확히 비유될 때만 혈이 맺힌다. 만약 자연 형세가 헝클어졌거나 산만

해 어떤 물형에도 비유할 입장이 되지 못하면 혈이 없는 땅이다.

여기서 산천을 물형에 비유해 이름을 정하는 원칙은 안산의 모양을 중요시 보고, 다음으로 조산이나 주변의 산천지형을 살핀다. 이것은 물형에 상응하는 기상과 기운이 그 땅에 응집된 것으로 간주하기 때문에 혈처 주변의 산천 형세도 내재된 정기와 서로 교감을 이루어야 길격이기 때문이다. 즉, 물형이 제대로 판단되려면 그 물형에 소용되는 물건을 닮은 안산과 조산이 반드시 있어야 한다. 맹호출림형猛虎出林形이라면 호랑이가 숲을 나올 수 있는 원인이 있어야 하는데, 그것은 안산이 조는 개[眠狗案]의 모양이어야 한다. 그래야만 개를 잡아먹기 위해 호랑이가 숲을 나오고, 귀와 눈 그리고 코 부위에 기가 응집되었다고 말할 수 있다. 만약 주변에 개의 형상을 닮은 산이 없다면 맹호출림형이라 말할 수 없고, 선인독서형이라면 책안冊案이 필요하다. 물형에 따른 안산의 모양은 다음과 같다.

복호형(노루), 옥녀형(거문고, 거울), 비룡형(여의주), 와우형(풀섶), 새형(벌레), 뱀형(개구리), 장군형(병졸, 말, 기고, 창칼), 스님형(발우, 목탁), 지네형(지렁이), 비봉형(대나무, 오동나무), 행주형(닻, 돛), 누에형(뽕나무), 토끼형(달, 절구)

산천 형세를 물형으로 판단했다면, 그곳의 핵심 되는 곳을 혈로 정한다. 원칙은 물형 중에서 힘을 쓴 곳이나 긴장을 한 곳이나 정신을 집중한 곳으로, 기가 흩어지거나 빠진 곳은 혈이 될 수 없다. 낚시하는 어부형이면 눈, 새형은 날개, 알을 품는 닭은 다리나 눈 또는 귀가 혈처이다. 와우형의 경우는 입이나 꼬리가 혈처이다. 누워있다면 되새김질을 위해 입에 기가 모이고, 또 파리를 쫓기 위해 꼬리에도 힘이 들어간다. 그런데 일부 사람은 젖통이라 말하는데, 젖 부위가 혈처가 되는 경우는 송아지가 젖을 빠는 형국일 때만 국한한다. 소는 선 채로 젖을 주니 와우형에는 어울리지 않는다. 누워서 새끼에게 젖을 주는 동물은 돼지이니, 돼지를 소와 착각한 결과이다. 이처럼 물형론은 풍수학의 본질적인 체계 구조에는 잘 나타나지 않으며 대부분 비기나 비망록에 나타날 뿐인데, 이유는 물형론은 혈을 찾는 방법과 과정에서 비과학적인 점이 많고, 또 물형을 판단할 때나 혈처의 판단에서 십인십색을 보이기 때문이다. 어느 한 곳을 두고 풍수사마다 물형과 혈처를 달리 말하는 경우를 쉽게 접할 수 있다. 그럼에도 불구하고 풍수하면 물형론을 연상하는 것은 물형론이 산천 형세를 한눈에 파악하여 단정할 수 있는 일종의 술법과도 같아 초보자라도 쉽게 이해하고 그런 연유로 매스컴에 많이 소개됐기 때문이다.

**물형의 종류**

『손감묘결』에 수록된 218개의 길지 중 풍수적 물형을 용혈도에 기록한 경우는 140개로 전체의 64.2%에 달한다.(표4 참조) 나머지는 물형 없이 '대지大地', '길지吉地' 등으로 표기했거나 단순히 풍수적 감결 내용만을 기술하였다. 물형을 살피면, 사람, 짐승, 새, 물고기, 꽃(식물), 물건 등 6개로 대분류되고, 다시 소응에 따라 소분류 되었다.

140개의 물형에 대해 소분류의 내용과 용혈도 수는 용이 25개로 가장 많고, 장군이 14개, 선인이 10개, 거북이 9개, 봉황이 7개, 소가 6개, 옥녀가 6개, 말이 6개, 금반이 5개, 목단이 5개 등이며 상기 10

종이 66%(93/140개) 비율을 차지한다. 이것은 한국 산천에 자리한 길지의 주변에 상기 종류에 소용되는 암봉岩峯이 많음을 뜻하고, 또 풍수적 발복에 상기 종에 따른 기대가 반영된 결과로 생각된다. 『조선의 풍수』에 나타난 물형별 소응은 표5에 표시하였다.

**○ 표4** 물형의 유형과 용혈도 수

| 구분 | 내용 | 개수 | 비율(%) | 비교 |
|---|---|---|---|---|
| 사람 | 옥녀(6), 장군(14), 스님(2), 선인(10), 상제(3) | 35 | 25 | 왕포함 |
| 짐승 | 사자(1), 거북(9), 용(25), 개(1), 소(6), 말(6), 호랑이(3), 뱀(4), 토끼(1), 지네(3) | 59 | 42.1 | |
| 새 | 봉황(7), 닭(5), 학(1) | 13 | 9.3 | |
| 물고기 | 물고기(2), 방게(1), 새우(1) | 4 | 2.9 | |
| 꽃나무 | 목단(5), 연꽃(3), 포도(1) | 9 | 6.4 | |
| 물건 | 금반(5), 비녀(1), 배(6), 달(4), 거울(1), 종(1), 거문고(1), 비단(1) | 20 | 14.3 | |
| 계 | 총32종 | 140 | 100.0 | |

**○ 표5** 물형별 소응

| 구분 | 풍수적 소응 | 비교 |
|---|---|---|
| 용 | 용은 여의주를 얻어야 승천하고, 묘당(廟堂)에 설 고관을 배출한다 | |
| 장군 | 장군에 소용되는 병졸, 말, 기고, 칼, 창 등이 필요하고 위대한 인물이 배출된다 | |
| 선인 | 거문고, 책, 술병 등이 필요하고, 청렴한 선비나 재상이 배출된다 | |
| 거북 | 거북은 신령스런 동물로 묘지보다는 택지로 좋다 | |
| 봉황 | 봉황은 죽실(竹實)을 먹고, 오동나무에 둥지를 튼다. 성인군자를 배출한다 | |
| 소 | 소는 성격이 온순하고 강직하다. 재산이 풍족하나 자손은 적다 | |
| 옥녀 | 인재, 과거급제, 부자, 재자가인(才子佳人)을 배출한다 | |
| 말 | 혈 앞에 물이 있으면 급하게 물로 뛰어드니, 복록이 크다 | |
| 금반 | 쟁반에 구슬이 구르면 사람이 모여드니, 존경받는 사람이 배출된다 | |
| 목단 | 모란은 꽃이 크고 풍성하니, 부귀를 기약한다 | |

## 물형과 안산과의 관계

『손감묘결』에 물형이 기록된 140개의 용혈도 중 안산의 모양과 형세를 보아 물형의 이름을 정한 것은 표6과 같이 63개로 45%에 이른다. 옥녀단장형은 안산이 거울 형태이고, 금반형은 옥녀안, 호랑이형은 조는 개의 형상을 안산으로 두었다. 구체적인 내용은 다음과 같다.

**표6** 물형에 따른 안산의 유형

| 구분 | 풍수적 소응 | 비교 |
|---|---|---|
| 옥녀 | 옥녀단장형:괘경안(掛鏡案), 경대안(鏡臺案) | 사람 |
| 봉황 | 비봉귀소형:화표안(華表案)/ 봉소포란형:삼태안(三台案) | 새 |
| 비녀 | 금채형:옥소안(玉梳案) | 물건 |
| 모란 | 목단형: 화분안(花盆案) | 꽃나무 |
| 쟁반 | 금반형:옥녀안 | 물건 |
| 달 | 반월형:일태안(一台案), 삼태안/운리신월형:은하안 | 물건 |
| 선인 | 선인독서형:옥책안/선인격고형:무동안(舞童案)/선인세족형:화절안(花節案)/선인대좌형:책안 | 사람 |
| 호랑이 | 복호형:면견안(眠犬案), 면구안/맹호하산형:면견안 | 짐승 |
| 용 | 비룡망수형:삼중안(三重案)/잠룡입수형:농주안/반룡토주형:고미안(顧尾案)/회룡은유형:고조안(顧祖案)/비룡입해형:주안(珠案)/황룡분해형:강호안(江湖案)/구룡쟁주형:대강안(大江案) | 짐승 |
| 배 | 행주형:노안(櫓案), 삼노안 | 물건 |
| 목단 | 오공형:구인안(蚯蚓案)/비천오공형:퇴육안(堆肉案) | 짐승 |
| 소 | 와우형:평탄안(平坦案), 적초안, 곡안 | 짐승 |
| 장군 | 장군대좌형:둔군안(屯軍案),팔진안(八陳案)/장군격고형:패검안/단군형(團軍形):홍려 | 사람 |
| 닭 | 금계포란형:고계안(鼓鷄案) | 새 |
| 뱀 | 생사형:추와안/장사형:주와안(走蛙案)/황사출초형:금반안(金盤案)/반사형:구인안(蚯蚓案) | 짐승 |
| 거울 | 금경형(金鏡形):삼태안 | 물건 |
| 상제 | 상제봉조형:군신안(群臣案) | 사람 |
| 스님 | 호승예불형:관발안(官鉢案) | 사람 |
| 거북 | 금구입해형:원용안(遠龍案)/부해금구형:정용안(井龍案) | 짐승 |
| 토끼 | 복토형:은월안(隱月案) | 짐승 |
| 비단 | 풍취나대형:제두안(蹄頭案) | 물건 |
| 용마 | 용마세족형:비운안(飛雲案)/옥마형:금안안(金鞍案) | 짐승 |
| 계 | 22종 63개 | |

### 물형과 풍수적 소응

『손감묘결』에 물형이 기록된 140개의 용혈도 중 풍수적 소응(발복의 내용)이 담긴 것은 91개이다. 소응의 내용은 크게 백자천손, 명공거경名公巨卿, 부귀, 만대영화, 과거급제, 청현淸顯이 많고, 장군과 효자 그리고 목수牧守는 숫자가 적다. 자손이 번성하고, 부귀를 희망하는 것은 당시의 사람뿐만 아니라 현대를 사는 우리 모두의 바람이기도 하다. 그 결과 과거에 급제해 재상의 반열에 오를 혈이 가장 선호되고, 자손이 번성하거나 만대에 영화를 누릴 혈이 다음으로 선호되었다. 『손감묘결』에 나타난 물형별 풍수적 소응은 표7에 기록하였다.

풍수적 소응이 백자천손으로 나타난 물형은 사람을 비롯해 짐승 · 새 · 물건에 이르기까지 고르게 나타나지만 용이 가장 많고, 명공거경(재상)에 대한 소응은 사람 · 짐승 · 새 · 물건 · 꽃나무에 나타나지만 선인과 장군 물형에 많다. 또 만대에 영화를 누릴 혈은 꽃나무에 많은데, 이것은 꽃이 풍성히 만발한 형태에서 기인하고, 청렴한 선비는 닭과 상제 물형에 주로 나타났다. 특이한 것은 부마와 궁비宮妃가 배출될 물형은 거울과 목단이고, 장군은 장군형에만 나타나고 금반형을 만나면 횡재의 운이 따른다는 것이다. 하지만 풍수의 길흉화복이 사람의 운명에 곧이곧대로 나타난다고 보기는 어렵다. 사람의 운명은 지리, 경제, 정치, 문화, 역사 등의 여러 요소에 영향 받으며 그 나름의 객관적인 규율에 얽혀 있기 때문이다.

『지리오결』을 지은 조정동은 다음과 같이 풍수적 길지의 소응을 말하였다. 손님이 그에게 말하길, "선생의 이 글이 세상에 나오면 천하에 가난함과 절손하는 사람이 없어질 것인가?" 그러자 조정동

### ○ 표7 물형에 따른 풍수적 소응

| 군현 | 물 형 | 풍수적 소응 | 군현 | 물 형 | 풍수적 소응 |
|---|---|---|---|---|---|
| 양주 | 옥녀단장형 | 科甲多出七八代卿相 | 문의 | 운중선좌형 | 百子千孫將相連出不絶之地 |
| | 금채옥소형 | 世出千一之人 | | 운중선좌형 | 多出將相多子孫 |
| | 목단형 | 百子千孫富貴雙全 | 진천 | 금계포란형 | 富二代文貴五代淸顯之地 |
| 과천 | 영구예미형 | 五相八公公卿代代不乏 | | 장군무검형 | 百子千孫七代卿相之地 |
| 김포 | 금계포란형 | 十三代將相名人間出朱紫滿門 | | 장군출동형 | 當代致富七代卿相之地 |
| 고양 | 갈룡심수형 | 富貴雙全 | | 노룡희주형 | 萬代榮華之地 |
| 공주 | 반월형 | 子孫滿堂翰林學士世世不絶 | | 금계포란형 | 當代巨富世世文貴五代淸顯 |
| | 장군대좌형 | 大將以至于七代 | | 장군무검형 | 五代文顯七代將相 |
| | 비봉귀소형 | 淸宦子孫不乏 | 진잠 | 옥녀등공형 | 連出牧守之地 |
| | 선인독서형 | 名公巨卿連出不絶 | | 행주형 | 三子連登科富貴之地 |
| | 와룡망수형 | 富貴雙全朱紫滿門 | | 생사형 | 富大發 |
| | 선인격고형 | 七代尙書子孫千百富貴兼全 | | 행우경전형 | 富貴兼全之地 |
| | 비룡함주형 | 名載獜閣功名垂萬以至九世 | | 와룡음수형 | 當代發百子千孫 |
| 천안 | 복호형 | 文武科連出代代不絶 | | 와우형 | 當代發大小科世世不絶 |
| 음성 | 옥녀산발형 | 淸顯之地 | 은진 | 반룡망수형 | 名公巨卿世世不絶之地 |
| 노성 | 회룡은산형 | 子孫千百公卿傳家 | | 금경형 | 百子千孫男駙馬女宮妃 |
| 충주 | 용마세족형 | 富貴雙全百子千孫孝子忠臣 | | 천마형 | 捷科間間富貴 |
| | 행주형 | 九代丞相之地 | 옥천 | 금구음수형 | 先富後貴位至七代公卿 |
| 온양 | 가학조천형 | 賢人君子忠臣孝子世不乏絶 | 부여 | 봉소포란형 | 生貴子十八發 |
| 청주 | 비룡망수형 | 文貴連出兼富貴之地 | | 와룡형 | 百子千孫傳於求世之地 |
| | 해하농주형 | 子孫滿堂富貴冠世科甲連出 | | 상제봉조형 | 輔國之材多當代發萬代榮華 |
| | 장군격고형 | 九代將相地 | | 반월형 | 百子千孫淸官代代不絶之地 |
| | 장군격고형 | 賢相名將連出三代之地 | | 비룡음수형 | 子孫昌大 |
| | 봉소포란형 | 文科三代白花十八應 | | 노구예미형 | 富貴冠於世 |
| | 행주형 | 三子登科 | | 구룡쟁주형 | 名公巨卿不知其數 |
| | 오공형 | 先吉後凶然富貴之地 | | 상제봉조형 | 百子千孫文章淸顯朱紫滿門 |
| | 갈룡귀수형 | 連代發福富貴之地 | 남포 | 용형 | 百子千孫萬代榮華 |
| | 맹호하산형 | 元帥出 | | 목단형 | 世世將相封君之地 |
| | 행주형 | 三品卿千石君連出 | | 목단형 | 兩代大發萬代榮華 |
| | 오봉쟁소형 | 百子千孫萬代榮華之地 | 홍산 | 장군대좌형 | 文武連出卿相之地 |
| 청양 | 장군단좌형 | 科甲連出將相不絶 | 청산 | 생룡절수형 | 七代平章 |
| 연기 | 와우형 | 多子孫巨富連出 | 단양 | 금반형 | 生奇童淸官名振他邦 |
| | 장군대좌형 | 世世將相之地 | 비인 | 복종형 | 百子千孫將相世世不絶之地 |
| | | | | 장군만궁형 | 將相之地 |

| 군현 | 물 형 | 풍수적 소응 | 군현 | 물 형 | 풍수적 소응 |
|---|---|---|---|---|---|
| 목천 | 영구포란형 | 七代卿相之地 | 회인 | 잠룡입수형 | 百子千孫中子長保 |
| 임천 | 비봉귀소형 | 百子千孫富貴榮華 | 정산 | 금반형 | 大得橫財 |
| | 영구하산형 | 名公巨卿代代不乏地 | 철원 | 오공형 | 九代入閣 |
| | 장군대좌형 | 六七代將相 | 강릉 | 회룡은유형 | 五子巳登黃甲上 |
| 직산 | 연화출수형 | 萬代榮華之地 | 익산 | 목단반개형 | 男駙馬女宮妃 |
| 보은 | 옥마형 | 百子千孫名公巨卿不知其數 | | 반룡희주형 | 百子千孫富貴綿遠 |
| | 운리신월형 | 名公巨卿連出不絶 | | 반룡희주형 | 富貴綿遠 |
| | 금구음수형 | 名公巨卿連出不絶 | | 금린출소형 | 白花七人文科一人子孫千萬 |
| 연산 | 상제봉조형 | 名賢君子連出之地 | 순천 | 비룡입해형 | 子孫爵祿至三公 |
| | 연화출수형 | 當代發福貴長遠之地 | | 황룡분해형 | 顯達不絶 |
| | 와우형 | 當代發七代將相 | 진주 | 호마음수형 | 兒孫出武相 |
| | 와우형 | 五代翰林之地 | 삭녕 | 선인대좌형 | 百代榮華之地 |

이 말하였다. "내가 말하길, 그렇지 아니하다. 대개 옛날 성현의 법이 말로는 천하에 가득하다 해도 능히 세상이 다 그렇게 되지 못하며, 군자는 하물며 자식에게 하나의 미묘한 기술를 남기더라. 그럴진대 진실로 나의 글을 믿고 일일이 법과 같이 안장한다면 가히 위로는 조상의 혼백이 편안하고 그 복이 자손들에게 돌아올 것이다."

세상이 바뀌었다. 이치가 이럴진데 왕조시대에 사람이 사람답게 살던 방식이 현대인의 삶의 가치와 같을 수는 없다.

## 『손감묘결』과 이기풍수학

### 이기풍수학

풍수학의 목적은 초목으로 덮인 자연 속에서 생기가 응집된 혈을 찾아, 그곳에 묘를 써 유골과 생기의 감응으로 후손이 부귀영화를 누리거나 또는 주택을 지어 집안의 건강과 행운을 얻는 것이다. 그럼으로 풍수학은 일차적으로 혈을 제대로 찾아야 하고, 이 혈을 찾는 방법과 과정이 오랜 세월 학문적으로 체계화되어 풍수학이란 이름으로 전승, 발전해왔다. 그 중에서 물형론은 세상에 널리 유포된 풍수론이나 아직까지 이론적 체계가 명확하지 못한 채 술법화 되었고, 생기 충만한 터를 찾는 방법과 과정을 용, 혈, 사, 수에 맞추어 이론적으로 체계화된 풍수학으로는 형기풍수론形氣風水論과 이기풍수론理氣風水論이 있다.

형기론은 산세의 모양이나 형세 상의 아름다움을 유추하여 혈이 맺힌 터를 찾는 방법론이다. 임신한 여성은 보통의 여성보다 배가 부르듯이, 혈이 맺힌 장소는 다른 장소와 분명히 다른 특징이 있을 것이다. 그 특징을 이론화하고, 산천 형세를 눈이나 감感으로 보아 이론에 꼭 맞는 장소를 찾아내는 것이다. 형기론은 혈이 맺힐 수 있는 조건을 간룡법看龍法과 장풍법藏風法, 득수법得水穴으로 나뉘어 계승 · 발전하였다. 산은 지기地氣를 스스로 생성해 내거나 또는 조종산을 거쳐 흘러온 지기를 저장하는 지기의 탱크와도 같다. 산이 크면 저장량도 많고 산이 생기로우면 지기 역시 살기를 벗어 장하다. 산에 저장된 생기는 그곳에서 내와 강 쪽으로 뻗어간 산줄기[용맥]를 따라 흘러가는데, 간룡법은 용맥이 전진하는 형세가 상하좌우로 힘차게 꿈틀거리며 뻗어나간 것이 지기 역시 강하게 흘러간다고 본다. 그런데 용맥을 타고 흘러가던 지기는 물을 만나야 더 이상 전진치 못하고 멈추어 응집한다. 만약 물을 만나지 못하면 지기는 계속 흘러가 버려 혈을 맺지 못하니 득수는 결혈結穴을 위한 필수조건이다. 그리고 혈에 응집된 지기는 바람이 불어오면 흩어짐으로 사방에서 바람을 막는 사신사의 형세를 갖춰야 길하고 이것의 길흉을 판단하는 것이 장풍법이다. 즉, 패철을 이용해 방위를 판단하지 않고, 오로지 용龍, 혈穴, 사砂, 수水의 모양과 형세를 눈으로 본 후 그들이 조화를 가장 잘 이룬 곳을 혈처로 정한다. 그 결과 형기풍수론은 좌향을 놓는 방법에 대해서는 언급이 없고, 패철에 의해 판단된 방위도 결록에 기록되지 않는다.

이기풍수론은 땅에 혈을 맺어놓은 주체인 바람과 물의 순환 궤도와 양을 패철佩鐵로 살펴 혈을 찾는다. 현장에 서서 지형과 지질[陰氣]을 변화시킨 바람과 물(양기)이 최종적으로 빠지는 방위를 살펴 파(破, 水口)를 정하고, 혈장으로 뻗어온 내룡의 입수를 마디마디 살핀 후 국局에 따라 12운성법으로 생왕사절生旺死絶을 격정한다. 또 양기가 생겨나는 득수得水의 방위를 측정한 다음 양기 중에서 가장 길한 양과 세기를 얻을 수 있는 방위를 〈88향법〉에 맞춰 입향立向한다. 그럼으로 이기풍수론은 감으로 혈을 찾는 형기론보다 더 논리적이고 객관적이며 패철로 국을 판단한 다음 산줄기와 물의 길흉을 판별해 혈을 정하니 풍수론 중에서 설명이 가장 가능하다. 여기서 물은 비단 자연의 물(구름 · 지표수 · 지하수)만을 가리키는 것이 아니고 정적靜的인 땅을 기계적 · 화학적으로 변화시키는 동적動的인 양기의 총칭이다. 바람까지 포함하며 물이 우측에서 시작해 좌측으로 빠지면 우선수右旋水, 좌측에서 시작해 우측으로 빠지면 좌선수左旋水라 하여 입향에 참고한다. 그럼으로 이기론에 맞춰 혈을 정하거나 또는 장소의 길흉을 판단할 때면, 수구의 방위[파破], 혈장으로 입수한 내룡의 방위, 양기가 발생한 방위[得水], 또는 길한 양기를 얻고자 하는 방위[좌향坐向]와 좌 · 우선수의 판단이 필요하다. 따라서 내룡,

득수, 수구, 좌향에 대한 방위가 기록되었다면 곧 이기풍수학에 의해 작성된 용혈도라 볼 수 있다.

### 『손감묘결』 내 이기풍수 용혈도

『손감묘결』에 수록된 218개의 용혈도 중에서 내룡, 득수, 수구, 좌향의 방위가 하나라도 결록에 언급된 경우는 124개로 전체의 57%에 해당되고, 군현별로는 총 78개 중에서 58.9%인 46개의 군현이 해당된다.

즉, 『손감묘결』의 길지도 중에서 이기풍수학으로 혈처의 길흉을 감결한 것이 57%란 뜻으로 『손감묘결』은 결국 이기풍수서라고 결론지을 수 있다.

### 용혈도의 국과 파의 분석

이기풍수학의 본질은 땅이 가진 생명력의 차이가 주변을 흘러 다니는 바람과 물의 기계적 · 화학적 풍화작용의 결과에 따라 달라지며, 양기 중 생물이 가장 건강하게 살기에 알맞고도 충분한 양기를 얻을 수 있는 선택된 방위가 '좌향'이란 것이다. 여기서 땅의 기운이 왕성하고 쇠약한 정도는 지질적 조건이 바위면 생기가 없거나 쇠약하고, 고운 흙이면 생기 충만한 곳이라 간주한다. 바위는 물, 공기, 양분과 같은 생기 요소를 품을 수 없는 물질이라 초목이 무성히 자라지 못하고, 반대로 흙은 생기를 잘 품어 초목이 잘 자라기 때문이다. 그럼으로 형체가 없는 생기는 흙에 의존해 몸체를 이루며, 곧 흙이 있으면 생기가 있는 것이다. 따라서 혈처는 땅속이 견밀하면서도 고운 흙으로 이루어진 곳이고, 이기론은 산야에서 흙으로 구

**표8 손감묘결 내 이기풍수도**

| 도별 | 군현 | 용혈도수 | 도별 | 군현 | 용혈도수 | 도별 | 군현 | 용혈도수 |
|---|---|---|---|---|---|---|---|---|
| 경기도 | 양주 | 22 | 충북 | 음성 | 1 | 충남 | 비인 | 2 |
| | 과천 | 2 | | 충주 | 2 | | 목천 | 1 |
| | 광주 | 1 | | 청주 | 5 | | 임천 | 1 |
| | 적성 | 6 | | 문의 | 1 | | 한산 | 1 |
| | 양지 | 3 | | 진천 | 1 | | 직산 | 1 |
| | 가평 | 2 | | 소계 | 10 | | 연산 | 5 |
| | 안성 | 4 | 충남 | 공주 | 9 | | 회인 | 1 |
| | 안산 | 1 | | 천안 | 2 | | 정산 | 1 |
| | 장단 | 1 | | 노성 | 1 | | 소계 | 47 |
| | 부평 | 3 | | 온양 | 1 | 강원 | 원주 | 3 |
| | 연천 | 1 | | 청양 | 1 | | 춘천 | 4 |
| | 죽산 | 1 | | 연기 | 1 | | 철원 | 3 |
| | 영평 | 3 | | 문의 | 1 | | 낭천 | 2 |
| | 양근 | 1 | | 진잠 | 3 | | 소계 | 12 |
| | 용인 | 1 | | 은진 | 1 | 전북 | 익산 | 1 |
| | 고양 | 1 | | 부여 | 7 | | 소계 | 1 |
| | 금천 | 1 | | 남포 | 4 | 총계 | | 124 |
| | 소계 | 54 | | 홍산 | 3 | | | |

성된 지점을 정확히 찾아내는 데 탁월한 논리가 있다.

땅의 기운을 이해하려면 먼저 국局을 알아야 한다. 땅은 만물을 탄생시켜 길러 내는 어머니와 같은 존재로[地母思想], 하나의 생명체가 아니라 무수히 많은 자연 생명체가 모인 복합생명체로 본다. 그리고 생명체 개개의 단위를 독립적으로 구분해 내야 땅의 기운을 올바로 판단할 수 있다. 자연을 복합생명체로 볼 때, 그 개개의 독립된 생명 단위를 풍수학은 '국'이라 부른다. 그리고 국도 오행에 따라 분류하는데, 토土만은 개성이 없어 수국水局, 목국木局, 화국火局, 금국金局 등 4대국으로 분류한다. 즉, 무수히 많은 자연 생명체를 4가지로 분류해 그 개성과 풍수적 특징을 살피니, 땅은 어떤 경우든 4개의 국 어느 것에 속한다. 여기서 국은 혈에서 보아 양기가 최종적으로 빠지는 수구를 패철로 판단한 방위 값 즉 파破로 정해진다.

패철로 보아 파가 남서방인 정미丁未 · 곤신坤申 · 경유庚酉에 해당되면 '목국木局'이고, 서북방인 신술辛戌 · 건해乾亥 · 임자壬子에 해당되면 '화국火局'이고, 북동방인 계축癸丑 · 간인艮寅 · 갑묘甲卯에 해당되면 '금국金局'이고, 동남방인 을진乙辰 · 손사巽巳 · 병오丙午에 해당되면 '수국水局'이다. 여기서 을진 · 정미 · 신술 · 계축은 각 국의 묘파墓破이고, 손사 · 곤신 · 건해 · 간인은 각 국의 절파絶破이며, 병오 · 경유 · 임자 · 갑묘는 각 국의 태파胎破에 해당된다. 그런데 묘파의 자연 형세는 절파의 형세보다 풍수적으로 길하고, 절파의 자연 형세는 태파에 해당되는 형세보다 길지의 조건을 갖춘다. 그럼으로 묘파가 가장 우수하고 그 다음이 절파, 마지막이 태파에 해당되는 곳이다. 『손감묘결』에 수록된 124개 이기풍수의 용혈도 중 수구인 파破가 기록된 것은 78개로 표9와 같다.

한반도 지형은 백두대간과 각 정맥에 의해 강물이 갈리는데, 경기도의 한강 북쪽은 한북정맥, 한강 이남은 한남정맥에 의해 물길이 갈라지며, 충북은 주로 한남금북정맥에 의해 서쪽 사면의 물은 금강으로 유입되고, 동쪽 사면의 물은 남한강으로 거쳐 한강에 유입된다. 충남 지역은 금강을 중심으로 북쪽은 금북정맥에 영향을 받고, 남쪽은 금남정맥에 의해 물길이 갈라진다. 호남 지방은 금남정맥과 호남정맥의 영향을 받으며, 영남은 낙동정맥에 의해 물길이

**표9** 이기풍수 용혈도의 국과 파

| 구분 | 묘 파(墓破) | | 절 파(絶破) | | 태파(胎破) | | 계 |
|---|---|---|---|---|---|---|---|
| | 방위 | 숫자 | 방위 | 숫자 | 방위 | 숫자 | |
| 수국 | 乙辰 | 20 | 巽巳 | 1 | 丙吾 | 7 | 28(35.8%) |
| 목국 | 丁未 | 12 | 坤申 | 3 | 庚酉 | 5 | 20(25.6%) |
| 화국 | 辛戌 | 20 | 乾亥 | - | 壬子 | 3 | 23(29.4%) |
| 금국 | 癸丑 | 5 | 艮寅 | 2 | 甲卯 | - | 7 (9.5%) |
| 계 | 57(73%) | | 6(7.7%) | | 15(19.3%) | | 78 |

동서로 나뉜다. 그 결과 수구가 동남방과 북서방으로 속하는 수국과 화국이 많은데, 『손감묘결』에 나타난 수구 역시 수국이 36%, 화국이 29%로 이 원칙을 벗어나지 않았다. 또 『손감묘결』에 나타난 용혈도는 모두가 풍수적 길지란 전제이고, 분석 결과도 묘파가 전체의 73%에 해당되어 이를 충분히 대변해 주었다. 그렇지만 절파에 비해 태파가 많은 것은 저자가 이기풍수학을 해박하게 이해하지 못했거나, 또는 현장에서 수구를 제대로 격정하지 못한 결과로 볼 수 있다. 『지리오결』은 태파의 경우 천간파天干破는 쓸 수 있으나, 지지파地支破는 즉시 패절을 면치 못한다고 했다. 그럼으로 태파로 기록된 곳은 우선 천간파 내에 속하고, 우선수라면 백보전란과 용진혈적龍眞穴的을, 좌선수라면 평야지대와 전고후저前高後低의 지형 조건을 요구한다. 이런 조건을 함께 갖추지 못했다면 길지라 보기 어렵다.

하지만 『손감묘결』의 길지는 이기풍수학에 바탕을 두고서 길지를 찾은 것이 아니라, 형기나 물형에 입각해 길지를 찾은 후 부수적으로 이기적 방위를 판단한 것이라 생각된다. 이유는 전체 43%의 용혈도가 이기적 언급이 전혀 없는 형기와 물형만의 결록이고, 또 이기풍수적으로 결록을 작성했어도 이기풍수학에서 필수적으로 관찰하는 내룡의 입수, 득수, 파 그리고 좌향을 모두 기록한 것은 21개에 불과해 총 218개에 대해서는 10%, 이기풍수적 길지 124개에 대해서는 17%에 불과하기 때문이다. 그렇지만 이기풍수학에서 길지로 간주하는 묘파의 수구가 이기풍수적 길지의 73%를 차지한 점은 이기풍수학과 현장 풍수가 상당히 일치함을 보여주는 것으로 의의가 대단하다.

### 내룡의 이기적 길흉

혈장으로 입수된 내룡來龍의 길흉을 판단할 때면, 먼저 혈처에서 파를 보아 국을 정한다. 파는 지형과 지질을 변화시킨 양기가 최종적으로 빠져나가 더 이상 혈처에 영향을 미치지 못하는 수구를 패철로 판단한 방위 값이다. 그러므로 혈 앞쪽으로 흘러가는 물줄기를 보아서는 안 되고, 청룡 혹은 백호의 끝자락을 일직선으로 본다. 그리고 국이 결정되면 내룡의 휘이고 꺾인 지점마다 산등성의 분수령에 패철을 놓고서 내룡이 어느 방위에서 뻗어왔는지를 패철 4층으로 간지看知한다. 내룡의 지기는 12단계로 구분하는데, 바위가 흙으로 변하고 흙이 다시 바위가 변하듯이 지질도 순환한다. 사람의 기운을 이야기할 때, 유아기, 청소년기, 장년기, 노년기로 구분 짓듯이 땅의 기운도 절絶→태胎→양養→장생長生→목욕沐浴→관대冠帶→임관臨官→제왕帝旺→쇠衰→병病→사死→묘墓로 지질적 특성을 구분지어 순환한다고 본다. 여기서 절과 태는 생기를 품지 못하는 단단한 바위로 이루어진 곳이고, 양과 임관은 생기를 품기는 하나 흙의 입자가 단단하고도 까끌까끌하며, 장생 · 관대 · 제왕은 견밀하고도 만져 비벼보면 밀가루처럼 고운 입자로 부스러져 생기가 매우 충만한 땅이다. 그 이외에 쇠 · 병 · 사 · 묘에 해당하는 땅은 생기를 품지 못할 만큼 단단하거나 바위로 이루어진 흉지이고, 목욕에 해당되면 땅속에 수맥이 흐르거나 물이 가득 찬 흉지이다. 따라서 풍수학에서 찾는 길지는 장생, 관대, 제왕에 해당되는 땅이고, 그 다음이 양과 임관룡이다.

예를 들어 파가 을진 · 손사 · 병오의 구획에 속한다면 수국이고, 내룡이 임자방에서 뻗어왔다면 땅의 기운은 12포태상에서 어디에 해당하는가? 갑묘甲卯의 경우 12포태 중 묘 다음 순환되는 절룡絶龍이고, 간인은 절룡 다음의 태룡胎龍이다. 이런 식으로 시계 반대방향으로 돌아가며 내룡의 이기를 판단한다.

을진乙辰→묘룡墓龍/갑묘甲卯→절룡絶龍/ 간인艮寅→태룡胎龍

계축癸丑→양룡養龍/임자壬子→장생룡長生龍/건해乾亥→목욕룡沐浴龍

신술辛戌→관대룡冠帶龍/경유庚酉→임관룡臨官龍/곤신坤申→제왕룡帝旺龍

정미丁未→쇠룡衰龍/병오丙午→병룡病龍/손사巽巳→사룡死龍

나머지 국도 같은 방법으로 내룡의 이기를 판단하는데, 주의할 것은 용龍은 음陰이고 수水와 향向은 양陽인데, 음은 시계 반대 방향으로 순환하고, 양은 시계 방향으로 순환한다는 점이다. 포태법 상으로 묘墓를 기준점으로 삼는데, 수국의 묘는 을진방이고, 목국의 묘는 정미방이고, 화국은 신술방, 금국은 계축방이 묘에 해당한다. '12운성 도표'는 이기풍수학에서 꼭 암기해야 할 사항이다.

또 주의할 것은 땅은 모양이나 뻗어 내린 방위에 따라 기운이 달

**표10** 12포태법의 용과 수·향의 운성

| 局 / 12胞胎 | 水局 | | 木局 | | 火局 | | 金局 | |
|---|---|---|---|---|---|---|---|---|
| | 龍 | 水·向 | 龍 | 水·向 | 龍 | 水·向 | 龍 | 水·向 |
| 墓 | 乙辰 | 乙辰 | 丁未 | 丁未 | 辛戌 | 辛戌 | 癸丑 | 癸丑 |
| 絶 | 甲卯 | 巽巳 | 丙午 | 坤申 | 庚酉 | 乾亥 | 壬子 | 艮寅 |
| 胎 | 艮寅 | 丙午 | 巽巳 | 庚酉 | 坤申 | 壬子 | 乾亥 | 甲卯 |
| 養 | 癸丑 | 丁未 | 乙辰 | 辛戌 | 丁未 | 癸丑 | 辛戌 | 乙辰 |
| 長生(生) | 壬子 | 坤申 | 甲卯 | 乾亥 | 丙午 | 艮寅 | 庚酉 | 巽巳 |
| 沐浴(浴) | 乾亥 | 庚酉 | 艮寅 | 壬子 | 巽巳 | 甲卯 | 坤申 | 丙午 |
| 冠帶(帶) | 辛戌 | 辛戌 | 癸丑 | 癸丑 | 乙辰 | 乙辰 | 丁未 | 丁未 |
| 臨官(官) | 庚酉 | 乾亥 | 壬子 | 艮寅 | 甲卯 | 巽巳 | 丙午 | 坤申 |
| 帝旺(旺) | 坤申 | 壬子 | 乾亥 | 甲卯 | 艮寅 | 丙午 | 巽巳 | 庚酉 |
| 衰 | 丁未 | 癸丑 | 辛戌 | 乙辰 | 癸丑 | 丁未 | 乙辰 | 辛戌 |
| 病 | 丙午 | 艮寅 | 庚酉 | 巽巳 | 壬子 | 坤申 | 甲卯 | 乾亥 |
| 死 | 巽巳 | 甲卯 | 坤申 | 丙午 | 乾亥 | 庚酉 | 艮寅 | 壬子 |

라지는 것이 아니라, 지형과 지질을 변화시키는 양기가 어떤 방위에서 와서[득수] 어떤 방위로 빠지느냐에 따라 결정된다는 점이다. 예를 들면, 북쪽에서 남쪽으로 뻗어 내린 임자룡壬子龍의 경우, 12포태법을 적용시키면 수국 내에서는 장생룡으로 생기 충만한 고운 흙이고, 목국이라면 임관룡으로 비록 생기는 품으나 장생룡보다는 못하고, 화국에서는 병룡, 금국에서는 절룡에 해당되어 생기를 품을 수 없는 바위로 이루어진 땅이다. 이것은 국이 정해지면, 각 국의 기준이 되는 방위의 지점에서 시계 반대 방향으로(음기일 경우) 12포태를 적용한 결과이다. 양기에 의해 땅의 기운이 달라지고, 또 양기의 순환 궤도를 살펴서 생기 충만한 터를 찾으니, '풍수학'이라 부른다.

『손감묘결』의 용혈도에 기록된 내룡과 입수의 이기적 생왕사절은 필히 파의 방위가 있어야 하고, 내룡이 입수한 방위를 기록한 경우에만 판단이 가능하다. 또 입수룡에 대한 내용을 살펴보면, '甲龍卯入首卯坐' 같은 기록이 보인다. 여기서 내룡의 격정은 쌍산이 배합되었는지 혹은 불배합되었는지가 중요한데, 비록 단산甲龍 또는 卯龍식으로 기록했어도, 본 용혈도가 길지라는 전제 하에 쌍산이 배합된 것으로 해석해 '甲卯龍甲卯入首甲卯坐'로 판단한다. 또 '甲卯龍(갑묘룡)'은 혈장으로 뻗어온 간룡幹龍으로 보고, '甲卯入首(갑묘입수)'는 혈장이 자리한 내룡을 뜻하며, '甲卯坐(갑묘좌)'나 '甲卯作(갑묘작)'은 최종적으로 묘가 들어선 내룡의 이기적 판단이라 생각해, 내룡의 이기적 판단은 '좌坐'와 '작作'을 우선하고, 이들의 기록이 없을 경우는 '입수入首'와 '용龍'으로 판단한다.

『손감묘결』에서 파가 기록된 용혈도는 총 78개이고, 이 중에서 입수룡의 방위가 기록된 것은 76개에 이른다. 분석 결과 이기적으로 길룡에 해당하는 내룡은 68.5%인 52개이고, 흉룡은 31.5%에 해당되어 대체로 내룡의 이기적 판단에서 길함을 얻고 있다. 분석 내

**표11 『손감묘결』 내 내룡의 이기**

| 구분 | 길룡 | | | | | 흉룡 | | | 합계 |
|---|---|---|---|---|---|---|---|---|---|
| | 양룡 | 장생룡 | 관대룡 | 임관룡 | 제왕룡 | 목욕룡 | 잠룡 | 기타흉룡 | |
| 수국 | 0 | 9 | 0 | 10 | 1 | 3 | 1 | 3 | 27 |
| 목국 | 2 | 7 | 3 | 2 | 0 | 6 | 0 | 1 | 21 |
| 화국 | 2 | 5 | 0 | 6 | 2 | 5 | 1 | 1 | 22 |
| 금국 | 0 | 2 | 0 | 0 | 1 | 2 | 0 | 1 | 6 |
| 계<br>(비율) | 4<br>(5.2%) | 23<br>(30.2%) | 3<br>(3.9%) | 18<br>(23.6%) | 4<br>(5.2%) | 16<br>(21.0%) | 2<br>(2.6%) | 6<br>(8.3%) | 76<br>(100%) |

용은 표11과 같다.

이 표를 살피면, 상격룡인 장생룡이 23개로 30.2%를 차지해 가장 많으며, 중격룡인 임관룡이 18개로 23.6%를 차지해 그 다음이다. 상격룡인 관대룡과 제왕룡이 상대적으로 적은 이유는 관대룡이 혈을 맺은 진룡眞龍이 되려면 각 국의 절파에 좌선수인 경우에 한하고, 제왕룡은 묘파에 좌선수인 경우에 국한하기 때문이다. 각 국의 파를 조사하면, 절파가 7.7%임으로 관대룡이 적은 것은 파와 관련지어 당연하다. 그런데 73%나 차지하는 묘파에서 제왕룡이 적은 것은 내룡에 따라 좌향을 똑바로 놓을 수 있는 임관룡이 23.6%를 차지해 제왕룡을 대신했기 때문이다. 묘파의 좌선수일 경우 임관룡도 혈을 품은 진룡이기 때문이다. 또 목욕룡은 물구덩이거나 수맥이 흐르는 흉룡임에도 21%나 차지해 비율이 높다. 이것은 저자가 내룡의 입수를 12포태법에 맞춰 이기적 생왕사절을 판단하는 방법을 몰랐거나 또는 목욕룡이 흉룡임을 깨우치지 못한 결과이다. 또 목욕룡은 형기적으로 부귀한 경우가 대부분이니, 이기적 판단보다는 형기적 부귀룡을 탐한 결과로 볼 수 있다. 그렇지만 76개 내룡 중에서 이기적으로 길룡이 68.5%를 차지하니, 이기풍수학의 길룡이 현장 풍수의 길룡과 상당히 일치함을 보여준다.

### 득수와 좌향

바람과 물[陽氣]은 땅 위에서 받는 생기로, 바람, 온도, 햇빛 같은 요소가 복합된 개념이다. 양기가 중요한 것은 만물의 성장과 결실을 주관하기 때문이다. 이 중에서 온도는 사시사철 기온의 변화에 순응해야 하니 선택에서 길흉을 논할 수 없고, 햇빛은 남향과 북향에 따라 일조량의 차이는 있지만 남쪽 산기슭과 북쪽 산기슭의 나무를 관찰하면 성장 면에서 차이가 나지 않는다. 생물체가 살아가기에 필요한 햇빛은 남향이든 북향이든 관계없다는 결론이다. 따라서 햇빛도 선택 면에서 고려할 대상이 아니다. 하지만 땅 위를 흘러 다니는 바람은 다르다. 풍수학에서는 움직이는 바람과 물을 함께 수水라고 부른다. 즉, 수는 양기인 바람과 물을 통칭한 개념이며, 우리가 보고 마시는 물과는 전혀 다른 개념이다. 눈으로 보거나 손으로 잡을 수 없는 기氣의 상태이다.

그런데 바람과 물은 냉혹할 정도로 일정한 순환 궤도를 돌면서 땅의 모양과 지질적 환경을 변화시키며, 나아가 그 터에 사는 생물의 생명 활동에까지 영향을 미친다. 풍수학에서 방향을 중시하는 것은 바람과 물(지하수 포함)의 순환 궤도를 파악하여 그 중에서 좋은 것을 선택하자는 목적이 있기 때문이다. 따라서 남향이어야 겨울에 햇볕이 잘 들고 따뜻하다는 일반적 통념과는 사뭇 다른 특징을 보인다. 민들레가 종족 보전을 위해 씨앗을 바람에 실려 보내 결실을 맺듯 바람은 자연의 순환을 돕는 생명의 기운이긴 하지만, 한 방향에서 계속 불어온다면 수분이 증발해 흙과 초목이 말라죽으며, 사람 역시 공기 중에 포함된 다량의 산소로 인해 각종 풍병風病을 앓게 된다. 그래서 어느 장소에서 생물이 가장 건강하게 성장하여 결실을 맺기에 적당하고도 알맞은 양의 양기를 취할 수 있는 선택된 방위가 바로 향向이다. 좋은 양기를 취하기 위해서는 좋은 향을 선택하는 것이 최선이다.

양기 즉 수水의 길흉을 판단할 때는 구빈황천수救貧黃泉水와 살인황천수殺人黃泉水으로 나눈다. 구빈황천수는 조빈모부朝貧暮富하는 길수吉水고, 살인황천수는 불임과 재앙이 겹쳐 패가망신하는 흉수凶水이다. 그런데 수의 길흉도 방위가 고정된 것이 아니라 향向에 따라 달라지는데, 정면에서 불어오는 바람은 흉하지만 등을 돌린 채 받으면 흉하지 않는 이치이다. 대체로 양기는 길한 방위에서 와 흉한 방위로 빠져야 자연이 올바로 순환하는 곳인데, 장생, 관대, 임관, 제왕, 쇠방에서 얻은 수가 혈처를 감싸 안은 채 지나서 묘, 절, 태방으로 빠짐을 말한다. 득수와 수구消水에 따라 황천수는 다르며 표12와 같다.

예를 들어, 수국의 관대방인 신술방辛戌方에서 득수하면 신동이나 풍류남아가 태어날 길수지만, 만약 관대방으로 소수(消水, 빠져나감)하여 충파沖破하면 총명한 자식이 상하고 집안의 부녀자들이 상해 패절한다고 한다. 또 생물체가 가장 좋은 양기를 취할 수 있는 선택된 방위가 좌향인데, 파의 방위와 양기의 흐름에 따라 좌향은 '88향

**표12** 득수와 소수의 길흉

| 구분 | 득수(得水) | | 소수(消水) | | 비고 |
|---|---|---|---|---|---|
| | 황천수 | 길흉 | 황천수 | 길흉 | |
| 絶胎水 | 살인 | 불임, 이혼 | 구빈 | 부귀, 벼슬 | |
| 養長生水 | 구빈 | 후손 번창 | 살인 | 자식 夭折 | |
| 沐浴水 | 살인 | 음탕, 사치 | 구빈 | 부귀 | |
| 冠帶水 | 구빈 | 神童(신동) | 살인 | 聰子夭折 | |
| 臨官水 | 구빈 | 급제, 재상 | 살인 | 長子夭折 | |
| 帝旺水 | 구빈 | 부자 | 살인 | 가난 | |
| 衰水 | 구빈 | 학자배출 | 구빈 | 학자배출 | 모두 좋음 |
| 病·死水 | 살인 | 短命, 寡宿 | 살인 | 短命, 寡宿 | 모두 흉함 |
| 墓水 | 살인 | 이별 | 구빈 | 부귀 | |

법'으로 규정되어 있다. 이것은 지구 생물권에 영향을 미치는 대기권의 바람과 물의 작용인 '수'의 운행 메커니즘을 관찰해 길한 것을 얻는 최선의 방법이며, 동양의 자연과학적 지혜가 엿보인다 할 수 있다. 따라서 좌향은 임의로 정하지 않으며, 양기 흐름 중에서 가장 최선의 것을 얻는다 하여 입향론立向論이라 불린다. 여기서 양기의 흐름은 우선수右旋水와 좌선수左旋水로 구분되고, 파가 각 국의 묘파이고 우선수라면 정생향正生向과 자생향自生向을 놓고, 좌선수라면 정왕향正旺向과 자왕향自旺向을 놓는다. 파가 각 국의 절파이고 우선수라면 정양향正養向이나 자생향自生向을 놓고, 좌선수라면 정묘향正墓向을 놓는다. 태파에서 우선수라면 태향胎向을 놓거나 자왕향自旺向을 놓고, 좌선수라면 쇠향衰向이나 자생향自生向을 놓으면 정법이다. '88향법'을 요약 정리하면 표13~표15와 같다.

『손감묘결』에 수록된 218개의 용혈도 중 이기풍수적 언급은 57%인 124개이고, 이 중에서 득수와 파, 좌향이 기록된 것은 21개로, 이기 길지도 내에서 17%(21/124)에 이른다. 이것은 『옥룡자유산록』의 천여 개의 명당 비결 중 좌향이 12개밖에는 언급되지 않은 점에 비춰보아 대단히 많은 숫자이다. 『옥룡자유산록』의 12개는 좌향을 표기한 것뿐만 아니라 '坐原(元)'으로 표기된 것까지 합쳐진 숫자이다. 이기풍수학의 삼합三合은 원元·관關·규竅인데, 원은 향向이요, 관은 용龍, 규는 수구(水口, 破)임으로 '元·原'을 향向으로 볼 수 있기 때문이다. 『옥룡자유산록』에 기록된 좌향의 내용은 다음과 같다.

[만경] 亥三節 壬入首 子坐午向,

[김제] 乙辰回頭雙行하야 艮坐原의 堂門되니

### 표13 각 국의 묘파墓破에서의 향법

| 구분 | 자연 흐름 | | 정국향법 | | 변국향법 | | 비고 |
|---|---|---|---|---|---|---|---|
| | 흐름 | 水口 | 立向 | 雙山五行 | 立向 | 雙山五行 | |
| 水局 | 右旋水 | 乙辰 | 正生向 | 坤申 | 自生向(絶處逢生向) | 巽巳 | 天干破 ↓ 天干向 地支破 ↓ 地支向 |
| | 左旋水 | 乙辰 | 正旺向 | 壬子 | 自旺向(死處逢旺向) | 甲卯 | |
| 木局 | 右旋水 | 丁未 | 正生向 | 乾亥 | 自生向(絶處逢生向) | 坤申 | |
| | 左旋水 | 丁未 | 正旺向 | 甲卯 | 自旺向(死處逢旺向) | 丙午 | |
| 火局 | 右旋水 | 辛戌 | 正生向 | 艮寅 | 自生向(絶處逢生向) | 乾亥 | |
| | 左旋水 | 辛戌 | 正旺向 | 丙午 | 自旺向(死處逢旺向) | 庚酉 | |
| 金局 | 右旋水 | 癸丑 | 正生向 | 巽巳 | 自生向(絶處逢生向) | 艮寅 | |
| | 左旋水 | 癸丑 | 正旺向 | 庚酉 | 自旺向(死處逢旺向) | 壬子 | |

### 표14 각 국의 절파絶破에서의 향법

| 구분 | 자연 흐름 | | 정국향법 | | 변국향법 | | 비고 |
|---|---|---|---|---|---|---|---|
| | 흐름 | 水口 | 立向 | 雙山五行 | 立向 | 雙山五行 | |
| 水局 | 右旋水 | 巽巳 | 正養向 | 丁未 | 自生向(絶處逢生向) | 巽 | 自生向 ↓ 天干破 ↓ 百步轉欄 |
| | 左旋水 | 巽巳 | 正墓向 | 乙辰 | - | | |
| 木局 | 右旋水 | 坤申 | 正養向 | 辛戌 | 自生向(絶處逢生向) | 坤 | |
| | 左旋水 | 坤申 | 正墓向 | 丁未 | - | | |
| 火局 | 右旋水 | 乾亥 | 正養向 | 癸丑 | 自生向(絶處逢生向) | 乾 | |
| | 左旋水 | 乾亥 | 正墓向 | 辛戌 | - | | |
| 金局 | 右旋水 | 艮寅 | 正養向 | 乙辰 | 自生向(絶處逢生向) | 艮 | |
| | 左旋水 | 艮寅 | 正墓向 | 癸丑 | - | | |

### 표15 각 국의 태파胎破에서의 향법

| 구분 | 자연 흐름 | | 정국향법 | | 변국향법 | | 비고 |
|---|---|---|---|---|---|---|---|
| | 흐름 | 水口 | 立向 | 雙山五行 | 立向 | 雙山五行 | |
| 水局 | 右旋水 | 丙 | 胎向 | 丙 | 自旺向(浴處逢旺向) | 庚 | 胎向 ↓ 天干破 ↓ 百步轉欄 衰向 ↓ 天干破 ↓ 平野(前高後低) |
| | 左旋水 | 丙 | 衰向 | 癸 | 自生向(絶處逢生向) | 巽 | |
| 木局 | 右旋水 | 庚 | 胎向 | 庚 | 自旺向(浴處逢旺向) | 壬 | |
| | 左旋水 | 庚 | 衰向 | 乙 | 自生向(絶處逢生向) | 坤 | |
| 火局 | 右旋水 | 壬 | 胎向 | 壬 | 自旺向(浴處逢旺向) | 甲 | |
| | 左旋水 | 壬 | 衰向 | 丁 | 自生向(絶處逢生向) | 乾 | |
| 金局 | 右旋水 | 甲 | 胎向 | 甲 | 自旺向(浴處逢旺向) | 丙 | |
| | 左旋水 | 甲 | 衰向 | 辛 | 自生向(絶處逢生向) | 艮 | |

[전주] 巽入首 巳坐原의 艮水가 歸未하니

[전주] 亥入首 壬坐原의 甲卯水가 歸坤

[부안] 壬入首 子坐原의 그 뉘라셔

[순창] 子坐午向 堂門破은

[순창] 丑艮三節 艮入首 乘亥氣 癸坐丁向

[담양] 辛兌龍 庚一節의 庚入首 坤坐艮向

[광산] 子坐午向 岩石上의

[광산] 丑入首 艮坐原의 庚酉水가 歸丁한다

[강진] 右星山下 子坐午向 當門이라

[흥양] 巽卯入首 甲坐原의 亥水가 乙로 가니

『손감묘결』에 좌향이 수록된 21개의 용혈도 중 내룡의 입수를 감안할 때에 좌향이 용상팔살龍上八殺에 해당되는 것도 있는데, 양지의 정악산 대혈은 '경유룡庚酉龍에 사향巳向'을 놓았고, 춘천의 북 십리의 혈은 '병오룡丙午龍에 해향亥向'을 놓아 여기에 해당된다. 용상팔살은 패철 1층에 해당 내룡과 향이 표시되어 있고, 이것을 범하면 묘든 주택이든 한 집도 남김없이 재앙을 입어 살殺 중에서 가장 강력하다. 〈坎龍坤兎震山猴巽雞乾馬兌巳頭艮虎離猪爲殺曜塚宅逢之一但休〉『옥룡자유산록』에도 '영광에 아룡도강형兒龍渡江形의 명당이 있는데, 열 번 묘를 써도 열 번을 모두 파낸다'란 글이 있다. 이곳을 찾아보면 내룡이 병오방丙午方에서 왔는데, 주변 산세를 보아 묘의 좌향은 십중팔구 해향亥向을 놓을 수밖에 없다. 병오룡에서 해향을 놓으면 용상팔살에 해당됨으로 열 번의 묘를 써도 모두 패절해 파낸다는 뜻이다. 그럼으로 『손감묘결』의 저자는 '용상팔살'의 내용을 모르는 사람이었거나 또는 현장에서 미처 생각지 못한 것으로 생각된다.

『손감묘결』에 득수와 파 그리고 좌향이 기록된 21개의 용혈도는 표16과 같다. 이 결록의 내용을 분석하면, '88향법'과 비교해 길한 좌향은 15개(71%)이고 흉한 좌향은 6개(29%)로, 대체로 향법에 맞

**표16** 용혈도에 나타난 좌향

| 군현 | 물 형 | 용혈도에 나타난 결록 내용 | | | | | | 88항법에 의한 판단 | | |
|---|---|---|---|---|---|---|---|---|---|---|
| | | 來龍 | 水流 | 得水 | 破 | 坐向 | 吉凶 | 正向法 | 坐向 | 得水吉凶 |
| 양주 | 일등대지혈 | 癸丑 | 左旋 | 甲卯 | 丁未 | 子坐午向 | 吉 | 自旺向 | 丙午向 | 귀인수 |
| | 대덕산혈 | 坤龍 | 左旋 | 壬·亥 | 丑 | 艮向 | 凶 | 自旺向 | 午坐子向 | 절태수 |
| 광주 | 쌍령산혈 | 庚酉 | 左旋 | 乙 | 辰 | 庚坐甲向 | 吉 | 自旺向 | 酉坐卯向 | |
| 양지 | 쌍령산혈 | 庚酉 | 左旋 | 壬子·癸 | 辰 | 庚坐甲向 | 吉 | 自旺向 | 酉坐卯向 | 귀인관대수 |
| | 정악산혈 | 庚酉 | 右旋 | 坤 | 辰 | 亥坐巳向 | 吉 | 自生向 | 亥坐巳向 | 임관수 |
| 안성 | 덕성산혈 | 卯龍 | 左旋 | 丙午 | 戌 | 甲坐庚向 | 吉 | 自旺向 | 酉坐卯向 | 귀인수 |
| | 와룡포무형 | 卯龍 | 右旋 | 艮寅 | 戌 | 巳坐亥向 | 吉 | 自生向 | 巳坐亥向 | 임관수 |
| | 삼승예불형 | 庚酉 | 右旋 | 巽巳 | 丑 | 庚坐甲向 | 凶 | 自生向 | 申坐寅向 | 병수 |
| | 서운산혈 | 卯龍 | 左旋 | 午·丁 | 戌 | 甲坐庚向 | 吉 | 自旺向 | 卯坐酉向 | 귀인관대수 |
| 부평 | 계양산혈 | 壬龍 | 右旋 | 坤 | 辰 | 亥坐巳向 | 吉 | 自生向 | 亥坐巳向 | 임관수 |
| 금천 | 금천혈 | 巽巳 | 左旋 | 坤申 | 丑 | 巳坐亥向 | 凶 | 自旺向 | 午坐子向 | 절수 |
| 공주 | 건마탈안형 | 壬子 | 右旋 | 坤申 | 辰 | 壬坐丙向 | 凶 | 自生向 | 亥坐巳向 | 병수 |
| | 화산혈 | 庚酉 | 左旋 | 坎·癸 | 辰 | 庚坐甲向 | 吉 | 自旺向 | 酉坐卯向 | 귀인관대수 |
| 원주 | 미덕산혈 | 丙午 | 右旋 | 艮寅 | 戌 | 丁坐癸向 | 凶 | 自生向 | 巳坐亥向 | |
| 비인 | 하심동혈 | 丑艮 | 右旋 | 辛·丙 | 丁 | 艮坐坤向 | 吉 | 自生向 | 艮坐坤向 | |
| 춘천 | 대룡산혈 | 卯龍 | 右旋 | 亥 | 丁未 | 甲坐庚向 | 凶 | 正生向 | 乾亥向 | 병수 |
| | 춘천혈 | 丙午 | 右旋 | 艮寅 | 戌 | 巳坐亥向 | 吉 | 自生向 | 巳坐亥向 | 용상팔살 |
| 철원 | 반룡토주형 | - | 左旋 | 丙 | 酉 | 艮坐坤向 | 吉 | 自生向 | 艮坐坤向 | |
| | 보개산혈 | 卯龍 | 右旋 | 亥·壬 | 庚 | 甲坐庚向 | 吉 | 胎向 | 甲坐庚向 | |
| | 심원사혈 | 卯龍 | 左旋 | 巽巳 | 戌 | 甲坐庚向 | 吉 | 自旺向 | 甲坐庚向 | 장생수 |
| 낭천 | 낭천혈 | 庚酉 | 左旋 | 坎·癸 | 辰 | 庚坐甲向 | 吉 | 自旺向 | 酉坐卯向 | 귀인관대수 |

게 놓았다고 할 수 있다. 여기서 흉한 좌향의 내용을 분석하면 아래와 같다.

**양주〔대덕산혈〕**

내룡의 입수가 곤신룡坤申龍이고 물이 좌측의 임 · 해방壬 · 亥方에서 도래해 축방丑方으로 빠지는데 곤좌간향坤坐艮向을 놓았다. 이 좌향은 물이 향을 감싸지 못한 좌득좌파左得左破에 해당하고, 또 간향은 향상으로 화국火局인데, 화국 내에서 임수壬水는 태수胎水요, 해수亥水는 절수絶水라 소위 절태수가 도래한다. 절태 득수는 살인황천수로 불임과 이혼의 흉수가 된다. 이 경우는 금국의 자왕향인 오좌자향午坐子向을 놓아 임관수가 좌선해 제왕수와 합쳐지도록 해야 한다.

**안성〔삼승예불형〕**

내룡의 입수가 경유룡이고 물이 우측의 손사방에서 도래해 축방으로 빠지는데 경좌갑향을 놓았다. 갑향은 향상으로 목국인데, 목국 내에서 손사 병수가 상당한 후 계축 관대방을 충파함으로 유년기의 총명한 자식이 상하고 집안의 부녀자가 상한다. 금국의 자생향인 신좌인향申坐寅向을 놓아야 임관수가 우선하여 양위로 소수하도록 해야 한다.

**금천〔금천혈〕**

내룡의 입수가 손사룡이고 물이 좌측의 곤신방에서 도래해 축방으로 빠지는데 사좌해향을 놓았다. 소위 절수가 상당上堂하는 병불입향病不立向에 해당된다. 자왕향인 오좌자향午坐子向을 놓으면 장생수가 우선해 쇠방衰方으로 소수하도록 해야 한다.

### 공주〔건마탈안형〕

내룡의 입수가 임자룡이고 물이 우측의 곤신방에서 도래해 진방 빠지는데 임좌병향을 놓았다. 소위 곤신 병수病水가 상당한 후 을진 관대방을 충파하여 유년기의 총명한 자식이 상하고 집안의 부녀자가 상한다. 자생향인 해좌사향亥坐巳向을 놓아 임관수가 양위로 소수하도록 해야 한다.

### 원주〔미덕산혈〕

내룡의 입수가 병오룡이고 물이 좌측의 간인방에서 도래해 술방으로 빠지는데 정좌계향을 놓았다. 물이 퇴신을 범해 초년에는 인정이 있으나 재물은 불리하다. 공명은 얻지 못하나 장수는 가능하다. 이 경우는 정생향인 신좌인향을 놓아야 한다.

### 춘천〔대룡산혈〕

내룡의 입수가 갑묘룡이고 물이 우측의 해방에서 도래해 정미방으로 빠지는데 갑좌경향을 놓았다. 소위 건해 병수가 상당한 후 정미 관대방을 충파하여 유년기의 총명한 자식이 상하고 집안의 부녀자가 상한다. 정생향인 건해향을 놓아야 한다.

또 좌향을 옳게 놓은 15개를 '88향법'에 맞춰 분석하면, 14개(93%)가 변국향인 자생향自生向이나 자왕향自旺向을 놓고, 1개만이 태향胎向을 놓았다. 내룡이 입수한 방위에 따라 좌향을 똑바로 놓는 경우가 8개(53%), 득수의 방위보다는 득수를 향상으로 구빈황천수로 맞이하기 위해 입수룡에서 좌향의 각도를 튼 변국향이 6개(40%)이고, 입수룡이 기록되지 않은 것이(철원-반룡토주형)이 1개(7%)이다. 여기서 내룡의 입수에 따라 좌향을 놓지 않고, 득수의 방위를 보아 향을 놓은 것이[의수입향依水立向] 5개가 된 점은 『손감묘결』의 저자가 '88향법'을 익히 알았다는 증거가 분명하며, 따라서 『손감묘결』이 이기풍수서란 점에 이의가 없을 것이다.

## 결론

인왕제색도仁王霽色圖는 비가 개인 뒤의 인왕산을 그린 진경산수화로 정선(鄭敾 1676~1759)만의 독특한 필법과 화풍이 상큼하게 드러난 명작이다. 정선 이전의 조선 화풍은 우리 산천이 아닌 막연한 중국의 자연과 그들의 문학에 담긴 이상 세계를 표현한 산수화가 주류였다. 정선은 이런 고전적 규범의 답습을 탈피하고, 우리 주위에서 친숙하게 대할 수 실경의 자연을 자기만의 독창적 기법으로 창조한 그림을 그렸다.

인왕제색도는 화면의 무게 중심을 중간의 나무숲에 둔 채, 의연한 양감量感이 강조된 주봉은 밑에서 올려다보고 은자가 머물 듯한 가옥은 위에서 내려다보는 삼원적 구도로 그렸다. 그 결과 가옥과 중앙의 산능선 그리고 주봉 사이를 비록 공백으로 처리했으나 보기에 따라서는 마치 안개가 피어오른다는[연무煙霧] 착각을 싱그럽게 선사한다. 하지만 내려다본 가옥 부분을 가린 채 감상한다면, 이제는 공간이 연무가 아니라 산중턱을 흘러가는 운무雲霧처럼 보인다. 그렇다면 화면에 나타난 변화와 활력은 사정없이 약해져 버린다. 이처럼 화면에 자연의 생명력과 변화무쌍함을 가득히 불어넣은 탁월한 시각적 구도는 조선 화풍을 한 차원 끌어올렸다.

한국의 풍수학도 고려와 조선시대를 통틀어 중국의 풍수서에 의존했고, 그 이론을 한국의 자연에 투영해 혈을 찾는 방법만이 이어져 왔다. 풍수학의 계승도 스승 풍수가의 정신적, 기술적 술법을 평생에 걸쳐 이어받아 그 방식대로 후학에 전수하는 인간적 교류에 의한 도제 관계徒弟關係로 이루어졌다. 이에 혈을 찾는 방법과 과정이 한두 명의 제자에게만 전승되다 보니, 어느 지방에 어떤 명당 · 길지가 있으며 또 어느 명당에 묘나 집을 지어 부귀영화를 누렸다는 풍수 설화만이 무성하고 정작 내용과 위치에 대한 자료는 천기누설天機漏泄로 보아 함구해 왔다. 『옥룡자유산록』도, '同父母 親兄弟도 非人不傳하라. 殃禍은 如差하고 神機누설되나이라' 하였다.

그 결과 풍수학의 대중화는 요원한 일이 되고, 또 혈을 되찾는 노력을 했다거나, 한국의 향토성 짙은 산야에서 우리 나름의 혈을 찾는 풍수론을 독창적으로 연구, 개발한 실적도 희귀하다. 이런 척박한 한국 풍수계에서 우리 산하에 숨겨진 명당 · 길지를 주변의 산천과 함께 그림으로 그려 전한 『손감묘결』은 한국 풍수학에서 대단히 중요한 위치를 점한다. 풍수사의 금기 사항인 천기누설일 뿐만 아니라 행여 천장지비天藏地秘한 길지가 악인에 의해 무참히 훼손당할 위험도 있기 때문이다. 그럼에도 불구하고 『손감묘결』은 각 군현에 전하는 218개의 길지를 직접 답산한 후 주변 산세와 위치 그리고 풍수적 물형과 발복의 내용을 그림과 함께 자세히 수록해, 풍수학에 식견 있는 사람이라면 누구나 해당 길지를 찾아가 결록의 내용을 현장에서 확인 가능토록 하였다. 이것은 정선이 조선 회화의 원리를 한 차원 발전시켰듯이 『손감묘결』 역시 비전秘傳으로만 전수된 풍수학을 대중과 현장에까지 넓히는 데 커다란 공헌을 한 것이 분명하다.

『손감묘결』은 비록 물형과 소응에 대한 내용이 담겨 있지만 주류는 이기적 결록으로 일관해 용혈도에 부기하였다. 따라서 이기풍수학을 모른다면 결록을 해석하거나 옳고 그름을 판단하기 어렵다. 특히 내룡의 입수와 득수 그리고 파와 향에 대한 기록은 이기풍수학에 해박하지 못하다면 정확한 의미를 알 수 없고, 현대식 지도로도 해당 위치를 되찾지 못한다. 『손감묘결』에 대한 이기풍수학적 고찰은 다음으로 요약될 수 있다.

1)218개의 용혈도 중 이기풍수학적 결록이 57%인 124개나 되니, 이기풍수학에 바탕을 두고 현장을 기록한 풍수서로 볼 수 있다.

2)용혈도에 나타난 파가 각 국의 묘파墓破에 73%나 해당됨으로, 이기적 길지와 『손감묘결』 내의 길지가 조건 면에서 상당히 일치함을 보여준다.

3)혈장으로 입수된 내룡의 69%가 소위 12운성법으로 판단해 길룡에 속하니, 길지임을 전제하에 작성된 『손감묘결』의 내룡과 연관성이 상당히 깊다.

4)득수와 좌향이 수록된 길지도가 전체의 9.6%(21/218)에 이르고, 입수룡보다 득수의 원리에 따라 '88향법'에 맞게 좌향을 놓은 것이 15개나 되니, 저자는 이기적 향법에 밝았던 사람이 분명하다.

이에 『손감묘결』의 한문식 결록을 한글로 풀어쓰고, 또 풍수 용어에 대한 주해를 달고, 결록 내용을 상세히 감평한 것은 과거 조상이 남긴 귀중한 풍수적 메시지를 현대에 전하는 가교架橋의 역할이 되며, 나아가 한국 풍수학의 발전에 이바지하는 일이 될 것이다.

양주_"예부터 명당과 산삼은 똑같이 귀하고 신성한 것으로 여겨졌다."
과천_"아내는 어질고 아들은 효도하며 오복이 집안에 가득하다."
남양_"이성계는 자기의 태를 묻은 산이란 뜻에서 태행산이라 이름을 지었다."
적성/파주시 적성면_"사람과 재물이 풍성하게 모일 길지가 있다."
파주_"남녀 모두 오래 살고 발복이 오래도록 이어질 것이다."
양지/용인시 내사면_"반드시 신동이 태어나고 부귀가 집안에 가득하다."
가평_"한석봉이 민란의 평정을 기원하는 글을 써 산중에 묻었다."
안성_"풍수사가 인정하는 성지와도 같은 명당이 있다."
안산_"자식마다 발복하지만 셋째가 더욱 발달한다."
김포_"이 길지에 묘를 쓰면 13대에 걸쳐 정승 · 판서가 태어난다."
장단_"사람의 선망을 받거나 또는 재자가인才子佳人이 태어난다."
부평_"후손번창과 부귀를 기약하는 명당이다."
연천_"나라를 구할 인재가 배출된다."
죽산/안성시 죽산면_"정상에서 17번 국도를 향해 서진한 내룡에 혈이 맺혔다."
영평/포천군 영중면 영평리_"백운산은 세 곳 중 으뜸이요, 넷 중 가장 뛰어나다."
양근/양평_"자손이 총명하여 과거급제자가 끊어지지 않는다."
용인_"땅의 음기가 목욕이라 큰 발복을 기대하기 어렵다."
고양_"생기가 응집되지 못하는 터이다."
금천/서울시 금천구_"서쪽으로 20리 지점에 혈이 맺혔다."
삭녕/연천군 삭녕_"유학의 시조 같은 학자와 나라를 떠받칠 인재가 태어난다."

제1장

# 경기도

## ●옥녀단장형玉女端粧形

楊州東面下道加峴龍庚兌三十節壬坎入首子坐巽破玉女端粧形掛鏡案開穴四尺下必有生物龜屬其後五六年科甲多出七八代卿相之地. 穴下左右徐哥民塚有三焉

### 용혈도

양주 동쪽 아래의 가현加峴(덧고개)에서 출맥한 용맥이다. 용맥이 경태방庚兌方에서 30절節이 뻗어와 임자룡壬子龍으로 입수入首하니 혈은 임자룡壬子龍에 맺혔다. 우측에서 상당한 물이 손방巽方으로 소수消水[破]하니, 옥녀단장형玉女端粧形으로 괘경안掛鏡案이다. 혈처를 4자[尺] 깊이로 파면 아래에 반드시 산 거북이 있을 것이다. 그곳에 장사 지낸 후 5~6년이 지나면 장원 급제하는 후손이 여러 명 나와 7~8대에 걸쳐 재상이 배출될 터이다. 혈 아래의 좌우측에는 서씨 성을 가진 평민 묘民墓가 3기나 있다는 말이 있다.

### 주해

| 옥녀단장형玉女端粧形 옥녀가 화장하는 물형국으로 옥녀가 머리를 손질하는 옥녀산발형玉女散髮形과 같은 물형국이다. 주변에는 화장에 소용되는 거울, 분갑, 기름병油瓶 등을 닮은 사砂(산봉우리)나 바위 또는 지형물이 있어야 한다. 사람들이 우러러보는 인재나 미인 혹은 한림학사가 태어날 터라고 한다.(『조선의 풍수』)

| 가현加峴 현재의 '덧고개'를 가리킨다. 남양주시의 천마산에서 남진한 용맥이 백봉으로 솟아나기 전 몸을 낮추고 움츠린 곳이며 46번 도로와 만난다. '더할 가加'의 한글식 표기가 '덧'이다. 현재는 덧고개 아래로 마치터널이 뚫려 있다.

| 용龍 산에서 들과 내 쪽으로 뻗어간 산줄기를 가리키며, 일어섰다 엎드렸다 하며 달려가는 모습이 마치 구름 속에서 풍운조화를 일으키며 꿈틀대는 용과 같다고 보았다.

| 경태庚兌 풍수지리학은 24방위를 쓰고 주역은 8방위 즉 팔괘 방위를 쓴다. 팔괘 중 태兌방은 풍수학의 경庚 · 유酉 · 신辛 세 방위이니, 서쪽에서 동쪽으로 뻗어온 용맥을 가리킨다. 따라서 경태庚兌는 경유庚酉라 생각함이 타당하다.

| 방 위 | 북 | 북동 | 동 | 남동 | 남 | 남서 | 서 | 북서 |
|---|---|---|---|---|---|---|---|---|
| 24방위(풍수학) | 壬子癸 | 丑艮寅 | 甲卯乙 | 辰巽巳 | 丙午丁 | 未坤申 | 庚酉辛 | 戌乾亥 |
| 8방위 (주역) | 감(坎) | 간(艮) | 진(震) | 손(巽) | 이(離) | 곤(坤) | 태(兌) | 건(乾) |

| 절節 용맥은 곧게 뻗지 않으면서 요리저리 방향을 바꾸는데, 그때마다 땅의 기운(지질적 조건)은 달라진다. 입수의 방위가 같은 한 마디의 내룡來龍을 말한다.

| 손파巽破 파破는 혈장의 지형과 지질을 변화시킨 양기陽氣(바람과 물)가 순환궤도 상 빠져나가 더 이상 영향을 미치지 않는 경계점 즉 수구水口의 방위를 혈장에서 패철로 판단한 방위 값이다. 손파는 양기가 동남방으로 빠지며, 4대국으로 말하면 수국水局에 해당한다.

| 괘경안掛鏡案 안산案山이 벽에 거울을 걸어 놓은 형상으로 혈장 앞에 절벽이 있는 경우이다. 안산은 혈장 앞에 낮게 엎드린 산으로 혈장으로 부는 살풍殺風을 막아준다.

| 4척四尺 1자尺는 현재 30.3cm이나 옛날에는 22~23cm이었다. 약100cm 정도이다.

| 과갑다출科甲多出 조선시대에는 매 과거 때마다 33명의 급제자를 뽑았다. 그 중에서 갑과甲科 3명을 장원壯元이라 부르고, 을과乙科 7명, 병과丙科 23명을 선발했다. 따라서 과갑科甲은 과거시험에서 장

원으로 급제함을 뜻한다.

| 묘적산妙積山 현재 남양주시 와부읍의 주산인 백봉(589m)을 가리킨다. 백봉은 옛날에 묘적산妙寂山이라 불렸고, 현재도 신라 문무왕 때 원효대사가 창건했다는 묘적사가 있다. 따라서 혈처는 묘적사가 위치한 남양주시 와부읍 월문리 묘적 마을의 부근이다.

**감평**

한반도의 중심뼈대를 이룬 백두대간은 분수령(금강산 위쪽)에서 한북정맥漢北正脈을 낳았는데, 이 정맥은 남진하면서 대성산(1175m)→광덕산(1046m)→운악산(936m)으로 장엄하게 솟구치며 강원도와 경기도 북쪽으로 뻗어 오다 한강을 만나 긴 여정을 마친다. 그 결과 양주 땅은 모두 한북정맥을 뼈대 삼아 형성된 지형으로 산자수명한 고장이다. 운악산에서 남진한 용맥은 포천의 주금산(813m)을 지나 남진을 계속하더니 철마산에서 머리를 동쪽으로 돌려 과라리고개를 지났고, 다시 남진해 천마산天摩山(812m)으로 솟아났다. 전설에 따르면, 사냥을 나온 이성계가 산이 높고 험준함을 보고, "사람이 가는 곳마다 청산은 수없이 있지만 이 산은 푸른 하늘에 홀笏(벼슬아치가 임금을 만날 때에 손에 쥐던 물건)이 꽂힌 것 같아 석자만 더 길었으면 가히 하늘을 만질 수 있겠다手長三尺可摩天"라고 한데서 천마산(하늘을 만질 수 있는 산)이란 이름을 얻었다. 천마산은 남쪽에서 보면, 달마대사가 어깨를 쫙 펴고 앉은 듯한 형상인데, 그곳에서 다시 남진한 용맥은 덧고개를 지나 백봉으로 기세를 가다듬었다. 백봉은 옛 지명이 묘적산으로, 묘적사란 유명한 절이 있다. 이 절은 조선시대에 스님들이 무과에 대비해 훈련장으로 이용했고, 인근의 묘적 계곡은 호젓하고 분위기가 단아해 사람들이 즐겨 찾는

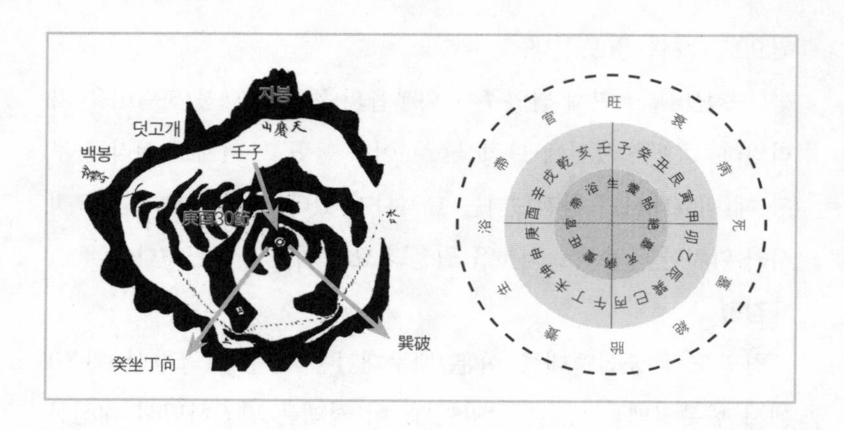


다. 백봉에서 남동진한 용맥은 묘적사의 뒷산에서 한 지맥을 남진시켰는데, 좌우로 요동치며 일어섰다 엎드리기를 반복하더니 묘적계곡의 물을 만나 생기를 응집시켰다.

가현加峴은 현재 '덧고개'이고, 묘적산에서 30여 절을 동진한 간룡[幹龍, 庚兌龍]에서 가지 치며 남진한 지룡[支龍, 壬子龍]에 혈이 맺혔는데, 혈장에서 보아 물은 손파巽破이다. 이곳은 '옥녀가 화장하는 형국玉女端粧形'으로 앞쪽에는 거울을 걸어 놓은 듯한 모양의 절벽[괘경안掛鏡案]이 있고, 혈을 잡은 후 땅 속으로 4자(약 100cm)를 파면, 반드시 살아 있는 거북이 있다고 하였다. 거북은 신령스런 동물이고 혈이 응집한 땅속은 온기가 있으니, 아마도 겨울잠을 자던 남생이가 깜짝 놀라 큰 눈을 꿈적거리지는 않을까 싶은데 모를 일이다. 그렇다고 땅속을 정말 판다면 풍수사가 오히려 벌을 받는다. 아프리카의 초원을 생각해 보자. 배고픈 사자가 영양의 목을 물어 죽인다면 영양에겐 미안하지만 어쩔 수 없는 자연의 섭리이다. 하지만 장난으로 영양을 죽인다면 그것은 악惡으로 자연 생태계에서는 절대로 일어나지 않는 일이다. 마찬가지로 단순히 명당의 진위를 알아볼 욕심으로 땅을 판다면 그것은 장난삼아 땅을 죽이는 일이니, 양식 있는 풍수사라면 당연히 삼갈 일이다. 오랜 세월 적덕한 사람이 나타나 묻히고자 한다면 땅은 기쁜 마음으로 자기를 내어 준다. 그렇다면 못된 인간도 돈만 많으면 유명한 풍수사를 고용해 부귀영화를 누릴 큰 명당을 차지할 수 있을까? 얼토당토아니한 말이다. 왜냐하면 사람이 땅을 선택할 수 있는 것이 아니라 땅이 사람을 가려서 자기를 내어 주기 때문이다. 악인에게는 흉지를 명당으로 착각케 해 패가망신을 유도하고, 착한 사람에게는 정도에 맞는 명당이 스스로 찾아와 웃는 얼굴로 맞이한다. '적덕한 사람은 길에서도 명당을 얻고, 악인은 명당을 밟고 있어도 모른다.'는 풍수 격언은 예나 지금이나 변함없는 진리이다.

이곳은 손파巽破이니 수국水局이고, 이때에 임자룡壬子龍은 12포태胞胎 상 수국의 장생룡長生龍에 해당한다. 장생룡은 땅의 형성 과정에서 아기가 태어나 집안에 경사가 난 것처럼 생기가 왕성한 진룡眞龍에 해당한다. 견고한 지질은 고운 입자로 이루어진 흙으로 비석비토非石非土라고 한다. 내룡(입수)이 생기를 품었으니 안장하면 크게 발복할 터이다. 이 경우 물은 수국의 절위 손파絶位巽破이고 자연이 우선수右旋水(물이 오른쪽에서 왼쪽으로 흐름)로 흐르니, 수국의 정양향正養向인 계좌정향癸坐丁向을 놓아야 정법이다. 향向이란 혈장 주변을 흘러 다니며 지형과 지질을 변화시키는 양기(특히 공기)의 순환궤도 상 가장 길한 것을 선택하는 풍수적 방위로, 향이 좋아야 생물체는 건강하고 결실도 크게 맺는다. 향법은 청나라의 조정동趙廷棟이 지은 「지리오결地理伍訣」에 의해 88향법으로 공식화되어 있다. 매우 간단한 논리 체계로 이루어져 있으며, 혈장의 모양에 맞춰 안장

安葬을 제대로 하는 방법으로도 뛰어나다. 향법에 맞춰 묘를 쓴다면 봉분의 잔디도 무성히 잘 자란다. 조상의 묘 중 잔디가 듬성듬성 자라는 묘가 있다면 좌향이 잘못 놓인 경우가 흔하니 고쳐 잡아 줘야 한다. 삼합연주三合連珠(용 · 향 · 수구가 제대로 짜짐)로 귀인이 말을 하사 받아 임금이 다니는 길을 타고 다닌다貴人祿馬上御街. 후손과 재물이 풍성하고, 공명현달하며 남녀 모두가 장수하는데 장남, 중남, 삼남이 모두 발복하지만 셋째가 더욱 발달하고 딸들도 모두 뛰어나니 88향 중 제일로 길향이다. 외손 발복은 대개 이 향의 발복에 기인하니, 딸만을 두었다면 가려서 정양향을 놓아야 좋다.

또 장사 지낸 후 5~6년이 지나면 장원급제하는 후손이 여러 명이 나와 7~8대에 걸쳐 재상이 배출된다고 한다. 풍수학은 주위 산들의 모양과 방위를 살펴 인물을 평가하는데, 자방子方의 산은 풍수학에서 천첩天疊이라 부른다. 따라서 자子방에 우뚝 선 천마산은 고위 공직자를 배출할 산이고, 오방午方에 표시된 예봉산은 태마太馬로써 운수업자를, 병방丙方의 운길산은 태미太微로써 후손 중에 훌륭한 과학자가 태어날 산으로 본다. 옛날에는 과거급제 후 관직이 높아지는 것만을 최고로 여겼으나, 현대는 다른 직종도 높은 사회적 지위를 누릴 수 있으니 발복의 내용을 현대적으로 해석한 것이다. 혈장 아래에는 보통 혈의 생기가 앞쪽으로 빠져나가지 못하도록 막는 전순氈脣이 있는데, 본 용혈도는 혈장 좌우측에 서씨 성을 가진 평민의 묘가 3기나 있다고 전한다.

## ●유어농파형遊魚弄派形

楊州渴魚肥店後大川邊盤石上遊魚弄波形乾左之地洪遂安家用之失穴

### 용혈도

양주 갈어비점渴魚肥店의 뒤쪽 큰 냇가의 반석 위에 유어농파형遊魚弄波形의 길지가 있다. 하늘이 도울 터이다. 홍수안洪遂安의 집안에서 이미 묘를 써 혈을 잃어버렸다.

### 주해

| 갈어비점渴魚肥店 양주시 광적면 가납리에 가래비장터(갈어비→가래비)라는 지명이 있다.

| 반석상盤石上 대야처럼 넓은 바위 위쪽에 혈이 여러 개 맺혔다. 혈 아래에 넙적한 바위가 있다면 전순에 해당되고, 생기가 혈의 앞쪽으로 빠져나가지 못하게 막는 역할을 한다.

| 유어농파형遊魚弄派形 물고기가 강물 위로 뛰어오르는 형국이다. 꼬리 부분에 혈이 맺힌다.

| 건좌지지乾左之地 건좌乾左를 건좌乾佐로 해석하면 '하늘이 도운 길지'란 뜻으로 해석된다.

**감평**

혈장은 양주시 광적면 가납리 가래비 마을 부근이다. 용혈도를 보면 혈장 앞에 냇물이 고인 보洑가 보이는데 냇물은 신천의 지류이다. 풍수학은 혈장 앞에 자연스럽게 고인 물을 선저수漩渚水 혹은 진응수眞應水라 부르며 그 물만큼 재물과 곡식이 창고에 쌓인다고 본다. 또 진응수는 가뭄에 마르지 않는 샘으로 안동에 이와 관련된 일화가 전해온다. 안동시 법흥동에 소재한 임청각(臨淸閣, 보물 제182호)은 1515년 형조좌랑을 지낸 이락李洛이 건립한 양반주택으로, 특히 임청각 내에 있는 별당형 정자를 군자정이라 부른다. 이 집은 예로부터 삼정승이 태어날 길지라는 전설이 전해지고, 정승이 태어날 북동방의 방을 특별히 영실靈室이라 부른다. 안내판에는 일제 때에 독립운동가였던 이상용李相龍 선생이 태어난 곳이라 적혀 있다. 임청각은 이미 두 사람의 정승을 배출했는데, 모두 다른 곳으로 시집을 간 딸들이 그 방에서 해산해 낳은 자식들이라고 한다. 이유는 방 앞뜰에 있는 마르지 않는 샘, 즉 영천 때문이다. 진응수인 영천은 부귀를 관장하는 까닭에 정승을 낳았고, 물은 대체로 여자를 덕 되게 하니 이 집에서 태어난 여자만이 복을 받는다고 한다. 하지만 이 집의 대를 잇는 남자들에게는 그러한 발복이 나타나지 않았다.

이곳은 어느 산에서 출맥한 내룡이 어느 방위에서 뻗어와 혈을 맺었는지, 또 그 땅을 변화시킨 양기가 어느 방위에서 득수하여 어느 방위로 소수하는지에 대한 내용이 없다. 따라서 혈처의 길흉을 제대로 평가하긴 어렵다. 하지만 현재도 양주시 광적면 가납리에 가래비장터라는 마을이 있고, 그곳은 한탄강으로 유입되는 신천의 상류 지역이다. 그럼으로 도락산(440m)에서 서진한 용맥이 신천의 지류를 만나 생기를 응집한 혈이라 생각된다. 홍수안의 집안에서 이미 묘를 썼다고 했으나, 『양주군지』를 비롯한 여러 책자에 홍수안이 누구인지에 대한 기록은 보이지 않는다. 『손감묘결』의 다른 용혈도에 사람 이름을 거명할 때면 벼슬 명을 함께 붙였다. 그런데 그는 그저 '홍수안洪遂安'이라 했으니, 홍수안이 저자와 친한 사이였거나 또는 벼슬이 그 아래인 사람이라 추측된다.

## ●양주혈楊州穴

楊州東三十里右旋丑龍艮坐坤向子坐午向甲卯水丁未破東有井南有平田北巖石明堂闊掘三尺五色土一等大地. 丑來艮作兌宮臍穴前後重疊山川融結金庚魚帶玉荷牙笏山顧水曲捍門高峙龍後尖虎圓峰大江曲抱邑內二十里注乙之上自城内至退溪院葛葉形兌宮一作乾宮. 一本水落龍岩在左白虎案外有回峰水流其前面又流出外案之外龍後泉峴右龍岩水落鳩峰左有星飛谷

### 용혈도

양주 동쪽 30리 지점에 우선右旋한 축룡丑龍에 두 개의 혈이 맺혔는데, 좌향은 간좌곤향艮坐坤向과 자좌오향子坐午向이다. 갑묘방甲卯方

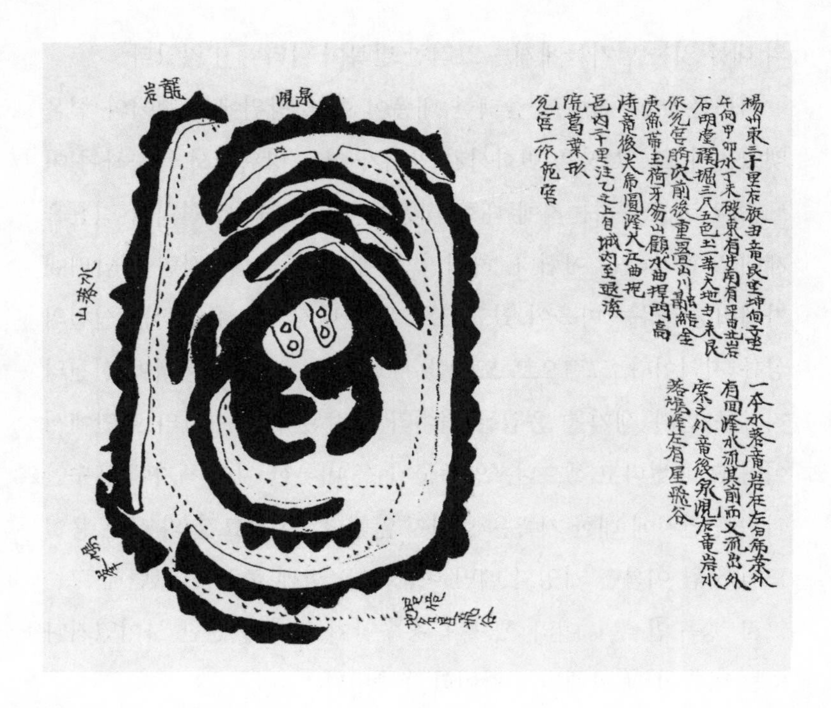

에서 득수해 정미방丁未方으로 소수한다. 동쪽에는 우물이, 남쪽에는 평편한 밭이, 북쪽에는 암석이 있는데, 명당은 넓으면서 움푹 파였다. 3자를 파면 오색 흙이 나올 것이니 일등 대지이다. 내룡은 축방丑方에서 뻗어와 간인룡艮寅龍에 태궁兌宮 배꼽 같은 혈이 맺혔다. 전후에 산천이 중첩해 융결됐는데, 금어대金魚帶 · 옥하玉荷 · 아홀牙笏 같이 생긴 산들이 돌아보고 물은 굽어 흐른다. 높은 고개가 수구를 막고 섰는데, 청룡 뒤는 뾰족하고, 백호는 둥근 봉우리이다. 큰 강이 읍내邑內를 껴안은 채 20여리 지점의 주을동注乙洞 위쪽의 성내城內에서부터 시작해 퇴계원에 이르기까지 흐르는데, 그 모양이 칡덩굴과 같으며 태방兌方에서 건방乾方으로 흐른다. 또 다른 말에 따르면, 수락산과 용암산이 왼쪽에 있고, 백호 안산 밖에 봉우리를 돌아 흐르는 물이 있고, 그 전면에는 물이 또 흘러 나간다. 바깥 안산의 바깥 청룡의 뒤쪽에는 천현泉峴이 있고, 오른쪽에 용암산과 수락산과 구봉鳩峰이 있고, 왼쪽에는 성비곡星飛谷이 있다.

**주해**

| 오색토伍色土 풍수학에서 생기가 가장 왕성한 흙이다. 돌처럼 단단해 보이나 만져 비벼대면 밀가루처럼 고운 입자로 부서지는 흙이다. 흙 속에 오방색(황색, 적색, 청색, 흰색, 검정색)이 섞여 있으면 더욱 귀한 흙으로, 명당에만 그런 흙이 존재한다.

| 태궁제혈兌宮臍穴 태궁兌宮은 서방에 해당하고, 제혈臍穴은 혈장의 모양이 배꼽처럼 오목한 모양을 말한다.

| 금어대金魚帶 돈부墩埠가 길게 굽어진 산으로 수구에 있어야 마땅하다.

| 옥하아홀玉荷牙笏 옥하玉荷는 연꽃이 핀 것과 같은 모양의 산세이다. 홀笏은 제사나 의례를 행할 때 만조백관이 두 손에 맞잡은 패로, 식순式順이 적혀 있다. 옥으로 만든 홀처럼 생긴 지형물을 가리킨다.

| 한문捍門 수구의 양측에 대치해 문호門戶를 지키는 산. 형태가 깃발, 북, 문文, 무武, 일월, 귀인, 천마天馬, 북극성, 거북, 뱀을 닮은 것이 으뜸이고, 한문이 있으면 공경公卿, 군주, 왕비, 장원이 태어난다.

| 주을注乙 남양주시 별내면 화접리의 옛 지명으로, 주을내 가에 형성된 마을이라 '주을동'이라 불렀다.

| 좌유성비곡左有星飛谷 좌측에 성비곡星飛谷이란 지명을 가진 곳이 외수구이다.

**감평**

경기도 북부의 땅을 형성한 한북정맥은 의정부시의 용암산에 이르러 두 갈래로 용맥이 갈라진다. 서남방으로 뻗은 용맥은 깃대봉→숫돌고개→수락산을 지나 중랑천에 다다르고, 동남방으로 뻗은 용맥은 수리봉→천겸산→퇴뫼산을 지나 왕숙천에 다다른다. 이곳은 양쪽 용맥이 감싸 안은 곳으로, 양주에서 동방으로 30여 리 떨어졌다. 두 개의 혈이 좌우로 맺혔는데, 좌향(좌는 머리 쪽 방향, 향은 다리 쪽 방향)을 놓으면 곤향坤向(남서방)과 오향午向(정남방)이다. 이곳의 지형과 지질을 변화시킨 양기의 흐름을 살피면, 갑묘방甲卯方(동방)에서 시작해 정미방丁未方(남남서방)으로 빠져나간다. 혈 주변을 살펴보니 동쪽에는 우물이 있고 남쪽에는 평편한 밭이, 북쪽에는 암석이 있는데, 명당(혈 앞의 평편한 땅)은 넓으면서 움푹 파였다. 3자를 파면 오색토가 나올 것이니 천하의 대지이다.

풍수 격언에 '옆구리에 패철을 차고 다니면 길양식이 걱정 없다'는 말이 있다. 조상의 묘 터가 좋아야 자손이 잘산다는 풍수사상이 세상에 널리 퍼져, 패철만 소지해도 명 풍수라 여겨 대접을 푸짐하게 받기 때문이다. 한번은 어느 지관이 장사 일을 거들며 겪었던 일을 털어놓았다. 선산에 오르니 청룡과 백호가 좌우측을 아늑하게 감싸 안았고, 앞쪽에는 안산이 나지막하게 자리를 잡아 경관이 수려하였다. 대뜸 '명당입니다' 하고 말해 놓고 보니 어디로 장지를 잡을지 난감하였다. 주산의 생김새를 살펴보니 주봉이 약간 좌측으로 기울어져 있어 장지는 용맥의 좌측으로 잡고, 좌향은 조산의 봉을 바라보며 땅을 파라고 하였다.

그런데 한 자를 조금 넘게 땅을 팠을 때다. 갑자기 굴착기 삽이 드르륵 긁히며 바위에서 불꽃이 튀겼다. 땅속이 바위로 이뤄진 곳은 풍수적으로 기가 세어 흉한 터이다. 상주의 얼굴이 순식간에 잿

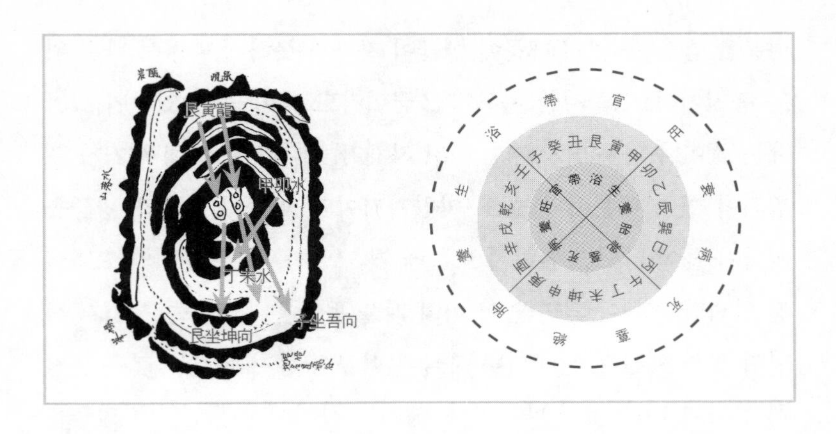


빛으로 변하며 지관의 얼굴을 쏘아보았다. 지관 역시 등에는 식은 땀이 흐르고 손에는 땀이 배었다. 지관은 뭔가 변명을 해야 되겠다고 생각하였다. "야외로 놀러 가면 바위에 앉아 놀지요. 고인은 사시사철 바위에 누어 지낼 수 있으니 이곳이 바로 명당입니다." 그 말을 들은 상주의 얼굴에 다시 핏기가 돌고, 곧이어 바위 깨는 소리가 요란하였다 한다. 그렇다면 지관의 말처럼 광중에 바위가 있으면 진짜 명당일까? 아니다. 바위가 있으면 흉지이니 다른 곳을 찾아야 한다.

풍수학이 찾는 명당은 산을 타고 흐르는 지기地氣가 물을 만나며 응집된 곳으로, 보통 혈이라 부른다. 천 리를 달려온 용맥도 겨우 한 평 남짓한 혈을 맺는데, 그곳은 생기가 최대한도로 응집된 곳이다. 그렇다면 생기란 무엇인가? 생기는 만물을 창조하고 길러 내는 기운으로 물, 온도, 산소, 양분, 빛 등이 복합된 개념이다. 만약 그 중 하나라도 불충분하면 생물은 태어나 자라지 못하니 필요충분조건이 맞아야 생기의 역할이 가능하다. 자연 상태라면 빛을 제외한 생기적 요소는 흙만이 품을 수 있다. 바위는 생기 요소 중 물과 산소,

양분을 품을 수 없기 때문에 생물이 자라지 못하며 따라서 바위 위는 흉지이다. 그렇지만 바위에 조금이라도 흙이 묻어 있다면 그곳에는 풀이나 나무가 자란다. 바위 자체가 아니라 흙 속에 생기가 포함되어 있기 때문이다. 물도 마찬가지이다. 매장하기 위해 광중을 파다가 물이 나오면 흉하게 보는데 왜 그럴까? 물은 생기의 요소이긴 하지만 겨울이 되면 얼어 버려 겨울 동안은 온도라는 생기가 적합지 못하게 된다. 남극이나 북극에 식물이 살지 못하는 것은 순전히 온도가 너무 낮기 때문이다. 생기는 사시사철 끊임없이 만물을 키워 낼 수 있는 기운인데, 물이 솟거나 아래로 수맥이 흐른다면 기후 조건에 따라 생기가 끊어질 수 있고 그 결과 그곳에 사는 생물은 죽고 만다. 따라서 물이 많은 곳도 명당이 아닌 흉지이다.

우리는 명당에 묘를 쓰면 자손이 부귀영화를 누린다는 것만 생각했지, 땅에 존재하는 명당의 환경은 도외시했다. 새나 짐승이 알이나 새끼를 낳은 곳이나, 겨울에 눈이 빨리 녹는 곳이나, 바람이 포근해 오래도록 머물고 싶은 곳을 추상적으로 명당이라 여겼을 뿐, 기후에 관계없이 생물이 자랄 수 있는 온기 있는 흙이 있는 곳이란 사실은 까맣게 몰랐다. 명당의 흙을 혈토穴土라 부르는데, 보통 비석비토이고 오색이 윤기 있는 곳이다. 모래나 돌이 조금도 석이지 않은 완벽한 상태의 흙덩어리이다. 삽으로 떠내면 돌같이 딱딱하지만 손으로 비벼 대면 습기가 기분 좋을 정도로 적당하고 밀가루보다 더 곱게 부서지며 미끈미끈하다. 속에는 좁쌀만 한 돌멩이 입자도 없어 물에 타서 흔들어 놓으면 부연 상태가 오래도록 지속된다. 밀폐된 유리상자에 담아 두면 바깥 기온에 따라 습기를 내뱉었다 빨아들였다 하여 숨을 쉬는 것을 볼 수 있다.

내룡은 축방丑方(북북동방)에서 뻗어와 간인룡艮寅龍(북동방)에 태방으로 배꼽 모양의 혈[臍穴]을 맺었다. 혈의 앞과 뒤는 산천이 중첩해 융결되었는데, 금어대金魚帶 · 옥하玉荷 · 아홀牙笏같이 생긴 지형물이 돌아보고 물은 굽어 흐른다. 수구는 높은 고개가 막아섰고, 청룡 뒤는 뾰족하고, 백호는 둥근 봉우리이다. 큰 강(왕숙천)은 읍내邑內를 껴안은 채 20리 지점의 주을동注乙洞 위쪽 성내城內로부터 시작해 퇴계원에 이르기까지 칡덩굴처럼 흐르는데, 경유방庚酉方(서방)에서 건해방乾亥方(북서방)으로 흐른다. 다른 말은 수락산과 용암산(476m)이 왼쪽에 있고, 백호 안산 밖에 봉우리를 돌아 흐르는 물이 있고, 그 전면에는 물이 또 흘러 나간다. 안산의 바깥 청룡의 뒤쪽에는 천현泉峴이 있고 오른쪽에 용암산과 수락산과 구봉鳩峰이, 왼쪽에는 성비곡星飛谷이 있다.

이곳에서 우측의 내룡은 좌선수左旋水이고 갑묘 제왕수甲卯帝旺水가 상당(上堂, 혈 앞쪽으로 흘러옴)해 정미 묘방丁未墓方으로 물이 빠지니, 목국의 자왕향自旺向인 자좌오향子坐午向을 놓으면 생래회왕生來會旺으로 발부발귀하고 오래 살고 후손이 크게 번창한다. 이때의 내룡은 임자 임관룡壬子臨官龍이거나 건해 제왕룡乾亥帝旺龍이 진룡(眞龍, 혈을 간직한 내룡)이고, 정방丁方에 솟은 구봉鳩峰은 장수하며 문과 급제가 끊이질 않을 것이다. 또 좌측의 내룡은 우선수右旋水이고 양기가 정미방丁未方으로 소수하니 목국의 자생향自生向인 간좌곤향艮坐坤向을 놓으면 수국의 양위養位를 충파한다고 하지 않으며 부귀하고 장수하고 후손이 흥왕한다. 또 용혈도 상에서 계축룡이 뻗어와 간인룡에 혈을 맺었다면 수국과 정미파인 목국에서 계축룡은 12포태 상 생기를 장하게 품은 관대룡으로 길하나, 간인룡은 수맥이 흐르는 물구덩이라서 흉한 내룡이다. 『손감묘결』의 다른 용혈도를 보면 이기풍수 상 4대국의 목욕룡에 해당하는 곳을 대지大地라고 소개하는 것이 또 있으니, 혈로 입수된 내룡의 지기를 이기적으로 판단하는 방법이 현재와 달랐거나 풍수사가 이기풍수론에 밝지 못한 채 결록을 작성한 것이라 볼 수 있다.

## ● 차유령혈車踰嶺穴

楊州北三十五里車踰嶺左旋南向四五穴佛國山雙薦貴人爲案. 坡州接界巨門川近處穴下多有人家忽然大火起盡燒其家移居青龍內占葬之後不過一年多出科甲地名柳浦

### 용혈도

양주 북쪽 35리 지점에 차유령車踰嶺이 있고, 그곳에 좌선하는 내룡에 남향을 놓은 혈이 4~5개가 있다. 불국산의 우뚝 선 쌍봉이 안산으로 바라보인다. 파주와 경계 지점인 거문천巨門川 근처에 혈이 맺혔다. 혈 아래에 여러 집들이 있었으나 홀연히 큰 화재가 나 집들이 모두 불타자 사람들은 이사를 갔다. 그때 죽은 사람을 청룡 자락에 장사 지냈더니 불과 1년 만에 다수의 장원급제가 배출되었다. 지명은 유포柳浦이다.

### 주해

| 차유령車踰嶺 양주시 광적면 효촌리에 있는 고개로 속칭 '수레너미고개'이다. 중국으로 가는 국도로 많은 수레가 왕래했기에 붙여진 이름이다.

| 불국산佛國山 양주시 주내면과 백석면 사이에 있는 산(470m)으로,

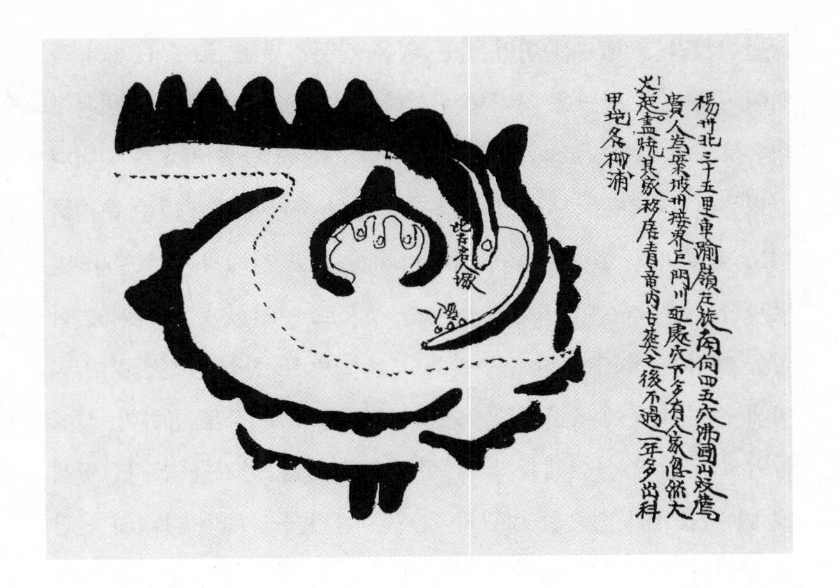


제일 상봉이 마치 투구와 같은 모양이라 투구봉이라 불린다. 산 아래에 가뭄에도 마르지 않는 약수가 있다.

| 쌍천귀인雙薦貴人 쌍천은 하늘을 찌를 듯이 우뚝 선 두 개의 봉우리를 말한다.

| 거문천巨門川 효촌리에 현재 '거미울'이란 마을이 있다. '울'은 '개울'처럼 작은 계곡에서 흘러나오는 물을 말하니 '천川'을 '울'로 해석하고, '거문'은 '거미'와 발음이 비슷하니 용혈도의 '거문천'은 현재 '거미울'이라 생각된다.

| 유포柳浦 유포라는 지명은 찾지 못했다.

### 감평

혈(명당)은 도대체 어떻게 찾아야 하는가? 『도선비기』에 이르기를, '우리 臣民(신민)되야, 精誠(정성)으로 求山(구산)하면, 첫째는 爲先(위선)이요, 둘째는 제 일이라. 다른 일은 求(구)하다가 아니하면 그만이지만 求山(구산)이라 하는 일은 잘못하면 亡家(망가)하리.'라 하여 일심으로 명당을 찾기를 주장하였다. 산삼은 냄새도 감미롭고 황홀하지만 그야말로 다 죽어가는 사람도 살릴 만큼 약효가 뛰어나 만병통치약이라 부른다. 명당 역시 하늘이 사람에게 내려준 운명까지도 바꿀 만큼 효험이 대단하다奪神功改天命고 전해져, 예로부터 명당과 산삼은 똑같이 귀하고 신성한 것으로 여겨졌다. 심마니는 산삼을 캐러 산에 가기 전 부부관계도 삼가며, 또 산삼은 산신령이 점지해 주기 때문에 좋은 꿈을 꾸고자 억지로라도 잠을 청한다. 산에 들어서는 곧장 산신제를 올려 정성으로 산삼 얻기를 천지신명에게 빈 다음에야 험준한 바위와 가파른 산기슭을 헤매 다니며 산삼을 구한다. 그렇다면 명당은 어떻게 찾을까? 풍수학의 경전인 인자수지人子須知』에는, '길지를 구하려면 반드시 양사(良師, 어진 풍수사)를 구하라. 길지를 얻기 어려운 것이 아니라 양사를 얻기가 어렵다. 양사를 구하면 길지 구하기가 쉽고, 그 사람을 얻지 못하면 눈 아래 길지가 있어도 얻을 수 없고, 혹 얻어도 옳은 혈을 찾지 못할 뿐만 아니라 장법葬法을 어기기 쉽다.' 하였다.

어진 풍수사는 사람 됨됨이를 보아 명당을 찾아 줄 일이지, 행여 돈 몇 푼에 매수당해 악인에게 대지를 알려주지는 않는다. 여기에 관련된 유명한 풍수 설화가 공주 땅의 전의 이씨全義李氏 조상 묘에 전해진다. 고려 초기에 금강 변에는 가난한 이씨가 살고 있었다. 그는 뱃사공이었지만 인정이 많아 가난한 사람을 보면 자기 처지를 생각지 않고 도와주었다. 하루는 스님을 태우고 강을 건넜는데, 스님이 되돌아 와서 또 건네 달라고 하였다. 이렇게 네댓 번을 반복했으나, 사공은 싫어하는 기색도 없이 친절하게 건네주고 또 건네주

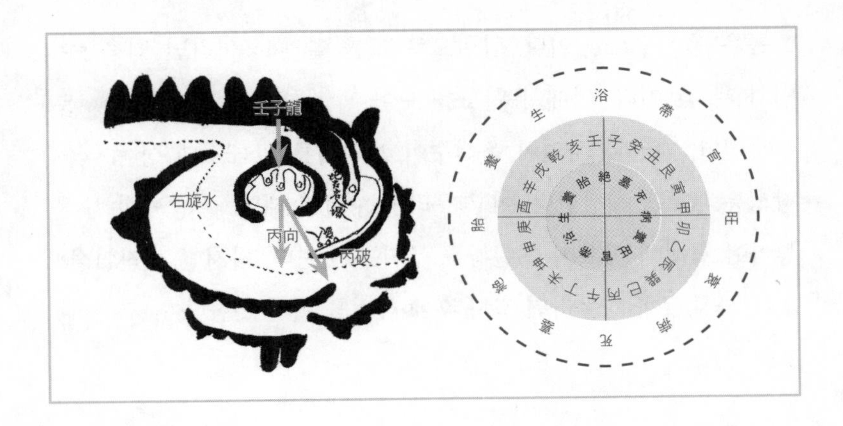


었다. 그러자 감동한 스님이 명당을 가르쳐주었다. 그 후 뱃사공의 후손들은 승승장구하여 부귀영화를 누렸다고 전한다. 이처럼 명당을 얻으려면 최소한 3년간의 적덕積德이 필요하다고 하니, 몸조심한 후 산신제를 지내고서 얻는 산삼보다 더 큰 지극정성이 필요한 일이다. 산삼은 한 사람의 목숨을 살리는데 그치지만, 명당은 한 가문의 길흉화복을 관장하기 때문이다.

양주에서 북쪽으로 35리 떨어진 지점에 차유령車踰嶺이 있는데, 현재의 지명은 '수레너미 고개'이다. 옛날 중국으로 가는 국도로 많은 수레가 왕래하였다 하여 붙여진 이름이다. 자연 흐름이 왼쪽에서 오른쪽으로 흘러가고, 북쪽에서 남쪽으로 뻗어 내린 용맥에 4~5개의 혈이 맺혔다. 혈에서 바라보면 불국산이 안산에 해당한다. 불국산은 제일 높은 봉우리가 마치 투구와 같이 생겨 '투구봉'으로 불리는데, 혈에서 바라보면 하늘을 향해 우뚝 선 쌍봉(△△) 처럼 보인다. 위치는 파주와 경계 지점인 거문천巨門川 근처인데 현재는 거미울이다.

이곳은 좌선左旋한 내룡에 남향으로 혈이 맺혔다고 했으니, 물의 흐름은 우선수右旋水이다. 남향으로 묘를 쓸 내룡이라면 입수룡이 임자룡壬子龍이다. 이때 용혈도를 보아 파破를 판단하면 병파丙破로 수국이다. 따라서 자연이 우선수이고 임자룡은 12포태 상 수국의 장생룡長生龍에 해당한다. 이 경우라면 수국의 태향胎向인 병향丙向을 놓아야 향법에 맞으며 대길하고 부귀를 누린다. 하지만 용진혈적龍眞穴的하지 못한 경우라면 장사 후에 패절을 면치 못한다.

## ●금반옥대형金盤玉臺形

楊州東二十里自祝石迤迤數十里盤旋顧祖小祖特出庚辛地辛兌落伏如蛛絲結大墩平面金淺窩鬼曜分明異石特立爲案庚坐巽水歸癸俗稱金盤玉臺格

### 용혈도

양주 동쪽 20리 지점에 축석령祝石領이 있고, 그곳에서 비스듬히 수십 리를 뻗어 나간 용맥은 우뚝 솟은 소조산을 다시 바라보다가 경庚→신룡辛龍으로 땅에 접하며 혈장은 유신酉辛에 자리를 잡았다. 마치 거미줄같이 가는 용맥에 혈이 평지보다 높은 곳에 맺혔다. 천와혈淺窩穴로 귀성鬼星과 요성曜星이 분명한데, 안산에 이상한 모양의 바위가 우뚝 서 있다. 경유룡庚酉龍에 혈이 맺고 물은 손방巽方에서 득수해 계방癸方으로 나가니 속칭 금반옥대형金盤玉臺形이다.

### 주해

| 금반옥대형金盤玉臺形 금쟁반에 옥구슬이 굴러다니는 형국으로, 금쟁반에는 귀한 음식이 풍성히 담기니 부귀와 영화를 누릴 터이다.

| 축석祝石 포천과 의정부시의 경계령인 축석령으로 일명 '비는 돌

고개'라 하며 효자에 얽힌 전설이 전해진다.

| 이이迤迤 용맥이 비스듬히 멀리 뻗어나간 형상

| 복여주사결伏如蛛絲結 주사蛛絲는 거미줄을 친 듯이 용맥이 미세하고 가늘어 알기 어려운 것을 뜻한다.

| 천와淺窩 와혈窩穴의 일종으로, 열린 입 속이 얕고 평평한 혈이나 그 얕음이 지나쳐서는 안 된다. 대야나 연잎과 닮은 것을 구해야 한다.

| 귀요鬼曜 내룡에 흐르는 생기가 새어나가 생긴 것인데, 혈 주위에 돌출한 큰 돌이 여기에 속한다. 앞에 있는 것을 관官, 뒤에 있으면 귀鬼, 청룡 · 백호의 좌우에 있으면 요曜, 명당의 좌우에 있는 것을 금禽이라 부른다.

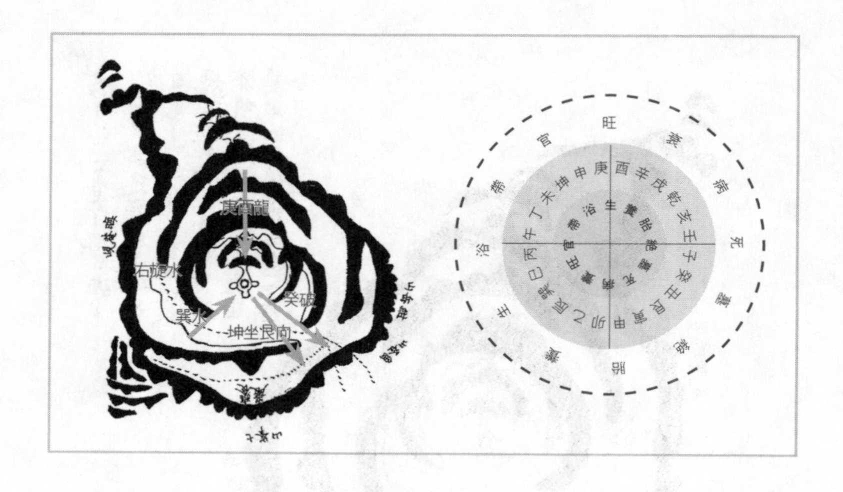


| 경좌손수귀계庚坐巽水歸癸 혈은 경유룡庚酉龍에 맺혔고, 손방巽方에서 득수한 물이 우선수로 흘러 계방癸方으로 소수한다. 내룡의 입수와 득수, 그리고 파破의 방위가 기록된 전형적인 이기풍수학의 용혈도이다.

**감평**

백두산을 뿌리로 하여 2천여 리를 뻗어 온 용맥은 철령에 와 꺾여 서쪽으로 다시 수백 리를 와서 포천의 백운산으로 우뚝 솟아났다. 또 이곳에서 남쪽으로 줄기차게 전진하는데, 의정부와 포천의 경계를 이루는 고개가 축석령祝石嶺이다. 혈장은 수십 리를 서북방으로 거슬러 오르고, 주산으로부터 경룡庚龍 → 신룡辛龍으로 뻗어나가며 소조산인 칠봉산七峰山(506m)을 다시 바라보는 형국이다. 칠봉산은 천보산맥의 지맥으로 회천읍 봉양리에 있고, 봄에는 이름 모를 꽃과 풀들이 아름답고, 가을 단풍은 한 폭의 비단 병풍을 펼쳐놓은 듯이 보여 옛날에는 금병산錦屛山이라 불렸다. 조선 세조가 만년에 잘못을 뉘우치고 산수를 찾아다닐 때 이 산기슭을 올랐다 하여 어등산御登山으로 불리기도 했는데, 용혈도에 우측에 표시된 어등산

魚登山이 바로 이 산이다. 우측에 표시된 회암현晦菴峴은 지금의 회암령檜岩嶺으로, 이성계가 왕위를 물려준 다음 이곳에서 수도생활을 하였고 무학대사의 부도가 있는 회암사 근처이다. 또 '아침밥 바위饔岩'는 현재 봉양鳳陽 마을의 뒷산이다. 회암사가 가까이 있으니 마을에는 언제나 탁발승이 돌아다녔다. 스님들은 식사를 공양이라 부르니 옹암을 '공양암'으로 불렀을 것이고, 훗날 공양이 봉양으로 변한 것이다. 스님들의 공양은 간결하면서 음식 찌꺼기조차 남기지 않을 만큼 정갈해야 한다.

옛날에 공부가 깊은 스님이 있었다. 먼 곳에서 두 명의 스님이 찾아오며 잠시 계곡에 발을 담근 채 쉬고 있었다. 그때 계곡 위쪽에서 채소 잎 하나가 떠내려 왔다. 그것을 보고 그들은 발길을 돌리기로 마음먹었다. 위쪽에 있는 절의 살림살이가 헤픈 것을 미루어 짐작할 수 있었기 때문이다. 막 일어서려는 순간 늙은 스님이 헐레벌떡 달려오더니 채소 잎을 건져내었다. '나이가 드니 채소 씻는 일도 시원찮아.' 두 사람은 다시 스님을 따라 산으로 올라갔다고 한다.

혈장은 거미줄처럼 가는 용맥 위에 평지보다 약간 높은 곳에 맺혔는데, 그 모양이 대야처럼 평편하고 좌우에는 큰 돌이 돌출하여 분명히 서 있다. 이것을 귀요鬼曜라 부르는데 내룡에 흐르던 생기가 새어나가 생긴 것이다. 안산에는 옹암이 이상한 모습으로 서 있고, 혈은 경유룡庚酉龍에 맺혔다. 자연 흐름은 손사방巽巳方에서 득수한 물이 우선하여 계방癸方으로 빠지니, 세상 사람들은 이 혈을 금반옥대형金盤玉臺形이라 한다.

이곳은 우선수右旋水가 금국金局의 묘위墓位 계방癸方으로 소수하니, 경유룡庚酉龍은 금국의 장생룡長生龍에 해당하며 입수가 생기를 왕성하게 품었으니 안장하면 대발할 터이다. 이때에 정생향正生向인 건좌손향乾坐巽向을 놓으면 좋을 것이나, 경유룡에 사향巳向은 용상팔살龍上八殺에 해당하니 안전하게 자생향自生向인 곤좌간향坤坐艮向을 놓으면 손방巽方 득수는 향상向上으로 벼슬에 오르는 임관수에 해당하고 어등산이 정답게 맞이해 제격이다. 아내는 어질고 아들은 효도하고 오복이 집안에 가득하고 부귀하고 자손마다 모두 발복할 것이다. 용상팔살은 자연이 악인을 위해 파놓은 함정으로 풍수학에서 최고의 재앙에 속한다. 패철 1층에 방위가 표시되어 있으며, 용상팔살에 해당되도록 좌향을 놓는다면 집이건 무덤이건 한 집도 남김없이 재앙을 받아 패절을 면치 못한다. 금쟁반에는 음식이 풍성하게 담김으로 부귀영화를 누릴 상징이며, 현재의 지명으로 경기도 양주군 회천읍 덕정리 부근이다.

## ●비봉쇄익형飛鳳刷翼形

楊州佛國山來龍邑四十里盞山近處庚酉坐也字結局回龍顧祖飛鳳刷翼形

### 용혈도

양주의 불국산에서 출맥한 내룡으로 읍에서 40리 떨어진 잔산盞山(일명 낙봉산落鳳山) 근처이다. 경유룡庚酉龍에 '야자형也字形'으로 혈이 맺혔다. 조종산을 뒤돌아보는 형국으로 비봉쇄익형飛鳳刷翼形이다.

### 주해

| 잔산盞山 낙봉산落鳳山과 함께 현재의 지명을 찾지 못했다.

| 야자결국也字結局 야자형也字形 명당은 혈 뒤에 호乎자 형의 산봉우

리가 있고, 혈 앞에 천天자 형의 봉우리가 있어야 한다. 만약 이것들이 구비됐으면 대단한 길지이다. 이유는 천자문은 천지현황우주로서 천天자를 선두로 하고, 야也 또는 호乎자로 끝맺기 때문이다. 때문에 야자형은 문장으로, 세상에 이름을 떨치는 학자가 배출되고, 천天자는 문장의 머리이기 때문에 일세를 풍미할 문호文豪를 배출하며 언제나 문文에 뛰어난 사람이 태어난다. 혈처는 야也자 내에서 'ㅣ' 획의 끝지점이다.(『조선의 풍수』)

| **회룡고조回龍顧祖** 용맥의 흐름이 90도 각도로 방향을 바꿔 용맥이 출맥한 주산을 다시 돌아보는 형세이다. 뒤쪽에는 기맥을 떠받쳐주는 낙산樂山이 있어야 한다.

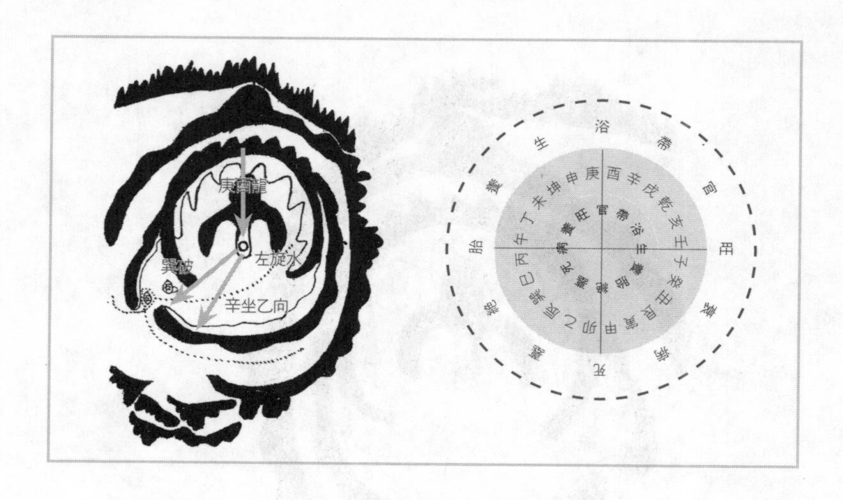


| 비봉쇄익형飛鳳刷翼形 봉황이 날개를 씻는 형국의 명당으로 오동안梧桐案이나 죽림竹林이 있어야 한다. 새는 부리로 깃털을 씻으니 혈은 목 부위에 응집한다.

**감평**

천보산맥의 백석이 고개를 지난 용맥이 낮은 구릉을 이루며 북진하다 덕고개 → 막은고개를 넘어 큰테미로 높이 솟구쳤고, 전진을 계속해 샘내고개에서 3번 국도와 만난다. 이어서 청엽굴고개를 거친 생기발랄할 간룡幹龍은 양주의 진산인 불국산으로 힘차게 솟아났다. 불국산에서 뻗어가 양주읍에서 40리 떨어진 곳이라면 도봉산 근처나 백석면인데, 지명 상 잔산盞山은 『명산도名山圖-전불분권삼책全不分卷三冊』에 일설에 낙봉산落鳳山으로도 불린다고 했으나 모두 현재의 지명은 아니다.

용혈도에 경유룡庚酉龍에 '야자형也字形'으로 혈이 맺혔는데, 이 경우는 '야也' 중에서 'ㅣ'의 끝지점에 해당한다. 조종산인 불국산을 되돌아본다고 했으니 혈처에서 보아 불국산이 동쪽에 위치하며, 따라서 낙봉산은 백석면 가업리의 은봉산隱鳳山일 가능성이 크다. 봉황이 내려앉은 것[낙봉落鳳]이나 숨어버린 것[은봉隱鳳] 같은 의미이기 때문이다. 여기서 백석이란 방성리 산성동의 뒷산 기슭에 흰 돌이 있어 생긴 땅 이름이다. 그리고 봉황이 부리로 날개를 씻는 형국(비봉쇄익형)이라 했으니, 혈처는 봉황의 목 부위가 될 것이다.

이곳을 풍수적으로 감평하려면 득수와 파破가 기록되지 않았으므로 용혈도를 보아야 한다. 입수가 경유룡이라 패철을 이용해 조종하면 수구가 좌선수면서 손파巽破이다. 이때 경유룡은 수국의 임관룡臨官龍에 해당하니 생기를 품어 안장하면 대발할 터이다. 수국水局의 정묘향正墓向인 신좌을향辛坐乙向을 놓아야 향법에 맞는다. 신술방辛戌方의 관대수冠帶水가 임자방壬子方의 제왕수帝旺水와 합쳐져 절방絶方으로 물이 빠지니, '을향손유청부귀乙向巽流淸富貴'라 하여 발부발귀하고 후손이 크게 번창하며 복과 장수를 함께 누린다. 또 수구에 두 개의 큰 돌이 문호門戶를 지키며 서 있는데, 이것을 금성禽星이라 부른다. 귀물貴物 모양의 바위가 2~3장丈(5~6m)의 크기로 수구를 닫아주면[관란關欄] 높은 벼슬아치나 지방관이 배출된다고 한다. 은봉산의 근처라고 판단하면 혈처는 양주시 백석면 가업리 부근이다.

## ●수사미구형秀獅美毬形

楊州靑松篁山來龍甲坐

### 용혈도

양주 땅 청송의 황방상篁芳山의 내룡인데, 갑묘룡甲卯龍이다. 수사

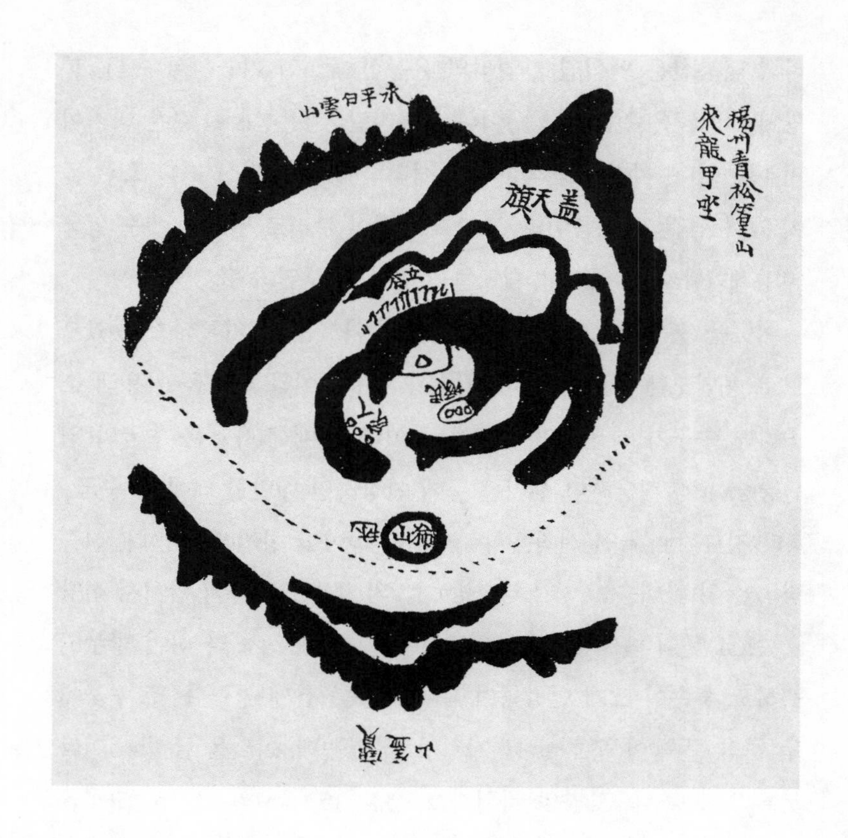


미구형秀獅美毬形이다.

**주해**

| 황산篁山 『명산도』에 〈楊州青松篁芳山來龍甲坐秀獅美毬形〉라 기록되어 황산은 황방산篁芳山이라 볼 수 있다. 이 산이 현재 동두천시와 포천군과의 경계지점에 있는 왕방산(737m)을 가리키는지는 확실하지 않다.

| 수사미구형秀獅美毬形 사자는 한국 땅에서 서식하지 않는 맹수로 산천 형세를 사자에 비유한 것은 매우 드문 사례이다. 안산 너머에 송아지를 닮은[산패山犻] 둥근 물체가 보여 붙여진 이름이다.

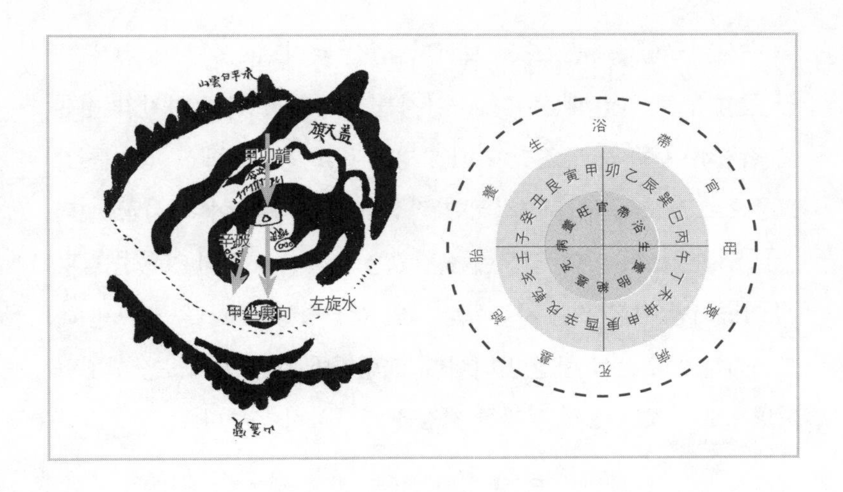


## 감평

풍수학에서 한눈에 바라보이는 국세를 물형物形에 비유한 다음 혈을 찾는 방법을 물형론物形論이라 부른다. 이것은 산천의 겉모양과 그 속에 내재된 정기精氣는 서로 통한다는 가설에 전제를 둔 풍수론이다. 예를 들어 화가 난 사람은 얼굴이 붉어지고, 간이 나쁜 사람은 눈에 황달 기가 보이듯이 땅속에 간직된 기운에 따라 산천의 모양이 생겨났다고 본다. 산세가 웅장하고 활달하면 땅속의 기운도 왕성한 것이고, 산세가 밋밋하거나 굴곡 없이 뻗었다면 그 속의 기운도 쇠약한 것으로 본다. 따라서 보거나 잡을 수 없는 지기地氣가 담긴 산세를 사람, 짐승, 새 등의 형상에 빗대어 해석한 다음 지기가 뭉친 곳을 찾고, 나아가 길흉까지도 판단이 가능하다.

용혈도의 황방산篁芳山은 현재의 지명은 불확실하나 동두천시와 포천군과의 경계인 왕방산(737m)이라 생각되고, 용혈도 상의 개천기蓋天旗는 포천군 신북면의 하늘봉(389m)으로 볼 수 있다. 또 『명산도』에는 〈楊州青松篁芳山來龍甲坐秀獅美毬形〉라고 기록되어 이곳을 수사미구형秀獅美毬形으로 보았다. 안산 너머로 송아지를 닮은 둥근 물체가 보이기 때문이다. 송아지를 잡아먹기 위해 사자가 정신을 집중하니 두 눈과 앞발에 기가 응집된다. 용혈도에서 입수를 갑묘룡으로 보고 수구를 격정하면 좌선수에 신파辛破이니, 화국火局의 갑묘 임관룡臨官龍이다. 결록에는 갑묘룡甲卯龍만을 밝혀 정확한 감평은 어렵지만 이 경우는 자왕향自旺向인 갑좌경향甲坐庚向을 놓으면 대부대귀하고 후손이 번성할 터이다. 그렇지만 보개산寶盖山을 현재의 지명으로 되찾지 못해 정확한 지점을 판단하지 못했다.

## ●비봉귀소형飛鳳歸巢形

楊州摩釵山盡處大江邊飛鳳歸巢形華表案大江九曲朝堂水纏玄武文筆插天旗鼓連雲大灘津下流乾亥坐巽朝來

### 용혈도

양주 마채산摩釵山이 끝나는 큰 강가에 비봉귀소형飛鳳歸巢形의 명당이 있다. 화표안華表案이 있고, 큰 강이 굽이굽이 흘러 향상向上에 도달하더니, 주산[현무玄武]을 감싸 안으며 빠져나간다. 문필봉文筆峰이 하늘을 찌르고, 기고사旗鼓砂가 구름처럼 연이어 있다. 대탄진大灘津 하류인데, 내룡은 건해룡乾亥龍이고 손방巽方의 물이 흘러 들어온다.

### 주해

| 마채산摩釵山 동두천시의 서쪽에 연천군 전곡읍과 경계지점에 있는 마차산(588m)을 가리킨다.

| 화표華表 수구 사이에 기이한 봉우리가 불쑥 튀어나와서 우뚝 솟

았거나, 양측 산이 서로 대치한 가운데 물이 그 사이의 빈틈을 따라 흐르는 산을 말한다. 수구에 화표가 있으면 근처에는 큰 부귀의 터가 있고 천도遷都로서 좋고 왕후장상이 난다고 한다.

| 문필文筆 붓털 모양으로 매우 뾰족한 산봉우리나 바위를 말한다. 문장가나 명예가가 배출된다.

| 비봉귀소형飛鳳歸巢形 봉황은 희대의 영조靈鳥이다. 만일 이 새가 나오면 세상에는 군자와 성인이 배출된다. 보금자리로 돌아옴은 새끼를 낳기 위함이다. 때문에 성인군자를 출생시키는 곳으로 대단한 길지이다.(『조선의 풍수』)

| 대탄진大灘津 연천군 전곡읍 고능리의 한여울을 가리킨다. '대탄'의 한글식 표기는 '한여울'이며, 백운산과 철원에서 발원한 물이 합류하는 곳이다.

## 감평

혈처는 연천군 전곡읍 고능리의 옥녀봉 자락이다. 봉황鳳凰은 고대 중국에서 신성시하는 네 마리의 동물 중 하나로, 봉황과 더불어 기린 · 거북 · 용을 사령四靈이라 부른다. 이 중 상상의 동물은 봉황과 용으로, 봉은 수컷이고, 황은 암컷이다. 봉황에 대한 설명은 문헌에 따라 조금씩 다른데 『설문해자說文解字』에 따르면 봉의 앞부분은 기러기, 뒤는 기린으로 뱀의 목, 물고기의 꼬리, 황새의 이마, 원앙새의 깃, 용과 호랑이의 무늬, 제비의 턱, 닭의 부리를 가졌고 오색伍色의 빛이 난다고 한다. 봉황은 동방 군자의 나라에서 나와 사해四海의 밖을 날아 곤륜산崑崙山을 지나 지주砥朱의 물을 마시고, 약수弱水에서 깃을 씻고 저녁에는 풍혈風穴에서 자는데, 이 새가 세상에 나타나면 천하가 크게 편안하다고 한다. 따라서 봉황은 천자天子에 비유되어 천자나 임금이 있는 주변에는 봉황의 무늬를 장식함은 물론, 천자가 타는 수레를 봉거鳳車라 부른다. 임금이 너그러워 세상이 편안하면 봉황이 나타났다는 전설이 있다.

옛날 왕이 사람을 사랑하고 죽음을 미워하면 봉鳳이 나무에 줄지어 나타난다 하였고(『순자荀子-애공편哀公篇』), 새 중에 봉황이 있는데 항상 도道가 있는 나라에 나타난다고도 하였으며(『한유韓愈-송하견서送何堅序』), 황제 시절에 봉황이 동원東園에 머물러 해를 가리었으며, 항상 대나무 열매를 먹고 오동나무에서 잠을 잔다고(『백호통白虎通』) 하였다. 이처럼 봉황은 고귀하고 상서로워 임금의 권위를 상징하기도 하지만 소설이나 가요에서는 남여의 연정戀情을 뜻하기도 하여 그 의미는 다양하다.

옛말에 집안에 흉한 일이 생기거나 재산을 탕진한 경우, 집안이

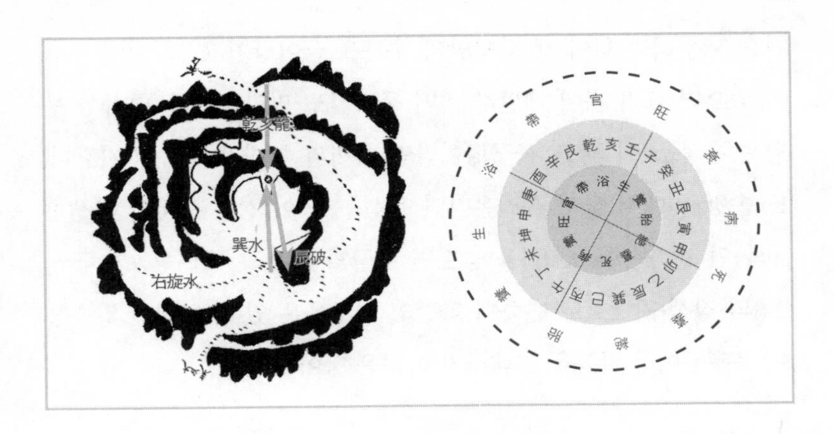


쑥대밭이 되었다고 한다. 이것은 마당과 지붕에 쑥이 자란다는 뜻이 아니라, 조상의 묘에 쑥대가 자라 집안이 망했다는 의미이다. 만약 묘가 물구덩이에 위치한다면 묘에는 잔디가 자리지 못하고 대신 두터운 이끼나 쑥대가 사람 키 높이로 자란다. 따라서 조상의 유골이 흉지에 있으니 그 재앙을 입어 후손이 망했다는 뜻이다. 풍수학에서는 내룡이 목욕룡에 해당하면 수맥이 흐르거나 물구덩이인 흉지로 간주한다. 용혈도에 따르면 마채산에서 뻗어간 용맥이 큰 강을 만나며 비봉귀소형飛鳳歸巢形의 혈을 맺었는데, 안산은 수구 사이에 돌출한 산이다.

한탄강의 큰물이 굽이굽이 흘러들어 향 앞쪽에 다다르고, 이내 수구를 빠져나가 다시 주산의 뒤쪽으로 흘러 빠진다. 주변 형세를 살피면, 문필봉이 하늘을 찌르고 기고사旗鼓砂가 구름처럼 연이어 있다. 혈장은 대탄진大灘津의 하류 쪽인데, 용혈도를 보면 진파辰破임으로 건해룡乾亥龍은 12포태 상 목욕룡沐浴龍에 해당한다. 달의 인력에 의해 밀물 · 썰물이 발생하고, 썰물일 경우 수맥의 물이 이동하면서 공간이 생기고 수맥 안쪽에 진공상태가 생긴다. 그러면 빈 공간을 채우려는 힘이 생겨 땅밖의 수분을 끌어당기고, 그 위에 무덤이 있으면 묘의 흙이 메말라 어떤 풀이라도 말라죽는다. 따라서 무덤은 홍분紅墳이 되고, 물구덩이라면 이끼와 쑥대가 가득히 자란다. 또 손방巽方에서 물이 흘러온다면 우선수로, 이 경우 수국의 자생향自生向인 건좌손향乾坐巽向을 놓으면 수국의 손사巽巳 절수絶水가 금국金局의 장생수長生水로 변하여 약간의 이로움은 있다. 하지만 입수룡이 목욕룡이라 발복을 기대하기 어려운 땅이다.

## ●양주혈楊州穴

楊州北二十里左旋壬亥龍坤申水辰破.一本壬坐云(有決廣石水出陳沓)

### 용혈도

양주 북쪽 20리 지점에 혈이 맺혔다. 좌선하는 해임룡亥壬龍에 곤신방坤申方에서 득수해 진파辰破이다. 임자룡壬子龍이란 말도 전한다.

### 주해

| 진답陳沓 현재 양주시 은현면 용암리의 묵은동 마을 근처이다. 2백여 년 전 논이 많이 묵자 '묵은 논'이란 뜻에서 진답이라 불렀다.

| 일본임자운一本壬坐云 진파辰破이면 수국이고 이때 건해룡乾亥龍은 목욕룡이라 흉룡이다. 임자룡壬子龍은 장생룡으로 생기 충만한 길룡이다. 따라서 임자룡이 합당하다.

### 감평

이곳은 현재 양주시 은현면 용암리 묵은동 근처로 회천읍의 서쪽이다. 2백여 년 전에 그곳에 있던 많은 논이 농사를 짓지 않아서 묵

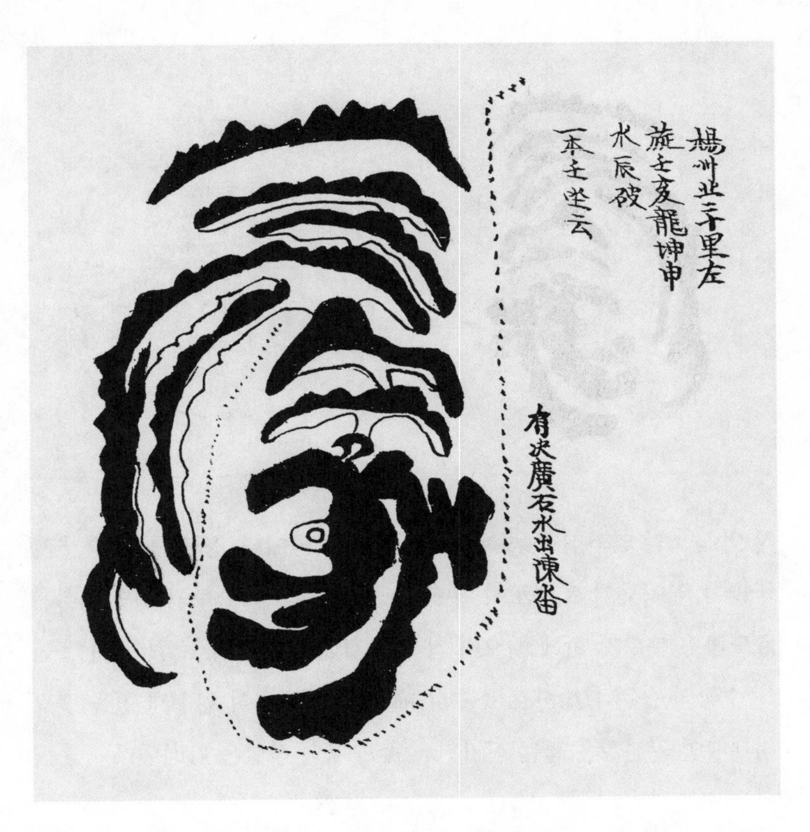


었다. 그러자 '묵은 논'이란 뜻에서 진답陳畓이란 땅 이름이 생겼다. 이 결록으로 미루어보아 『손감묘결巽坎妙訣』은 지금으로부터 2백년 이전에 쓰인 현장 풍수학으로 볼 수 있다.

이곳은 내룡이 좌측에서 우측으로 돌아 뻗어가는 임자룡壬子龍인데, 물이 우선해 진방辰方으로 빠지니 수국이고 또 장생룡이다. 따라서 입수가 생기를 품었으니 안장하면 대발할 것이다. 또 곤신방坤申方에서 득수한 수는 향상 수국向上水局에서 장생방에 해당하는 길수로 자손이 번성하고 세상의 귀한 대접을 받을 구빈황천수救貧黃泉水이다. 장생수가 도래해 수국의 묘위墓位 진방辰方으로 소수하니, 정

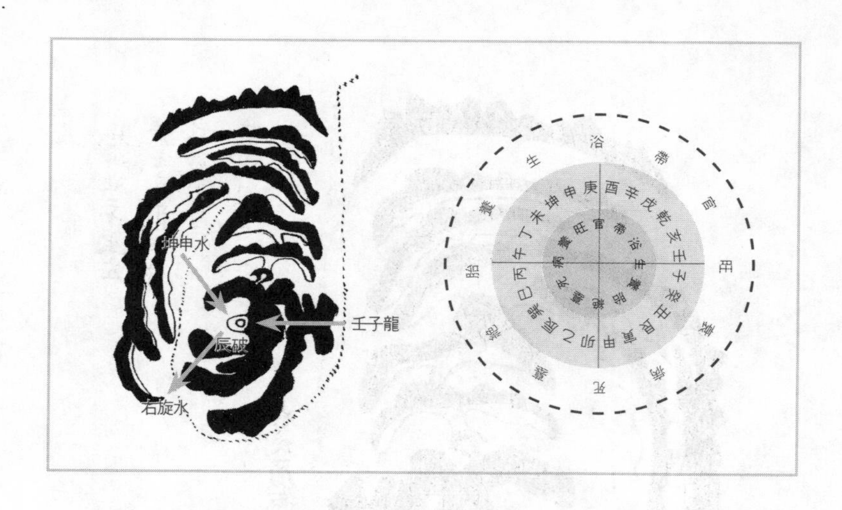


생향正生向인 인좌신향寅坐申向을 놓아야 정법이다. 용과 향과 수구가 구슬이 엮이듯이 조화로워 후손이 크게 번성하고 부귀하며 자식은 효도하고 부부가 함께 늙으며 복록이 광대할 땅이다. 소위 물이 우선해 수국의 을진 묘방으로 소수할 때 임자 장생룡이 입수해 혈을 맺고 정생향인 곤신향을 놓는 신자진申子辰 수국의 삼합을 나타낸다.

## ●내동산혈內洞山穴

楊州內洞山申丁字龍震來震作丁未得水右壬亥得庚破臍穴四五尺卯三介富貴昌盛長男登科東赤石土木南古廟橫路西渠泉有入居井古寺坐大吉之地

### 용혈도

양주 땅 내동산內洞山에서 '신申 · 정丁'자 모양으로 뻗은 용맥이 있는데, 혈은 갑묘甲卯 내룡에, 갑묘 입수에 맺혔다. 좌측은 정미방丁未方에서 득수하고, 우측은 임해방壬亥方에서 득수하여 경파庚破이다.

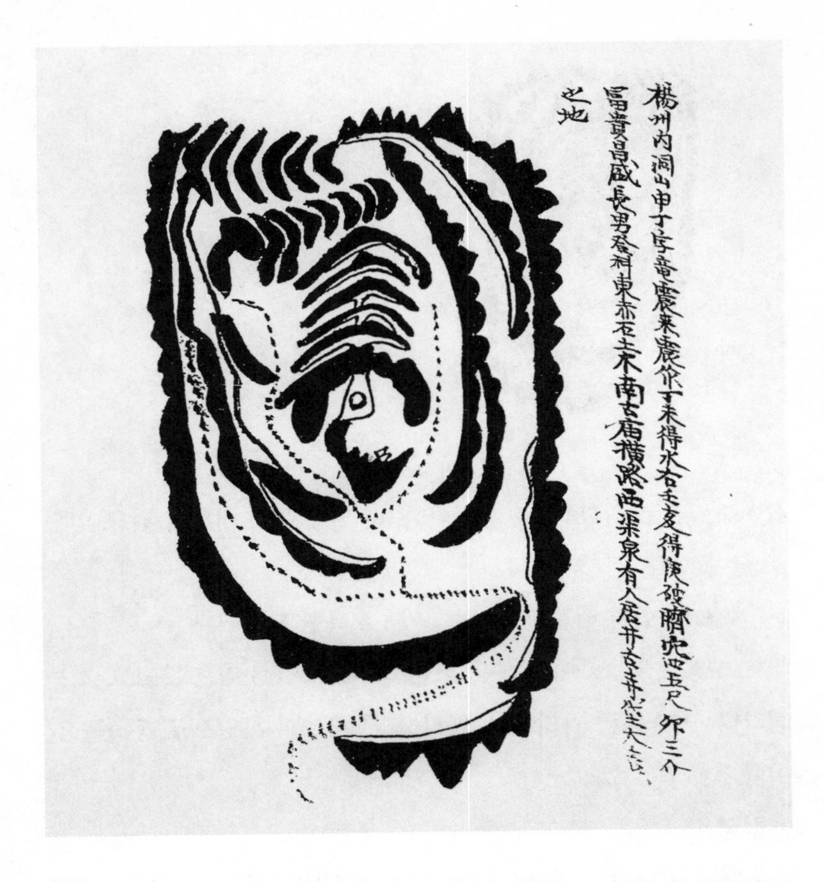

제혈臍穴로 4~5자를 파면 3개의 알이 있으니 부귀하고 장남이 과거에 급제한다. 동쪽에는 붉은 돌 · 흙 · 나무가 있고, 남쪽에는 전 왕조의 사당으로 통하는 길이 나 있고, 서쪽에는 도랑물이 흐르고 사람이 살던 우물과 옛 절터가 있는데 큰 명당이다.

**주해**

| **내동산**內洞山 현재 남양주시 진접읍 내곡리를 가리키며, 내동산은 내곡 마을 뒤산인 퇴뫼산(363m)이다.

| **진래진작**震來震作 진震은 갑甲 · 묘卯 · 을방乙方을 가리키니, 쌍산배

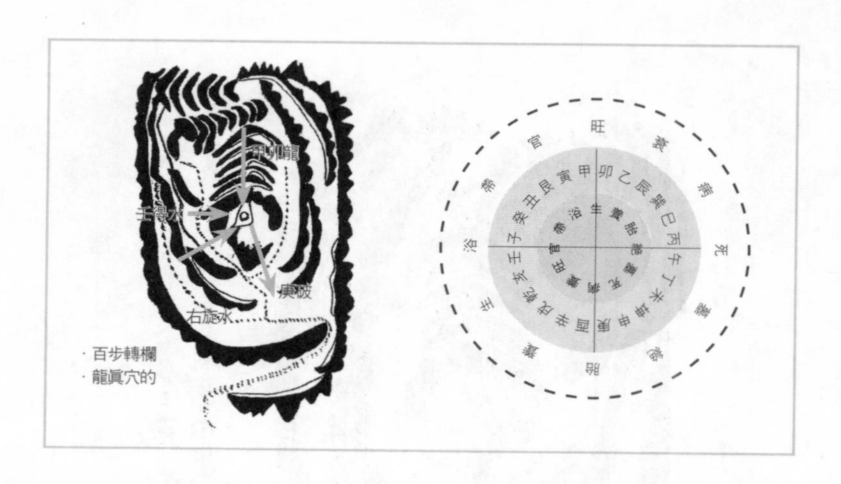


합雙山配合으로 갑묘甲卯로 판단한다. 따라서 갑묘 내룡에 갑묘 입수로 혈이 맺혔다.

| **제혈**臍穴 혈이 배꼽처럼 주름진 채 오목한 모양이다.

| **고묘횡로**古廟橫路 이 결록은 조선시대에 쓰인 것임으로 고묘古廟는 신라나 고려 때를 가리킨다. 따라서 전 왕조의 사당으로 통하는 길이다.

### 감평

용혈도에 나타난 내동산內洞山은 현재 진접읍의 퇴뫼산이다. 내동산에서 뻗어나간 간룡 중 한줄기 지맥이 '정丁'자 모양으로 흘러 내렸는데, 내룡이 상하 기복과 좌우 요동을 치며 전진하다가 갑묘룡甲卯龍에 혈이 맺혔다. 이때에 자연 흐름을 살피면 혈장 좌측은 정미방丁未方에서 득수하고, 우측은 임해방壬亥方에서 득수해 우선한 다음 경방庚方으로 빠져나간다. 혈은 배꼽처럼 오목한 모양인데, 4~5자를 파면 3개의 알이 나온다. 풍수학에서 알이란 혈에 바람이 들어가지 못하도록 막아선 둥근 돌로 이것들을 캐어내고 안장해야 한다.

이곳에 부모를 모시면 부귀해지고 장남이 과거에 급제하여 벼슬길로 나간다고 하였다.

물형론에 '닭이 알을 품은 형국(금계포란형)'의 명당이 있다. 주로 안산의 모양이 닭둥우리, 혹은 알을 닮았거나 주변의 산모양이 닭 벼슬처럼 뾰족뾰족한 경우에 붙이는 이름이다. 옛날에 닭 알은 부자만이 먹을 수 있는 귀한 음식이었고, 또 닭은 한꺼번에 많은 수의 병아리를 부화시키니 귀인과 자손번창의 터라고 일컫는다. 그런데 물형론의 기본을 모르는 풍수사는 금계포란형을 다르게 설명한다. 땅을 파서 돌이 나오면 흉지가 분명한데도 돌을 가리키며 닭 알이니 캐내거나 깨지 못하게 하고서 그 위에 안장한다. 명당은 오색토가 섞인 비석비토의 상태가 제일인데, 돌 위에 안장했으니 흉지에 조상을 모신 격이다. 광중을 파다가 돌이 나오면 당연히 들어내고 고운 흙으로 채운 후 시신을 매장해야 한다. 혈장의 동쪽에는 붉은 돌, 흙 그리고 나무가 있고, 남쪽에는 옛날부터 있어온 길이 있고, 서쪽에는 사람이 살던 우물과 옛 절터가 있는데 큰 명당이다.

『명산도-전불분권삼책』에는 '楊州內洞申山丁字龍震作左丁未得右壬亥得庚破臍穴四伍尺卯三介富貴昌盛長子登科東赤石土木南古廟横路西渠泉有入家井古寺垈大吉地一夲丁未得壬破亥得庚破'라 하여, 일설에 정미丁未 득수는 임파壬破이고, 해亥 득수는 경파庚破란 말이 있다고 했다. 그렇지만 용혈도에는 하나의 혈만이 기록되어 경파庚破만으로 감평한다.

이곳은 내당이 좌선수이고, 외당이 우선수라 자연황천自然黃泉의 땅이다. 따라서 내룡에 살풍이 불어와 장풍이 되기 어렵다. 용혈도에 득수 방위도 정미丁未와 임해壬亥로 나누어 설명했으나 경파庚破

는 가능하나 임파壬破는 될 수 없다. 임파라면 화국으로 임수壬水는 태수胎水이고, 해수亥水는 절수絶水로 모두 황천수黃泉水가 들어오기 때문이다. 따라서 목국의 태위 경파胎位庚破로 판단한다. 목국에 갑묘룡甲卯龍는 장생룡으로 생기가 왕성하며, 또 우선수임으로 임자목욕수壬子沐浴水와 건해 장생수乾亥長生水가 우측에서 좌측으로 흘러 경방庚方으로 소수하는 곳이다.

이 경우라면 태향태파胎向胎破인 경향庚向이나 욕처봉왕향浴處逢旺向인 임향壬向이 정법이나 내룡이 진룡이고 혈도 정확할 경우에 한하여 발복한다. 약간이라도 차질이 있거나 또 혈에서 수구까지의 직선거리가 135m이내인 백보전란百步轉欄을 하지 못한 곳이라면 장사 후에 패절을 면치 못하는 위험한 땅이다. 그런데 용혈도 상에서 혈처는 혈장 앞으로 득수하지 못했고, 혈장을 지나 뻗은 용맥이 몸을 일으켜 고깔 같은 안산을 형성하였다. 따라서 혈장이 맺힌 내룡은 득수를 한 지룡支龍이 아니라 주산에서 안산으로 지기가 흘러가는 간룡幹龍이 분명하다. 그 결과 지기가 응집되지 못하는 과룡過龍이다. 혈장으로 입수된 내룡이 득수하지 못함으로 이 혈장에는 큰 혈이 맺히기 어렵다.

## ●금채형金釵形

楊州德峙近處巳丙巽行龍右旋巽作鼻穴世出千一之人金釵形玉梳案. 一本古之川云李判書家用之失穴

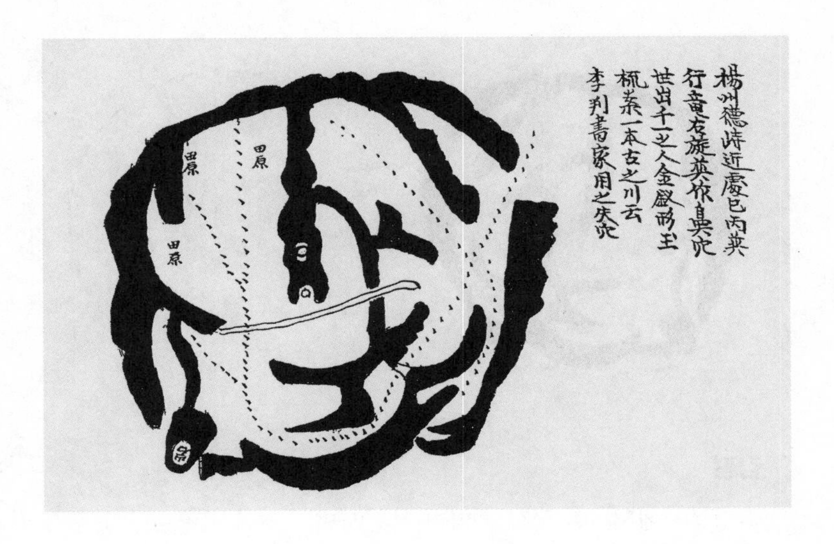

楊州德峙近處巳丙巽
行龍右旋巽依鼻穴
世出千一之人金鋻形玉
梳案一本古之川云
李判書家用之失穴
田原
田原
田原

## 용혈도

양주의 덕치德峙근처에 사巳→병丙→손방巽方에서 뻗어온 용맥이 우선으로 손사룡巽巳龍에 비혈鼻穴이 맺혔다. 세상을 풍미할 1,001명의 사람이 배출되니 금채형金釵形이고 옥소안玉梳案이다. 일설에 고지천古之川이라 하고, 이판서李判書 집안에서 이미 써 버려 혈을 잃었다고 전한다.

## 주해

| **덕치근처**德峙近處 양주시 고읍동에 '덕고개[덕치德峙]'가 있다.

| **비혈**鼻穴 혈의 모양이 콧잔등처럼 볼록한 모양. 『설심부雪心賦』에 '소는 귀로 듣지 아니하고 코로 듣는다牛則耳不聽而鼻聽'는 말이 있다.

| **금채형옥소안**金鋻(釵)形玉梳案 금비녀가 땅에 떨어지면 쇳소리를 내어 사람들의 주위를 끈다. 때문에 명성이 나면 숨은 선비도 고위직에 발탁된다. 또 쇠가 땅에 떨어졌음으로 토생금土生金에 적합해 자손이 번성한다. 안산은 빗을 닮은 사砂가 필요하다.(『조선의 풍수』)

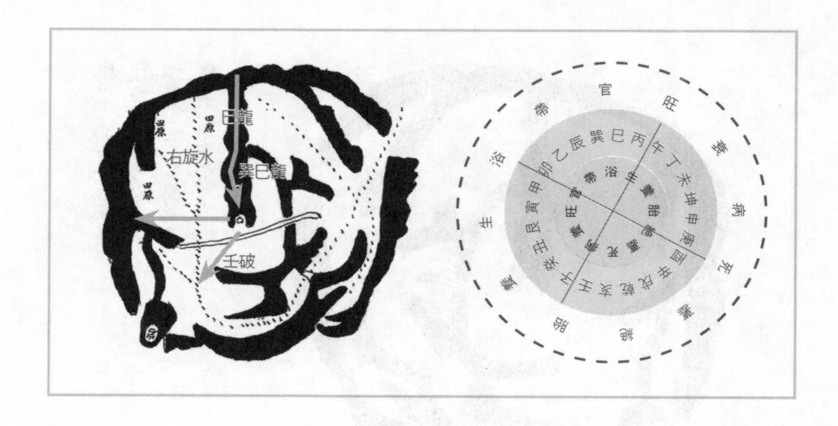


**감평**

의정부시에서 3번 국도를 따라 북진하면, 350번 지방도로가 우측으로 나 있다. 이 도로 상의 양주시 광사동과 고읍동의 경계인 낮은 고개가 덕고개[德峴]이다. 아래쪽에는 덕현초등학교가 있다. 고읍리는 조선 초기에 양주의 관아가 있던 곳이었으나, 1511년(중종 6년) 관아를 유양리로 옮기면서 생긴 땅이름이다. 이곳은 고장산에서 남동진한 용맥이 메루지 마을 뒷산에서 몸을 90도로 돌리고 삼사동의 동쪽을 비껴서 사巳→병丙→손사룡巽巳龍으로 휘고 꺾이며 재차 고장산을 되돌아보는 회룡고조형의 내룡에 혈이 맺혔다. 자연 흐름은 우선수이고 혈이 콧잔등 혈[비혈鼻穴]이니, 세상을 풍미할 1,001명의 인재가 태어날 것이다.

『명산도』에는 '楊州德峙近處一本古之川云巳丙龍左旋巽作金釵形玉梳案世出千一之人'라 하여, 내룡이 좌선하고 금채형金釵形이라 하였다. 금채형은 숨은 선비가 고관으로 발탁되고 나아가 자손도 많을 터이다. 안산은 빗 모양[옥소玉梳]이다. 혹설에는 고지천古之川 근처라 하며, 이 판서 집안에서 이미 묘를 썼기 때문에 혈을 잃어버렸다고 전한다. 용혈도 상 임파壬破라서 화국이다. 그런데 손사룡巽巳龍은 목욕룡이라 소위 수맥이 흐르거나 물이 찬 흉지이다.

## ● 금계포란형金鷄抱卵形

楊州東二十五里右旋兌龍兌作壬亥水辰破金鷄耳穴穴脉石出庚金魚帶江流回折主山重重明堂寬大有脚有井南坑路石穴有泉東古廟. 一本庚坐金鷄耳穴左掩右抱前邃後擁天閣地軸捍門高峙. 一本陽州별얼別非東.

### 용혈도

양주 동쪽의 25리 지점에 우선하는 경유庚酉 내룡에 경유 입수로 혈이 맺혔다. 임자壬子 · 건해乾亥방에서 득수해 진파辰破이다. 금계金鷄의 귀에 혈이 맺혔고, 혈맥에 돌들이 드러나 보인다. 경금어대庚金魚帶로 강물이 굽어 꺾어 흐르니, 주산은 중중重重하고 명당은 관대하다. 지각支脚과 우물이 있고, 남쪽 갱로坑路 석혈에는 샘이 있고, 동쪽에는 옛 사당이 있다. 일설에는 경유룡에 맺힌 금계 귀혈로 좌측은 가려졌고, 우측은 껴안았고, 앞쪽은 깊숙하고, 뒤는 안았으며, 명당 좌우에 천각天閣과 지축地軸이 서로 마주하고 수구에 한문捍門이 높은 고개를 이루었다고 하였다. 일설에는 양주의 별얼別非 동쪽이다.

### 주해

| 금계이혈金鷄耳穴 닭이 알을 품을 때면 맹수의 공격을 피하기 위해 귀에 정신을 집중시킨다. 따라서 기가 귀에 모여 귀 부위에 혈이 맺힌다.

| 경금어대庚金魚帶 돈부墩埠가 길게 굽어진 것. 수구에 있음이 마땅

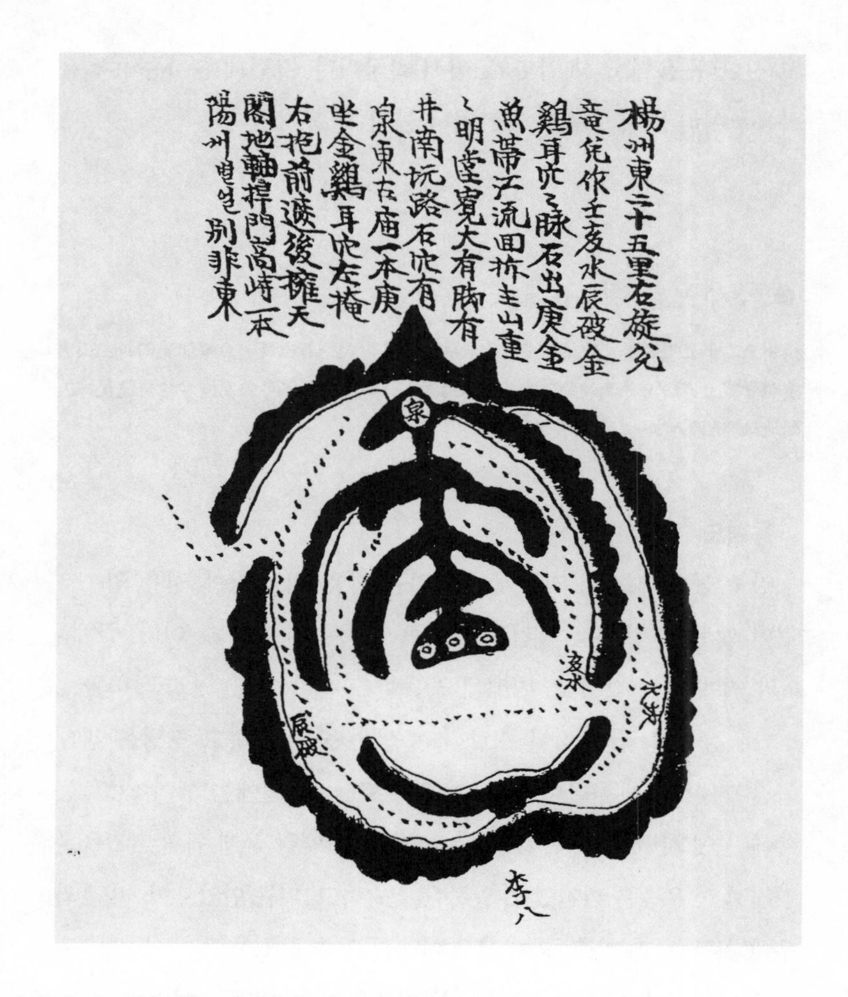


하며 집안에 주자朱紫가 가득해진다.

| 천각지축天閣地軸 혈의 앞마당인 명당 좌우에 두 산이 서로 대치한 모양을 가리킨다.

| 화표한문華表捍門 수구의 좌우에서 두 산이 서로 대치한 모양이다.

### 감평

혈처는 의정부시 낙양동 부근이다. 의정부議政府는 조선 태조가

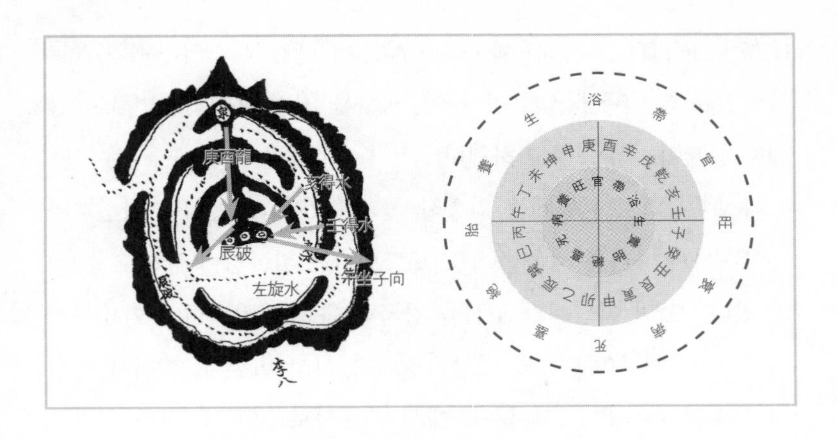

함흥에서 환궁할 때, 이곳에 이르러 국새國璽를 넘겨 준 뒤 계속 머물렀다. 그러자 조정 대신들은 이곳까지 와 국사를 논의하고 윤허를 받아 의정부라 불렀다. 의정부시 낙양동 벌말 마을은 천보산맥으로 치닫던 용맥이 축석령祝石嶺을 지나 남서진한 용맥의 아래쪽에 형성된 마을이다. 자연 흐름은 좌선수로 경유庚酉 내룡에 혈이 맺혔고, 물은 임자壬子 · 건해방乾亥方에서 득수해 진방辰方으로 빠져나간다. 금계金鷄의 귀에 혈이 맺혔다고 했으니 금계포란형金鷄抱卵形에 해당된다. 알을 품고 있는 닭은 항시 맹수나 솔개의 공격에 대비해 귀를 쫑긋 세운 채 경계를 잠시도 멈추지 않으니, 그 결과 눈이나 귀에 정신이 집중되어 기가 응집된다. 혈장에는 돌들이 발출했는데, 수구에 경금어대庚金魚垈의 산이 있어 강물이 굽어 꺾어 흐른다. 주산은 층층이 솟아 있고, 혈장의 앞쪽은 넓고도 편편하다. 내룡에 붙어서 지맥을 끌어주는 지각支脚이 있고 또 우물도 있으며, 남쪽의 갱로坑路 석혈에는 샘이, 동쪽에는 옛 사당이 있다.

『명산도』에는 '楊州東二十五里地名別非洞베일右旋兌龍兌位壬亥水辰破金鷄耳穴穴脉石出庚方金魚帶江流回折主山寬大有脚有井南

坑路西石穴有泉東古廟左掩右抱天閣地軸捍門高峙.一本楊州東飛星谷별얼葬後三年登科不絶'라 하여, 장사를 지낸 후 3년이면 과거급제자가 끊이질 않는다고 하였다.

의정부시의 호원동에는 회룡사回龍寺가 있고, 그곳에는 이성계와 무학대사가 나라를 세울 것을 기도드렸다는 석굴암이 상하로 두 개가 있다. 그 뒤 이성계가 조선을 창국한 다음 찾았더니 무학대사가 기뻐하여, '이곳이 공公의 발상지입니다.'라고 말했다. 그러자 이성계는 절의 이름을 법성사法性寺에서 회룡사로 고쳤다. 현재 의정부시는 향토문화제 이름을 회룡문화제로 하여 의미를 이어가고 있다. 일설에는 경유룡에 맺힌 금계 귀혈로 좌측은 가려졌고, 우측은 껴안았고, 앞은 깊숙하고, 뒤는 끌어안았으며, 명당 좌우에 천각天閣과 지축地軸이 서로 마주하고 수구에 한문捍門이 높은 고개를 이루었다고 한다. 물이 좌측에서 우측으로 흘러 진방辰方으로 소수하니 수국이고, 이때에 경유룡은 임관룡臨官龍으로 생기가 장하다. 또 건해 임관수乾亥臨官水와 임자 제왕수壬子帝旺水가 상당하니, 정왕향正旺向인 오좌자향午坐子向을 놓는다면 금성수로 대부대귀하고 후손이 번창하고 모두 충효 현량할 것이다. 큰 명당이다.

## ● 무공단좌형武公端坐形

楊州東北三十里篁芳山下卯坐巽水入艮大石大帳帳中御屛交椅撲窠中金星穴作旗鼓樓坮文筆列于前華表在北華蓋在東爲捍門大江居其間大川彎抱黃砂重重完如大將軍坐軍中隊伍羅列三十八將得其位四神盡歸降穴作中聚左右無空缺處内堂稠密眞美地.或云武公端坐形或云仙人交犄形地名爾談右城近處

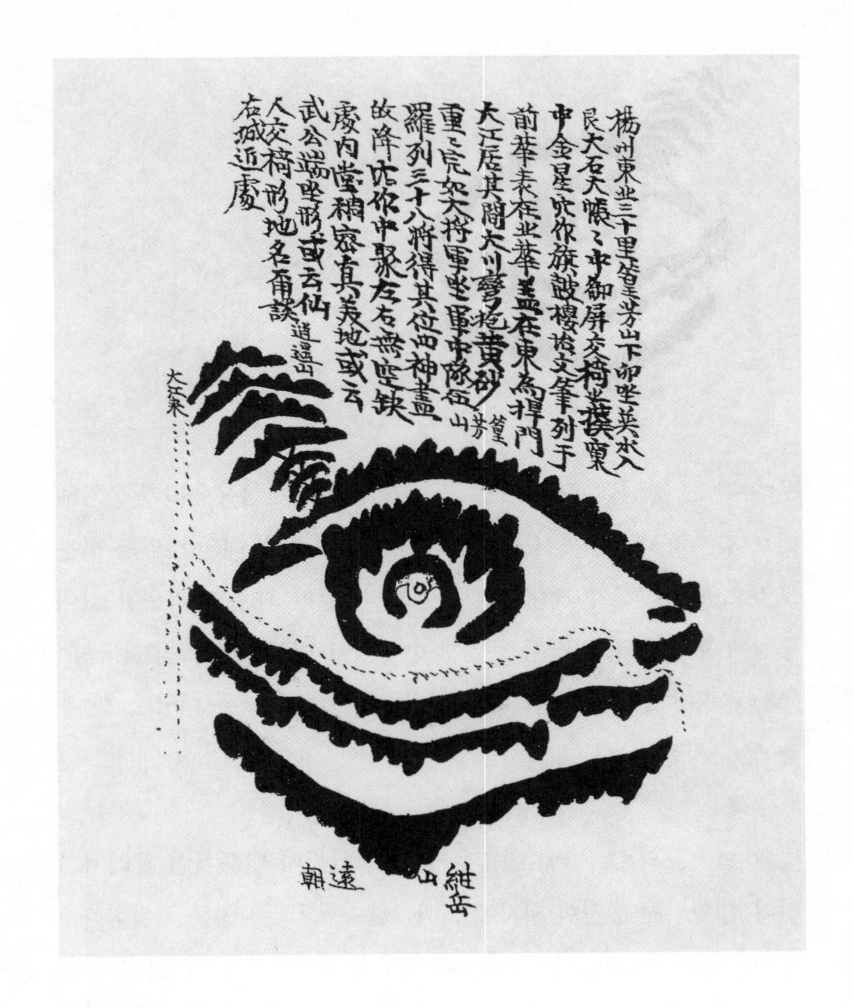


## 용혈도

양주 동북쪽 30리 지점에 황방산(왕방산 737m)이 있고, 그 아래의 갑묘룡에 혈이 맺히고 손방巽方에서 득수해 간파艮破이다. 큰 돌들이 장막을 치고, 장막 가운데에 어병禦屛 · 교의交椅의 모양이 있으며, 박과撲窠, 와혈窩穴 중에 금성혈이 맺혔다. 기고旗鼓 · 누대樓坮 · 문필봉이 앞쪽에 나열하고, 화표는 북에, 화개華蓋는 동쪽에 있다. 한

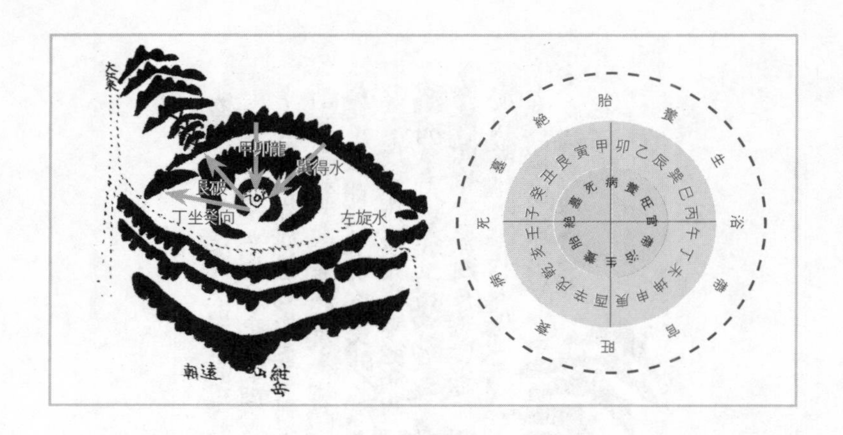


문捍門은 큰 강인데, 그 사이로 큰 내가 만포하며 산봉우리가 중첩해 있으니 마치 대장군께서 38명의 장군이 거느린 군대의 사열을 받는 모양으로 사신사가 제대로 갖추어졌다. 혈이 좌우로 치우침 없이 중앙에 맺혔으니, 내당이 주밀하여 정말로 아름답다. 무공단좌형武公端坐形 혹은 선인교의형仙人交椅形이라 부르며, 지명은 이담爾談의 우측 성 근처이다.

**주해**

| 어병 · 교의御屛 · 交椅 어병은 단정한 산들이 병풍처럼 둘러쳐진 것이고, 교의는 선인이 의자에 앉아 있는 형상의 지형물을 말한다.

| 박과중금성혈작撲窠中金星穴作 때려서 오목하게 들어간 곳에 둥근 산 모양의 흙더미가 있는 형태의 혈이다.

| 사신진귀강四神盡歸降 현무 · 청룡 · 백호 · 주작이 사방에서 뻗어 나갈 것은 뻗고, 돌아올 것은 돌아오고, 내려갈 것은 제대로 내려가 국세가 잘 짜인 모양이다.

| 이담우성爾談右城 동두천시는 조선시대에 양주군에 속한 이담伊淡 마을이었다. 따라서 이담爾談은 이담伊淡의 오기이다.

## 감평

동두천시는 자연경관이 수려한 고장으로 70%가 산림지대이다. 특히 소요산은 경기도의 금강이라 불리는 명산으로 기암비경이 일품이다. 조선시대에는 양주군에 속한 이담伊淡으로 불렸고, 따라서 용혈도에 기록된 이담爾談은 이담伊淡의 오기로 보아야 한다. 이곳의 왕방산은 시의 동쪽에 우뚝 서 있고, 서쪽에 있는 감악산과 서로 마주 보는 형국이다. 지금은 미군 부대가 주둔해 거리에 나붙은 간판들이 온통 영어투성이고, 또 행인까지 외국인이 태반이라 꼭 외국에 여행 온 느낌을 받는다. 왕방산에서 시내 쪽으로 뻗어 내린 힘찬 용맥이 동두천을 만나며 혈을 응집시켰는데 내룡은 갑묘룡이다. 물은 손방巽方에서 얻어 간방艮方으로 빠져나가는데, 북류한 물은 신천을 거쳐 한탄강漢灘江으로 흘러든다.

한탄강은 우리말로는 '한(큰)여울'인데, 은하수와 같이 한반도를 가로질러 흐르고[漢], 또한 깎아지른 절벽을 휘돌아 흐른다[灘]하여 생겨난 이름이다. 또 후삼국 시대 태봉국을 세운 궁예가 부하 왕건에게 쫓기어 이 강을 건너면서 한탄하였다 하여 한탄강恨嘆江으로 불렸다는 전설도 전한다. 예전에는 강화도의 해산물과 전곡全谷의 콩 · 사기 · 옹기 등을 물물교환 하던 뱃길이었으나, 현재는 상류의 염색 공장에서 배출한 시커먼 폐수가 그대로 유입되어 온통 죽음의 빛이다. 이래저래 한탄이 저절로 나오는 강이다.

혈장 뒤쪽에는 큰 바위들이 마치 장막을 친 듯이 에워쌌고, 그 장막 가운데에는 어병禦屛 · 교의交椅 모양인 것도 있다. 혈은 때려서 오목하게 들어간 곳에 둥근 산 모양의 흙더미가 솟은 형태이고, 기고旗鼓 · 누대樓坮 · 문필봉이 앞쪽에 나열하고, 화표는 북에, 화개華蓋

는 동쪽에 놓여 있다. 한문捍門은 큰 강을 이루는데, 그 사이로 큰 내가 굽어 껴안으며 흐르고, 누런 봉우리들이 중첩해 서 있으니 마치 대장군께서 38명의 장군이 거느린 군대의 사열을 받는 모양이다. 사신사四神砂도 하늘에서 내려와 꼭 있을 곳에 자리를 잡았고, 혈은 좌우로 치우침 없이 중앙에 맺고, 내당도 빈틈없이 짜였으니 참으로 아름다운 곳이다. 무공단좌형武公端坐形 혹은 선인교의형仙人交椅形이라 부르며, 지명은 이담爾談의 우측 성 근처이다.

물이 좌측에서 우측으로 흘러 간방艮方으로 소수하니 금국이고, 이때에 갑묘룡甲卯龍은 기운이 병룡病龍이라 입수는 생기를 품지 못한 흉룡이다. 하지만 손방巽方의 장생수長生水가 상당하니 정묘향正墓向인 정좌계향丁坐癸向을 놓는다면 30년이 지나 발복이 시작될 것이다. 내룡의 기운이 비록 왕성치 못할지라도 길향을 택해 안장한다면, 용은 음陰이고 향은 수水이고 양陽이니 양이 음을 능히 구제하기 때문이다. 하지만 용혈도에 패철을 올려 방위를 대입하면 갑룡甲龍, 손수巽水, 간파艮破 등이 부자연스러워 용혈도 그림에 착오가 있거나 또는 입수룡의 격정에 오판이 있는 것으로 생각된다.

## ●건천혈乾川穴

楊州東五十里乾川左旋卯龍巽入首巽坐壬亥水辛破天磨山西行龍二十里戊子金大師得見一云豊陽越村月陰大村中云. 一本未破.

### 용혈도

양주 동쪽 50리 지점인 건천乾川에 좌선하는 갑묘룡甲卯龍에 손사

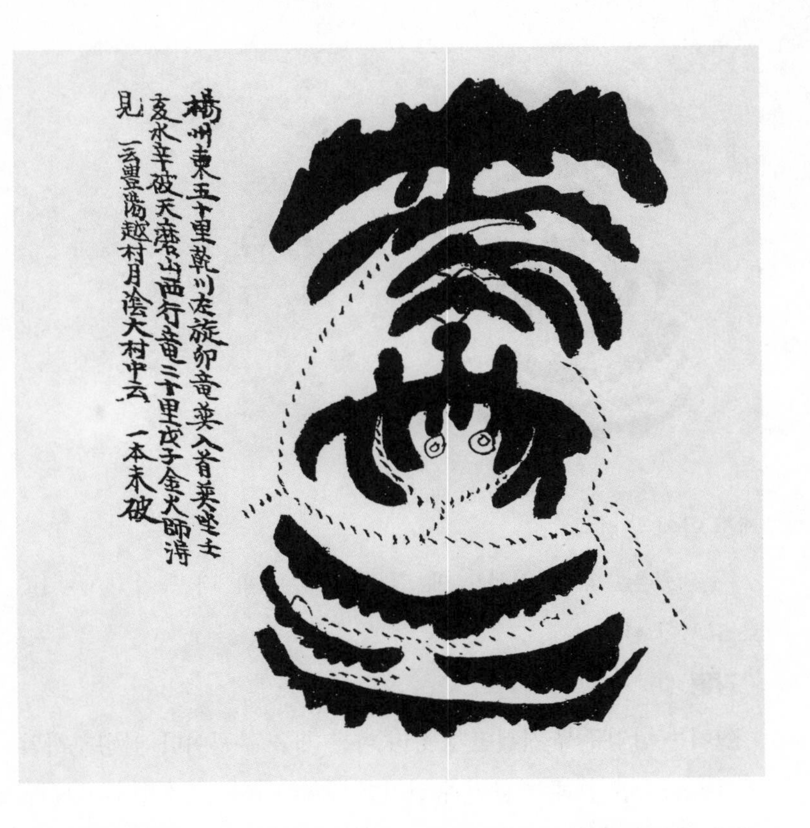


巽巳 입수하여 혈이 맺혔다. 임자壬子 · 건해乾亥방에서 득수해 신파辛破이다. 천마산에서 서쪽으로 20리 뻗어간 내룡인데, 무자년戊子年에 김대사金大師가 보아 얻은 혈이다. 일설에 풍양 조씨가 사는 월음月陰 큰 마을에 있다고 한다. 또 일설에 미파未破라고 한다.

**주해**

| **건천乾川** 남양주시의 진건면眞乾面은 본래 양주군의 진관면眞官面과 건천면乾川面이 1914년 통합되면서 2개 면의 이름에서 한 자씩을 따서 개칭하였다.

| **김대사득견金大師得見** 김대사는 풍수에 밝았던 사람일 것이나 자

세히 알지 못한다.

| 풍양월촌豊陽越村 『명산도』에, '豊陽趙邊月陰里'라 하여'越'은 '趙'로 고쳐야 한다.

## 감평

혈처는 남양주시 진건면 용정리 마른 개울 부근이다. 남양주시의 진건면眞乾面은 본래 진관면과 건천면乾川面이 1914년 통합되면서 두 면의 이름에서 한 자씩을 따서 지은 이름이다. 현재 용정리에 '마른 개울'이란 마을이 있으니, 용혈도의 혈처는 그 부근임이 분명하다. 갑묘甲卯 용맥으로 뻗어 와 혈장에는 손사룡巽巳龍이 입수하였다. 임자壬子 · 건해방乾亥方에서 득수해 신파辛破인데, 일설에는 미파未破라고도 한다. 천마산에서 서쪽으로 20리를 뻗어간 내룡인데, 무자년戊子年에 김대사金大師가 찾아낸 혈로, 일설에는 풍양 조씨가 사는 월음리月陰里라 하고, 『명산도』에는 〈楊州東五十里天磨山西乾川左旋卯龍巽入首巽坐壬亥水未破. 豊陽趙邊月陰里大村中或云仁富間舍朴洞沈先墓地〉라 하여 미파未破이며, 어질고 부자였던 사박동舍朴洞의 심씨네 조상 묘라고 하였다.

임자壬子 · 건해乾亥 방에서 흘러온 물이 우선하여 신방辛方 혹은 미방未方으로 빠지는 형세이다. 신파辛破일 경우 화국이니 손사룡巽巳龍은 목욕룡으로 흉하고 득수 역시 임자 태수壬子胎水와 건해 절수乾亥絶水의 살인황천수黃泉水가 들어온다. 미파未破라면 목국이니 손사룡은 태룡胎龍으로 이 역시 생기를 품지 못한 흉룡이나 임자 목욕수壬子沐浴水와 건해 장생수乾亥長生水가 흘러드니, 이 경우라면 미파가 더 합당할 것이다. 하지만 어떤 경우든지 안장하면 내룡에 생기가 없어 불발할 것이나, 손좌巽坐로써 손좌건향巽坐乾向을 놓는다면 미파未破라면 목국의 정생향正生向, 신파辛破라면 화국의 자생향自生向으로 모두 양공구빈의 14진신수법에 합당해 한 대만 지나면 발복이 시작될 터이다.

## ●대야지혈大野池穴

楊州北二十里右旋辰龍巽入首巽坐丙丁水坎發破臍穴震來震作東赤石土南古墓橫路西渠有泉石人家井古寺垈大吉之地五六尺有卯三介一本地名大野池

### 용혈도

양주 북쪽 20리 지점에 우선인 을진乙辰 내룡이 손사巽巳로 입수해 혈을 맺었는데, 병오丙午 · 정미방丁未方에서 득수해 임자파壬子破이다. 제혈臍穴이 갑묘甲卯내룡이 뻗어와 갑묘룡에 혈을 맺었고, 동쪽에는 붉은 돌과 흙이 있고, 남쪽에는 옛 묘로 통하는 길이 있고, 서쪽 도랑에는 샘이 있다. 민가의 우물은 고찰 터에 있는데 대지이다.

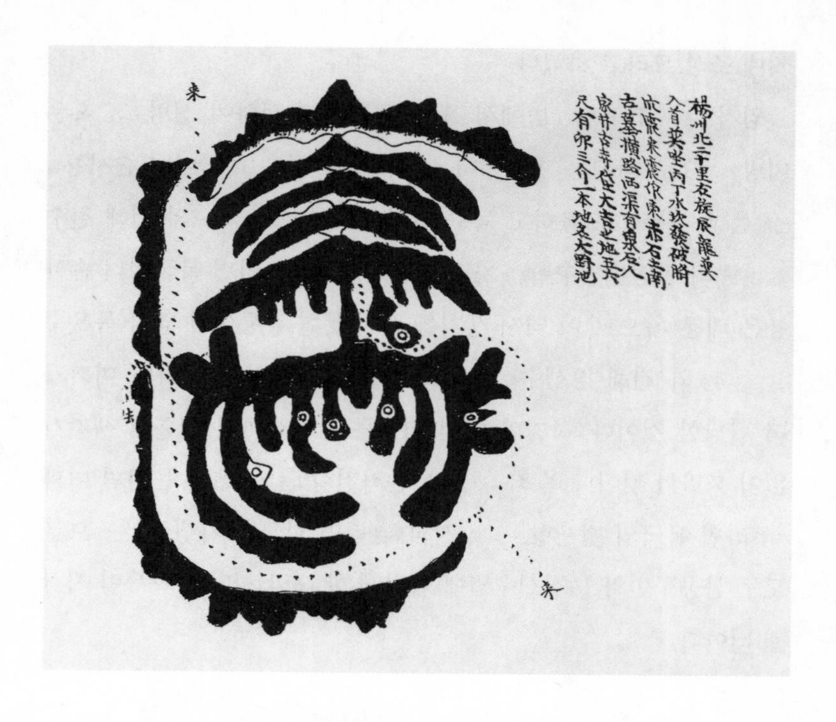


5~6자 아래에 알이 3개가 있는데, 일설에 지명이 대야지大野池라고 한다.

### 주해

| 진래진작震來震作 내룡이 갑묘을甲卯乙 방에서 뻗어와 갑묘을룡甲卯乙龍에 맺혔다고 했다. 쌍산 배합으로 갑묘룡으로 해석한다.

| 대야지大野池 현재의 지명을 찾지 못했다.

### 감평

양주에서 북쪽으로 20여리 떨어진 지점인데, 우선하는 을진乙辰 내룡에 손사巽巳 입수하여 혈이 맺혔다. 물은 병오丙午 · 정미방丁未方에서 득수해 좌선한 다음 임자방壬子方으로 빠져나간다. 또 다른 혈은 배꼽처럼 오목한데, 갑묘甲卯 내룡이 뻗어와 갑묘 입수에 맺혔다.

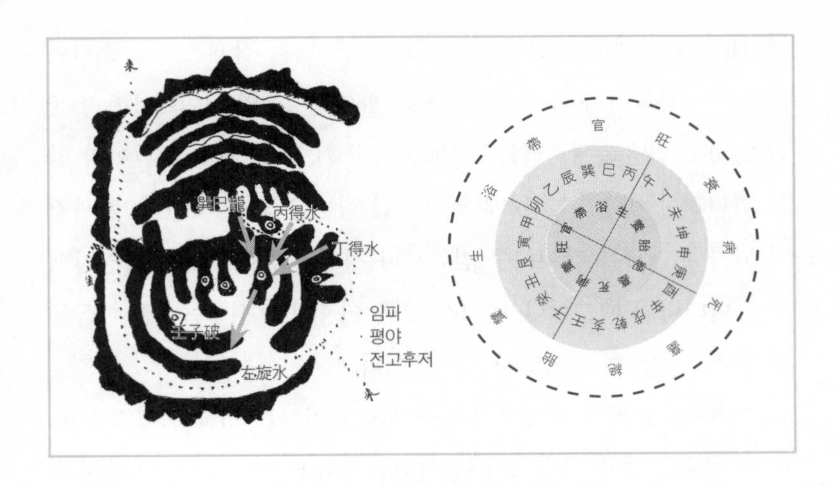


혈을 파면 5~6자 아래에 3개의 알이 있을 것이다. 동쪽에는 붉은 돌과 흙이 있고, 남쪽에는 옛 묘로 통하는 길이 나 있고, 서쪽 도랑에는 샘이 있다.

샘을 수맥과 연관시켜 생각해 보자. 현대에 이르러 많은 사람들이 수맥파가 사람에게 나쁜 영향을 미친다며 동판이나 옥을 이용해 수맥파를 차단하는 방법을 고안하고, 또 수맥을 찾기 위해 탐사봉인 L로드나 펜듈(추)을 가지고 다닌다. 이 도구들은 서양에서 버드나무 가지로 수맥을 찾은 것에 기인하여 현대적으로 개발한 것들이다. 탐사봉에 수맥파가 직접 작용하여 펜듈을 회전시키거나 양손에 잡은 L로드를 움직이는 것은 아니다. 이것의 기본 원리는 사람의 뇌가 수맥에서 나오는 파장을 감지 받고, 그것을 무의식 상태에서 중추신경을 통해 탐사기구에 전달하여 탐사봉이 반응하도록 명령하는 체계이다. 따라서 수맥 탐사자는 수맥파를 뇌가 제대로 전달받아 중추신경에 전달하도록 하는 집중적인 정신 훈련이 필요하다. 도구가 있다고 누구나 탐사봉으로 수맥을 찾을 수 있는 것이 아니며, 대뇌가 수맥파를 감지할 수 있는 초능력적 잠재능력을 소지한 사람만이 가능하다. 추가 한 바퀴 돌 때마다 1m의 깊이에 1톤의 물이 있다고 마음속에 단위를 정해놓고 추가 도는 횟수로 깊이와 양을 판단하는 방법도 그렇게 과학적인 방법은 되지 못한다. 탐사자의 뇌가 수맥파를 감지하는 민감도나 정신집중도에 따라 각양각색으로 나타나기 때문이다. 따라서 추를 이용하는 경우는 3번 이상을 측정해 그 평균치로 판단하는 수준이다.

그렇다면 일찍이 동양에서는 수맥을 탐지하는 기술이 없었을까? 그렇지 않다. 절에 가면 누구나 시원한 약수를 마신 경험이 있을 것이다. 절은 사람이 수도하는 공간이니 먼저 우물이 있어야 한다. 그렇다면 깊은 산 속에서 어떻게 우물이 나오는 곳을 알았을까? 바로 패철로 양기의 흐름을 보아 수맥이 통과하는 지점을 찾아낸 것이다. 풍수학은 목욕룡이 바로 수맥이 있는 곳으로 판단하는데, 현장 검증 결과를 보면 정확히 들어맞는다. 하지만 패철을 이용하는 데는 한계가 있다. 어느 정도 깊이에 어느 정도의 양이 있는지 판단할 수 없으며, 다만 주변 산천의 형세를 보아 그 양을 추측할 뿐이다.

대개 절은 유명한 스님들이 잡은 터라 명당이라 생각하기 쉽다. 물이 풍부하고 대웅전은 남향으로 자리를 잡아 햇빛이 잘 드는 구조이니 뭔가 포근하다는 느낌을 받기 때문이다. 하지만 대개의 절터는 사방을 둘러보면 모두 산으로 둘러싸여 있다. 이런 터를 풍수는 천심십도天心十道의 명당으로 간주하고 주위에 있는 네 개의 산을 선으로 그었을 때 그 십자의 중심에 혈이 있다고 본다. 그렇지만 이런 선입견을 배제하고 자연의 순환 원리를 꼼꼼히 살펴보면 사람이 살기에 적당치 못한 곳도 있다. 우선 사방이 산으로 막혀 있으니 마치 함지박 속에 들어간 느낌을 받아 답답하다. 산이 높으면 해가 늦게 뜨고 일찍 지니 일조량이 적고 통풍도 잘 안 된다. 또 좌우에서 물이 끊임없이 흘러 들어오니 습기가 많다. 습기는 많은데, 일조량이 적고 통풍이 안 되면 자연히 호흡기 계통에 이상이 생긴다.

그리고 풍수는 물을 재물로 보니 물이 빠져나가는 모습이 혈에서 보이지 않아야 좋다. 그런데 어떤 절은 좌우에서 흘러온 물이 절 앞쪽에서 합쳐져 산 아래로 곧게 흘러가니 재물과는 인연이 멀다고 할 수 있다. 어떤 풍수가는 예로부터 우리나라 국토 중 병이 들거나 기가 약한 곳에 절과 탑을 세워 국토를 치유했다고 주장한다. 비보사탑설裨補寺塔說로 사람도 병이 들면 침뜸을 놓듯 국토도 병이 들거나 기가 허한 곳에 절과 탑을 세웠다는 설이다. 어쨌든 절터는 생활터전이나 혹은 후손을 위한 명당 터로는 재고할 필요가 있다.

이곳은 용맥이 을진乙辰으로 뻗어와 제혈臍穴이 손사룡巽巳龍에 맺고, 또 병오丙午 · 정미방丁未方에서 득수하여 임자파壬子破라고 하였다. 화국으로 물이 좌선하는데, 손사룡은 목욕룡이라 쓰지 못하고, 또 갑묘룡에 혈이 맺혔다고 하니[震作] 이 경우는 갑묘 임관룡甲卯臨官龍으로 판단한다. 병오丙午는 제왕수帝旺水이고 정미丁未는 쇠수衰水로 학당수學堂水이다. 이때는 화국의 쇠향衰向인 정향丁向이나 자생향自生向인 건향乾向을 놓을 수 있으나 당국의 형세 상 손좌건향이 적합하다. 이 경우라면 첫째 파가 꼭 임파壬破 천간파이고, 둘째 혈장의 모양이 전고후저하며, 셋째 평야 지대에서만 발복하는데, 건향은 향상向上 목국으로 이때 병수와 정수는 각각 사수와 묘수의 살인황천수라 길하지 못하다. 또 높은 산이라면 흉지로 결단코 불발하니 신중해야 한다. 대지는 되지 못하는 터이다.

## ●산성혈山城穴

楊州南三十里山城來龍左旋(已用)

**용혈도**

양주 남쪽 30리 지점에 산성山城에서 뻗어온 내룡에 혈이 맺혔다. 좌선수라 하며 이미 묘를 썼다.

**주해**

| 좌선수左旋水 내당內堂과 외당外堂의 물이 좌측에서 우측으로 흘러가는 국세이다.

| 산성山城 지명이 아니라 현장 답사에서 성이 있음을 말하니, 현재의 지명을 찾기 어렵다.

**감평**

풍수는 '장풍득수藏風得水'에서 연유된 말이다. 이 말은 내룡을 타고 흘러가는 생기는 물을 만나야 더 이상 전진하지 못하고 혈을 맺으며, 또 혈에 응집된 생기는 바람을 맞으면 흩어지니 바람을 가두어야 한다는 뜻이다. 따라서 혈의 좌우에서 청룡과 백호가 겹겹으로 감싸 안아야 장풍이 이루어진다. 그 결과 일부 풍수사는 모든 것을 제쳐두고 청룡과 백호가 잘 짜인 지형만 찾아 '명당이다.'하고 소리친다. 그렇지만 청룡과 백호가 층층으로 에워싸도 내당內堂에서 생긴 바람과 물의 기운이 순조롭게 빠져나가지 못한다면 살풍殺風이 불어오는 흉지이다. 생기가 흩어지는 자연황천自然黃泉에 빠진 곳이다.

형기 풍수사는 혈장 주변에서 산들이 겹겹으로 감싸주면 좋다고 입을 모은다. 물론 장풍이 잘된 곳이니 길지임이 틀림없다. 하지만

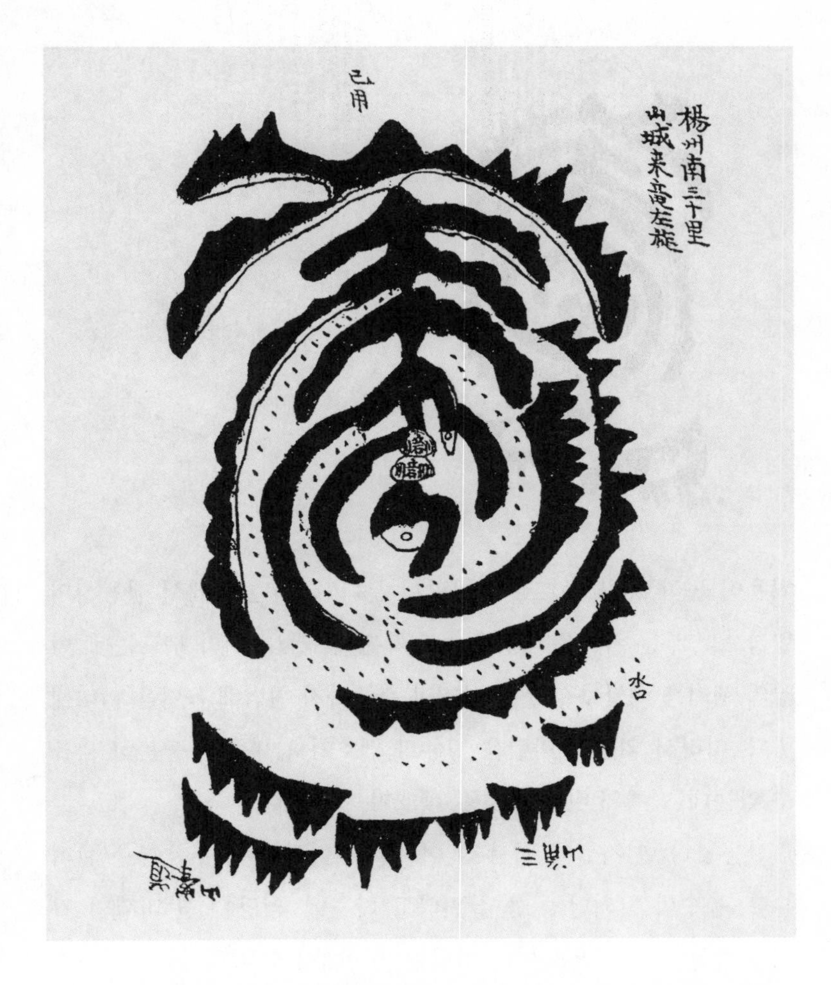


더 중요한 것이 있다. 생기에 영향을 미치는 바람은 외부에서 들어온 외당外堂의 바람뿐만 아니라, 계곡의 좌우측에서 생긴 내당의 바람도 있다. 외당에서 불어오는 바람은 청룡과 백호가 막는다 하지만, 문제는 계곡과 산등성의 기온 차에 의해 생긴 내당의 바람을 어떻게 막느냐 하는 것이다. 낮이면 계곡보다 산등성의 기온이 높아 계곡에서 산등성 쪽으로 바람이 불고, 밤이면 산등성보다 계곡의

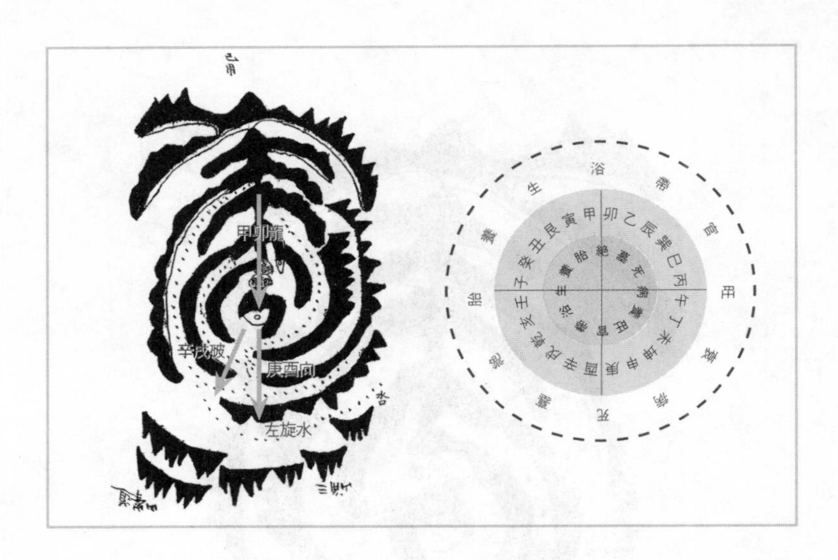


기온이 높아 계곡 쪽으로 산바람이 분다. 특히 계곡에서 산등성의 혈장으로 부는 차가운 바람을 풍수학은 '음풍陰風'이라 부르는데, 혈장의 생기를 빼앗아갈 뿐만 아니라 광중까지 침범해 육탈을 더디게 한다. 따라서 외부의 바람은 청룡과 백호가 감싸주면 충분히 막을 수 있는데, 안쪽의 바람은 청룡, 백호가 소용없다.

산등성의 한 지점에 서서 산 아래의 커다란 자연의 흐름을 살펴본다. 풍수학은 외당外堂을 살핀다고 하는데, 외당은 혈 바깥의 자연을 말한다. 외당의 물이나 바람이 왼쪽에서 오른쪽으로 흘러가면 좌선수, 오른쪽에서 왼쪽으로 흘러가면 우선수이다. 그런 다음 내당을 살피는데, 외당이 좌선수라면 내당도 좌선수여야 한다. 즉 왼쪽 계곡이 오른쪽 계곡보다 크고 넓어야 한다. 또 외당이 우선수라면 내당도 당연히 오른쪽 계곡이 왼쪽 계곡보다 크고 넓은 우선수가 되어야 한다. 그래야 외당과 내당의 자연 순환이 일치하여 그 산등성엔 물이 차지 않고 바람도 들어차지 않는다. 만약 외당이 좌선수인데 내당은 우선수라면(외당이 우선수인데 내당은 좌선수) 내당으로부터 흘러간 바람이 외당의 바람을 받아치는 형세가 된다. 즉 작은 양기가 큰 양기에 순행하지 못하니 내당으로 다시 밀려 들어와 산등성에는 물과 바람이 들어찬다. 자연 황천이 걸린 흉지로, 그런 산등성에서 명당을 찾으려면 산에 올라가 고기를 잡는 편이 빠르다.

이 원리를 좀더 쉽게 설명하면 하수도에서 오물이 빠져나가는 원리와 같다. 큰 하수관에 작은 하수관을 설치할 때 오물의 흐름을 서로 역행시키면 작은 하수관의 오물이 큰 하수관으로 빠져나가지 못하고 역류한다. 서로 순행하도록 작은 하수관을 설치하면 오물은 쉽게 큰 하수관으로 빠져나간다. 즉, 물이 큰 수도관을 지날 때에 작은 수도관의 방향과 마주 보고 있으면 큰물은 작은 관으로 치고 들어간다. 자연 현장에서도 외당의 큰 흐름을 살핀 다음, 내당의 흐름을 살펴 서로 순행하면 산등성에 생기가 응집될 조건이 되고, 역행하면 혈의 생기가 흩어져 흉지가 된다.

따라서 명당을 구하려면 먼저 외당과 내당의 자연 순환이 서로 일치하는 산등성을 찾아야 한다. 풍수를 공부한 사람도 자칫 이런 기본을 무시하고 용맥의 흐름과 좌우의 산세만을 보고 혈을 찾는 경우가 종종 있다. 아무리 청룡과 백호가 겹겹이 에워싸도 자연 황천에 빠진 곳이라면 살풍이 불어오는 흉지이다. 묘터나 집터를 정할 때면 꼭 자연이 순행한 곳을 찾아야 한다. 용혈도를 보면, 삼각산과 도봉산이 정면에 보인다. 따라서 용맥은 동쪽에서 서쪽으로 뻗어온 갑묘룡甲卯龍에 가깝다. 이때에 자연 흐름이 좌선수이고 갑묘룡이 진룡眞龍이라면 화국이다. 용혈도 상에서 수구를 격정하면 신술파辛戌破에 가깝다. 그러므로 자왕향自旺向인 경유향庚酉向을 놓으면 대부대귀하고 후손이 번창하고 장수할 터이다.

## ●목단형牧丹形

楊州天磨山東龍牧丹形花盆案左旋南向地名月吉連發百子千孫富貴雙全七代流祚有兒皆貴有孫皆達

### 용혈도

양주 천마산의 동쪽 용맥에 목단형牧丹形의 혈이 맺혔는데 화분안花盆案이다. 좌선수에 남향을 했는데, 지명은 월길月吉 마을이다. 대를 이어 발복하여 백자천손이 될 것이고 부귀도 함께한다. 7대를 걸쳐 발복하니 자식들은 모두 귀하게 되고 손자들은 모두 활달할 터이다.

### 주해

| 목단형화분안牧丹形花盆案 모란은 부귀영화를 상징하는 꽃이다. 그러나 활짝 핀 꽃이 절정이라면 다음부터는 시들어간다는 의미가 있

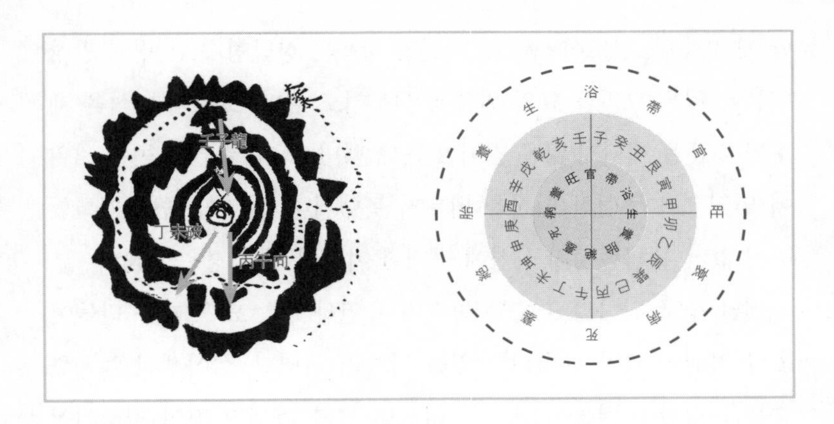


어 반쯤 피어야 영화가 계속된다고 본다. 따라서 목단반개형牧丹半開形이 더 좋다.(『한국의 문중풍수』)

| 지명월길地名月吉 남양주시 화도읍에 '달길리'라는 마을이 있다. '월길리月吉里'의 한글식 표현으로 본다.

| 유아개귀우손개달有兒皆貴有孫皆達 아兒는 자식을 가리키고, 손孫은 손자들을 가리킨다.

### 감평

혈처는 남양주시 화도읍 창현리 달길 마을 부근이다. 남양주시 화도읍 차산리에는 구한말에 강력한 쇄국정책을 펼쳤던 흥선대원군의 묘(흥원)가 있다. 본래는 1898년 고양군 공덕리(현재 마포구 공덕동)에 장사 지냈다가 1906년 파주군 대덕리로 이장했고, 1966년 현재의 위치로 다시 옮긴 것이다. 5각의 곡장을 두룬 묘는 봉분도 큼직하고 앞쪽에는 석양, 망주석, 장명등, 문신석상 등 석물 치장도 위엄을 갖추었다. 그런데 그의 묘비가 보이지 않고, 주변에 아무 글자도 쓰여 있지 않는 비석이 서 있다. 묘비는 망자의 벼슬명(생전, 추증), 시호諡號, 부인, 좌향을 기록해 두며, 보통 상석床石의 뒤(무덤의 앞)에 세운다. 신도비神道碑를 대신할 경우는 장방형 기단 위에 팔작 지붕을 얹은 묘비를 묘의 왼쪽에 세우기도 한다. 그런데 비석을 세우되 비문을 새기지 않은 것이 있는데 백비白碑라 부른다. 높은 지위에 있었으나 뚜렷한 업적을 이루지 못했거나, 일찍이 죽어 기록할 공이 없거나, 남존여비 사상에 근거한 여자의 것일 경우가 많다.

옛날 중국 위나라 조조는 죽으며 유언하기를, 묘 72개를 만들어 훗날 자신의 묘가 훼손되는 일을 막으려 하였다. 살아생전 억울한 죽음을 당한 사람들이 세상이 바뀌면 묘를 파헤칠 것이 염려되어 한 유언이다. 편지를 쓰되 백지를 그대로 보내는 것을 백간白簡이라 하는데, 이것은 자기의 사연을 차마 쓸 수 없을 적에 상대방이 자기의 심정을 헤아려 달라는 뜻에서 보내는 것이다.

조선 정조 때 영의정을 지낸 김익金熤에게 김재찬金載瓚이란 아들이 있었다. 아들이 어렸을 때 당시 훈련대장이었던 이창운李昌運이 그를 불러 병졸로 삼고자 하였다. 어떠한 사람도 훈련대장이 부르면 가지 않을 수 없는데, 김재찬은 아버지의 힘만 믿고 세 번을 불렀으나 가지 않았다. 당시 명을 거역한 죄는 사형에 해당되었는데, 김재찬은 자기를 잡으러 온 병졸을 보고 놀라 아비에게 매달렸다. 그러자 김익은, "내가 정승이지 너는 아니다." 라며 호되게 꾸짖었다. 끌려가는 아들의 뒤를 보며 김익은 병졸에게 편지 한 통을 주며 훈련대장에게 전해 달라고 하였다. 이 편지는 아무것도 쓰여 있지 않은 백지白紙였다. 자식을 살려 달라고 쓰면 국법을 어기는 것이요, 자식이 죽는 것은 아비로서 큰 슬픔이었기 때문이다. 이 백지 편지를 한참 들여다본 이창운은 김재찬에게 곤장 30대를 때렸고, 이 후 김재찬은 열심히 공부하여 영의정에 올랐다고 한다.

천마산의 정상 근처에 절벽 바위가 있는데, 사람들은 이 바위를 약물바위라 부른다. 이 바위에서는 사시사철 샘물이 끊임없이 솟아나와 약물바위 샘으로 부르는데, 천마산에서 동진한 용맥이 송라산으로 솟아나고, 그곳에서 다시 출맥한 용맥이 소래비고개→머재고개를 지나 창현리의 뒤산을 이루고, 그곳에서 남진한 용맥에 달길마을이 들어섰다. 본래 이름은 '월길月吉'인데, 한글 지명으로 바꾸면서 '달길마을'이 되었다. 용혈도를 보면, 남향이니 내룡은 임자룡壬子龍이고, 물이 좌선수이니 정미파丁未破가 합당하다. 목국의 자왕향인 병오향丙午向을 놓으면 대부대귀할 것이다.

## ●수악산혈水岳山穴

楊州南三十里水岳山下城來龍左旋艮坐辛水丙破或曰柳葬而未詳

### 용혈도

양주 남쪽 30리 지점, 수악산 아래의 성城에서 뻗어 온 내룡이 좌선해 혈이 맺혔다. 간인룡艮寅龍에 신술방辛戌方에서 득수해 병방丙方으로 소수한다. 일설에 유씨가 장사를 지냈다고 하나 알 수 없다.

### 주해

| 남30리南三十里 용혈도에 나타난 거리는 현대와 같은 포장도로를 기준으로 측정한 것이 아니다. 걸어서 옛날 길을 가는 거리를 뜻하니 현대와는 맞지 않는 경우가 많다.

| 수악산水岳山 현재 수락산(638m)을 가리키며 도봉산과 함께 서울의 북쪽 경계를 이룬다. 화강암 암벽이 노출되어 있으나 산세는 험

하지 않다.

**감평**

수락산은 울창한 숲과 노출된 암벽 사이로 흐르는 맑은 계곡물이 볼 만하며, 또 내원암, 투구봉, 향로봉, 미륵봉 등의 모든 봉우리가 서울을 향해 고개를 숙이고 있다. 그래서 이성계는 수락산을 한양의 수호산이라 불렀다. 산 아래쪽에 산성이 있고, 그곳에서 출맥한 내룡에 혈이 맺혔다고 기록되어 있다. 그런데 신술방辛戌方에서

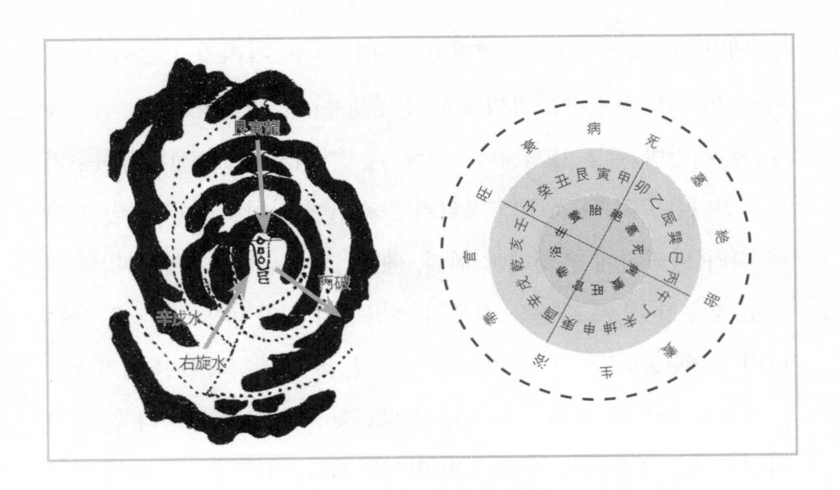


득수한 물이 우선해 병파丙破라면 수국이다. 이때에 간인룡艮寅龍은 태룡胎龍으로 지기를 장하게 품지 못한다. 용혈도에서 청룡 끝으로 수구를 격정하면 곤신파坤申破라서 본 결록은 입수한 내룡의 방위가 틀렸거나 또는 용혈도가 잘못 그려진 경우이다. 만약 결록이 맞는다면 수국의 태향태파胎向胎破인 임좌병향壬坐丙向을 놓아야 하는데, 용진혈적하고 백보전란이 필요하다.

풍수학의 황천수란 지형과 지질을 변화시키는 바람과 물의 기운 중에서 흉한 방위에서 들어와 유골의 소골이나 사람에게 흉한 영향을 미치는 양기를 말한다. 풍수학을 배우려면 먼저 풍수학의 수水가 계곡물, 강물, 냇물과 같은 물이 아니라, 음기인 땅을 기계적·화학적으로 변화시키는 양기陽氣의 총칭, 즉 바람과 물의 기운을 뜻함을 알아야 한다. 황천수를 보통 구빈황천救貧黃泉과 살인황천殺人黃泉으로 구분하는데, 그보다는 득수의 방위가 흉한 것과 소수의 방위가 흉한 것을 구분하는 것이 이해하기 쉽다. 득수 방위가 흉한 살인황천수는 12포태 상 각 국(수국, 목국, 화국, 금국)의 묘방墓方, 절방絶

方, 태방胎方, 목욕방沐浴方, 병방病方, 사방死方을 가리키고, 소수 방위가 흉한 살인황천수는 양방養方, 장생방長生方, 관대방冠帶方, 임관방臨官方, 제왕방帝旺方, 병방病方, 사방死方을 가리킨다. 그런데 황천수의 길흉판단은 득수나 소수의 방위가 고정되어 있어도 묘나 집의 좌향에 따라 달라짐에 유의해야 한다. 예를 들어 우선수가 손사방巽巳方으로 소수할 경우, 좌향을 수국의 정양향인 계좌정향癸坐丁向을 놓는다면 절파絶破로써 구빈황천으로 길하나, 화국의 정왕향인 임좌병향壬坐丙向을 놓으면 임관파臨官破로써 살인황천이 되어 흉하다. 원리가 어려우나 요점은 득수와 소수의 방위는 좋고 나쁨이 고정되어 있지 않으며, 좌향에 따라 길한 것도 흉하게 변하고, 흉한 것도 좋게 변한다는 사실이다. 결국 수의 길흉은 향에 달려 있으니, 향법에 밝아야 풍수학을 제대로 이해하게 된다.

## ● 마차산혈摩嵯山穴

楊州北面五十里摩嵯山左旋辰龍乙作臍穴四五尺卵三介大吉地. 一本震來震乙坐艮寅得申破

### 용혈도

양주 북쪽 50리 지점의 마차산摩嵯山에 좌선하는 진룡辰龍의 을진내룡乙辰來龍에 제혈臍穴이 맺혔다. 4~5척을 파면 알이 3개가 있어 대길지이다. 일설에는 진래진작震來震作하여 을진룡乙辰龍에 혈이 맺고, 간인방艮寅方에서 득수해 신파申破라고도 한다.

## 주해

| 4~5척四五尺 혈을 파는 데는 반드시 적당해야 한다. 얕게 팔 곳을 깊게 파면 진기眞氣가 위로 지나가고, 깊이 팔 곳을 얕게 파면 진기가 아래로 지나가니 터럭만큼이라도 틀리면 화복이 천양지차이다. 고로 혈을 정하되 한 자만 높아도 용이 상하고 한 자만 아래로 내려도 맥을 벗어나니 좌우로도 틀림이 없어야 한다.(『장경葬經』)

| 난3개卵三介 땅 속에 알을 닮은 돌이 세 개가 있을 것이다. 보통 지기가 굳어져 된 것이라 한다.

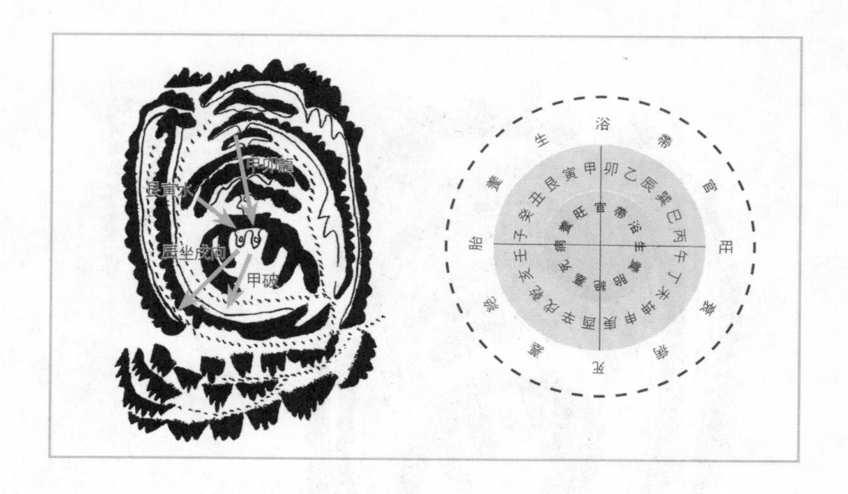


## 감평

혈장은 연천군 전곡읍 간파리 부근이다. 한북정맥의 운악산에서 남진한 힘찬 용맥은 백석이 고개에 이르러 서진하는 지맥을 출발시켰고, 다시 샘내고개에 이르러 과협을 이루다가 도락산으로 솟구쳤다. 다시 북진과 서진을 반복한 용맥은 연천의 전곡읍에서 마차산(현재 馬叉山 588m)으로 솟고, 그곳에서 계속 북진한 지맥은 한탄강을 만나 긴 여정을 멈춘다. 마차산은 소요산과 사이를 두고 북류하는 신내천의 근원이 되는 산이다. 이 산의 정상에서 뻗어 내린 용맥은 신내천을 향해 동진한 것과 감악산 쪽으로 서진한 것이 있다. 용혈도를 보면, 내룡이 을진룡乙辰龍에 신파申破이니 목국이고, 갑묘 장생룡甲卯長生龍으로 뻗어와 을진 양룡乙辰養龍에 혈이 맺혔다. 이때 자연의 흐름은 간인 임관수艮寅臨官水가 우선해 신파申破로 소수하니, 정양향인 진좌술향辰坐戌向을 놓으면 정법이다. 인정과 재물이 풍성하며, 공명현달하며 발복이 면원하며, 남녀 모두 장수하며 자식마다 발복할 것이다.

## ●방해토말형螃蟹吐沫形

楊州議政府店下伏蟹平地庚脉以太陰眠體作腦酉坐庚坐螃蟹吐沫形

### 용혈도

(양주)의정부 시내 아래쪽에 게가 엎드린 듯한 평지에 천전도맥穿田渡脈으로 경유룡이 뻗어왔고, 뇌두腦頭가 태음금성형太陰金星形인데 경유庚酉입수로 방게가 거품을 토하는 방해토말형螃蟹吐沫形이다.

### 주해

| 방해토말형螃蟹吐沫形 방게가 거품을 토하는 형국.

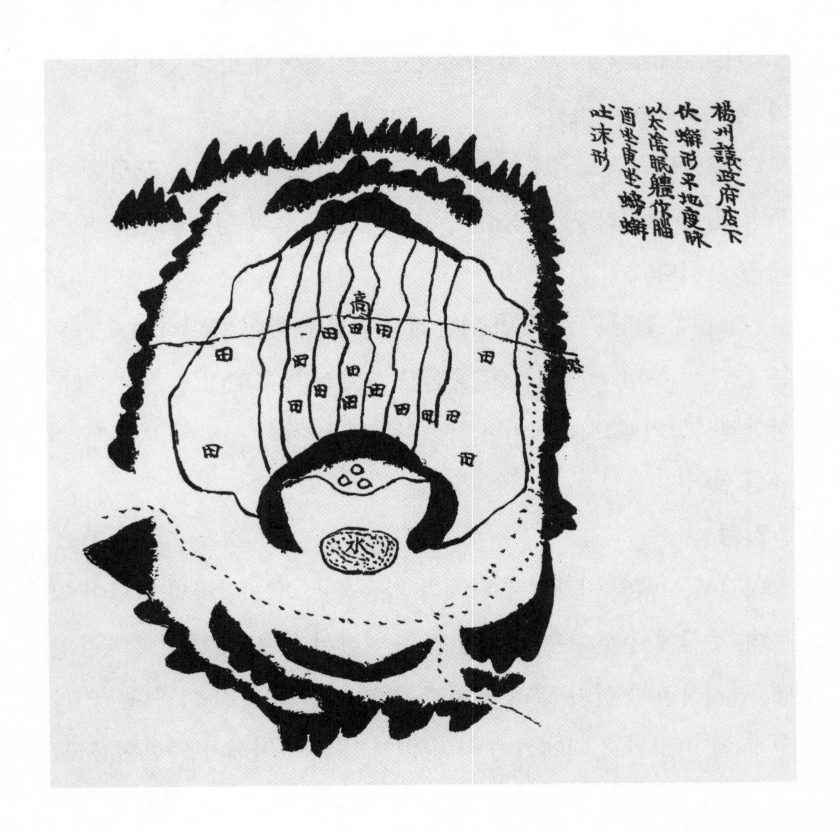

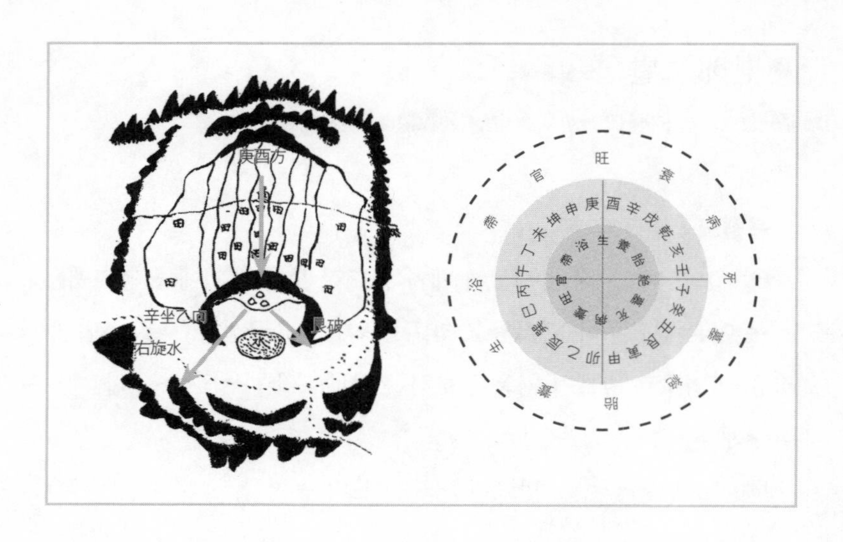


| **천전도맥**穿田渡脉 지맥이 땅속으로 스며들어서 밭을 건너 흘러간다. 평지룡平地龍이다.

| **태음금성**太陰金星 금성이 둥글고 결함이 없이 마치 해 모양을 이루면 태양太陽이라 하고, 둥글며 결함이 있고 달의 형상을 이룰 때는 태음太陰이다.

| **작뇌**作腦 혈장은 한두 번 가늘게 결인한 내룡이 은미하게 솟아오른 승금乘金부터 시작되는데, 승금은 오행상의 표현이고, 뇌두腦頭는 상산역사상인相山亦似相人이란 『설심부』의 말처럼 사람의 머리에 비유한 말이다.

## 감평

의정부 시내의 아래쪽에 방게가 거품을 토하는 형국의 명당이 있는데, 주산에서 뻗어온 용맥이 밭을 지나서 혈을 맺었다. 평지룡인데, 평지라면 주산이 멀리 떨어져 혈의 맺음을 알기 어렵다. 『인자수지』에 따르면 평지에선 주산이 없어 내룡의 기세가 약한데, 구불

구불한 것을 취하고 혈장의 뒤쪽으로 기운을 묶은(束氣, 좁게 내려옴, 조름목) 곳이 있으면 용맥이 형성된 것이다. 오는 곳이 약간 높아 물이 갈라지면[分水] 용맥이 명백하여 주산이 있는 것으로 본다고 하였다. 혈장의 승금이 금성처럼 둥근 형태이나 결함이 있어 달의 형상을 이룬 태음太陰이고, 내룡은 경유방庚酉方에 입수하였다. 용혈도를 보면 내룡이 경유룡이고 간파艮破이다. 따라서 금국의 경유 장생룡에 혈이 맺고, 자연 흐름이 우선해 절위 간파絶位艮破로 소수하니, 정양향인 신좌을향辛坐乙向을 놓으면 정법이다. 삼합연주이며 인정과 재물이 풍성하며, 공명현달하며 발복이 면원하다. 남녀 모두 장수하며 자식마다 발복하지만 셋째가 더욱 발달하고 딸들도 모두 뛰어날 것이다. 혈장 앞에 있는 둥근 못은 진응수로, 그 물만큼 재물이 쌓일 길수이다.

## ●용암산혈龍岩山穴

楊州東二十五里龍岩山下右旋卯龍卯坐坎癸水辛破大地

### 용혈도

양주 동쪽 25리 지점의 용암산龍岩山 아래에 혈이 맺혔다. 우선하는 갑묘甲卯 내룡에 갑묘 입수이고, 임자壬子 · 계수癸水가 신방辛方으로 소수하니 대지이다.

### 주해

| 용암산(龍岩山 476m) 포천의 무림리와 의정부시의 민락동의 경계를 이루는 산이다.

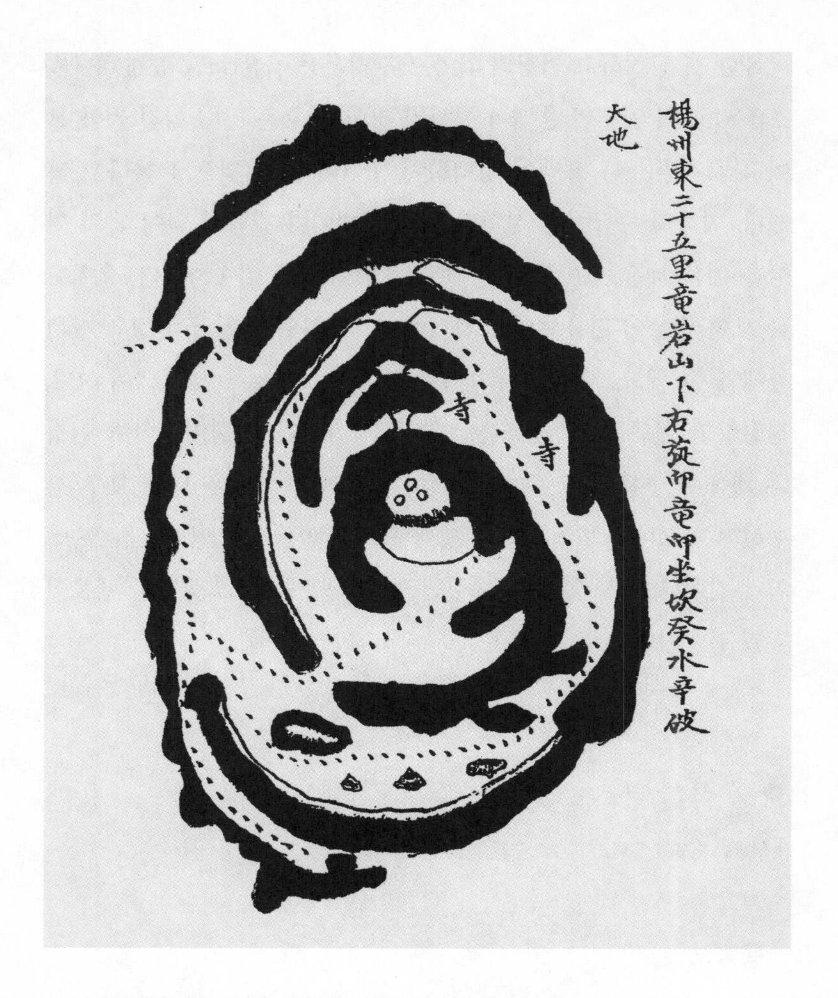
楊州東二十五里竜岩山下右旋而竜卯坐坎癸水辛破
大地
寺
寺

| 내동內洞 포천군 소흘읍 무림리 내루동을 가리킨다.

**감평**

혈처는 포천시 소흘읍 무림리 부근이다. 용암산은 포천의 무림리에 자리 잡은 산으로, 근처에는 세조와 정희왕후 윤씨의 능인 광릉光陵이 있다. 광릉은 광릉수목원 내에 있으며, 수목원은 한국 제일의 원시림으로 동식물의 낙원을 이룬다. 이곳에 광릉이 들어서게 된

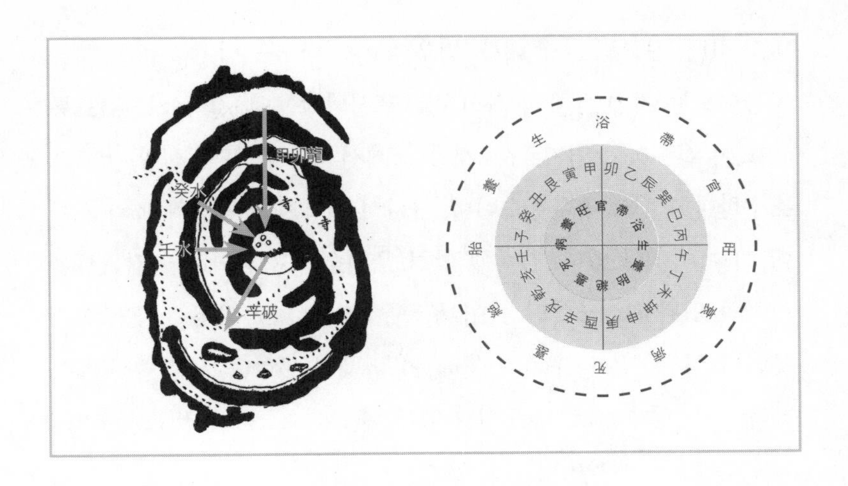


뒤에는 다음과 같은 전설이 전한다.

세조는 생전에 자기가 죽으면 묻힐 곳을 찾아 전국의 명산을 돌아다녔다. 하루는 이 근처를 지나는데 한 상주가 묏자리를 파고 있어 주위를 살펴보니 불길한 곳이었다. 그래서 3백 냥을 주며 다른 곳에 묘를 쓰라고 하고, 누가 그곳에 묘를 쓰라 했느냐고 물으니 이생원이라는 지사라고 했다. 마침 세조도 그를 찾고 있던 중이라 그가 사는 곳으로 가니 산속 초가집이었다. 왜 불길한 곳에 묘를 쓰라고 했는지를 묻자, “이 근처에 명당이 있으나 그 자리는 금방 3백 냥이 생길 자리이기 때문에 그곳에 묘를 쓰라고 하였습니다.” 라고 대답했다. “그럼 왜 너는 이런 초막에 사느냐.”하고 묻자, “국왕이 친히 오실 자리이기 때문에 이곳에 삽니다.” 하고는 곧 마당에 멍석을 깔고 용서를 빌었다. 이 생원의 풍수에 놀란 세조는 그를 따라 능자리를 정했는데 바로 지금의 광릉이다. 또 능을 팔 적에 뒤웅박만한 벌이 나와 이생원을 죽이려고 찾았으나, 이생원은 미리 알고 머리에 큰 독을 쓰고 장현리에 숨어 있어 벌이 쏘았으나 죽지 않았다고 한다. 지금도 그 동네를 '벌우개[蜂峴]'라 부른다.

용혈도는 자연 흐름이 좌선수로 표시되었는데, 결록에는 갑묘룡甲卯龍이 입수하고 임자壬子 · 계방癸方에서 득수한 물이 신방辛方으로 소수한다고 했으니 우선수이다. 따라서 결록과 용혈도의 물의 흐름이 서로 어긋나 있다. 결록에 맞춰 우선수라고 판단하면 갑묘룡은 화국의 임관룡臨官龍이라 물이 우득우파右得右破로 내룡을 환포하지 못하니 입수룡은 득수하지 못해 혈을 맺지 못한다. 또한 화국에서 계축癸丑은 양수養水로 길수이나 임자 태수壬子胎水는 황천수로 수법水法에도 어두운 결록이다.

## ●금반형金盤形

楊州東二十里內松山右旋卯龍甲坐巽巳水戌破金盤形玉女案. 一本云在松山近金永柔相距數百步旣被侵穴星濶難知

### 용혈도

양주 동쪽 20리 안쪽의 송산松山에 우선하는 갑묘甲卯 내룡에 갑묘 입수이다. 손사방巽巳方에서 득수하여 술방戌方으로 소수하니 금반형金盤形이고 옥녀안玉女案이다. 일설에는 송산松山에 혈이 맺혔는데 근래 들어 김영유金永柔 재상이 수백 보 거리에 묘를 썼다. 혈성穴星이 넓으니 알아보기 어렵다.

### 주해

| 금반형金盤形 소반에는 여러 음식이 차려짐으로, 금소반은 부귀

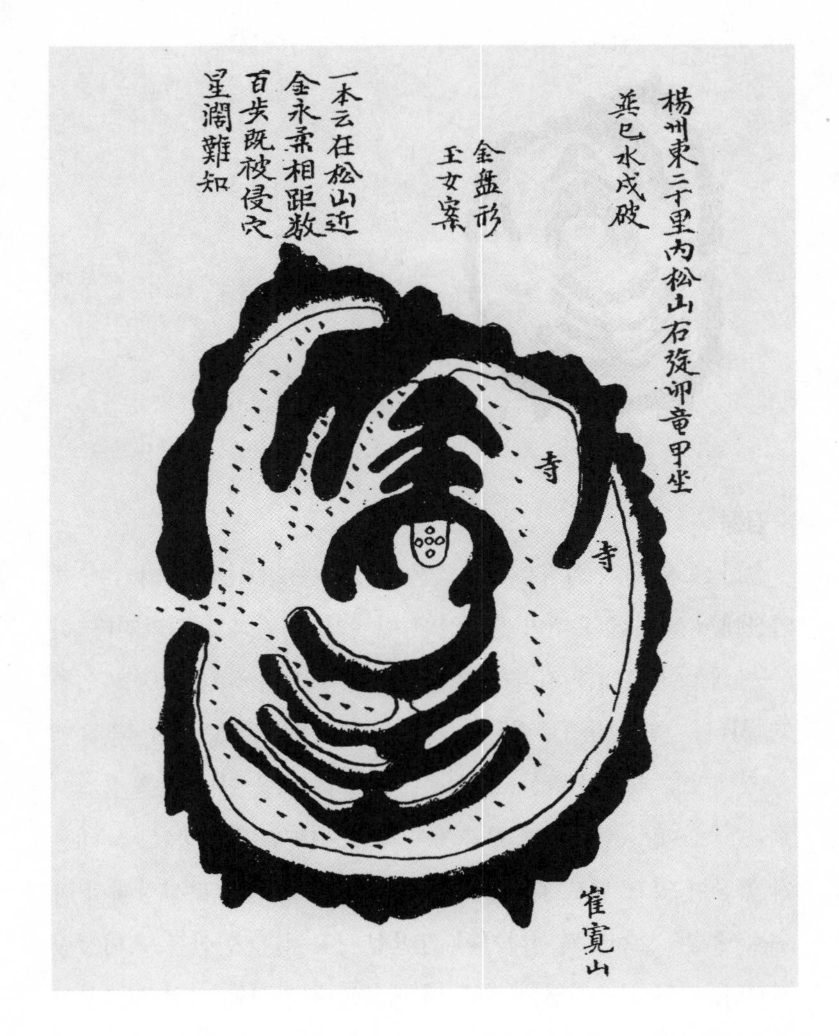


영화를 상징한다. 그 위에 옥잔玉盞이나 옥병玉甁이 있으면 금상첨화이다. 소반은 너른 들판을 뜻하니 풍요로운 생산이 이루어진다.(『풍수지리-집과마을』)

| 혈성활난지穴星濶難知 혈장이 너무 넓어서 알아보기 어렵다.

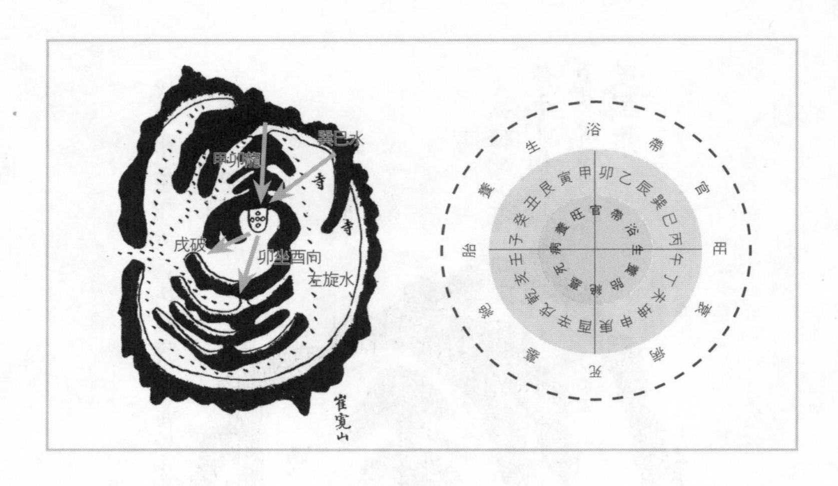


**감평**

송산松山은 현재 의정부시 산곡동의 깃대봉(289m)을 가리키며, 죽엽산에서 남진한 용맥이 용암산에 이르러 세 갈래로 갈라진다. 하나는 백석이 고개를 지나 천보산으로 솟아난 다음 양주 땅을 이루고, 하나는 수리봉→퇴뫼산을 거쳐 퇴계원을 이루고, 가운데 용맥은 깃대봉을 거쳐 수락산으로 솟아나고 서원천을 만나 혈을 응집시켰다. 송산에서 뻗어내려 우측에서 좌측으로 휘어진 갑묘甲卯 내룡에 혈장이 있고, 혈도 갑묘룡에 자리를 잡았다. 물은 손사방에서 득수해 술방戌方으로 빠져나가니 금반형金盤形이다. 안산은 옥녀처럼 생겼다. 일설에는 김영유[성종 때 황해도 관찰사를 거쳐 형조참판을 지낸 김영유(金永濡 1418~1494)] 재상의 묘를 혈처에서 수백 보 거리에 썼다고 전한다. 그러나 혈장이 넓어 보통 사람이면 알아보기 어려운 곳이다. 좌향은 묘좌유향卯坐酉向을 놓아야 한다.

혈처는 의정부시 산곡동 부근으로, 용혈도를 보면 우선하는 갑묘룡에 혈이 맺혔다. 자연 흐름은 손사방巽巳方에서 득수해 좌선한 다음 술방戌方으로 소수한다. 화국이니 갑묘룡는 임관룡臨官龍이고 손사는 장생수長生水이다. 「지리오결」에 의하면, '화국의 자왕향인 묘좌유향卯坐酉向을 놓으면 금국의 손사 장생수, 정미 관대수, 곤신 임관수가 회합하여 상당한 후 쇠방衰方인 술방으로 소수하니, 생래회왕해 발부발귀하고 오래 살고 인정이 흥왕할 것이다.' 하였다. 큰 명당이다.

## ●대덕산혈大德山穴

楊州土山西大德山來龍左旋申來坤作艮向壬亥水丑破水口立石水口三峯子孫之位貴人出坤作鶯宮耳穴明堂寬大主山重重大吉地. 一本土山西四十里惑曰二十里洞有立石水口立石石門子孫世世登科奉笏

### 용혈도

양주 토산土山 서쪽의 대덕산大德山 내룡이다. 좌선하는 곤신坤申 내룡에 곤신입수이고, 곤좌간향坤坐艮向을 놓았다. 임壬 · 해수亥水가 좌선해 축방丑方으로 소수한다. 수구에는 큰 바위가 3봉을 이루어 자손의 지위가 귀하게 될 것이다. 곤신 입수는 꾀꼬리 집이니 귀에 혈이 맺고, 명당은 관대하고 주산은 중첩하니 대 길지이다. 일설에는 토산 서쪽 40리 혹은 20리 지점의 마을에 돌이 서 있고, 수구에 선 바위가 석문처럼 막고 섰으니 자손대대로 과거에 급제해 벼슬길에 높다고 했다.

### 주해

| 대덕산大德山 현재의 지명을 찾지 못했다.

| 간향艮向 비기에 좌향이 기록된 경우는 흔치가 않다. 88향법이 청나라의 조정동趙廷棟에 의해 창시되었기 때문이다. 조정동은 호가 구봉九峯으로 1740년 혹은 1810년경의 사람이라 전해진다. 따라서 조선 말기에나 88향법이 도입되었을 것이고, 『조선의 풍수』에도 향

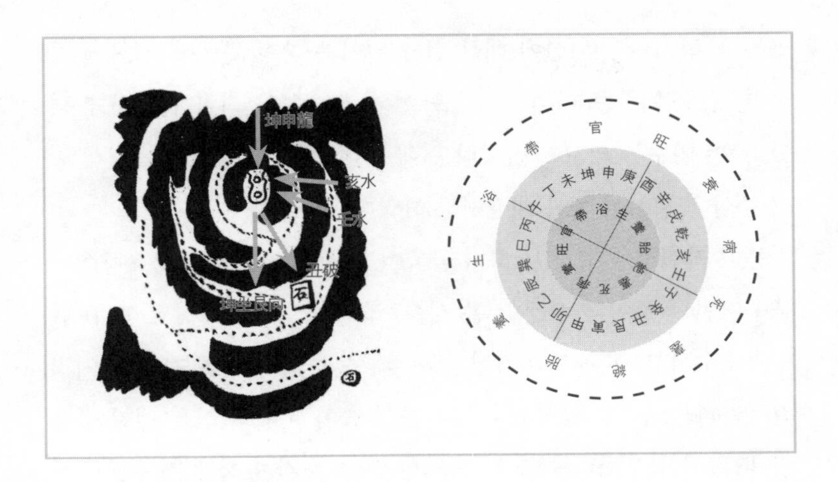


법에 대한 언급이 없다.

| 삼봉三峰 '품品'자의 삼봉으로 단정하게 늘어선 형체로 안산이 되면 삼형제가 연속 등과해 높은 벼슬을 지낸다. 삼봉이 나란히 서 있는 모양이면 삼정승이 배출된다.

| 앵궁이혈鶯宮耳穴 꾀꼬리 집처럼 생긴 혈이니 혈처는 귀 부위에 있다.

| 봉홀奉笏 홀笏은 관직에 있는 자가 관복을 입었을 때에 손에 가지고 다니는 수판手板이다. 홀기笏記는 집회, 제례 등의 의식에서 그 진행순서를 적어 낭독케 하는 기록이다. 봉홀은 홀을 받드는 것이니 높은 벼슬을 뜻한다.

### 감평

양주에 토산土山이 있고 서쪽에 대덕산大德山이 있는데, 그 산에서 뻗어 내린 내룡이다. 자연은 좌측에서 우측으로 흘러빠지는 곳으로, 혈장은 곤신룡坤申龍에 자리를 잡고, 좌향은 곤좌간향을 놓았다. 물은 임壬 · 해방亥方에서 득수해 좌선한 다음 축방丑方으로 소수하는 곳이다. 하지만 대덕산에 대한 현재 위치를 찾지 못했다. 결록에 따르면, 수구에는 큰 바위가 3봉을 이루니 자손의 직위가 귀하게 되고, 곤신 입수는 꾀꼬리 집이니 귀에 혈이 맺혔고, 명당은 크면서 넓고 주산은 첩첩이 솟아 대길지라 하였다.

물이 좌선하여 축파丑破하니 금국이고, 곤신룡坤申龍은 목욕룡이라 물구덩인 흉룡이다. 또 임壬은 사수死水, 해亥는 병수病水로 모두 단명과숙수이고, 이때에 곤좌간향坤坐艮向을 놓았다고 했으나 이 역시 좌득좌파左得左破로 향상으로 양기를 수습치 못해 결실을 맺지 못한다. 따라서 입수入首 · 득수得水 · 입향立向 모두가 흉하게 기록된 흉지이다. 이 경우 금국의 자왕향인 오좌자향午坐子向을 놓으면 향상 수국으로, 건해수는 임관 녹수라 벼슬수이고, 임자는 제왕수로 재물수이니 길함이 있을 것이다. 하지만 내룡이 목욕룡이라 이 역시 한 대代가 지나야 발복이 시작된다.

## ●양주혈楊州穴

楊州東右旋庚兌龍庚坐坎癸水辰破

### 용혈도

양주 동쪽에 우선하는 경유庚酉 내룡에 경유 입수하여 혈을 맺었다. 임자壬子 · 계수癸水가 좌선해 진방辰方으로 소수한다. 수구에 6개의 혈이 있으나 내관內官, 내시內侍가 이미 써 버렸다.

### 주해

| 경태룡庚兌龍 태兌는 경유신방庚酉辛方을 가리키니, 쌍산 배합으로

경유룡庚酉龍으로 판단한다.

### 감평

조선시대에 내관內官이란 임금을 지척에서 모시던 관리로, 환관宦官, 고자鼓子로 불리었다. 고자는 선천적으로 태어나기도 하지만 인위적으로 거세해 만들기도 한다. 옛날에 성관계가 난잡한 사람은 그 원인이 불알에 있다하여 이것을 거세하는 형벌을 받았는데, 이른바 궁형宮刑 또는 부형腐刑이다. 조선시대에 궁중 밖은 임금의 천하지만 궁중 안은 황후나 왕비의 천하였다. 대체로 중국의 천자는

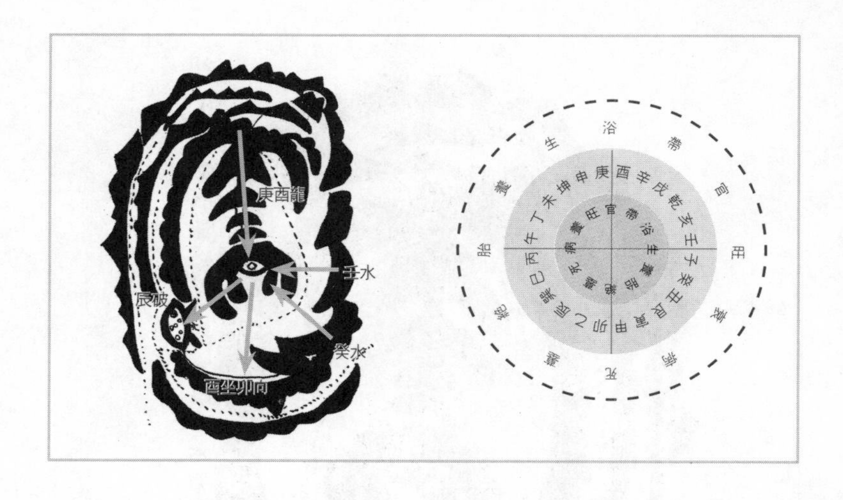


3천 명 안팎의 여인들이 궁 안에서 생활하고, 조선도 8백 명 안팎의 궁녀들이 대궐에서 생활했는데, 여인들은 대체로 숫처녀로 오로지 임금 한 사람만을 바라보며 꽃다운 생애를 마쳤다. 이 중에 운수 좋게도 임금을 한 번 모시면 승은承恩을 입었다 하여 그 이튿날부터 벼슬이 정이품으로 올라 융숭한 대우를 받았고, 만약 아들이나 딸을 낳으면 후궁이 되고 아들과 딸은 무슨 군君, 무슨 옹주翁主가 되어 부귀를 누리었다. 궁녀로서 어쩌다 임금이 손이라도 잡으면 그 손을 명주로 감아서 평생을 자랑거리로 알던 시대이다. 그런데 궁 안의 일 중 여자들이 힘을 쓰기 어려운 일도 많았다. 이럴 때 남자가 필요한데, 생식기가 완전하면 불륜한 관계가 끊이지 않고 일어날 것이 뻔하였다. 그래서 궁중에 종사하는 남자는 누구나 거세하여 남녀관계를 원천적으로 봉쇄했다. 임금이 정사를 펼칠 때면 직급 높은 관원들과 의논하지만 궁 안에 있을 때면 내시들과 상대하는 일이 흔했다. 그러자 고자는 임금을 가까이 모시게 되어 나중에는 나라 정치까지도 좌지우지하게 되었다. 고자는 '화자火者'라 부르기도 하는데 '鼓'나 '火'의 새김이 '불'과 가깝고, 이 '불'은 '불알'의 '불'과 통하기 때문이다. 고자는 자기와 같은 처지의 젊은 내시를 아들로 삼아 대를 잇는다. 말하자면 혈연血緣이 아니라 인연人緣이다. 조선시대에 이 내시들이 집단적으로 살던 곳이 '고자새말'인데, 그 세력이 어찌나 세었던지 군수나 목사들도 그 앞에서는 기를 펴지 못하였고, 핍박받는 백성의 원성이 높았다. 조선조 5백 년 동안 궁중 역사나 정치사에 고자(내시)가 끼친 비중은 대단하다.

용혈도를 참고하면, 물이 좌선해 진파辰破이니 수국으로 경유룡庚酉龍은 12포태 상 임관룡臨官龍이라 생기가 응집된 진룡이다. 이때 임자 제왕수壬子帝旺水와 계쇠수癸衰水가 좌선해 묘위 진방墓位辰方으로 소수하니 수국의 자왕향인 유좌묘향酉坐卯向을 놓으면 발부발귀하고 인정이 번창할 것이다. 『명산도』에는 '楊州東右旋庚兌龍庚坐坎得辰破水口六穴內官已用之'라 하여 수구 지점에 6개의 혈이 모여 있다고 했다.

## ●천마산혈天磨山穴

楊州天磨山右旋行龍 一云洪江來

### 용혈도/감평

양주 천마산天磨山에 우선한 용맥에 혈이 맺혔다. 일설에 홍천강洪川江이 흘러든다고 한다.

### 주해

| 홍강洪江 현재의 북한강을 뜻하며, 홍천강의 준말이다.

【천마산혈】

## ●수락산혈水落山穴

楊州南三十里水落山下城來龍左旋艮坐辛水丙破案外有雙立石

### 용혈도

양주 남쪽 30리 지점의 수락산水落山 아래이다. 산성에서 출맥한 내룡이 좌선하여 간인룡艮寅龍으로 입수하였다. 신수辛水가 병방丙方으로 소수하고, 안산 바깥으로 두 개의 큰 바위가 서 있다.

### 주해

| 수락산水落山 의정부시에 있는 산으로, 모든 봉우리가 한양을 향

【수락산혈】

해 고개를 숙인 형상이다. 이성계는 한양의 수호산이라 하였다.

| 사寺 남양주시 별내면 덕송리의 흥국사興國寺로, 덕흥대원군의 원찰願刹이다.

| 입석立石 풍수학에서 길하게 여기는 바위는 수구의 물 가운데에 있는 금성禽星으로, 금수禽獸 또는 귀물貴物 모양을 하고서 크기가 2~3장(5~6m)이 되면 수구를 닫아주어[關欄] 높은 벼슬아치나 지방관이 나온다. 또 인함사印盒砂는 작은 산언덕이나 큰 바위를 말하며, 도장은 귀인이 사용하는 것이니 귀인이 배출된다.

**감평**

용혈도에 표시된 절은 남양주시 별내면 덕송리 수락산 아래에

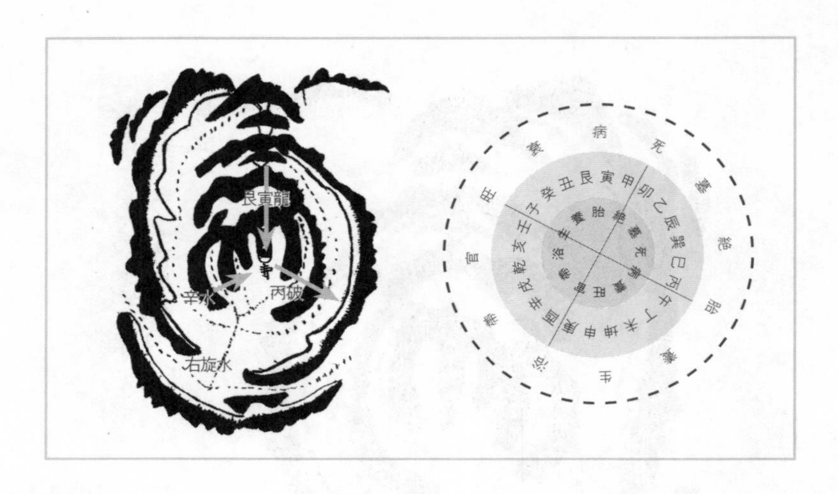


위치한 흥국사興國寺이다. 599년(진평왕 21년)에 원광법사가 창건하고 처음에는 절의 이름을 수락사水落寺라 불렀다. 조선시대에는 많은 고승들이 이 절에 기거해 명성이 높았다. 선조가 아버지인 덕흥대원군의 명복을 비는 원찰로 삼으면서 이름을 흥덕사興德寺로 고쳐 불렀고, 1626년에 다시 지금의 흥국사로 바꾸었다. 특히 이 절은 금강산의 유점사와 더불어 그림 그리는 스님[畵僧]을 양성하던 본거지로, 조선시대의 걸출한 스님 화가를 많이 배출하였다. 절에서 가까운 덕릉고개에 덕흥대원군의 묘가 있다.

물이 우선하여 병방丙方으로 소수하니 수국이고, 이때 수락산 아래의 산성에서 뻗어 내린 용맥이 간인룡艮寅龍으로 입수했으니 이기상 태룡胎龍이다. 신수辛水는 수국의 관대수冠帶水이다. 태룡은 입수가 생기를 품지 못했으니 불발할 것이나, 7세에 시를 짓는 신동의 태어날 관대수가 병방으로 소수하니 태향태파인胎向胎破인 임좌병향壬坐丙向을 놓으면 적법하다. 안산 바깥으로 두 개의 큰 돌이 서 있다고 했는데, 그 모양이 표현되지 않아 길흉을 논하지 못한다. 하지만 백보전란[百步轉欄, 혈에서 수구까지의 직선거리가 135m 이내로 당국이 협소함]하지 못해 당내堂內는 생기가 흩어지는 터이다.

## ●내동혈內洞穴

**楊州東三十里巽龍巳坐艮寅水庚破案山立石**

### 용혈도

『명산도』에는 '楊州東三十里巽龍巳坐艮得庚破案山立石內洞'라 하여 위치가 내동內洞이라 했다. 양주 동쪽 30리 지점에 손사巽巳 내

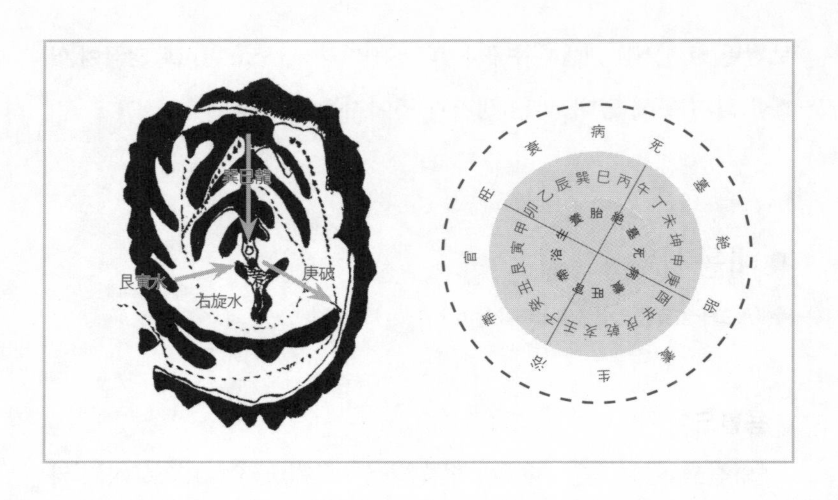


룡에 손사巽巳 입수로 혈이 맺혔다. 간인수艮寅水가 우선해 경방庚方으로 소수하고, 안산에는 입석이 있다.

### 주해

| 내동內洞 현재 남양주시 진접읍 내곡리를 가리킨다.

### 감평

진접읍의 내곡리에 있는 여경구 가옥(呂卿九家屋, 중요민속자료 제129호)은 명당 터에 집을 지어서 자손대대로 복록을 누렸다고 전한다. 이 집은 여경구의 장인인 이덕승의 8대조가 약 250여 전에 지었다고 전해진다. 마을에서는 연안 이씨의 동관 댁이라 부르는데, 마을에서 제일 높은 곳에 동남향으로 자리를 잡았다. 집의 외관은 탈속한 멋을 지녀서 별다른 치장 없이도 범상치 않은 느낌을 준다. 현재는 사람이 살지 않아 적막이 감돌고, 뒤뜰 사당에는 위패조차 사라졌다. 용혈도를 참고하면, 물이 우선하여 경방庚方으로 소수하니 목국이고, 이때 손사룡巽巳龍은 태룡胎龍이고 간인수艮寅水는 임관수臨官水이다. 태룡은 입수가 생기를 품지 못했으니 불발할 것이나,

장원급제하는 임관수가 들어왔다. 따라서 백보전란은 좋으나 용진혈적龍眞穴的하지 못했으니 경향庚向을 놓아도 태향태파胎向胎破에 합당치 못하다.

## ● 작약반개형芍藥半開形

楊州開花山穴作仰天湖古云芍藥半開形一云飛鳳歸巢形成承旨家已用

### 용혈도/감평

양주 개화산開花山에 혈이 맺혔는데, 천호天湖를 우러러본다. 예로부터 작약반개형芍藥半開形이라 부르며, 일설에는 비봉귀소형飛鳳歸巢

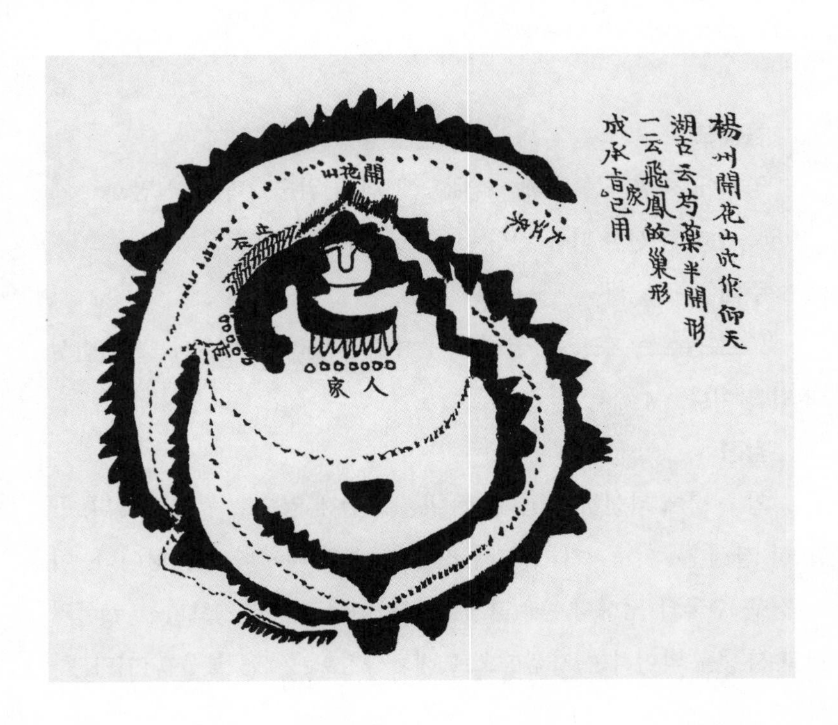

形이라 한다. 성승지成承旨 집안에서 이미 써 버렸다.

**주해**

| 작약반개형芍藥半開形 작약은 한약에서 귀한 약재이니, 귀인이 태어날 터이다. 또 만개하면 시들어버릴 것이니, 반개한 상태가 발복이 오래 이어진다.

| 승지承旨 승정원의 도승지. 좌승지, 우승지, 좌부승지, 우부승지, 동부승지의 총칭.

| 개화산開花山 현재 지명은 찾지 못했다.

## ● 포도형葡萄形

楊州左亥龍亥坐坤申得辰破葡萄形

**용혈도**

양주에 좌선하는 건해乾亥 내룡에 건해 입수이다. 곤신방坤申方에서 득수해 우선한 다음 진방辰方으로 소수한다. 포도형이다.

**주해**

| 포도형葡萄形 포도는 열매가 주렁주렁 열리니 자손이 크게 번성할 땅이다.

**감평**

양주 땅에 좌선하는 건해乾亥 내룡에 건해 입수로 혈이 맺혔다. 곤신 장생수坤申長生水가 우선해 진방辰方으로 빠져나가는 땅이다. 이 경우 수국의 정생향正生向인 인좌신향寅坐申向을 놓기보다는 금국의 손사향을 맞이하는 자생향으로 해좌사향亥坐巳向을 놓을 터이다. 하

楊州左亥竜亥坐坤申
得辰破葡萄形

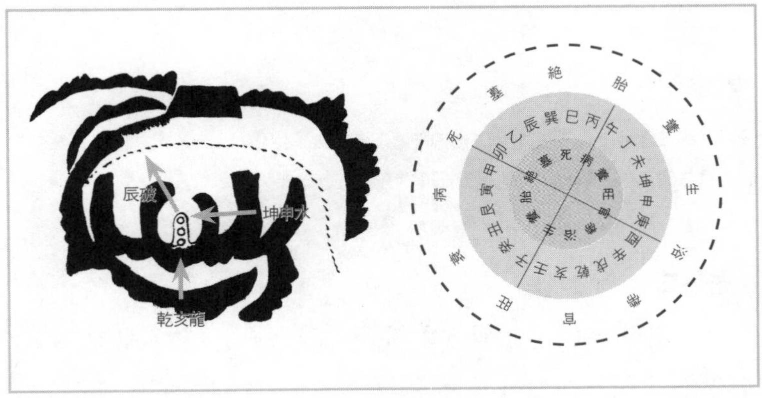
辰破
坤申水
乾亥龍

지만 수국에 건해룡은 12포태 상 목욕룡에 해당되는 물이 차거나 수맥이 흐르는 흉한 내룡이다. 따라서 좌향을 옳게 놓아도 입수룡이 생기를 품지 못했으니 발복은 크지 못할 것이다.

## ●영구예미형靈龜曳尾形

果川艮方五里坤坐乙得壬流穴作太極暉當代發五相八公公卿代代不乏忠烈節士血食千秋白衣三相萬代榮華之地曳尾龜形或云行舟杜思忠云云

### 용혈도

과천 간방艮方(동북방)의 5리 지점에 곤신坤申 입수에 을진乙辰 득수하여 임파壬破인 혈이 맺혔다. 태극휘太極暉로 당대에 발복하여 다섯 재상과 여덟 명의 정승이 태어난다. 정승판서가 대대로 끊이질 않고, 충렬 절사가 태어나고, 혈식군자가 천년 동안 이어지며, 백의白衣 3정승이 만대의 영화를 누릴 땅이다. 영구예미형靈龜曳尾形이라 하고, 두사충杜思忠은 행주형行舟形이라 하였다.

### 주해

| 영구예미형靈龜曳尾形 거북이 꼬리를 끌고 가는 형국. 거북은 음양

의 원기를 많이 가지고 있음으로 그 꼬리는 생기生氣, 즉 오행의 정기가 발로하는 곳이다, 때문에 부귀영화를 가져온다.(『조선의 풍수』)

| **태극휘**太極暉 진짜로 물이 있는 것이 아니라 약간 낮은 곳을 물이라 표현한 것이다. 진혈에는 반드시 태극휘가 있으며, 그 모양은 자세히 보면 없고, 멀리서 보면 있고, 옆에서 보면 돌기突起하고, 바로 보면 모호하다.(『인자수지』)

| **혈식군자**血食君子 국전國典으로 제사를 지내는 사람이란 뜻으로, 보통은 문묘배향文廟配享을 뜻한다.

| **백의삼상**白衣三相 야인(野人, 벼슬 없는 사람)으로 있으면서 3정승의 대우를 받는다.

| **행주형**行舟形 주로 집이나 마을이 들어설 길지에 해당하며 사람과 재물이 풍성히 모인다. 키, 돛대, 닻을 구비하면 대길하지만 그

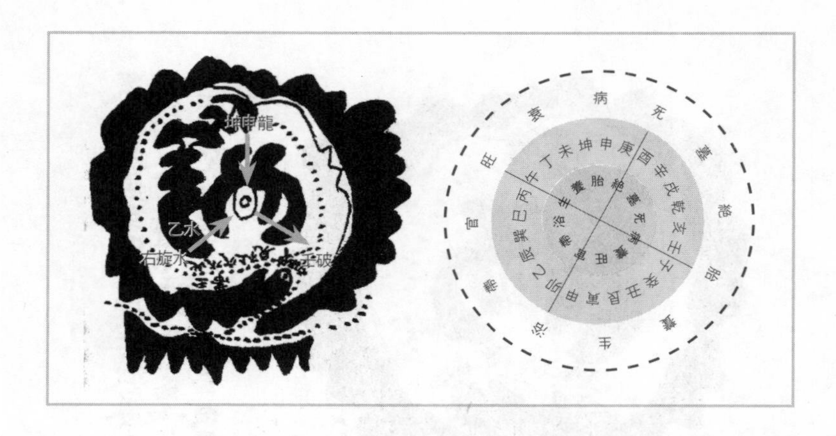


중에 하나만 있어도 좋은데, 만약 모두 없으면 배가 중심을 잃고 전복되든지 유실流失된다. 또 행주형은 우물을 파면 배 밑바닥이 깨져서 배가 침수되니 흉하다고 한다.(『조선의 풍수』)

| **두사충**杜思忠 두사충杜史沖이라 불리기도 하며, 풍수지리학에 매우 밝았던 사람이다. 본관은 두릉杜陵, 호는 연재蓮齊를 썼으며 명나라 기주자사 교림喬林의 아들이다. 본국에서 상서 벼슬을 지내다가 1592년 임진왜란 때 원군援軍으로서 명장 이여송李如松 및 그 사위 진인陳隣과 함께 왜병을 격퇴하여 난을 평정하는 데 공을 세웠다. 장차 명나라가 망할 것을 알아차리고 조선에 귀화하여 대구에 정착해 영주하였다. 무덤은 대구광역시 수성구 만촌2동 715번지에 있다.

### 감평

서울과 과천 사이에 있는 남태령은 옛 이름이 '여우고개'이다. 전설에 따르면 관악산에는 숲이 무성해 여우들이 득실거렸다. 하루는 강감찬 장군이 고개를 지날 때 여우의 극성이 심하여 크게 화를 내었다. 그러자 그 뒤로는 여우들이 얼씬거리지 않았다고 한다. 또 정조가 수원으로 행차할 때, 이 고개에서 잠시 쉬며 고개 이름을 물었다. 그러자 변씨라는 관리가 '남태령'이라고 대답하였다. 여우고개로 알고 있던 정조는 거짓말을 한 관리를 꾸짖은 후 사연을 물었다. 이에 변씨가 "본래 여우고개인데, 임금님께 요망스런 이름을 댈 수가 없어 갑자기 꾸며댄 이름입니다. 서울에서 남쪽으로 가다가 만나는 첫 번째 큰 고개임으로 남태령이라 하였습니다."라고 말했다. 임금은 그를 가상히 여겨 여우고개를 남태령으로 고쳐 부르게 했다.

과천에서 동북방艮方으로 5리 지점은 현재 서울대공원의 입구에 해당한다. 이곳에 곤신룡坤申龍으로 내룡이 입수한 곳에 혈이 맺혔는데, 물은 을진방乙辰方에서 득수하여 임방壬方으로 빠져나간다. 혈에는 은미하게 낮은 태극휘가 분명하니, 당대에 발복해 5명의 재상과 8명의 정승이 태어날 것이다. 정승 판서가 끊이질 않고, 충렬 절사가 태어나며, 문묘에 배향될 훌륭한 인물이 천년 동안 이어진다.

옛말에 한 집안에서 정승 3명이 나오면 명문가라고 했다. 하지만 이는 대제학大提學 한 명이 나온 집안보다 못하고, 대제학 3명 나온 가문도 더없이 훌륭하지만, 그래도 문묘배향文廟配享 1명 나온 가문에는 미치지 못한다고 한다. 문묘배향이란 조선의 27대 임금의 위패를 모신 종묘에 당대 임금의 재위 때에 공이 많거나 덕망이 높은 신하를 골라 그 위패를 임금과 함께 모신 것이다. 임금에게 먼저 제사를 지낸 후 이어서 신하에게 제사를 지낸다. 그리고 비록 벼슬은 없지만 정승의 대우를 받는 인물이 만대의 영화를 누릴 땅이다. 거북이가 꼬리를 끌고 가는 영구예미형靈龜曳尾形이고, 두사충杜思忠은 행주형行舟形이라 하였다.

용혈도를 참고하면, 을진방乙辰方에 득수한 물이 우선해 임방壬方으로 소수하면 화국이고, 이때 곤신룡坤申龍은 12포태 상 태룡胎龍으로 생기를 품지 못한다. 을진수乙辰水는 관대수로 7세에 시를 짓는 신동이 태어날 길수이다. 이 경우 화국의 태향태파胎向胎破인 병좌임향丙坐壬向을 놓으면 발부발귀하고 인정이 창성한다. 자파子破이거나 백보전란, 용진혈적龍眞穴的하지 못했다면 장사 후 즉시 패절할 터이다. 따라서 입수룡이 정미 양룡丁未養龍이 아니라 태룡이니 용이 참되지 못해 가벼이 쓸 수 없을 것이다.

## ● 옥녀등공형玉女騰空形

玉女騰空形果川東十五里左旋丁龍午作寅艮水戌破前後左右無空缺金判書家已用

### 용혈도

옥녀등공형玉女騰空形이다. 과천 동쪽 15리 지점에 좌선하는 정미丁未 내룡에 병오丙午 입수하였다. 간인수艮寅水가 우선해 술방戌方으로 소수한다. 전후좌우에 사신사四神砂가 잘 구비되어 있으나, 김판서金判書 집안에서 이미 묘를 썼다.

### 주해

| 옥녀등공형玉女騰空形 선녀가 하늘로 올라가는 형국.

| 전후좌우前後左右 혈장을 사방에서 에워싸 보호하는 사신사로, 뒤에는 현무, 좌측에는 청룡, 우측에는 백호, 앞쪽에는 주작을 제대로 갖춘 형국이다.

### 감평

혈장은 서울시 서초구 원지동 부근이다. 청계산(淸溪山 582m)은 일명 청룡산으로 의왕시에는 청계사淸溪寺가 있다. 고려 때의 시인 이색

李穡이, '청룡산 아래에 오래된 절이 있는데, 얼음과 눈에 끊어진 언덕이 들 계곡에 접하였다. 남창에 단정히 앉아 주역을 읽으니, 종소리는 처음으로 움직이고 닭은 깃들이려 한다.' 하고 절의 풍광을 읊었다. 이 절은 2000년 가을에 세상의 주목을 다시 받았다. '우담바라'라는 전설 속의 꽃이 관세음보살상에 피었다며 매스컴이 보도했기 때문이다. 우담바라는 3,000년에 단 한 번 핀다는 꽃으로 불심이 지극한 사람만이 접할 수 있다고 한다. 하지만 세간에서는 그 우담바라가

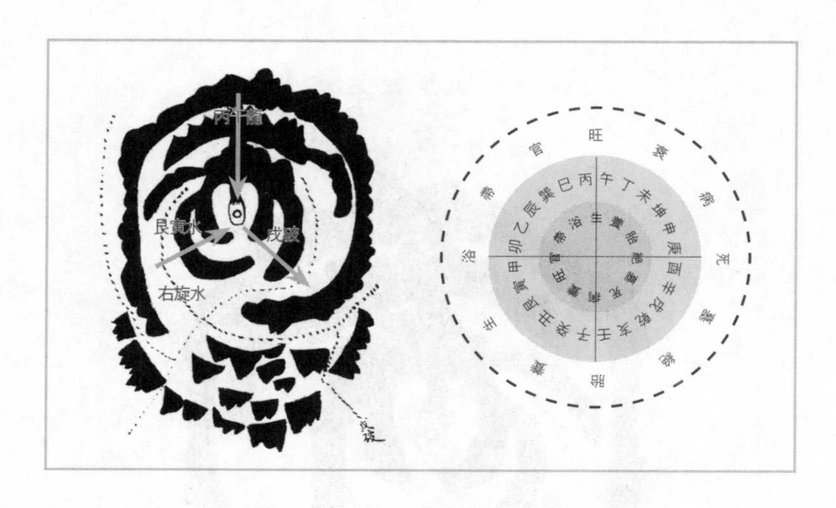


풀잠자리 알이라고 주장하여 신비함을 무색하게 만들었다.

청계산에서 출맥하여 북진하던 용맥은 양재천을 만나며 여정을 마치는데, 그 중간에 옥녀봉이 우뚝 솟아났다. 그리고 동쪽으로 지맥을 뻗어 원진동에 큰 터를 마련했다. 이곳을 옥녀등공형玉女騰空形이라 한 것은, 바로 옥녀봉에서 뻗어 내린 내룡에 혈이 맺혔기 때문이며, 멀리서 바라보면 가파른 절벽 위에 옥녀가 하늘을 향해 손을 벌린 듯한 모습이다.

용혈도를 보면 술파戌破이니 화국이다. 용맥이 정미 양룡丁未養龍으로 뻗어와 혈이 병오 장생룡丙午長生龍에 맺혔으니 입수룡의 생기가 충만하다. 이때에 간인 장생수艮寅長生水가 우선해 묘위 술방墓位戌方으로 흐르니, 정생향인 신좌인향申坐寅向을 놓는다. 전후좌우에 사신사四神砂가 잘 짜여 있으니, 아내는 어질고 아들은 효도하며 오복이 집안에 가득하고 부귀하고 아들마다 모두 발복할 것이다. 그런데 김판서의 집안에서 묘를 썼다고 하고, 일설에는 콧잔등 혈鼻穴로 장생수[貪狼水]가 들어와 묘방[破軍破]으로 빠진다고 한다.

## ●쌍령산혈雙嶺山穴

廣州雙嶺山左旋庚兌龍庚坐甲向乙得辰破

**용혈도**

광주 쌍령산雙嶺山에서 좌선한 경유룡庚酉龍에 혈이 맺혔다. 경좌갑향庚坐甲向인데 을방乙方에서 득수해 진방辰方으로 소수한다.

**주해**

| **쌍령산**雙嶺山 현재 쌍령산이란 지명은 없고 광주읍 쌍령리에 대쌍고개가 있다. 그 부근이라 추측한다.

| **경좌갑향**庚坐甲向 용혈도 상 혈장 앞쪽의 자연흐름은 우선수이다. 이때 경유룡에 혈이 맺고, 진파辰破라면 우선수라서 향상으로 물이 도래하지 못한다.

大花山
午
廣州双嶺山左旋
庚兌龍庚坐甲向
乙得辰破

## 감평

혈장은 광주시 광주읍 쌍령리 부근이다. 안성의 칠현산(516m)에서 북진한 한남정맥漢南正脈은 칠장산에서 보개산을 거쳐 용인시로 뻗어왔고, 상하 기복과 좌우 요동으로 전진해 문수봉(404m)으로 솟아났다. 문수봉을 지난 용맥은 어두미고개에 이르러 몸을 북동진으로 바꾸고 재차 북진해 금박산(418m)으로 솟구치며, 광주 땅에 들어와 태화산(641m)으로 솟아났다. 용혈도에 표시된 대화산大花山은 현재 태화산으로 판단된다. 이 산은 곤지암 쪽으로 한 가닥 지맥을

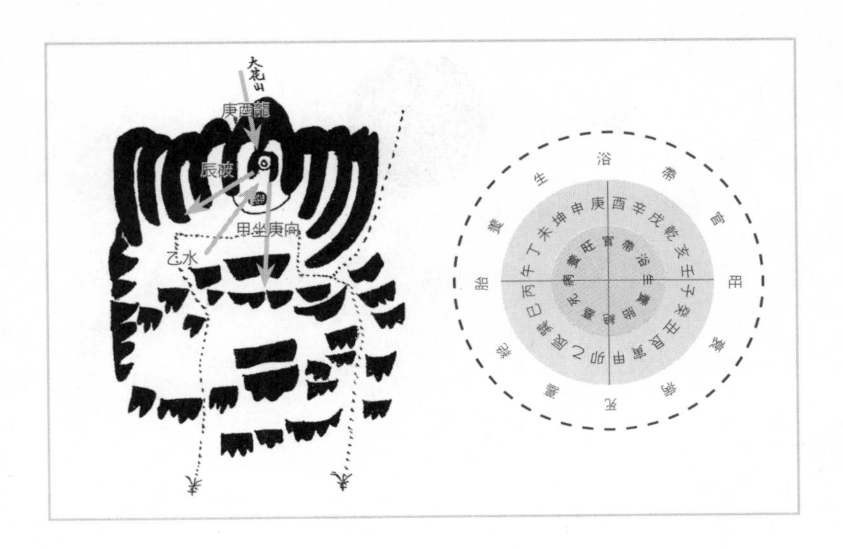


분기하더니, 북진을 거듭해 노고봉→발이봉→백마산을 거쳐 경안천과 곤지암천의 합수지점까지 뻗어간다. 쌍령산雙嶺山은 대쌍령리와 쌍령리의 경계인 쌍령고개의 양쪽 산을 가리킨다.

이곳은 물이 진방辰方으로 소수하니 수국이다. 이때에 경유 임관룡庚酉臨官龍은 생기가 왕성하나, 득수에 문제가 있다. 좌선룡이니 자연흐름은 우선수이고 이때에 을수乙水는 수구인 진파辰破보다 오른쪽에 위치해 갑향甲向 앞으로 물이 돌아가지 못해 우득우파右得右破에 해당한다. 이 경우는 꼭 물이 좌선해서 빠져야 진파辰破에 갑향甲向은 사처봉왕향死處逢旺向이 되어 양균송의 14진신수법이 된다. 따라서 용혈도 상 물의 흐름을 잘못 그려 놓았다.

## ●행주형行舟形

南陽踰廉堆峴纔一里許右邊李光先家後行舟形

**용혈도**

남양의 염퇴현廉堆峴을 넘으면 구릉이 있고, 그곳에서 1리 떨어진 우측에 이광李光의 고택이 있으며, 집 뒤에 행주형의 명당이 있다.

**주해**

| **염퇴현**廉堆峴 '염티고개'를 뜻하며, 화성시 비봉면 양로리에서 남양면 북양리로 넘어가는 고개. 현재 306번 지방도로가 통과한다.

| **행주형**行舟形 주로 집이나 마을이 들어설 길지에 해당하며 사람과 재물이 풍성하게 모인다. 키, 돛대, 닻을 구비하면 대길하지만 그 중에 하나만 있어도 좋다. 만약 모두 없으면 배가 중심을 잃고 전복되든가 유실된다.

## 감평

화성의 칠보산(239m)는 7개의 보물 즉 산삼 · 맷돌 · 잣나무 · 황계수탉 · 범 · 절 · 장사가 많아서 칠보산七寶山이라 하였다. 본래는 보물이 8개라 팔보산이라 불렸으나, 안산에 사는 강씨가 이 산의 한 고개를 넘다가 닭이 우는 소리가 나서 가보니 황계가 있어 집으로 가져간 뒤부터 부자가 되고 이때부터 칠보산이 되었다고 한다. 또 남양의 태봉산에는 옛날에 노루가 많았고, 포수에게 쫓기던 노루를 숨겨준 은혜로 묏자리를 얻어 후손이 부귀영화를 누렸다는 전설도 전해진다. 다른 용혈도에는 '南陽東踰塩峙一里許左邊艮坐庚酉得丁

破丑入首李光先生家後行舟形'라고 기록되어 있다. 남양의 염퇴현廉堆峴을 넘으면 구릉이 있고, 그곳에서 1리 떨어진 우측에 이광의 고택이 있으며, 집 뒤에 행주형의 명당이 있다. 계축룡癸丑龍이 입수해 혈을 맺고, 경유방庚酉方에서 득수해 정방丁方으로 소수하면 우선수이다. 이때에 자생향自生向인 간좌곤향艮坐坤向을 놓으면 계축룡은 12포태 상 목국의 관대룡冠帶龍이라 생기를 품은 길룡이고, 경유수는 항상 수국에서 풍류남아가 태어날 귀인수貴人水이다.

## ●연서동혈延署洞穴

延署洞自京十五里大地

**용혈도**

연서동은 한양에서 15리 떨어진 곳인데, 대지가 있다.

**주해**

| 연서동延署洞 현재의 위치를 파악하지 못했다.

**감평**

화성시 비봉면에 있는 태행산太行山(292m)에는 이성계에 얽힌 전설이 전해진다. 이성계는 자기의 태를 묻기 위해 명산을 찾던 중 이 산의 양지바른 곳에 태를 묻었다. 그 후 이성계는 자기의 태를 묻은 산이란 뜻에서 태행산이라 이름을 지었다. 용혈도에 '연서동은 한양에서 15리 떨어진 곳인데 그곳에 대지가 있다.'고 하였다. 하지만 연서동이 현재 어느 곳인지 확인하기 어렵고 『손감묘결』의 원래 편집이 남양의 행주형 그 다음에 상기 용혈도를 수록하고 있어 남양

편에 수록하였다. 대지라고 했으나 내룡의 입수와 득수 그리고 수구에 대한 내용이 없어 판단하기 어렵다.

파주시 적성면

## ●송현혈松峴穴

積城北二十里午龍左旋丁坐艮寅水戌破地名松峴

### 용혈도

적성의 북쪽 20리 지점에 병오룡丙午龍이 뻗어왔는데, 좌선하면서 정미룡丁未龍이 혈로 입수하였다. 간인방艮寅方에서 득수해 우선한 다음 술방戌方으로 소수한다. 지명은 송현松峴이다.

### 감평

적성積城은 현재 파주시 적성면으로 조선시대에는 별도의 군현으로 존재하였다. 동쪽 20리 지점의 감악산紺岳山이 진산이고, 서쪽에는 장단 땅과 접한다. 하지만 송현松峴은 현재의 지명을 찾지 못해 정확한 위치는 불분명하다. 용혈도에 따라 감평하면, 물이 우선해

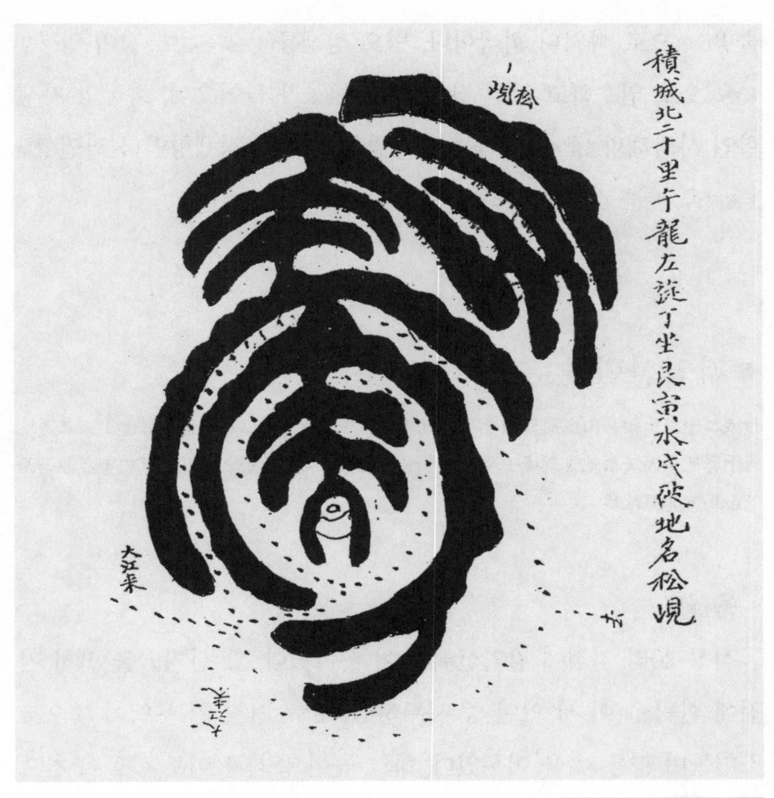
積城北二十里午龍左旋丁坐艮寅水戌破地名松峴
松峴
大江来

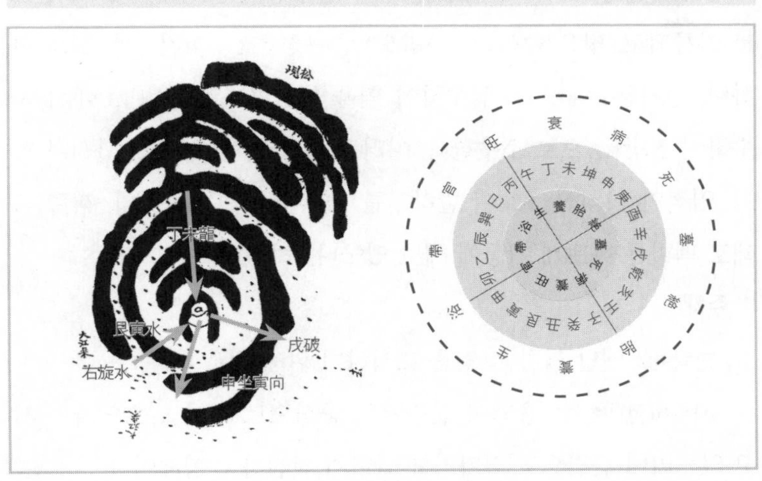
松峴
丁未龍
艮寅水
戌破
右旋水
申坐寅向
大江来

술방戌方으로 빠지니 화국이다. 병오 장생룡丙午長生龍이 정미 양룡丁未養龍으로 입수하고 간인 장생수艮寅長生水가 들어오니, 화국의 자생향인 사좌해향巳坐亥向보다는 용상팔살을 피해 정생향인 신좌인향申坐寅向을 놓는 것이 안전하다.

## ●감악산혈紺岳山穴

積城二十里出紺岳山迤迤盤桓卓立中祖辭樓下殿飜身透作以成盤龍局梯連上天眞美地出于巽巳午丙庚酉乾亥剝換壬坎入首申水歸辰郭哥品官多居之李懿信賦曰望戌灘而西下白馬忽其繫柱耳

### 용혈도

적성 20리 지점에 감악산紺岳山이 솟아있다. 그 산기슭을 받친 지점에 환탁桓卓이 서 있던 중 사루하전辭樓下殿의 엎친 용맥이 땅으로 스며들며 평룡平龍을 이루었다. 하늘 높이 층계를 이룬 산들이 참으로 아름답고, 땅은 손사巽巳→병오丙午→경유庚酉→건해乾亥로 박환하며, 임자룡壬子龍으로 입수하여 혈을 맺었다. 곤신방坤申方에서 득수하여 진방辰方으로 소수한다. 여러 명의 곽씨 성을 가진 관리가 살고, 역적인 이의신李懿信이 말하기를, '술탄戌灘을 바라보니, 서쪽 아래로 백마를 바쁘게 기둥에 매고 있구나.' 하였다.

### 주해

| 환탁桓卓 옛날 역참驛站임을 표시하기 위해 세운 나무.

| 사루하전辭樓下殿 용맥이 산줄기의 중심으로 뻗어 나오되 일어서고 엎드리며 겹겹으로 곁가지를 펼치며 전진하는 형세이다.

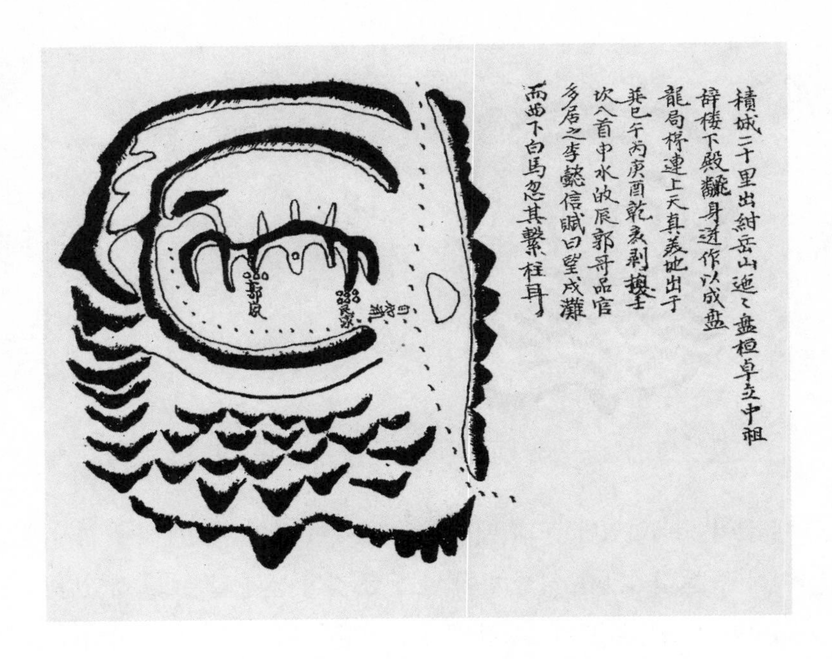


| 제연상천梯連上天 사다리를 타고 하늘로 오르듯이 산들이 층층이 올라간 모양.

| 이의신李懿信 이의신(생몰년 미상)은 조선 중기의 풍수사이다. 광해군 때(1612년)에 임진왜란과 반란이 연달아 일어나고, 조정이 당으로 갈리고, 사방의 산이 붉게 물듦은 한양의 지기가 쇠해진 것이라 상소하여 도읍을 파주의 교하로 옮길 것을 청하였다. 왕의 동의는 얻었으나, 이정구李廷龜와 이항복李恒福의 반대로 뜻을 이루지 못했다.

| 술탄戌灘 파주시 적성면 주월리 강정 마을 앞의 임진강이다.

### 감평

혈처는 연천군 장남면 원당리 자지포 마을 부근이다. 감악산은 경기 북부의 명산으로 여러 시인들이 그곳의 절경을 인생의 회환

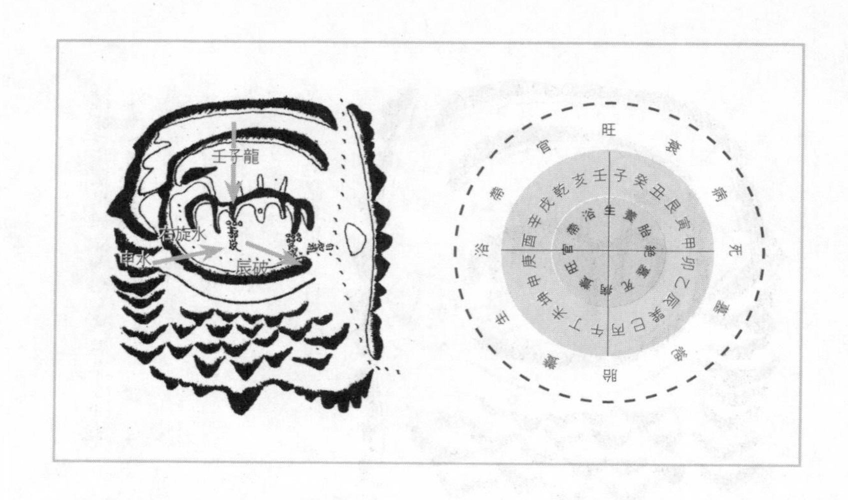


에 실어 노래하였다. 고려 때 임춘林椿은 "이 산의 머리에서 끝까지 여러 주를 걸터앉아, 하늘 밖에 날 듯한 것이 봉황 같은데." 하였다. 하지만 감악산은 용혈도처럼 이곳의 혈장을 이룬 중조산은 아니다. 왜냐하면 감악산은 한북정맥의 끝자락에 위치하고, 혈장은 임진북예성남정맥의 끝자락에 위치해 임진강을 사이에 둔 채 마주 보는 형국이기 때문이다. 그런데 원산의 두류산(1324m)에서 백두대간과 분기된 정맥이 남진하고, 이 정맥은 화개산에 이르러 해서정맥과 임진북예성남정맥으로 다시 갈라진다. 임진북예성남정맥은 임진강의 북쪽인 개성을 형성하더니, 계속 남진하여 동진과 남진을 거듭하다가 임진강에 다다르며 여정을 마친다. 따라서 감악산의 산기슭을 받친 지점에 역참임을 표시하기 위해 세워놓은 나무 푯말[환탁]이 있고 용맥이 산줄기의 중심을 뚫고 뻗는데, 그 모양이 마치 왕을 호종하는 군신과 같이 일어섰다 엎드렸나를 반복해 평지로 용맥이 스며들었다는 말은 임진강을 만나 용맥이 끊어짐을 간과하고 쓴 잘못된 말이다.

산과 산으로 이어진 산맥은 강이나 내를 만나면 무조건 멈춘다. 그러므로 강을 사이에 두고 지척에 있는 산일지라도 근원만은 서로 다른 것이 자연의 이치이다. 따라서 우리의 옛 지도를 보면, 마치 산줄기 지도라 할 만큼 정확하게 산줄기를 따라 이어지고, 강과 바다를 만나면 산맥이 끝남을 확실하게 표시해 놓았다. 두만강의 땅 끝에서 뻗어 목포의 유달산에서 멈추고, 신의주 앞산에서 시작하여 부산의 금정산까지 연결된 능선을 한줄기로 연결시켜 놓았다. 그런가 하면 언뜻 스쳐보아 산줄기가 없을 법한 낮은 산 능선까지도 세밀하게 측정하여 뚜렷이 산줄기를 그려 놓았다. 이는 비록 해발 100미터도 안 되는 낮은 구릉이라 하더라도 구릉 이쪽과 저쪽의 강의 흐름을 구분 짓는 중요한 분수령이기 때문에 뚜렷이 그린 것이다.

혈장에서 바라본 감악산은 그 모습이 하늘로 오르는 사다리같이 층층 겹겹으로 올라간 형세이고, 혈장을 이룬 용맥은 연천의 낮은 구릉을 통과하며 손사巽巳→병오丙午→경유庚酉→건해乾亥로 박환하며 임자룡壬子龍으로 입수하였다. 자연을 살피면, 곤신방坤申方에서 득수한 다음 우선해 진방辰方으로 빠져나간다. 혈장 아래 오른쪽에는 곽씨 성을 가진 사람들이 모여 살고, 그 왼쪽에는 또 다른 민가가 모여 있다. 또 『명산도名山圖』에는 '李懿信賦曰望戌灘而西下白馬忽其繫舟'라 하여 광해군 때의 풍수사 이의신李懿信이 이곳을 가리켜, '술탄戌灘을 바라보니, 서쪽 아래로 백마를 바쁘게 배(기둥)에 매고 있구나.' 하였다. 임자 장생룡壬子長生龍에 혈이 맺히고, 곤신 장생수坤申長生水가 우선해 진방辰方으로 소수한다. 이 경우라면 수국의 정생향正生向인 인좌신향寅坐申向을 놓으면, 인정이 대왕하고 부귀하며 자식은 효도하고 부부가 함께 늙으며 복록이 광대할 것이다. 대명당의 터이다.

## ●회룡고조혈回龍顧祖穴

積城摩叙山南麓沙川壬坎行龍乾亥剃換甲卯數節艮坐回龍顧祖

### 용혈도

적성 마차산摩叙山 남쪽 산기슭에 사천沙川이 있고, 임자壬子 행룡이 건해乾亥로 박환하여 갑묘룡甲卯龍으로 수십 절을 뻗어가다가 간인艮寅 입수하였다. 회룡고조형이다.

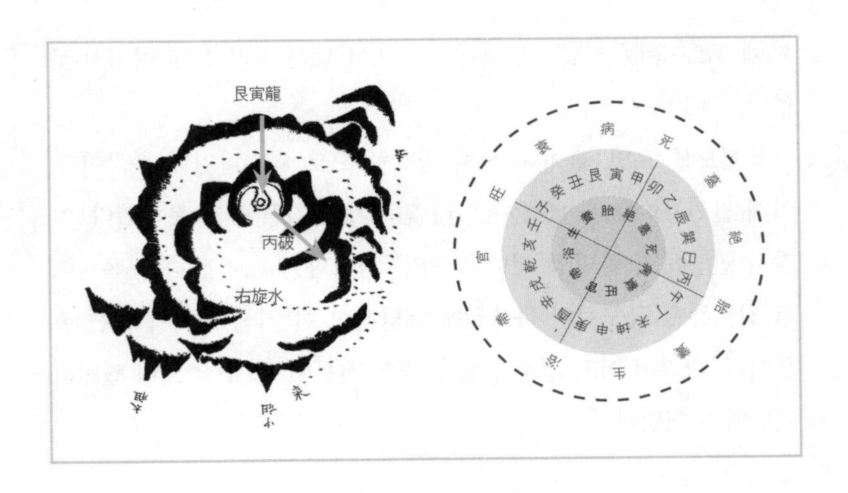


## 주해

| 마차산摩釵山 동두천시 서쪽에 있는 마우산馬又山을 가리킨다.

| 박환剝煥 암석이 바람과 물의 기계적 · 화학적 풍화작용에 의해 흙으로 변해가는 과정으로, 자연이 살을 벗고 생기를 얻는 것이다. 박환이 잘 되면 흙이 두터워 초목이 무성히 자라고 혈장도 넓게 형성된다.

## 감평

소요산에서 왕방산으로 남진하던 간룡幹龍이 신천을 향해 지룡을 서진시켜 동두천시로 뻗어가는 혈장을 이루었다. 사천沙川은 현재 동두천을 말하고, 용혈도에 마차산[마우산]의 남쪽 산기슭이란 말은 마차산과 소요산이 신천을 사이에 두고 마주 보는 형국을 간과하고 쓴 말이다. 따라서 혈장은 소요산에서 임자壬子로 뻗어온 용맥이 건해방乾亥方으로 박환하고, 다시 갑묘룡甲卯龍으로 수십 절 뻗어오다 결국 간인艮寅으로 입수해 혈을 맺는다. 혈장에서 바라보면 조종산인 소요산을 다시 바라보는 회룡고조형回龍顧祖形이다. 『명산도名山

圖』에 '臨澗金塚未及數崗, 냇가의 김씨의 묘는 여러 산에 미치지 못한다.' 하고 덧붙였다.

용혈도를 보면, 물이 우선해 병방丙方으로 빠져나가니 수국이다. 이때 간인룡艮寅龍은 태룡胎龍이라 입수가 생기를 품지 못하였다. 따라서 안장하면 불발할 것이고, 만약 정미파丁未破로 본다면 목국이라 간인룡은 물구덩인 목욕룡에 해당하여 이 역시 생기가 없는 흉룡이다. 따라서 어떤 경우든 혈을 맺은 진룡이 될 수 없으니 길지라 판단하기 어렵다.

## ●비봉포란형飛鳳抱卵形

積城南面庚兌行龍壬坎度脉似廉貞頻起心月之間甲卯垂頭艮落水歸丁飛鳳抱卵形云云穴下有一古塚沙川李生庶侄無後葬

### 용혈도

적성 남쪽에 경유庚酉 행룡이 임자壬子로 뻗어나가고 염정廉貞이 빈번히 일어났으니 마음이 밝다. 갑묘甲卯로 우뚝 솟아 간인艮寅으로 입수했으니, 물은 정방丁方으로 소수한다. 비봉포란형飛鳳抱卵形이다. 혈 아래쪽에 고총이 한 기가 있는데, 사천沙川에 사는 이씨 백성이 (묘를 잘못 써) 장사 지낸 다음 후손이 끊어졌다.

### 주해

| 염정빈기廉貞頻起 염정廉貞은 각국의 병사방病死方이다. 득수와 소수 모두 살인황천수이다.

| 심월지간心月之間 도를 닦은 것처럼 밝은 마음.

積城南面庚兌行竜壬坎度
脉似廉貞頓起心月之間甲
卯無頭艮落水破丁飛鳳
抱卵形云云穴下有
一古塚 涉川李生
庶徑無後矣
道路
宣馬峙
路


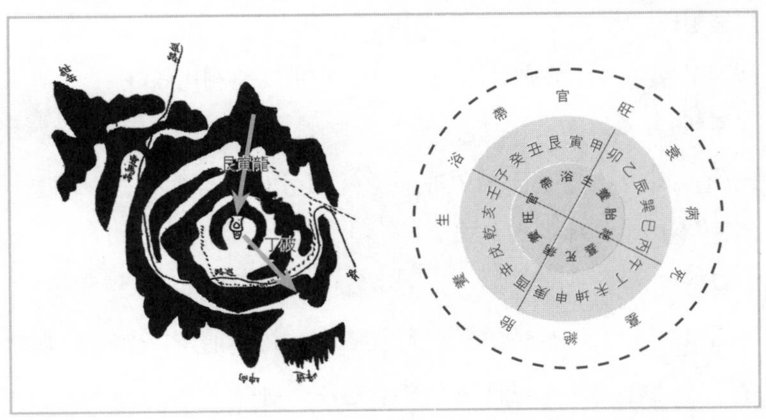
艮寅龍
丁破
甲寅艮丑癸子壬亥乾戌辛酉庚申坤未丁午丙巳巽辰乙卯
官 旺 衰 病 死 墓 絶 胎 養 生 浴 帶

| 무후無後 후손이 끊어짐.

**감평**

혈처는 양주군 남면 신산리 부근이다. 감악산에서 서남진하던 용맥은 설머치고개를 지나 생기를 응집시키더니 곧 백적산으로 솟아났다. 백적산에서 동진하던 용맥이 임자壬子로 남진하니 그 모양이 불꽃처럼 상하기복이 심해 용맥의 기운이 힘차다. 갑묘방甲卯方에서 우뚝 솟더니 혈장에는 간인룡艮寅龍으로 입수하고, 물은 우선해 정방丁方으로 빠져나간다. 비봉포란형飛鳳抱卵形이다. 이곳은 물이 정방丁方으로 소수하니 목국이고, 이때 간인룡艮寅龍은 목욕룡이라 물이 찬 흉지이다. 묘를 쓰면 결단코 불발할 것이니, 내룡에 착오가 있는 결록이다.

## ●설마치혈雪馬峙穴

積城雪馬峙已用

**용혈도**

적성 설마치고개에 혈이 맺혔는데, 이미 묘를 써버렸다.

**주해**

| 설마치雪馬峙 양주군 남면과 파주시 적성면을 경계 짓는 고개. 현재는 '설머치고개'라 부른다.

**감평**

적성의 설마치고개에 혈이 맺혔다고 하지만 내룡의 입수와 득수, 수구에 대한 내용이 없어 풍수적 감평은 어렵다.

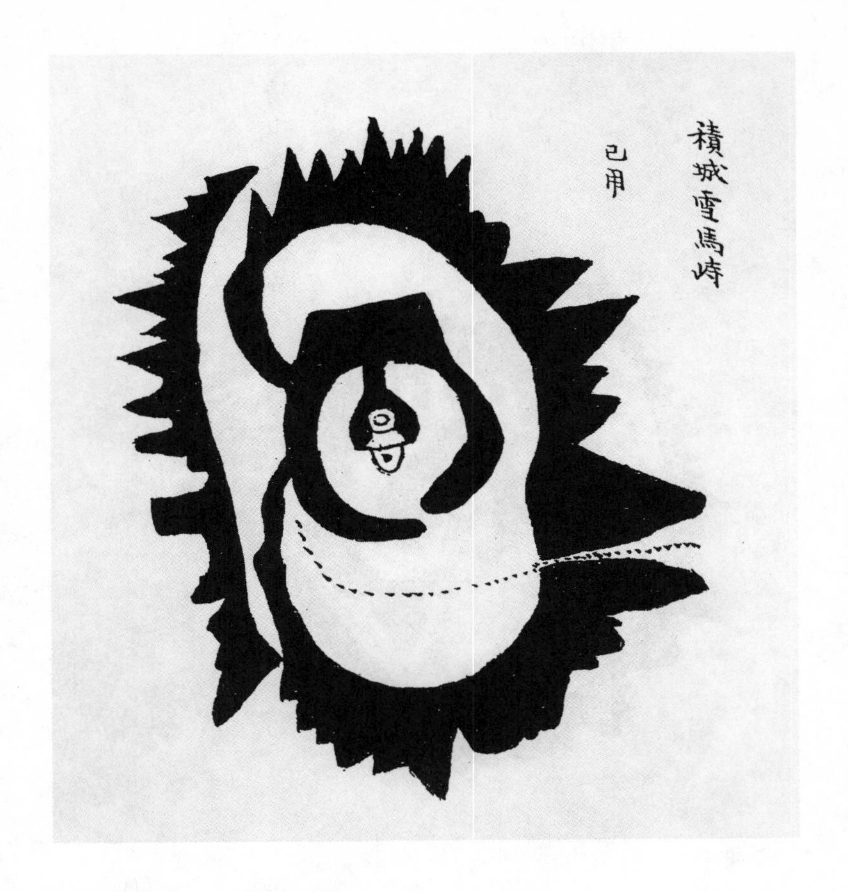


## ●두일장혈斗日場穴

積城後日北五里許古寺岱壬坐數穴斗日場

### 용혈도

적성 후일後日 마을의 북쪽 5리 지점(두일장)에 옛 절터가 있고, 임자룡壬子龍에 몇 개의 혈이 맺혔다. 만대에 걸쳐 영화를 누릴 땅이다.

### 주해

| 두일장斗日場 현재 연천군 백학면 두일리에 두일장 거리가 있다.

### 감평

양주 후일 마을의 북쪽 5리 지점에 옛 절터가 있고, 그곳 근처의 임자룡壬子龍에 여러 개의 혈이 맺혔다. 『명산도』에 '萬代榮華之地, 만대에 걸쳐 영화를 누릴 땅이다.'라 했고, 두일장은 현재 연천군 백학면 두일리를 가리킨다. 이곳은 두리산(184m)에서 남진한 용맥이 백석리를 지난 후 백학저수지의 동쪽으로 비껴 뻗으며 입수하였고, 임진강을 만나며 전진을 멈춰 선다. 용혈도에서 임자 입수에 맞춰

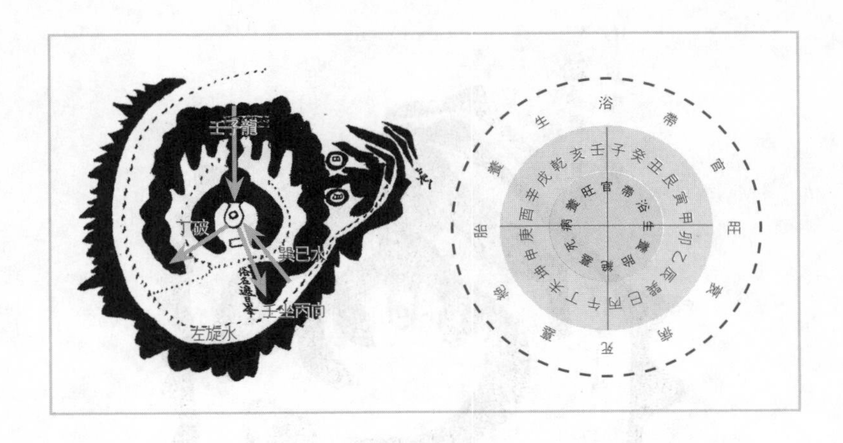


수구를 격정하며, 손사방巽巳方에서 득수한 물이 좌선한 다음 정방丁方으로 소수한다. 정파이니 목국이고, 임자룡은 임관룡에 해당되어 생기를 품은 진룡이다, 이 경우 목국의 자왕향인 임좌병향壬坐丙向을 놓으면, 향상으로 손사 임관수가 도래해 과거에 급제하고 벼슬이 높아질 터가 된다.

## ●마산리혈馬山里穴

積城馬山里乾亥坐三四穴

### 용혈도

적성 마산리馬山里에 건해 내룡에 3~4개의 혈이 맺혔다.

### 주해

| 마산리馬山里 현재 파주시 파평면 마산리이다.

### 감평

혈처는 파주시 파평면 마산리 부근이다. 파평산(495m)에서 남진

한 용맥에 마산리로 뻗어오며, 건해乾亥 내룡에 3~4개의 혈이 맺혔다고 하였다. 하지만 용혈도에 나타난 물의 흐름이 좌우로 불분명하고, 수구에 대한 내용이 없어 풍수적 판단이 어렵다.

## ●파주혈坡州穴

坡州右龍出付紺岳山頻起渠水星至于秦陵峴大斷度脉幹氣直走破平等諸山一枝腰裡落更頓金水芙蓉帳帳中脫下一脉蹲蹲起伏更起湊天土度脉橫作盤鞍凹腦之格古人聚謝雙金杠水也. 穴作窩中大突穴上紘稜明白穴情甚妙前案一木星揷立印石分明溪水彎環群砂揖聚水口立石石形如揷笏三峯鐘鼓猪轉危岩怪石嵯峨削立數十丈爲捍門令人可畏外案立石削出形如劍戟排列如陣隊樓坌分明旗鼓連雲文筆揷天堂氣藏聚四神俱全八景寬容豈不美栽就作萬笏朝天之格與宋范文正公祖地相似耳坐向以庚酉則合法坡州中第一大地

### 용혈도

파주의 감악산에서 출맥한 우선하는 용맥이 빈번히 일어서고 수로水路는 흘러 진릉秦陵 고개에 다다랐다. 그곳에서 깎아지른 듯 가파르며 굵은 간룡幹龍이 곧게 달려온다. 파평면의 여러 산의 한 줄기가 허리께로 떨어지면서 다시 금성金星 · 수성水星으로 연꽃이 핀 것처럼 겹겹이 휘장을 치던 중, 그곳에서 벗어난 한 용맥이 웅크린 채

기복을 반복하다 다시 일어서며 하늘에 모여 토맥土脈을 가로로 이루었다. 반안요뇌격盤鞍凹腦格이니 쇠깃대가 쌍으로 된 것 같은 물이 고임에 감사한다. 와혈窩穴 중 돌혈이 크게 솟아났으니, 악기의 모서리처럼 명백하며 다정하다. 앞쪽의 안산은 하나의 목성木星으로 우뚝 서고, 인석印石이 분명하며, 계곡물이 굽어 안고, 여러 산봉우리들이 예를 표하듯 모여 있고, 수구의 입석立石은 마치 홀笏을 치켜든 것 같이 3봉이 종과 북과 같다. 돼지가 돌아 서듯 위태한 바위와 괴석이 높이 깎아지듯 10여 장으로 한문捍門이 되었다. 사람으로 하여금 경이로움을 느끼게 한다. 바깥 안산에는 큰 돌이 깎아지듯 우뚝 섰는데, 형상이 마치 군대에 칼과 창이 배열한 것같이 분명하고 깃발과 북이 구름 속에 연이어 있고 문필봉이 하늘을 찌르니 당내의 기운이 모여서 감춰 있다. 사신사四神砂가 온전히 구비되었으니, 팔방의 경치가 온후하여 어찌 아름답다고 하지 않을 수 있는가. 조산들은 만개의 홀과 같은 모양이니, 송宋 나라의 범문정공范文正公의 조상 묘 터와 비슷하다. 듣기에 좌향은 경유향庚酉向이 합법하다고 하니, 파주 땅에서 제일의 큰 터이다.

**주해**

| 거수渠水 땅을 파서 흐르게 한 수로.

| 진릉현秦陵峴 현재의 지명을 찾지 못했다.

| 차아삭입嵯峨削立 우뚝하게 높고도 깎아지른 듯 선 모양.

| 송범문정공宋范文正公 어떤 인물인지 파악하지 못했다.

**감평**

이기풍수학에서 경유향庚酉向을 놓는 경우는, 물이 좌선해 신술辛戌이나 계축방癸丑方으로 빠지는 경우에 한한다. 신술파이면 화국의 자왕향自旺向으로 부귀를 기약할 수 있고, 계축파라면 금국의 정왕향正旺向에 해당하여 생래회왕生來會旺하니 금성수법으로 대부대귀하고 인정창성하며 충효현량하고 남녀 모두 오래 살고 자식마다 발복이 오래도록 이어질 것이다.

용인시 양지면

## ●쌍령산혈雙嶺山穴

陽智雙嶺山右旋庚兌龍庚坐甲向坎癸水辰破

**용혈도**

양지의 쌍령산雙嶺山에 우선하는 경유庚酉 내룡이 경유로 입수하면서 혈이 맺혔다. 경좌갑향庚坐甲向인데, 임자壬子 · 계축방癸丑方에서 득수해 진방辰方으로 소수한다.

**주해**

| 쌍령산雙嶺山 용인시 원삼면과 안성시 고삼면의 경계에 있는 산(502m).

**감평**

용인의 원삼면에 있는 쌍령산은 옛 지명이 성륜산聖輪山으로 양지현의 옛 고을이 있던 장소이다. 양지의 쌍령산雙嶺山에 우선하는 경

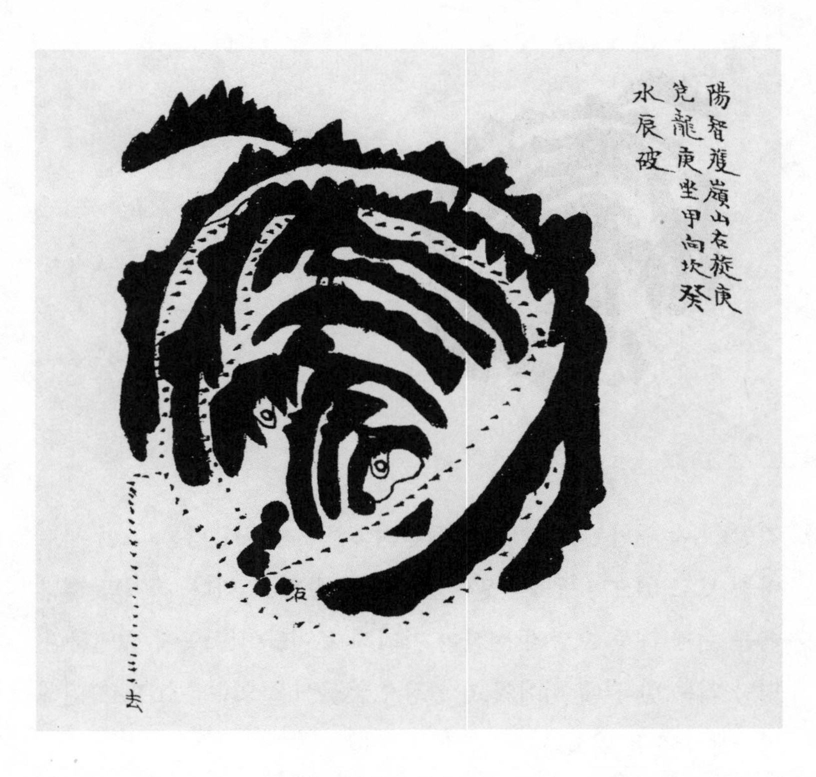


유庚酉 내룡이 경유로 입수하면서 혈이 맺혔다. 경좌갑향庚坐甲向인데, 임자壬子 · 계축방癸丑方에서 득수하여 진방辰方으로 소수한다. 물이 임자 · 계축방에서 득수하여 진방으로 소수하니 수국이다. 결록에 따르면 경유 임관룡庚酉臨官龍에 혈이 맺혔으니 생기가 왕성하며, 또 임자 제왕수壬子帝旺水와 계축 쇠수癸丑衰水가 금성수로 좌선하니 자왕향인 유좌묘향酉坐卯向을 놓으면 정법이다. 목국의 계축 관대수癸丑冠帶水가 회합하여 상당한 뒤에 쇠방衰方인 을진乙辰으로 소수하니 생래회왕하여 발부발귀하고 오래 살고 인정이 흥왕한다. 간인 임관수艮寅臨官水가 내조하면 녹수祿水고 삼길육수三吉六秀의 수라 반드시 신동이 태어나고 부귀가 집안에 가득하고 장원으로 급제한다.

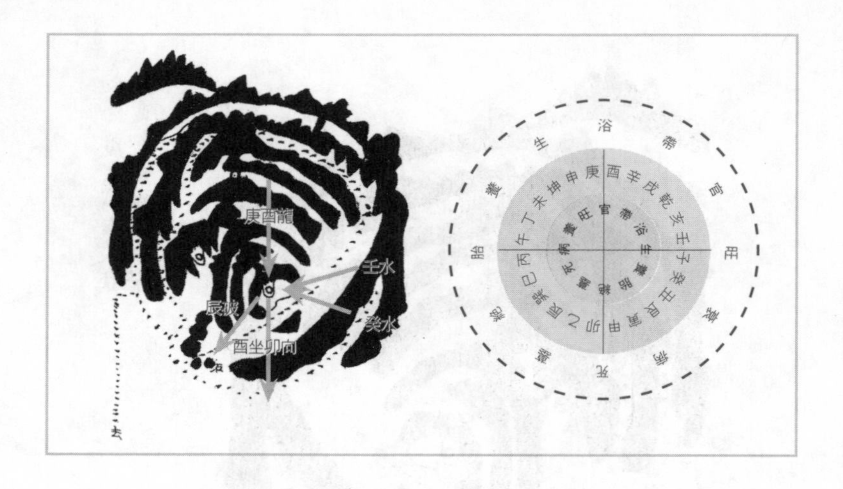


건방乾方에 천마天馬가 있으면 최관최속하고 간艮과 병봉丙峰이 서로 마주 보고 있으면 문무관원이 끊이질 않는다고 한다. 하지만 혈장에는 현재 해주 오씨의 선산이 자리해 무덤들이 곳곳에 즐비하다. 명당 터는 한 곁에 비어있고, 혈장으로 들어온 입수룡도 묘로 인해 약간은 훼손을 입었다.

## ●정악산혈淨岳山穴

陽智北十里淨岳山左旋庚兌龍壬亥入首亥坐巳向坤水辰破

### 용혈도

앙지 북쪽 10리 지점에 정악산淨岳山이 있다. 그 산에서 좌선하는 경유庚酉 내룡이 임해룡壬亥으로 입수하며 혈을 맺었는데, 해좌사향亥坐巳向이다. 곤신방坤申方에서 득수하여 우선한 다음 진방辰方으로 소수한다.

陽智北十里淨岳山左旋庚兌竜壬亥入首亥坐巳向坤水辰破
安陽寺

## 주해

| 정악산淨岳山 용인시 양지면의 북쪽에 정수리가 있고, 그 근처의 산인 현재의 금박산(418m)이다.

## 감평

정수산은 현재 금박산으로 북쪽 2리에 우뚝 솟아난 내사면의 진산이다. 일명 대해大海라 부르며, 이곳을 발원지로 하여 추계천秋溪川이 나와 이천의 복하천을 거쳐 남한강으로 흘러든다. 최숙정崔淑精은 이곳의 풍광을 보며, "쓸쓸한 달과 개는 십여 집이구나. 땅은 궁

벽하고 사람은 드물어 고요한 채 시끄럽지가 않다." 하고 읊었다. 하지만 현재는 영동고속도로가 면 북쪽을 가로질러 생기고 양지 터널이 예전 가남이 고개를 대신해 차들이 질주한다. 양지 북쪽 10리 지점에 정악산淨岳山이 있다. 그 산에서 좌선하는 경유庚酉 내룡이 임해룡壬亥으로 입수하며 혈을 맺었는데, 해좌사향亥坐巳向이다. 곤신방坤申方에서 득수하여 우선한 다음 진방辰方으로 소수한다. 곤신방에서 득수하여 진방으로 소수하니 수국이다. 경유 임관룡庚酉臨官龍으로 뻗어와 임해 잠룡壬亥潛龍에 혈이 맺혔다. 하지만 땅도 음양이 배합되어야 생기를 품으니 임해壬亥처럼 쌍산雙山이 불배합되면 대지라고 보기 어렵다. 또 곤신 장생수長生水가 우선해 진방으로 소수하니, 자생향自生向인 해좌사향亥坐巳向을 놓으면 정법이다. 길향으로 양기는 충만하나, 땅의 음기는 쇠약한 곳이다.

## ●정수산혈淨水山穴

陽智東北淨水山來龍左旋水土山壬坐丙向辰破李新選墓近處

**용혈도**

앙지 동북쪽 정수산淨水山의 내룡에 혈이 맺혔다. 좌선수로 토산土山에서 뻗어내려 임자룡壬子龍으로 입수하고 임좌병향壬坐丙向이다. 진파로, 이신선李新選의 묘 근처라고 안다.

**주해**

| 정수산淨水山 용인시 내사면의 북쪽에 정수리가 있다.

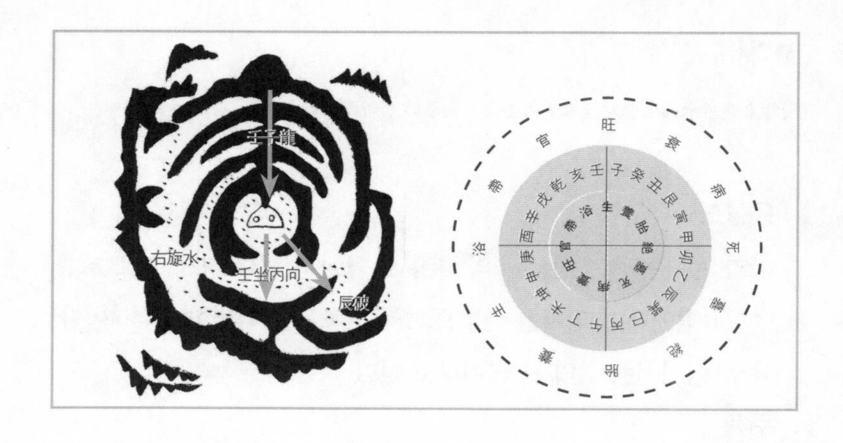


| 토산土山 산의 봉우리가 평편하다.

| 이신선李新選 어느 때의 인물인지 확인하지 못했다.

### 감평

정수산定水山은 내사면 대내리와 정수리에 걸쳐 있는 산으로, 동남쪽에 용화사龍華寺가 있다. 절 주변에는 활석에 흰 점이 박힌 바위가 많으며, 서쪽 대내리에는 관우를 모신 현성전顯聖殿이 있었으나 현재는 폐하였다. 사람의 머리 위쪽을 '정수리' 또는 '쥐구멍'이라 하는데, 이곳은 용인에서 제일 높은 곳에 자리를 잡아 '하늘 아래의 정수리'로 불리다가 현재의 정수리가 되었다. 또 산에는 용인에서 제일로 맑은 물이 나온다고 한다.

물이 진방辰方으로 소수하니 수국이고, 이때 임자 장생룡壬子長生龍에 혈이 맺혔으니 입수의 생기가 왕성하다. 그런데 임좌병향壬坐丙向을 놓으면 향상으로 화국의 관대방冠帶方을 충파하여 총명한 어린 자식이 상하고, 집안의 부녀자들이 상해 패절한다. 향법에 어두운 결록이며 이 경우는 수국의 정생향인 인좌신향寅坐申向을 놓아야 정법이다.

## ●행주형行舟形

加平清平山下行舟形右旋坎龍坎作甲卯水丁未破顙穴三尺五色土元尺紫石惑春川北四十里清平山下

### 용혈도

가평 청평산清平山 아래에 행주형行舟形이 맺혔는데, 우선하는 임자壬子 내룡이 임자로 입수하였다. 갑묘방甲卯方에서 득수하여 좌선한 다음 정미방丁未方으로 소수하니 상혈顙穴이다. 3자를 파면 오색토五色土가 있고, 원자元尺를 파면 자석紫石이 있다. 혹 춘천 북쪽 40리 지점의 청평산 아래라는 말이 있다.

### 주해

| 청평산清平山 가평 동쪽의 춘천 경계에 있다.

| 상혈顙穴 산봉우리 꼭대기에 맺힌 혈.

| 자석紫石 자줏빛을 띠는 돌.

## 감평

가평의 보납산(寶納山 330m)은 가평읍의 안산에 해당한다. 예로부터 노승이 금부처를 산에 묻었다 하고 또는 난리 통에 어떤 부자가 금괴를 묻었다는 전설이 전해진다. 또 선조 33년(1599)에 이 고을에 부임한 한호(韓濩, 일명 한석봉)가 민란의 평정을 기원하는 글

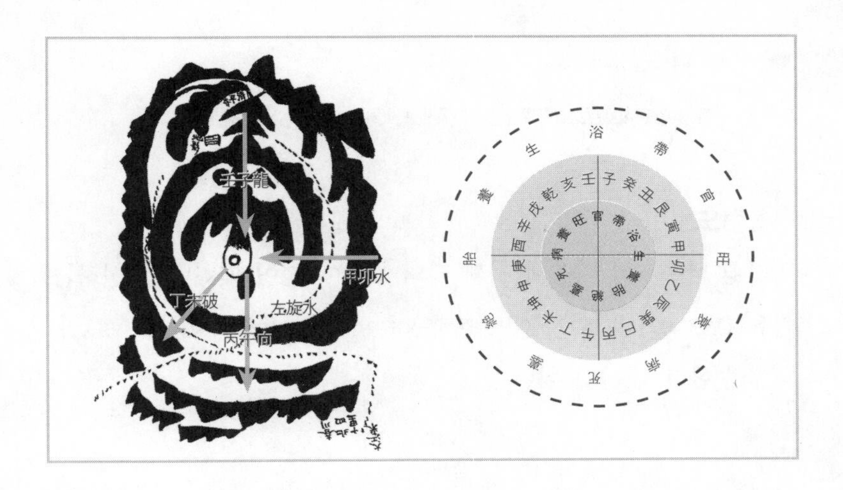


을 써 산중에 묻고 제사를 지낸 일이 있었는데, 이 한석봉의 글을 찾기 위해 많은 풍수사들이 찾아들기도 했다고 한다.

가평의 청평산 아래에 행주형行舟形이 맺혔는데, 혈은 우선하는 임자壬子 내룡에 임자로 입수하여 산 정상에 맺혔다. 자연은 갑묘방甲卯方에서 득수하여 좌선한 다음 정미방丁未方으로 빠져나간다. 혈을 3자 정도 파면 오색의 흙이 나오고, 원자元尺를 파면 붉은 돌이 나올 것이다. 물이 갑묘방에서 득수하여 정미방으로 소수하니, 목국으로 임자룡은 임관룡臨官龍이다. 입수가 생기를 품었으니 안장하면 대발할 것이다. 갑묘 제왕수甲卯帝旺水가 좌선한 다음 정미방으로 소수하니 자왕향인 병오향丙午向을 놓으면 정법이다. 화국의 간인 장생수, 을진 관대수, 손사 임관수가 회합하여 상당한 뒤에 쇠방衰方인 정미방으로 소수하니, 생래회왕하여 발부발귀하고 오래 살고 인정이 흥왕한다. 손사 임관방에 문필봉文筆峰이 있으면 진위절지眞僞切地라 한다. 오방午方에 천마가 있으면 최관최속하고 정봉丁峰이 있으면 장수하며 문과급제가 끊어지지 않는다고 한다.

## ●가평대혈加平大穴

加平南五里申哥家後山右旋庚兌龍坎癸得辰破大地

### 용혈도

가평 남쪽 5리 지점에 신씨 집의 뒷산에 혈이 맺혔다. 우선하는 경유룡庚酉龍인데, 임자壬子 · 계축방癸丑方에서 득수하여 진방辰方으로 소수한다. 대지大地이다.

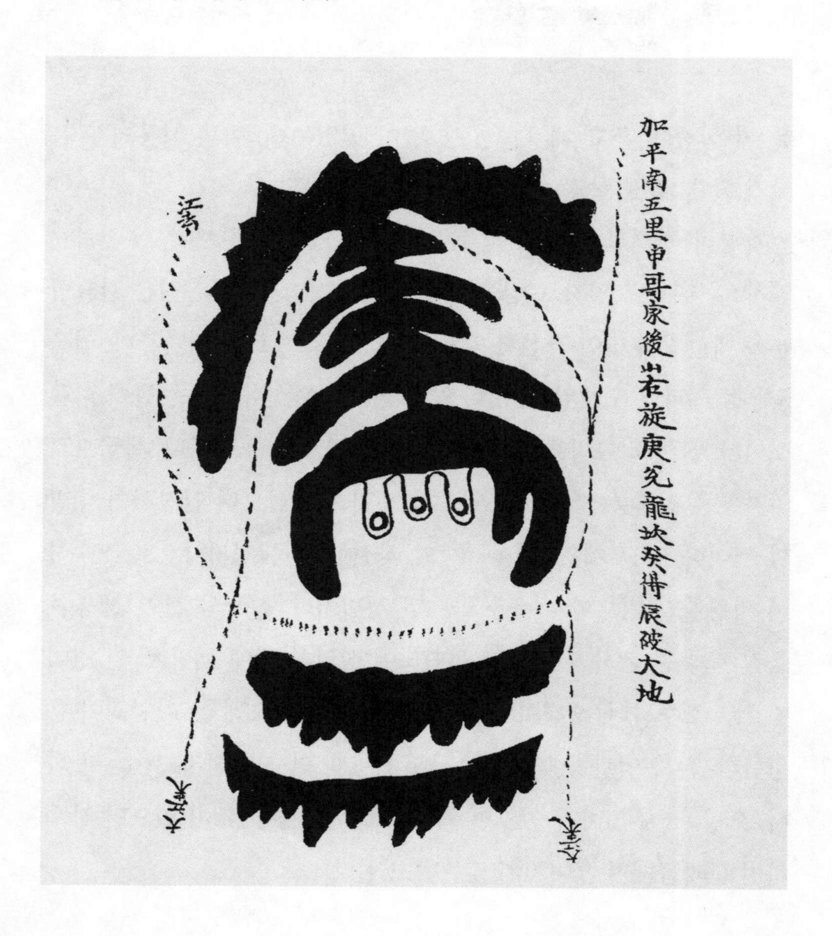

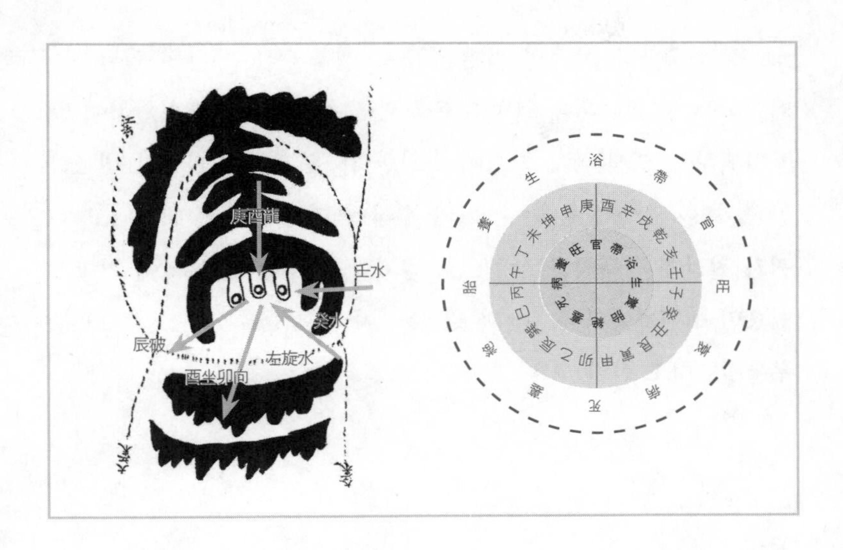


### 주해

| 남5리南五里 가평군 가평읍 대곡리 부근.

### 감평

가평의 남쪽 5리 지점은 대곡리이고, 한북정맥의 백운산에서 남진한 용맥이 명지산을 거쳐 월출산으로 솟고 매봉으로 기운을 가다듬더니 남동진하여 수리봉으로 솟아난 다음 대곡리에서 북한강을 만나 기운을 응집시켰다. 이곳은 신씨 집의 뒷산으로 내룡은 우선하는 경유룡庚酉龍인데, 임자壬子 · 계축방癸丑方에서 득수하여 진방辰方으로 소수하는 곳이다. 대지大地라고 하였다.

혈장을 감평하면, 물이 임자 · 계축방에서 득수하여 진방으로 소수하니, 수국으로 경유룡은 임관룡臨官龍이다. 입수가 생기를 품었으니 안장하면 대발할 것이다. 임자 제왕수壬子帝旺水와 계축 쇠수癸丑衰水가 좌선하여 진방으로 소수하니 자왕향인 유좌묘향酉坐卯向을 놓으면 정법이다. 「지리오결」에 따르면, 좌선수가 묘위 을진방墓位乙辰

方으로 소수하니, 목국의 건해 장생수, 계축 관대수, 간인 임관수가 회합하여 상당한 뒤에 쇠방인 을진으로 소수하니 생래회왕하여 발부발귀하고 오래 살고 인정이 흥왕한다. 또 간인 임관수가 내조하면 녹수祿水고 삼길육수三吉六秀의 수라 반드시 신동이 태어나고 부귀가 집안에 가득하고 장원으로 급제할 것이다. 건방乾方에 천마가 있으면 최관최속하고 간艮과 병봉丙峰이 서로 마주 보고 있으면 문무불절한다고 한다.

## ●덕성산혈德城山穴

安城東十五里右旋卯龍甲坐庚向丙午水戌破

**용혈도**

안성의 동쪽 15리 지점에 혈이 맺혔다. 우선하는 갑묘甲卯 내룡인데, 갑좌경향甲坐庚向을 놓고, 병오수丙午水가 좌선해 술방戌方으로 빠져나간다.

**주해**

| 동15리東十五里 안성의 금광저수지 위쪽의 매남 마을 근처에 혈이 맺혔다.

| 갑좌경향甲坐庚向 결록에 좌향이 표기된 경우는 매우 드물다. 당시만 해도 88향법이 조선 풍수학에 전래되지 못하여 대부분 내룡의 방위에 따라 똑바로 놓았다. 따라서 갑묘룡甲卯龍이니 경유향庚酉向을

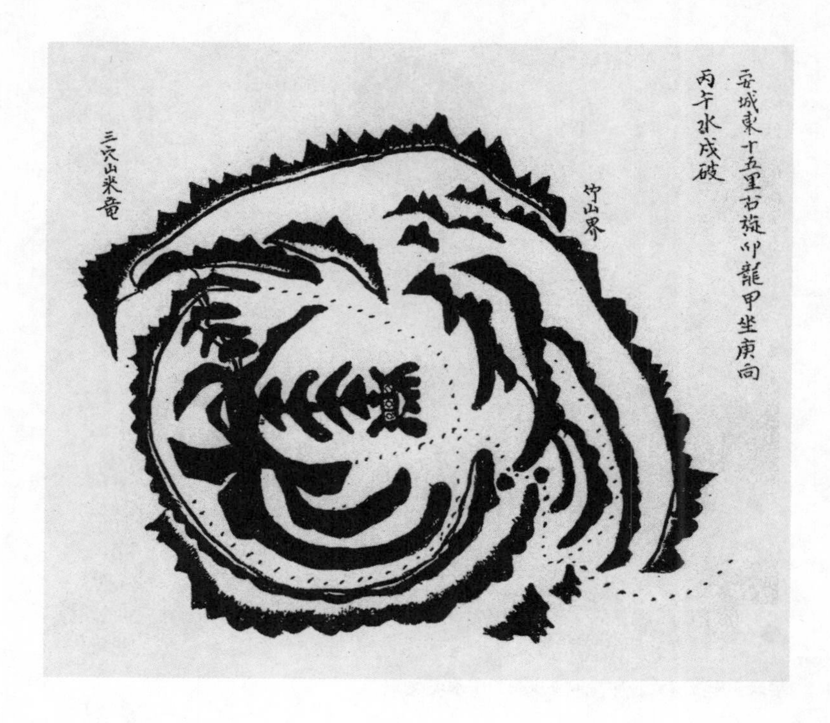


한 것이다.

**감평**

안성시는 동쪽으로부터 뻗은 지맥의 영향으로 칠현산(七賢山 516m) · 서운산(瑞雲山 547m) · 덕성산(德城山 521m) 등이 있지만, 산맥이 갈라지면서 생긴 낮은 구릉으로 군 전체가 비산비야非山非野의 안성평야를 이루었다. 고구려시대 이름은 내혜홀奈兮忽이었는데, 신라 경덕왕이 백성군白城郡으로 고쳤고, 고려 초기에 안성으로 고쳐 불렀다.

안성에는 세 가지 유명한 것이 있다. 첫째는 유기鍮器인데, 이는 청동기시대부터 제작된 것으로 전해진다. 예로부터 안성에는 '안성맞춤'이라는 말이 유래될 만큼 안성에서 만든 유기와 가죽 꽃신이

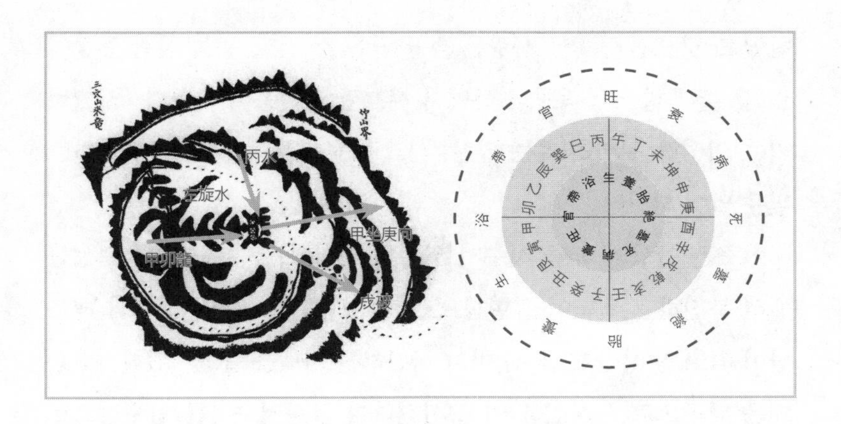


유명하였다. 이 유기는 궁궐의 진상품이나 불상 · 종 등의 불구佛具와 더불어 가정의 생활 용품으로 널리 사랑을 받았다. 둘째는 안성의 포도인데, 다른 지방의 것에 비해 신맛이 덜하고 껍질이 얇으며 씨도 적어 최상품에 속한다. 이 포도는 1901년 프랑스 신부 공베르가 안성 천주교회로 부임하면서 프랑스에서 가져다 심은 것이 시초라고 한다.

마지막으로 '시끄럽기는 안성장 윗머리'라는 말이 있다. 예부터 안성은 교통의 요지로 삼남三南의 농산물이 서울과 북쪽 지방으로 전해지는 길목이라 상업이 크게 발달하였다. 구한 말 흥선대원군興宣大院君이 경복궁을 건립할 때 그 비용을 충당하기 위해 발행된 것이 '당오전當五錢'과 '당백전當百錢'인데, 당시에 유통되던 돈에 비하여 '당오전'은 다섯 닢의 가치가 있고, '당백전'은 백 닢의 가치를 가진 것이니, 그때의 상거래 상으로는 획기적인 것이었다. 지금은 1만 원하면 같은 액수의 1천원짜리 10개에 해당하는 것이 쉽게 이해가 가지만, 당시로는 그러한 셈이 쉽게 이루어지지 않았다. 따라서 가장 상거래가 활발한 안성 장에서 돈을 환전하는 시비가 자주 발생

하였고, 당오전을 받는 사람은 적게 받은 것 같고, 주는 사람은 많이 준 것 같아 많으니 적으니 하면서 시끄럽게 싸움이 잦았다. '시끄럽기는 안성장 윗머리'라는 말은, 시끄럽게 다투는 광경을 표현하는 비유 말이 되었다.

이곳은 안성의 금광 저수지 위쪽의 매남 마을 부근이며, 덕성산에서 북진하던 용맥이 칠현산으로 거대하게 솟아 한남정맥의 태조산이 되고, 덕성산 조금 못 미쳐 서진하는 지맥을 출맥시켰다. 이 용맥은 남쪽으로 옥정천을 끼고 서진하여 금광저수지를 합수점으로 하여 여정을 마친다. 혈장으로 갑묘룡甲卯龍이 입수하고, 이때 자연흐름은 병오방丙午方에서 득수하여 좌선한 다음 술방戌方으로 소수한다. 화국으로 갑묘 임관룡은 병오 제왕수가 좌선하여 묘위 술파墓位戌破이니, 좌향은 화국의 자왕향인 묘좌유향卯坐酉向을 놓으면 정법이다.

비기에 갑좌경향甲坐庚向이라 했는데 천간파天干破에는 천간향天干向을, 지지파地支破에는 지지향地支向을 놓아야 정법임으로 이곳은 묘좌유향卯坐酉向이 올바르다. 다만 향법을 제대로 알았다기보다는 내룡에 따라 좌향을 놓았는데 우연하게 향법에 들어맞은 경우로 볼 수 있다. 선현의 묘를 찾아보면 종종 이런 경우를 접하고 또 그곳을 사람들은 천하의 명당이라고 한다. 이 경우에 해당하는 분이 남양주시에 있는 한확 선생의 묘이다.

한확(韓確 1403~1456)은 조선 초기의 문신으로 본관은 청주淸州이고, 호는 간이재簡易齋이다. 누이가 명나라에 들어가 성조成祖의 후궁이 되자, 그 역시 1417년 명나라에 가 소경少卿이란 벼슬을 받았다. 한확은 확고한 정치적 배경을 바탕으로 세종 때에는 경기도 관찰사를 거쳐 이조판서를 역임하고, 계유정난에 가담하여 1등 공신에 봉해지며 세조 때는 좌의정에 이르렀다. 1455년 한확은 세조의 왕위 찬탈을 '양위讓位'라는 명분으로 명나라를 설득시켰다. 그러나 귀국하는 도중 그만 사하포沙河浦에서 객사하고 말았다. 청주 한씨 가문이 확고한 기반 위에서 번성한 까닭은 한확의 묘가 명당에 위치하고, 그의 음덕이 컸기 때문이라고 후손들은 굳게 믿는다.

한확의 묘는 남양주시 능내리에 있는데, 물형론자들은 이곳을 모란반개형牧丹半開形의 명당으로 규정한다. 그래서 풍수를 배우는 사람이라면 누구나 현장 풍수를 익히기 위해 찾아가는 성지와도 같은 곳이다. 예봉산(685m)에서 능내리로 뻗어 가던 한 줄기의 용맥이 6번 도로를 만나며 생기를 멈추었다. 내룡은 산등성이에서 간인艮寅으로 내려뻗다가 혈 가까이에서 임자룡壬子龍으로 입수하였다. 수구는 정파丁破이니 목국에 임관룡臨官龍이다. 자연은 좌측의 제왕방에서 득수하여 우측인 목국의 묘방으로 빠지며, 청룡의 자락이 혈 앞을 활처럼 감싸 안으며 책을 펼쳐 놓은 것과 같은 안산을 이루어 놓았다. 하지만 백호는 짧은 형상으로 이 집안의 여자들은 복록이 크지 않을 것이다. 이 경우 목국의 제왕향인 경좌갑향庚坐甲向을 놓으면 주위의 산과 조화를 이루지 못하므로, 목국의 자왕향自旺向인 임자병향壬坐丙向을 놓아야 후손이 발부발귀하는 자리이다. 아무리 명당에 위치한 묘일지라도 좌향을 잘못 잡아 허사인 경우가 대부분인데 다행스럽게도 한확의 묘는 좌향마저도 임좌병향이라 이기론 상으로도 완벽한 명당이다.

## ●와룡포무형臥龍抱霧形

安城北十五里三穴山來龍左旋卯龍丙入首巳坐亥向艮寅水戌破

### 용혈도

안성의 북쪽 15리 지점에 삼혈산三穴山이 있고, 그곳에서 출맥한 내룡에 혈이 맺혔다. 좌선하는 갑묘甲卯 내룡에서 병오丙午로 입수하고, 사좌해향巳坐亥向을 놓았다. 간인방艮寅方에서 득수하여 술방戌方으로 빠져나간다. 일설에는 안성과 죽산의 경계인 서쪽 30리 지점이라 하고, 혹은 안성 북쪽 10리 지점이라 한다. 와룡포무형이다.

安城北十五里三穴山来竜左旋卯竜
丙入首巳坐亥向艮寅水戌破
去

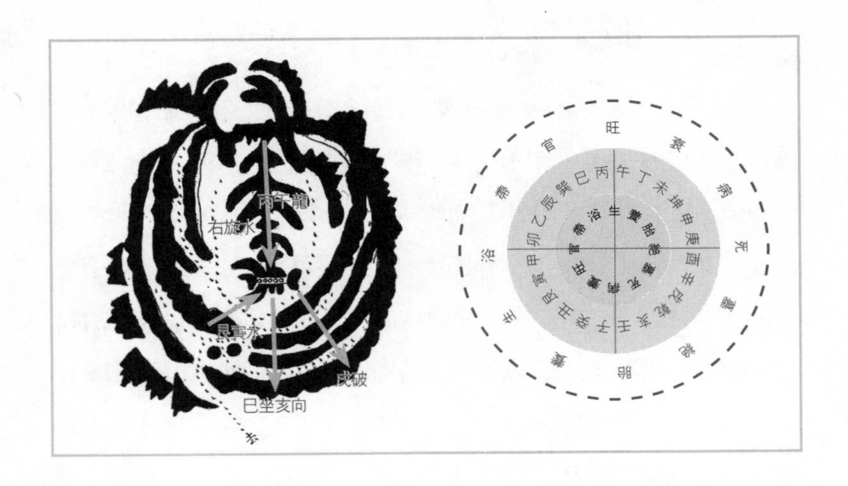


## 주해

| 와룡포무형臥龍抱霧形 누운 용이 안개를 타고 하늘로 승천하는 형국.

| 삼혈산三穴山 현재의 지명을 확인하지 못했다.

## 감평

안성의 북쪽 15리 지점에 현재 삼한리三閑里가 있는데, 그곳의 뒷산을 삼혈산三穴山이라 불렀는지 확실하지 못하다. 다만 그곳에서 출맥한 내룡에 혈이 맺혔다고 기록되었다. 내룡이 좌선하면서 갑묘룡甲卯龍이고, 혈장에는 병오룡丙午龍이 입수했는데, 이때에 사좌해향巳坐亥向을 놓았다고 하였다. 자연 흐름은 간인방艮寅方에서 득수하여 우선한 다음 술방戌方으로 빠져나가니, 『명산도』에서는 '一夲云安城界竹山西三十里安城北十里臥龍抱霧形'라 하여 일명 와룡포무형臥龍抱霧形이라 부른다고 했다.

이곳은 술파戌破이니 화국이고, 이때 병오룡은 장생룡長生龍으로 생기가 충만한 용으로 안장하면 대발할 큰 명당이다. 하지만 간인 장생수가 우선하여 화국의 묘위 술파墓位戌破했으니, 향법에 따르면 정생향인 신좌인향申坐寅向이나 자생향인 사좌해향巳坐亥向이 정법이다. 그렇지만 병오룡丙午龍에 해향亥向은 용상팔살龍上八殺에 해당하여 묘를 쓰자마자 재앙이 집안에 불어닥칠 위험천만한 향向이다.

용상팔살은 자연이 악인을 위해 파 놓은 함정으로 패철 1층에 그 좌향이 표기되어 있다. 풍수학에서 제일로 흉한 재앙으로 용상팔살을 범하면 봉분의 잔디가 전혀 자라지 못하고, 묘비까지 까맣게 그슬려 타버린다. 따라서 해향을 놓으라고 한 점으로 미루어보아 이 결록을 쓴 사람은 향법을 모르는 풍수사였고, 또 패철 1층의 용법(용상팔살)에도 어두워 전반적으로 패철의 용법에 어두웠을 것이다. 따라서 이곳은 해향亥向이 아니라 인향寅向을 놓아야 아내는 어질고 아들은 효도하고 오복이 집안에 가득하고 부귀하고 아들마다 모두 발복한다.

## ●삼승예불형三僧禮佛形

安城南十里青龍山下石南寺左旋坤兌龍庚坐甲向巽巳水丑破

### 용혈도

안성 남쪽 10리 지점에 청룡산青龍山이 있고, 그 아래에는 석남사石南寺가 있다. 좌선하는 곤신坤申 내룡이 경유庚酉로 입수하고, 경좌갑향庚坐甲向을 놓았다. 자연은 손사방巽巳方에서 득수해 우선한 다음 축방丑方으로 빠져나간다. 삼승예불형三僧禮佛形이다.

### 주해

| 청룡산青龍山 서운면에 있는 서운산(瑞雲山 547m)으로, 풍치가 아름답고 상서로운 구름이 떠 있다는 뜻에서 서운산이라 불렀다.

安城南十里青竜山下石南寺左旋坤兌竜庚坐甲向巽巳水丑破
去

| 석남사石南寺 금광면 상중리의 서운산 북쪽 기슭에 있는 절로, 영산전이 보물 제823호로 지정되었다.

| 삼승예불형三僧禮佛形 세 분의 스님이 부처님께 예를 올리는 형국. 주변에는 발우나 목탁을 닮은 안산이 필요하다.

**감평**

서운산의 토성은 임진왜란 당시 홍계남과 이덕남이 쌓아 안성을 방어했던 군사 요충지이다. 성안에는 두 의병장의 대첩을 기념한 전승비가 서 있고 큰 바위가 얹힌 굴이 있는데, 용이 하늘로 올라갔

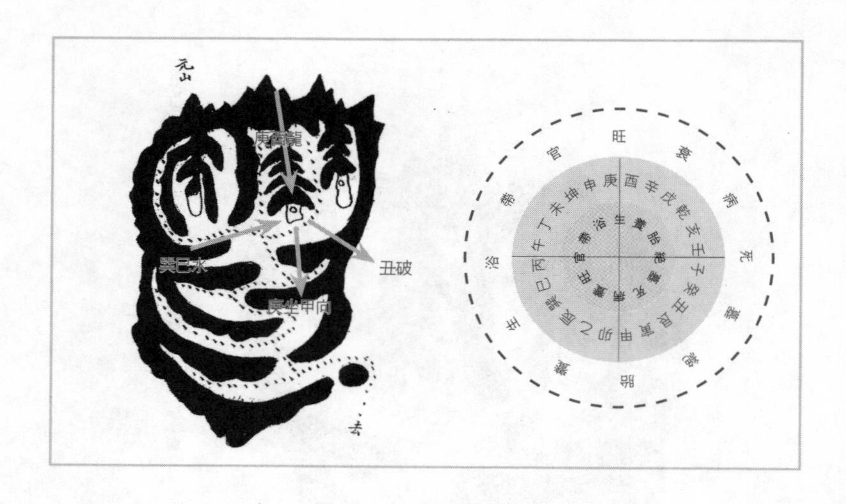


다고 하여 용혈龍穴이라 부른다. 서운산 정상에서 북진하는 용맥은 5리 지점에서 동쪽으로 뻗어 내린 지룡을 출맥시켰고, 내룡은 석남사 아래의 삼중 마을을 향해 곤신坤申으로 약간 몸을 비튼 다음 곧장 동진해 계곡 앞에서 멈춰 섰다. 내룡은 낮으면서 산등성이가 거북 등처럼 평편한데 경유룡庚酉龍이다. 이곳의 지형과 지질을 변화시킨 양기는 손사방巽巳方에서 득수하여 삼중 마을 앞산 끝으로 빠져나가니 축파丑破이다. 『명산도』에서는 이곳의 형국을 3명의 스님이 부처께 예를 올리는 삼승예불형이라 하였다.

이곳을 감평하면 물이 우선해 축파丑破이니 금국이고, 이때 경유룡은 장생룡長生龍으로 생기를 왕성하게 품은 진룡眞龍이다. 또 손사장생수巽巳長生水가 우선하여 묘방墓方으로 소수하니, 향법 상 정생향正生向인 해좌사향亥坐巳向이나 자생향自生向인 신좌인향申坐寅向을 놓아야 정법이다. 하지만 경유룡에 사향巳向은 용상팔살에 해당된다. 따라서 자생향인 인향寅向을 놓으면, 화국의 양위養位를 충파한다고 하지 않으며 부귀하고 장수하고 인정이 흥왕한다. 차남이 먼저 발복하기도 한다. 그렇지만 결록처럼 경좌갑향庚坐甲向을 놓는다면, 향상으로 관대방冠帶方을 충파해 총명한 어린 자식이 상하고 규중의 부녀자들이 상하여 패절할 것이다. 88향법에 어두운 결록이다.

## ●서운산혈瑞雲山穴

安城南十里右旋卯龍甲坐庚向午丁水戌破大地

### 용혈도

안성의 남쪽 10리 지점에 혈이 맺혔다. 우선하는 갑묘甲卯 내룡으로 갑좌경향甲坐庚向을 놓는다. 자연은 오午 · 정수丁水가 좌선해 술방戌方으로 빠지니 대지이다.

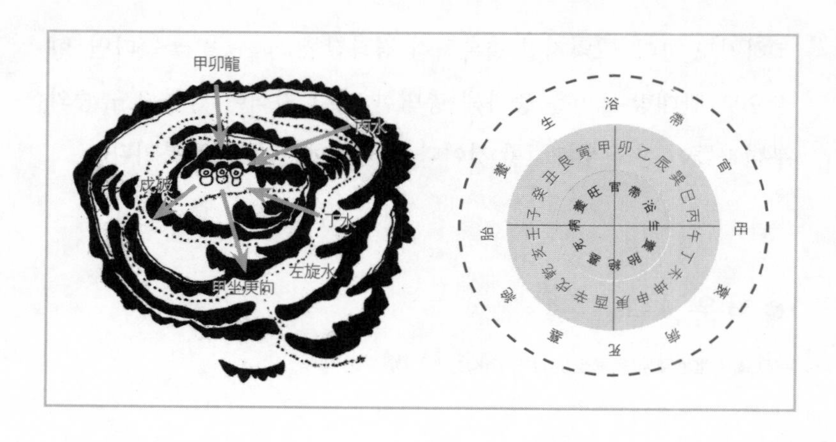


## 추해

| 갑좌경향甲坐庚向 비기에 따르면 갑묘룡에 경향을 놓는다고 했는데, 이것은 88향법에 의한 좌향이기보다는 내룡에 따라 곧게 향을 놓는 방식을 택한 것이다.

## 감평

안성의 '아차지고개'는 충주의 한 구두쇠가 장독에 빠졌던 파리의 다리에 묻은 된장을 되찾고자 파리를 쫓아갔고, 이 고개에 이르러 "아차, 이젠 놓쳤구나."하여 생겨난 지명이다. 서운산에서 금광저수지 서쪽을 향해 곧장 북진하던 용맥은 양지마을 마을 뒷산에서 서진하는 내룡을 출맥시켰다. 자연이 좌선수左旋水이니 내룡은 우선룡右旋龍이고, 갑묘룡甲卯龍으로 뻗어와 갑묘 입수하였다. 물은 오午·정방丁方에서 득수하여 술방戌方으로 빠진다. 물이 술파이니 화국이고 이때 갑묘룡은 임관룡으로 생기가 품은 진룡이다. 병오 제왕수丙午帝旺水와 정미 쇠수丁未衰水가 좌선해 묘방墓方으로 소수하니, 자왕향인 묘좌유향卯坐酉向을 놓으면 정법이다. 생래회왕하여 발부발귀하고 오래 살고 인정이 흥왕할 대지이다.

## ●안산혈安山穴

**安山行龍右旋卯龍乙坐辛向一縣監西十里海口**

**용혈도**

안산 땅에 우선으로 뻗어가는 갑묘甲卯 내룡에 혈이 맺혔다. 좌향은 을좌신향乙坐辛向이고 관아에서 서쪽으로 10리 지점의 해구海口라 한다.

**주해**

| **해구海口** 혈이 바다를 접하고 있으면 독양獨陽으로, 땅속으로 바람이 불어와 생기가 흩어진다. 바다가 적게 보이는 장소가 길지이다.

**감평**

안산에는 '상록수 역'이 있다. 이곳은 일제 때 낙후된 농촌을 계몽하고 문맹 퇴치를 주장한 심훈의 소설 『상록수』의 작품 무대이다.

安山行竜右旋卯竜乙坐
辛向一縣監西十里海口


작품에 등장하는 '청석리'가 바로 이곳 천곡[泉谷 샘골]이다. 지금도 이곳에는 당시 강습소로 사용하던 천곡 교회가 있고, 교회 옆에는 주인공으로 등장했던 채영신의 실존 인물인 최용신(崔容信, 1909~1935)의 묘가 전한다.

안산 땅에 우선으로 뻗어가는 갑묘甲卯 내룡에 혈이 맺혔다. 좌향은 을좌신향乙坐辛向이고 관아에서 서쪽으로 10리 지점의 해구海口라 한다. 갑묘룡甲卯龍에 을좌신향乙坐辛向을 놓으려면, 물이 곤신방坤申方으로 소수하는 목국木局이어야 합당하다. 목국의 갑묘룡은 장생룡이고, 신향辛向은 정양향正養向에 해당되어, 귀인녹마상어가라 하여

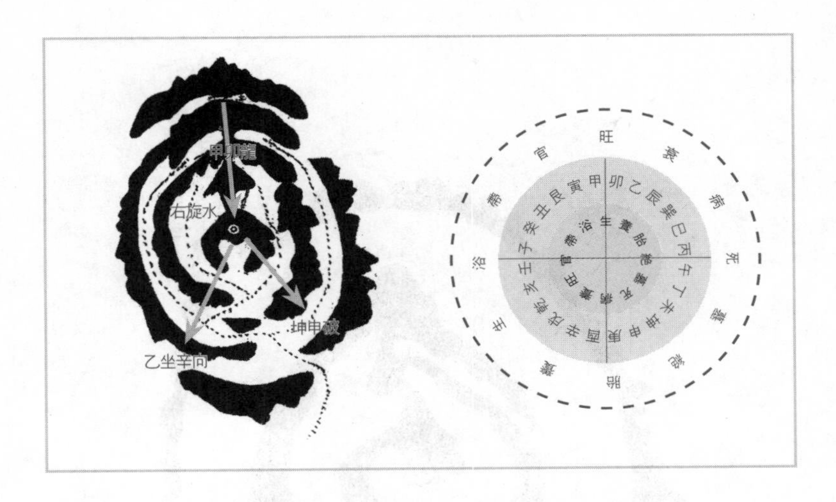


인정과 재물이 풍성하며 공명현달하고 발복이 면원하다. 남녀 모두 장수하며, 자식마다 발복하지만 셋째가 더욱 발달하고 딸들도 모두 뛰어날 것이다. 하지만 현재 혈의 위치는 공단이 들어서 찾지 못했다.

## ●연화출수형蓮花出水形

**安山邑十里蓮花出水形. 或云玉女洗足形或云石馬里後山或云西北十里논주울방축며리장南山듸장十五里**

### 용혈도

안산에서 10리 지점에 연화출수형蓮花出水形이 맺혔다. 혹은 옥녀세족형玉女洗足形이라 하며 혹은 석마리石馬里 뒤산이라 하고, 혹은 서북쪽으로 10리 되는 논주울방축며리장의 남산 뒤쪽의 15리 지점이라 한다.

## 주해

| 연화출수형蓮花出水形 연꽃이 연못에서 피어오르는 형국.

| 옥녀세족형玉女洗足形 옥녀가 발을 씻는 형국.

| 석마리石馬里 현재의 위치를 확인하지 못했다.

## 감평

안산시安山市는 경기만에 접하고 근처에 사리 포구가 있어 많은 사람이 찾는 곳이다. 그러나 반월 공단이 들어서고 아파트가 생겨 예전의 산천을 다시 되찾기는 어렵다. 안산시 목내동에는 단종의 어머니 현덕왕후顯德王后에 대한 전설이 있다. 단종을 낳은 왕후는 곧 세상을 떠나 이곳 목내동에 묻혀 이름을 '소릉昭陵'이라 했다. 그 후 세조가 사약을 내려 단종을 죽이자, 세조의 꿈에 나타나 "나도 너의 자식을 죽이겠다."고 말했다. 그날 밤 동궁은 원인 모를 병으로 20세에 죽고, 다음 세자인 예종도 즉위 1년 만에 죽었다. 그러자 화가 난 세조는 소릉을 파 없애고자 사람을 보냈다. 일꾼들이 능에 도착했을 때 갑자기 여자의 곡소리가 들려 모두 겁을 먹었으나, 왕명이니 어쩌지 못하고 파헤쳤다. 그러자 고약한 냄새가 나고 관은 꿈쩍도 하지 않았다. 할 수 없이 도끼로 관을 쪼개려 하자 관이 벌떡 일어서 걸어 나왔고, 불살라 버리려 하니 별안간 소나기가 쏟아져 결국 바닷물에 던졌다. 그 뒤 관은 소릉 옆 바닷가로 밀려 와 우물이 생겨 사람들은 '관우물'이라 하였다. 관은 다시 물에 밀려 며칠을 떠다니다 양화 나루에 닿았고, 한 농부가 이를 발견하여 양지바른 곳에 묻었다. 그날 밤 농부의 꿈에 현덕왕후가 나타나 앞일을 일러주어 농부는 부자가 되었다. 50년의 세월이 흐른 다음 조광조趙光祖가 능을 복구하자는 상소를 올렸다. 조정은 백방으로 관을 찾았으나 농부는 겁을 먹고 계속 사실을 숨겼다. 그러자 다시 농부의 꿈에 왕후가 나타나 걱정 말고 관가에 알리라 하였다. 농부는 많은 상금을 받았고, 왕후는 동구릉의 문종릉 동편에 모셨다고 한다. 용혈도에 있는 내용은 풍수적 내룡과 득수, 그리고 수구의 내용이 없어 풍수적 감평이 어렵다.

## ●금계포란형金鷄抱卵形

金浦白石山金鷄抱卵形十三代將相名人間出朱紫滿門出自安南山一枝去金陵鷹峯幹氣大頻小跌走美樓閃頻起大陽金閃落天巧穴在砂一枝爲玉帶橫衿屛帳分明誥軸揷立于巽文筆得其位掛榜在丙眞美地土名富平接界峽山品官多用不無是非

### 용혈도

김포의 백석산白石山에 금계포란형의 명당이 있는데, 13대에 걸쳐 장상將相이 나고, 명인도 가끔 배출되고 고관[朱紫]이 집안에 가득하다. 안남산(安南山 계양산)으로부터 한 가닥 지맥이 뻗어가 응봉의 금릉金陵을 이루고, 간룡의 기맥은 크게 가파르고 작게 비틀거리며 달려간다. 마치 아름다운 다락에서 불빛이 일어나는 것 같고, 태양 불빛이 하늘에서 아름답게 떨어지는 것 같다. 혈이 맺힌 내룡의 산봉우리는 옥띠로 옷을 저미며 병풍을 친 것이 분명하고, 굴대를 손

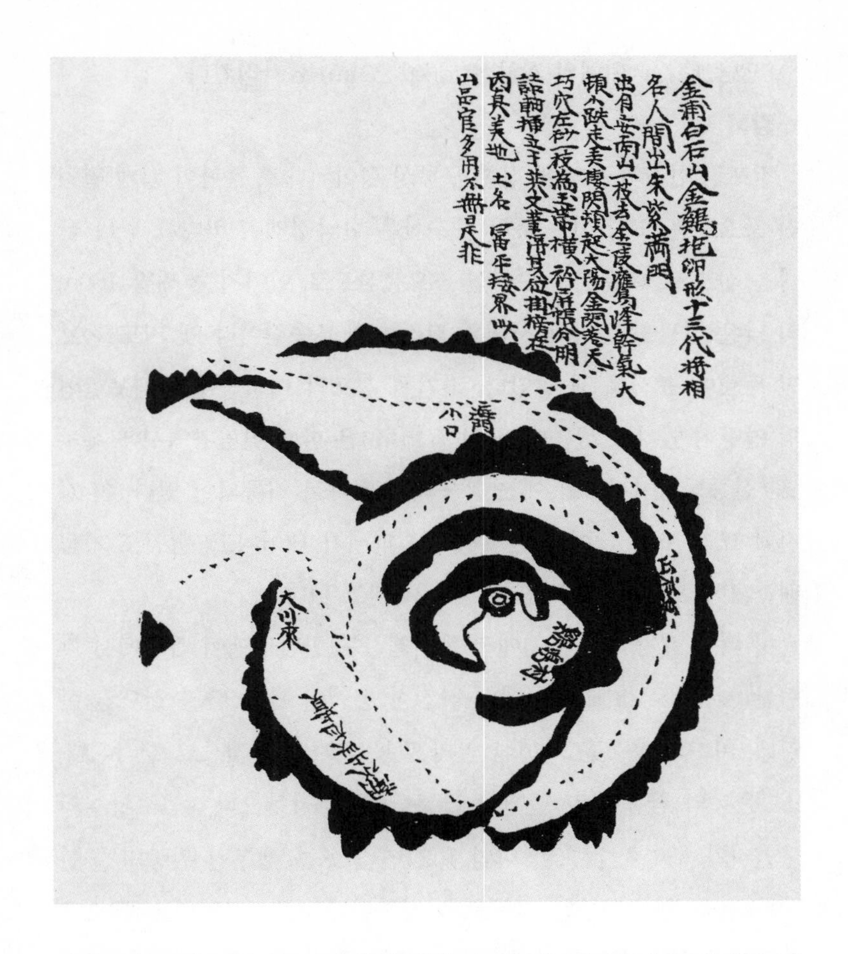

방巽方에 꽂아 세우고 문필봉이 병방丙方에 방榜을 붙이듯 자리를 잡아 참으로 아름답다. 지명은 부평 경계의 협산峽山으로 벼슬아치들이 여러 묘를 썼으니 시비가 많다.

**주해**

| 백석산白石山 인천광역시 서구 백석동의 뒷산이다.

| 주자朱紫 붉은색과 자주색으로 옛날 관원들의 옷의 색깔이다. 따라서 벼슬아치들을 뜻한다.

| 안남산安南山 현재의 계양산(桂陽山 394m)을 가리킨다.

**감평**

김포는 한강과 서해에 접한 구릉성 평야지대로 들판이 넓게 펼쳐진 풍요로운 고장이다. 특히 문수산은 한남정맥이 바다를 만나 끝나는 산으로, 학운산→수안산→오봉산으로 이어지는 해발 100m의 낮은 산들도 한강과 서해를 갈라놓는 분수령이라 옛 지도를 보면 뚜렷이 표시를 해 놓았다. 비기에 김포의 백석산에 금계포란형의 명당이 있다고 했는데, 백석산(104m)은 현재 인천광역시에 속하고 『신증동국여지승람』에는 봉수대가 있다고 기록되어 있다. 이 길지에 묘를 쓰면 13대에 걸쳐 정승 · 판서가 태어나고, 명인도 가끔 배출되며, 고관[朱紫]이 집안에 가득하다고 했다.

이 터는 계양산(안남산)에서 북서진하는 한남정맥이 검단에서 가현산歌弦山으로 솟고 그곳에서 남진한 용맥이 몸을 다시 일으킨 산인데, 비기의 응봉은 가현산 옆의 필봉을 가리킨 것으로 생각된다. 또 '응봉의 금릉'이란 말에서 금릉金陵을 조사했으나, 어느 왕후의 능인지가 분명치 않으며 다만 1627년 인조는 생부인 원종의 능인 장릉章陵을 양주로부터 김포로 이장하여 모시고 김포현을 군으로 승격시켰다는 기록이 전해진다. 또 현재까지 김포의 장릉산에 장릉이 있는 것으로 보아 금릉과 장릉은 관련이 있을 것으로 추측된다.

한남정맥의 계양산에서 가현산으로 이어지는 용맥은 크게 가파르고 작게 비틀거리며 달려가 마치 아름다운 다락에서 불빛이 반짝이거나, 태양빛이 하늘에서 아름답게 떨어지는 것 같다고 하였다. 이곳은 백석산에 맺힌 길지란 것만 비기에 전하고, 내룡의 입수와 득수 그리고 수구에 대한 기록이 없어 감평하기 어렵다.

## ●옥녀산발형玉女散髮形

長湍西四十里沙川東十里左旋丙龍午作艮水戌破水口有圓石龍後尖峯二三立虎後肩峯向大江回抱丙龍午入首蟾宮鼻穴玉女散髮形

### 용혈도

장단 서쪽 40리 지점과 사천 동쪽 10리 저점에 좌선하는 병오룡에 병오 입수丙午入首로 혈이 맺혔다. 간인방艮寅方에서 득수하여 술방戌方으로 빠지고, 수구에는 둥근 돌이 놓이고, 청룡 뒤쪽에는 뾰족한 봉우리가 2~3개 솟고, 백호 뒤에는 견봉肩峯이 큰 강을 향한 채 둥글게 껴안았다. 섬궁蟾宮의 비혈鼻穴로 옥녀산발형玉女散髮形이다.

### 주해

| 사천沙川 현재 동두천을 말한다.

| 견봉肩峯 백호 뒤쪽에 재차 장막을 치고 나란히 뻗어간 산줄기를

가리킨다.

| 섬궁비혈蟾宮鼻穴 『인자수지』에 '측뇌금성혈側腦金星穴에서 양쪽 쌍뇌雙腦의 높이가 같은데, 가운데의 凹한 곳에 결혈한 것을 담요혈擔凹穴이라 한다.'고 하였다. 따라서 비기의 '蟾宮'은 '擔凹'의 오기가 아닌가 싶다.

| 옥녀산발형玉女散髮形 안산은 달빛형月梳案이고, 오른쪽에는 거울형鏡峰, 왼쪽에는 기름병油餠峰이 필요하다.

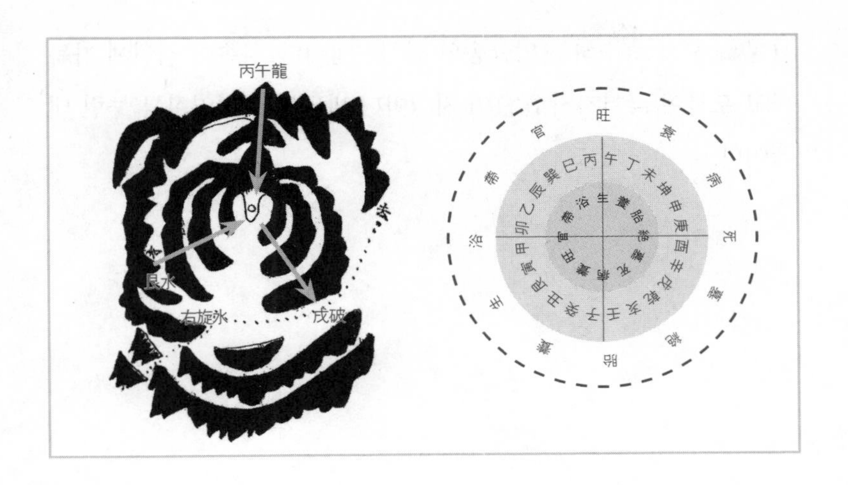


## 감평

장단은 현재 파주시 장단면이고 사천은 현재 동두천을 가리키는데, 따라서 비기의 '장단 서쪽 40리 지점과 사천 동쪽 10리 지점'을 현재의 지명으로 되찾지 못했다. 수구에 둥근 돌이 놓이고, 청룡 뒤쪽으로 뾰족한 봉우리가 2~3개 솟고, 백호 뒤에는 견봉肩峯이 큰 강을 향한 채 둥글게 껴안았다. 혈은 오목한 가운데에 볼록 솟은 모양이고, 옥녀산발형이다. 『조선의 풍수』에서 '옥녀산발형은 안산은 달빛형[月梳案]이고, 오른쪽에는 거울형[鏡峰], 왼쪽에는 기름병[油餠峰]이 필요하다. 산발은 화장하기 위해 머리를 풀어헤친 것으로 곧 단정한 모습이 될 것이다. 사람의 선망을 받거나 또는 재자가인才子佳人이 태어난다.' 하였다.

물이 술방戌方으로 빠지니 화국火局이고, 병오룡은 포태법상 장생룡長生龍에 해당되어 생기를 왕성히 품은 진룡眞龍이다. 대단한 길지이다. 이때에 정생향인 신좌인향申坐寅向을 놓으면, 왕거영생旺去迎生으로 병오 제왕수丙午帝旺水가 우선해 간인 장생수艮寅長生水와 합쳐져 묘방墓方으로 출수하는 양균송의 진신수법이다. 자손이 집안에 가득하고 오복이 끊어지지 않으며 자식마다 발달해 부귀영화를 누릴 대지이다.

## ●금계포란형金鷄抱卵形

安南山左旋兌龍兌作巽巳得水丑癸破金鷄耳穴權哥已葬云

**용혈도**

안남산(계양산)에 좌선하는 경유庚酉 내룡에 경유庚酉 입수로 혈이 맺혔다. 손사방巽巳方에서 득수해 계축방癸丑方으로 빠져나간다. 금계이혈金鷄耳穴로 권씨네가 이미 장사 지냈다는 말이 있다.

**주해**

| 태룡태작兌龍兌作 兌(태)는 24방위로 경유신庚酉辛에 해당하고, 내룡을 쌍산 배합으로 볼 때에 경유룡에 해당한다.

| 금계이혈金鷄耳穴 금계포란형의 명당으로 닭의 귀 부위에 혈이 맺힌다.

安南山左旋兑
竜兑作巽巳得
水丑癸破
金鷄耳穴
權哥已葬
云
去


## 감평

물이 손사방巽巳方에서 득수하여 우선右旋한 다음 계축방癸丑方으로 소수하니 금국이다. 이때 경유 내룡이 입수했으니 소위 장생룡으로 생기를 왕성히 품은 진룡이고, 손사수는 장생수로 후손번창과 부귀를 기약하는 길수이다. 따라서 금국의 정생향인 건좌손향乾坐巽向을

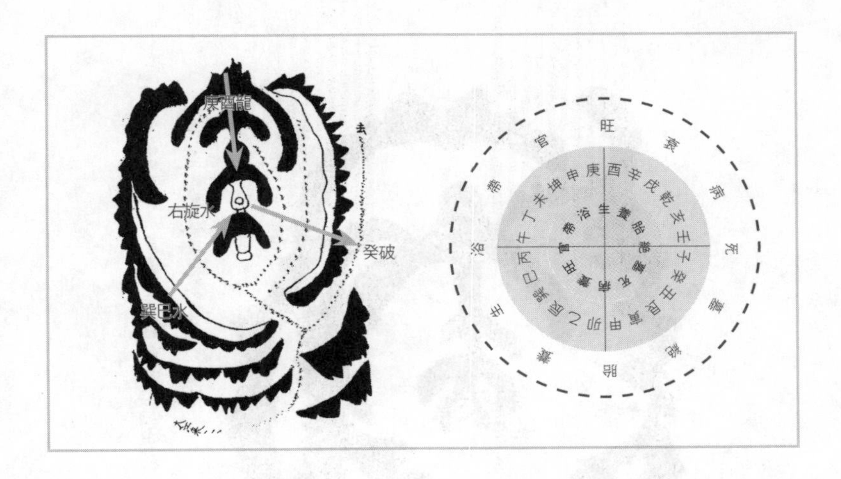


놓는다면 경유 제앙수庚酉旺水가 금성수로 옥대전요하여 상당하니 왕거영생旺去迎生이다. 간인방艮寅方에서 탐랑성(貪狼星 木星)이 있으면 장원급제를 하여 재상이 난다고 한다. 큰 명당이다.

## ●계양산혈桂陽山穴

富平安南山左旋壬亥龍壬入首亥坐巳向坤水辰破.一本云巽巳水丑破合格

### 용혈도

부평의 안남산에서 뻗어 내린 내룡이 좌선하는 해임亥壬 내룡에 임자壬子로 입수하였다. 해좌사향亥坐巳向을 놓았는데, 곤신수坤申水가 진방辰方을 빠져나간다. 일설에는 손사방巽巳方에서 득수하여 축방丑方으로 빠진다고 한다.

### 주해

| 안남산安南山 인천의 계양산을 가리킨다.

## 감평

계양산(395m)은 인천과 김포의 경계에 위치한 산으로 고려시대에는 안남산安南山으로 불렸다. 시흥천과 계양천이 이 산에서 발원한다. 산의 동남쪽에는 넓은 부평평야가 있고, 북쪽에는 김포평야가 전개된다. 계양산의 서쪽에 있는 징맹이고개景明峴에는 1883년 축조된 중심성衆心城이 있으나 현재는 문루의 초석만 남고 허물어졌다. 용혈도에 보이는 여러 절들은 계양산에 있던 만일사萬日寺 · 명월사

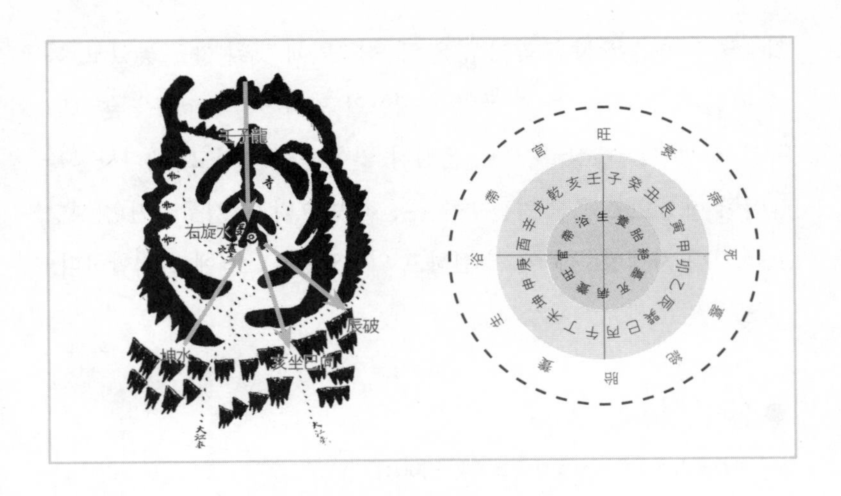


明月寺 · 봉일사奉日寺 등이나 현재는 폐사되었다.

부평의 계양산에서 뻗어 내린 해임亥壬 내룡이 좌선하면서 혈장으로 임자壬子로 입수하였다. 우측의 곤신방坤申方에서 득수해 진방辰方으로 소수하니, 자생향인 해좌사향을 놓아야 한다. 일설에 손사방巽巳方에서 득수하여 축방丑方으로 빠진다고 했으나, 이 경우라면 해좌사향을 놓았으니 향상으로 손사 장생수巽巳長生水를 온전히 받아들이지 못해 흉하다. 때문에 곤신수坤申水가 진방辰方으로 소수하는 것이 정법이다.

이기풍수학에서 88향법은 청나라 조정동에 의해 완성을 보았다. 그는 1740~1800년대 초의 사람으로 알려졌으니, 향법이 조선에 들어온 것은 1800년 대 이후로 보는 것이 타당하다. 향법이 적용되지 않았다면, 입수룡에 따라 좌향을 놓으니 임자룡壬子龍이라면 당연히 임좌병향壬坐丙向 또는 자좌오향子坐午向을 놓을 것이다. 그런데 비기는 해좌사향을 놓았고, 수가 우선하여 진방辰方으로 빠지니 수국이고 사향은 자생향自生向으로 양균송의 진신수법에 합당하다. 즉 입수룡에 따라 좌향을 놓지 않은 채 88향법에 맞춰 향을 놓았고, 특히 곤신 득수坤申得水는 수국의 정생향인 인좌신향寅坐申向을 놓으면 곤신 장생수를 향상向上으로 온전히 맞이하지 못하고, 해좌사향을 놓아야 향상으로 곤신 임관수를 온전히 받으니 이 경우라면 정생향正生向보다 자생향自生向이 더 길하고 의수입향依水立向에도 적합하다.

## ●산구형産狗形

富平南面堂山下産狗形乾亥坐一云戌坐一本四穴

**용혈도**

부평 남쪽의 당산堂山 아래에 산구형産狗形의 길지가 있다. 건해乾亥 입수인데, 일설에는 신술辛戌 입수라 하고, 혈은 4개이다.

**주해**

| 당산堂山 당산은 주로 마을의 수호신이 있는 산을 가리킨다. 부평 주위에 당산이란 지명이 없으니 부평의 진산인 철마산을 일컫는다.

| 산구형産狗形 개는 여러 마리의 새끼를 낳는다. 때문에 이 지형의 소응은 자손을 쉽게 번창하는 길지이다.(『조선의 풍수』)

**감평**

부평의 거봉산과 만월산의 사이에는 원통이고개圓通峴가 46번 국도 상에 있다. 본래 이곳은 원통사圓通寺란 절이 있어 생긴 이름인데, '원통하다'라는 말에서 비롯되었다는 전설도 전해진다. 첫째는 조선 인조 때의 김자점이 인천의 바다와 김포의 한강을 연결하는 운하를 파다가 이 고개에 이르러 "이 고개가 아니면 수로를 낼 텐데. 아 원

통하다."라고 말했다. 사실 운하를 파다 실패한 사람은 김안로인데 이곳에는 김자점이 등장한다. 둘째는 조선의 도읍지를 물색하던 무학대사가 부평에 다다랐을 때 일이다. 들이 넓고 멀리 한강까지 끼고 있으므로 도읍지라 생각하고 그곳의 골짜기를 세어 보았다. 예로부터 나라의 도읍지가 되려면 골짜기가 100개가 되어야 한다고 전해지는데, 아무리 세어 보아도 99개였다. 그러자 "원통하다. 산봉우리가 한 개 모자란다." 라 했고, 처음에는 골짜기를 100개로 세었으나 훗날 다시 세어 보니 한 봉우리가 낮은 언덕으로 바뀌어 있어 "원통하다. 이 봉우리가 언덕으로 바뀌다니."라 했다고 한다. 당산 아래에 개가 새끼를 낳는 형국의 명당이 있다. 내룡이 건해乾亥로 입수되었다고 하는데, 일설에는 신술辛戌로 입수되었다하고 혈은 4개이다.

## ●선인취적형仙人吹笛形

漣川邑案山外楊哥品官多居仙遊山來龍壬坎坐三穴仙人吹笛形.

**용혈도**

연천의 안산 밖으로 양씨 벼슬아치들이 모여 사는데, 선유산仙遊山 내룡의 임자룡壬子龍에 3개의 혈이 맺혔다. 선인취적형仙人吹笛形이다.

**주해**

| 선유산仙遊山 연천의 진산인 군자산을 뜻하나 확실치 못하다.

| 선인취적형仙人吹笛形 신선이 피리를 부는 형국이다.

**감평**

연천 고왕산(高旺山 355m) 정상 부근에는 열두 번이나 묘를 썼다고 전해지는 명당이 있다. 이 명당은 나라를 구할 인재가 배출된다고 전해져 일본인이 이곳에 말을 매장했다고 한다. 그 뒤에 말무덤

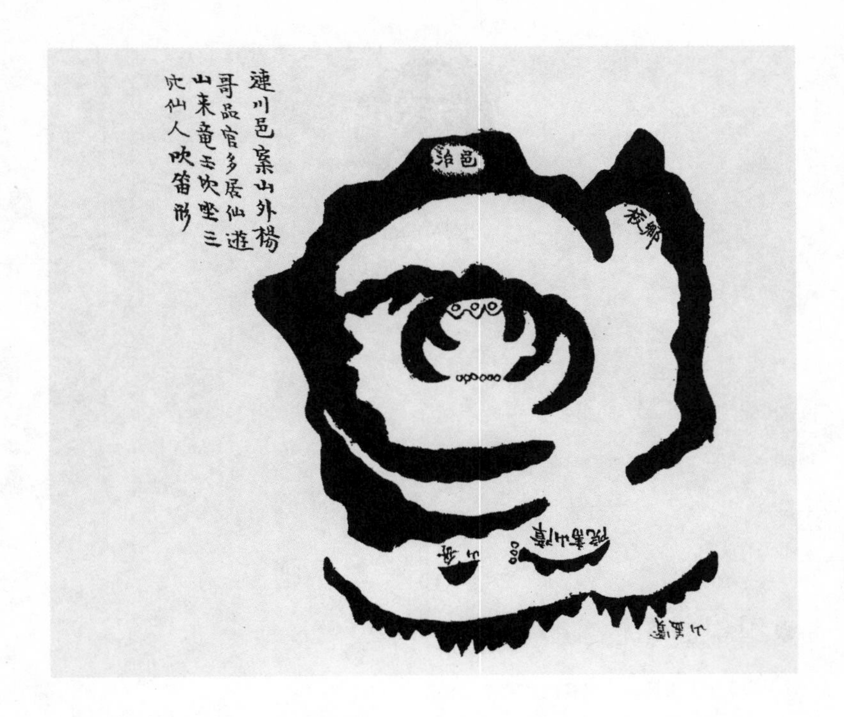


산 또는 말뫼라고 부르게 되었다. 또 고문리古文里에는 재인才人폭포가 있는데, 하루 종일 오색 무지개가 피는 아름다운 폭포이다. 옛날 줄타기를 잘하는 광대가 예쁜 아내와 살고 있었다. 그녀를 탐한 원님은 큰 잔치를 베풀고는 폭포에 줄을 매어 놓은 다음 광대에게 줄을 타고 폭포를 건너도록 하였다. 광대가 중간쯤 이르렀을 때 숨어 있던 병사가 줄을 끊어 광대는 물에 빠져 죽었다. 그 후 원님의 수청을 들던 아내는 남편의 원수를 갚고자 원님의 코를 물어뜯었고, 이때부터 마을을 '코문리'라 불렀다. 코문리가 지금의 고문리로 변한 것이다. 이곳은 선유산에서 뻗어 내린 내룡이 임자壬子로 입수한 곳에 혈이 맺혔다. 3개의 혈은 '선인이 피리를 부는 형국'이며, 벼슬아치인 양씨楊氏들이 많이 모여 사는 곳 근처이다.

안성시 죽산면

## ●칠장산혈七長山穴

竹山西三十里七定山來龍右旋甲坐丙丁水戌破

### 용혈도

죽산 서쪽 30리 지점에 칠정산七定山이 있고, 그곳에서 우선으로 뻗어 내린 갑묘룡甲卯龍에 혈이 맺혔다. 병丙 · 정방丁方에서 득수해 좌선한 다음 술방戌方으로 소수한다.

### 주해

| 죽산竹山 죽산은 고려 초에 죽주竹州라 부르고, 조선 태종 13년에 죽산현으로 개편하고 현감을 파견하였다.

| 칠정산七定山 안성의 칠장산(七長山 492m)을 가리킨다.

### 감평

안성의 칠장산에는 7세기 중엽에 건립된 칠장사가 있고, 고려 현

종 5년(1014) 혜소국사慧昭國師 정현鼎賢이 크게 중수했다고 전한다. 정현은 어려서부터 이 절에서 수도하고, 문종文宗 때(1054년) 왕사王師로 봉해진 뒤 다시 돌아와 입적하였다. 절에는 철당간 · 혜소국사비 · 인목대비 친필 족자와 더불어 봉업사터에 있던 석불입상(보물 제983호)이 옮겨져 보호를 받고 있다.

전해 오는 이야기로, 칠장사가 있는 칠현산(七賢山, 516m)은 본래 아미산으로, 근처에는 흉악한 도적 7명이 살고 있었다. 혜소국사가 이 절에 머물고 있을 때, 물을 마시러 온 도적이 우물에 놓인 금 바가지를 발견하고 훔쳐 갔다. 나머지 도적들도 물을 마시러 와서 모

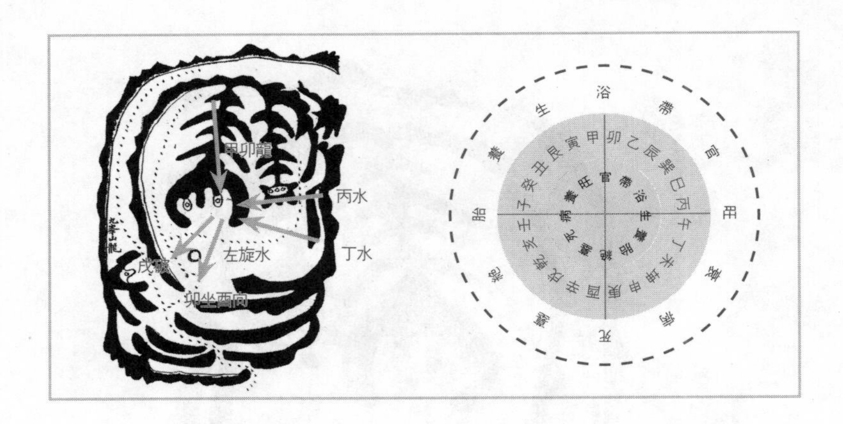


두 금 바가지를 가져갔는데, 나중에 각자 옷 속에 감추었던 바가지를 꺼내려 하니 온데간데없었다. 크게 놀란 도적들은 혜소국사가 조화를 부린 것을 알고 교화를 받아 일곱 사람 모두 현인이 되었다. 이때부터 이 산을 칠현산이라 불렀다고 한다. 또 소설『임꺽정』에서 병해 대사라는 은둔자가 이 절의 주지로 있을 때, 그를 만나러 임꺽정이 왔다는 이야기로 세인에게 알려졌다.

칠장산에서 발원한 한남정맥은 경기 남부를 관통하며 김포의 문수산에서 긴 여정을 마쳐 경기 남부인 안성, 용인, 수원, 안산, 인천 땅을 이룬다. 이곳은 칠장산에서 동북진한 용맥이 걸마고개를 지나 비카프미산으로 솟고, 그 정상에서 17번 국도(천계 마을)을 향해 서진한 내룡에 혈이 맺혔다. 자연 흐름은 걸마고개에서 두현리 쪽으로 흘러내리는 좌선수이니, 내룡은 우선룡이고 혈장으로 갑묘로 입수하였다. 물이 술방으로 빠지니 화국이고, 병오 제왕수丙午帝旺水와 정미 쇠수丁未衰水가 상당한다. 따라서 88향법에 따라 자왕향인 묘좌유향卯坐酉向을 놓으면, 생래회왕하여 발부발귀하고 오래 살고 인정이 흥왕한다고 하였다.

포천군 영중면 영평리

## ● 운중선좌형 雲中仙坐形

永平白雲山左艮龍艮坐辛水丁未破

### 용혈도

영평의 백운산에 뻗어 내렸는데, 좌선하는 간인艮寅 내룡이 혈장으로 간인艮寅 입수하였다. 신방辛方에서 득수해 우선한 다음 정미방丁未方으로 빠져나간다.

### 주해

| 백운산白雲山 포천군 이동면 도평리에 있는 산. 높이 904m이다.

| 운중선좌형雲中仙坐形 신선이 구름 속에 앉아 있는 형국.

| 호승예불형胡僧禮佛案 스님이 부처께 예를 올리는 모양의 안산.

| 옥룡자玉龍子 도선국사(道詵國師 827~898)를 가리킨다. 도선국사는 신라 말엽의 고승으로 왕족의 후손이란 설도 있다. 성은 김씨

요, 호는 옥룡자이다. 전남 영암에서 태어나 15세에 화엄사에서 중이 되어 불경을 공부하였다. 846년 동리산의 혜철대사를 찾아 무설설무법설無說說無法說의 법문을 들은 후 오묘한 이치를 깨달았다. 850년에는 천도사에서 구족계를 받은 뒤, 운봉산에 굴을 파고 수도하기도 하고 움막에서도 수도하였다. 그 후 백계산의 옥룡사에서 후학을 지도했는데 수백 명의 제자들이 몰려들었다. 죽을 때, "인연으로 와서 인연이 다하여 죽는 것은 상리常理이니 슬퍼하지 말라."라는 말을 남기었다. 도선은 고려 태조의 탄생과 그의 건국을 예언하

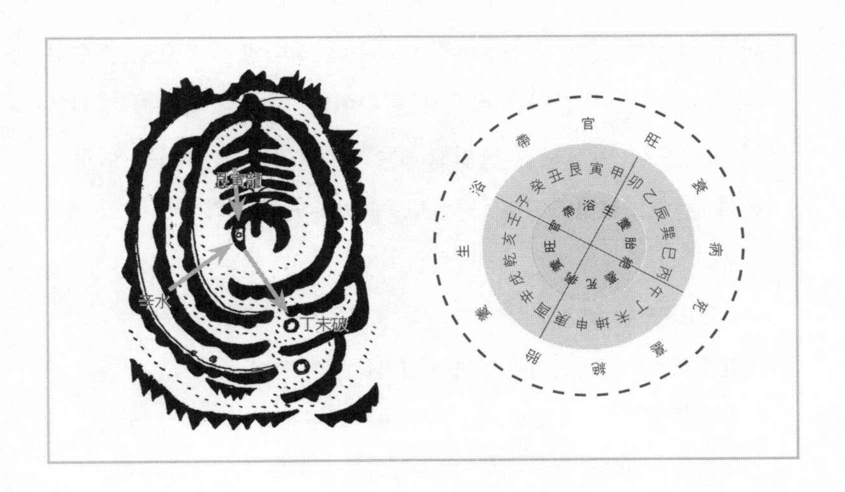


기도 하였다.

**감평**

포천의 백운산은 10km에 이르는 백운동 계곡이 아름답기로 유명하다. 이곳에 천년 고찰인 흥룡사興龍寺가 있는데, 이 절의 옛 이름은 내원사內院寺이다. 내원사 사적에 따르면, '백운산은 세 곳 중의 으뜸이요, 네 산 중에서 가장 뛰어나다. 태백산은 웅장하며 가파르고, 봉래산은 여위고 험준하며, 두류산은 살찌고 탁하며, 구월산은 낮고 민둥산이다. 그러나 백운산은 백두산의 정맥으로 단정하게 뻗어내려 봉우리가 순하고 높으며 계곡이 깊고 멀고 지세가 정결하며 수기秀氣가 청백하다.'고 기록되어 있다. 산이 높아 산정상은 언제나 흰 구름에 잠겨 있다고 하여 붙여진 백운산은 경기 북부의 명산이다. 『명산도』에 '永平白雲山左旋艮龍艮坐辛得丁未破雲中仙坐形胡僧禮佛案'하여 운중선좌형雲中仙坐形에 호승예불안胡僧禮佛案이라 하였다.

백운산의 정상에서 서남진한 내룡에 혈이 맺혔는데, 간인艮寅 입수이다. 하지만 물이 신방辛方에서 득수해 정미방丁未方으로 소수하니 목국이고, 이때 간인은 목욕룡 입수이다. 따라서 입수가 생기를 품지 못했으니 안장하면 불발할 곳이다. 하지만 옥룡자는 이곳을 다음과 같이 노래하였다고 『명산도』에 기록되어 있다.

白雲山中有一樹 백운산에 한 그루의 나무가 있는데
花開天地未兮前 꽃이 만발하면 천지를 덮어 앞이 보이지 않는다
非青非白誰能識 푸르면서도 희니 누가 알아볼 것인가
不在雲中不在天 구름 속에 있는지, 하늘에 있는지 분간키 어렵다

## ● 와우형臥牛形

永平東三十里清溪山來龍甲坐庚向臥牛形一云名土洞

### 용혈도

영평의 동쪽 30리 지점에 청계산清溪山이 있다. 이곳에서 뻗어 내린 내룡에 혈이 맺혔는데 갑좌경향甲坐庚向을 놓는다. 와우형으로 지명은 토동土洞이라 한다.

### 주해

| 청계산清溪山 포천군 일동면 유동리에 있는 산.

| 와우형臥牛形 소가 누워있는 형국이다. 소는 성격이 온순하면서 강직하다. 자주 누워서 음식을 먹는데, 안산으로 곡초를 쌓아놓은 형상이 필요하다. 와우형은 큰 사람이 태어나고 자손대대로 누워 먹을 수 있다. 소는 새끼를 적게 낳기 때문에 자손은 적다. 누운 소

永平東三十里淸溪山來龍甲坐庚向臥牛形一云名土洞
坐

는 되새김질을 하거나 꼬리로 파리를 쫓기 때문에 혈처는 입이나 꼬리에 있다.

| 토동土洞 현재의 위치를 확인하지 못했다.

### 감평

청계산(849m)에서 뻗어내린 내룡에 혈이 맺혔는데 토동土洞 마을이다. 와우형臥牛形으로 좌향은 갑좌경향甲坐庚向을 놓는다. 88향법에 따르면, 경유향庚酉向은 다음의 4가지 경우에 놓을 수 있다. 첫째는 손사 장생수巽巳長生水, 정미 관대수丁未冠帶水, 곤신 임관수坤申臨官水가 상당한 뒤, 좌선하여 계축방癸丑方으로 소수할 때이다. 손사 제왕룡巽巳帝旺龍이 상격룡이고, 병오 임관룡丙午臨官龍이 중격룡으로 상격룡은 부귀가 극품하고 중격룡은 소부소귀할 것이다. 생래 회왕하니 금성수법으로 대부대귀하고 인정창성하며 충효현량하고 남녀 모두 오래 살고 자식마다 발복이 오래도록 이어진다. 경유방庚酉方에 비만하고 통실한 산이 있고, 왕수旺水가 모여들면 큰 부자가 된다고 한다.

둘째는 금국의 손사 장생수, 정미 관대수, 곤신 임관수가 회합하여 상당한 뒤에 쇠방衰方인 신술방辛戌方으로 소수할 때이다. 갑묘 임관룡甲卯臨官龍이 합법이며, 생래회왕하여 발부발귀하고 오래 살고 인정이 흥왕한다.

셋째는 간인 임관수艮寅臨官水가 우선하여 태위 경자천간庚字天干으로 소수하고 내룡이 을진 양룡乙辰養龍이라면 태향태파胎向胎破라 합법이다. 대부대귀하고 인정이 번성하나, 간혹 목숨이 짧은 자식이 있어 집안에 과부가 생긴다. 하지만 유자酉字로 물이 소수한다거나, 백보전란百步轉欄하지 못했거나, 용진혈적龍眞穴的하지 못했다면 장사 후에 즉시 패절하니 가벼이 사용하지 못한다.

넷째는 우선수가 태위병자천간胎位丙字天干으로 소수하면 문고소수법으로 녹존유진패금祿存流盡佩金이라 하여 부귀쌍전하고 인정흥왕한다. 하지만 신술 쇠수辛戌衰水가 상당해야 하고, 오자午字를 범하지 말아야 한다. 만약 오자를 범하면 음란하거나 패절할 것이다. 용혈도를 보면 내룡이 갑묘甲卯 입수일 때에 자연은 좌선수에 신술辛戌로 빠지니, 갑좌경향甲坐庚向은 화국의 자왕향自旺向에 해당되어 생래회왕으로 발부발귀하고 오래 살고 인정이 흥왕한다.

# ●영평혈永平穴

永平加平界左旋卯龍亥水丁未破

## 용혈도

영평과 가평의 경계지점에 좌선하는 갑묘룡甲卯龍에 혈이 맺혔다. 해방亥方에서 득수해 정미방丁未方으로 빠져나간다.

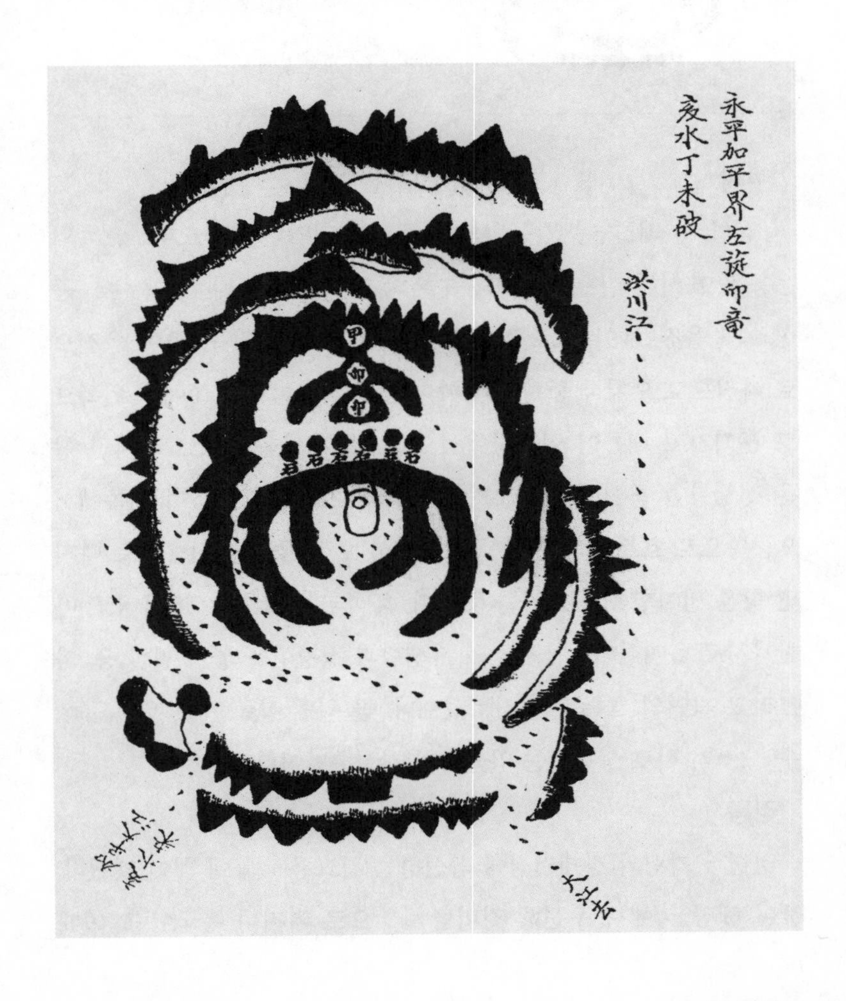

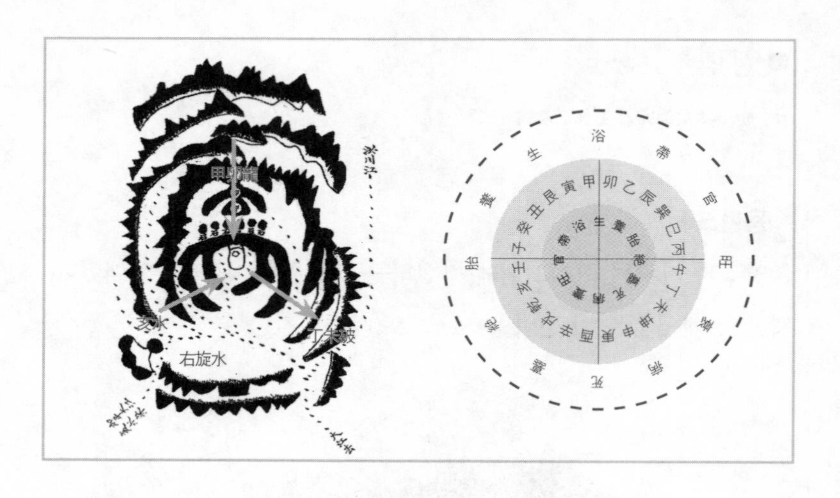


## 주해

| 삼합三合 패철 3층은 동양의 우주관이 집약된 삼합오행三合五行의 운용을 표시한 칸으로 이기풍수론의 골격을 이룬다. 임자壬子 · 곤신坤申 · 을진乙辰이 서로 삼합을 이루는데, 이 경우는 물이 을진으로 빠짐으로 오행국 중 수국이며 자연의 흐름이 오른쪽에서 왼쪽으로 흘러가고 내룡이 임자방에서 오고, 물이 을진방으로 빠지면 향은 정생향인 곤신향을 놓으라는 뜻이다. 또 자연 흐름이 왼쪽에서 오른쪽으로 흐르고 내룡이 곤신방에서 오고 물이 을진방으로 빠지면 향은 임자향을 놓으라는 뜻이다. 화국과 목국 그리고 금국도 마찬가지로 풀이한다. 즉, 각국의 정생향과 정왕향을 놓기 위한 용, 파 그리고 자연의 흐름을 일러두었으니, 곧 원元, 향向, 관關, 용龍, 규竅, 수구水口가 서로 상통하는 양균송의 진신수법이다.

## 감평

영평과 가평의 경계지점에 좌선하는 갑묘룡甲卯龍에 혈이 맺혔다. 물이 해방亥方에서 우선해 정미방丁未方으로 빠지니 목국이고, 이때 갑묘는 장생룡이요, 해수는 장생수이다. 『명산도』에는 '一本云甲坐主人日三疑是春川也二刀兩段八合方霞谷那'라고 부기되고, 삼합이 회합하는 대명당으로 목국의 장생향인 건해향乾亥向을 놓으면 정법이다. 아내는 어질고 아들은 효도하고 오복이 집안에 가득하고 부귀하고 아들마다 모두 발복할 것이다.

양평

## ● 용문산혈龍門山穴

楊根龍門山小雲寺右旋丑來艮坐甲卯水庚破(楊根北春川界)兌宮臍穴前後重疊山川融結山顧水曲捍門高峙虎後圓龍後尖子孫聰明登科不絶東有井南有平田法寺垈坑路北岩石明堂寬掘三尺五色土龍門山來北麓庚金魚帶葑玉笏

### 용혈도

양근의 용문산에서 북쪽으로 뻗어간 내룡에 소운사小雲寺가 자리를 잡고, 그곳에 우선하는 용맥이 축방丑方에서 내려와 간인艮寅으로 입수하였다.(양근 북쪽이며 춘천의 경계지점이다) 물이 갑묘방甲卯方에서 득수해 좌선한 다음 경방庚方으로 빠져나간다. 구멍 형태로 배꼽 혈인데, 전후에는 산천이 중첩해 융결하였다. 산은 돌아보고 물은 굽어 흐르며, 수구는 높은 고개가 막아섰다. 백호 뒤쪽은 원만하고 청룡 뒤쪽은 뾰족하니, 자손이 총명하여 과거급제자가 끊어지지

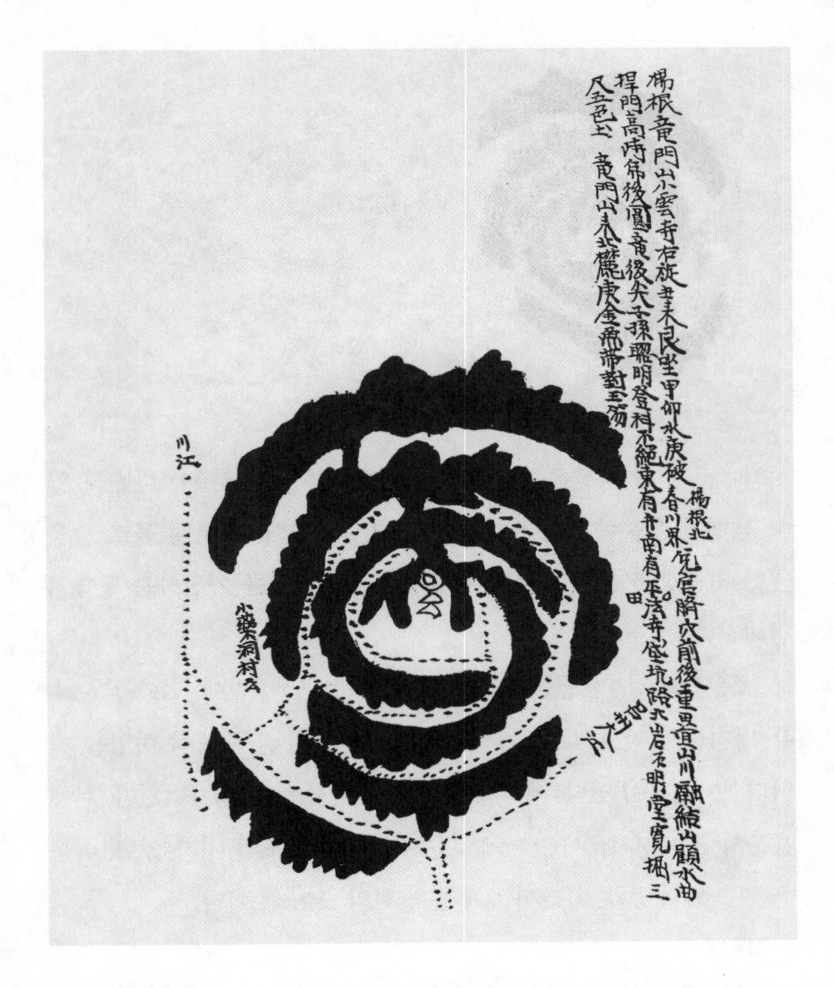

않는다. 동쪽에는 우물이 있고, 남쪽은 평편한 밭으로 절터에는 갱로가 있으며, 북쪽은 암석이 있으니, 명당은 넓으면서 낮게 파였다. 3자 아래에는 오색토가 있다. 용문산 내룡의 북쪽 산기슭으로 금어대가 옥홀玉笏을 잡고 있다.

**주해**

| 용문산(龍門山 1157m) 양평군 용문면에 있는 산으로 옛 이름은 미

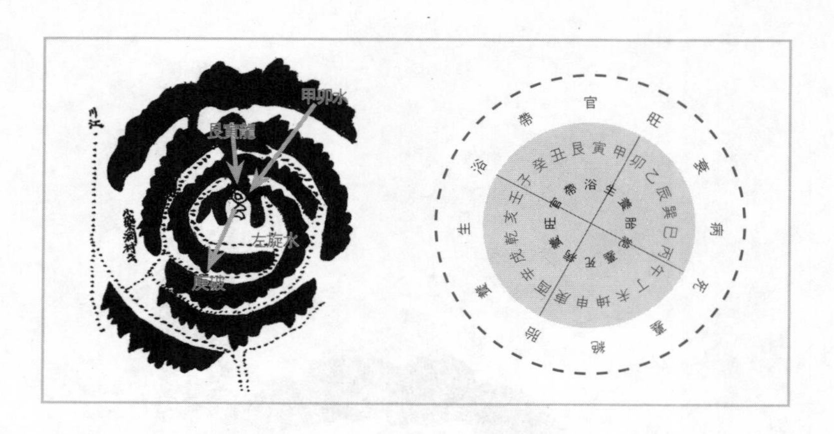


지산彌智山이고 정상은 백운봉이다. 정상에는 우물 셋이 나란히 있어 삼형제 우물이라 부른다. 아랫물로 목욕하고 가운데 물로 밥을 짓고 윗물로 정안수를 올려 신령님께 소원성취를 기원하는 풍습이 전해진다.

| 소운사小雲寺 『신증동국여지승람』의 「양근군」 편에, '소설암小雪菴은 미지산에 있고, 보우普愚의 사리탑이 있다. 권근權近이 비명을 지었다.'는 기록이 있다. 따라서 현재의 용문사龍門寺를 가리킨다. 현재 용문사에는 정지국사(正智國師 1324~1395) 부도와 비가 있고, 비문은 권근이 지었다. 따라서 보우는 정지의 오기誤記이다.

## 감평

용문사는 용문산 중턱에 있는 사찰로 913년(신덕왕 2년) 대경대사大鏡大師가 창건했다고 한다. 일설에는 649년 원효元曉가 창건하고 도선道詵이 중창했다는 설과 경순왕이 직접 이곳에 와서 창건했다는 설도 있다. 조선 세조는 어머니 소헌왕후昭憲王后 심씨의 명복을 빌기 위해 이 절에 불상을 봉안하고 법당과 승방을 중수하는 등, 오늘날 용문사가 이러한 면모를 갖추는 데 공헌하였다. 1907년 일본에 항거한 의병 봉기가 일어나 절의 모든 건물이 불에 타서 없어지는 등 근세에 이르러 흥망의 역경을 겪다가 1958년에 재건하였다. 현존하는 당우堂宇로는 대웅전 · 산신각 · 종각 · 요사채 등이 있고 문화재로는 정지국사 부도(보물 제531호)가 절과 조금 떨어진 산 위쪽 한적한 곳에 있다. 절 앞에는 천연기념물 제30호로 지정된 은행나무가 서 있다. 이 나무는 나이가 1천1백년, 높이 약 60m, 둘레가 14m를 넘어 동양에서 가장 큰 은행나무이다. 천 년의 모진 풍상에 시달리고, 또한 나라의 변고가 있을 때마다 소리를 내며 울어서인지 나무의 밑 둥에는 어리고 서린 옹이가 자리를 잡았다.

물이 갑묘甲卯 득수하여 경방庚方으로 빠지니 목국이고, 이때에 간인艮寅 입수는 12포태상으로 목욕에 해당되어 생기가 쇠약하고 안장하면 발복을 기대하기 어렵다. 용혈도를 보면 외당의 물은 우선수右旋水로 표시되고 결록은 갑묘수가 경파하니 내당은 좌선수이다. 따라서 이곳은 내외당이 서로 자연황천自然黃泉이라 장풍이 되지 못해 생기가 흩어지는 장소이다.

## ●만봉산혈萬峰山穴

龍仁縣南三十里萬峰左旋巳龍巽作艮寅得戌破鼻穴

**용혈도**

용인에서 남쪽으로 30리 지점에 만봉산萬峰山이 있다. 그 산에서 뻗어 내린 좌선하는 손사巽巳 내룡에 혈이 맺고, 손사巽巳 입수이다. 간인방艮寅方에서 득수하여 술방戌方으로 빠지는데 비혈鼻穴이다.

**주해**

| 만봉산萬峰山 만봉산이란 지명은 현재 없고, 용인 남쪽 30리 지점에 삼봉산(413m)이 있다.

**감평**

용인은 경기도의 동남부에 위치하며, 동쪽은 이천, 서쪽은 수원과 화성, 남쪽은 안성, 그리고 북쪽은 성남과 접한다. 용인의 산천은

동남부의 문수봉에서 함박산→부아산→석성산→마성터널→법화산으로 이어지는 한남정맥의 간룡에 따라 두 개의 물줄기로 나뉜다. 간룡의 북쪽은 용인 읍내에서 모여 경안천을 따라 북진한 다음 남한강으로 흘러들고, 남쪽 사면은 오산천에 모여 남서진한 다음 아산호에 모였다가 서해로 흘러든다.

용혈도에 나타난 만봉산은 현재 지명에 나타나지 않고, 용인 남쪽 30리 지점에 삼봉산(413m)이 있다. 만봉산에서 좌선한 손사룡이 뻗어와 손사 입수에 혈이 맺혔다. 간인艮寅 득수해 우선한 물이 술방戌方으로 빠지는데 비혈鼻穴이다. 술파戌破이니 화국이고, 이때 손사 입수는 목욕에 해당되어 물구덩이거나 수맥이 흐르는 흉지이다. 용

혈도에서 보듯이 용호가 감싸 안은 그 중심으로 뻗은 용맥은 대개가 목욕룡에 해당된다. 이 경우 화국의 정생향인 신좌인향申坐寅向을 놓으면 간인 장생수가 묘방으로 소수하는 진신수법에 해당되지만, 땅의 음기가 목욕이라 큰 발복을 기대하기 어렵다. 자생향自生向인 사좌해향巳坐亥向을 놓으면 간인 임관수가 양위養位인 술방으로 빠지는 진신수법이나 입수룡이 생기를 품지 못해 큰 발복은 기대하기 어렵다. 따라서 입수룡이 흉룡이라 대지는 되지 못한다.

## ●갈룡심수형渴龍尋水形

高陽巽方三十里渴龍尋水形馬化爲龍格坎癸龍甲卯渡脉更起太陽金漲天水坎癸行龍穴作微窩龍顙穴富貴雙全子坐乙丁得午破

### 용혈도

고양에서 손방巽方으로 30리 지점에 갈룡심수형渴龍尋水形의 명당이 있다. 말이 변하여 용이 된 격으로 자계룡子癸龍으로 뻗어와 갑묘甲卯로 맥을 건너 다시 일어섰다. 태양 창천수漲天水를 이룬다. 자계子癸 행룡으로 혈은 미미한 와혈이고 내룡의 정상에 맺혔다[顙穴]. 부귀가 쌍전하고 임자 입수인데, 을진乙辰 · 정미방丁未方에서 득수하여 좌선한 다음 오방午方으로 빠져나간다.

### 주해

| 갈룡심수형渴龍尋水形 목마른 용이 물을 찾는 형국으로, 『명산도』

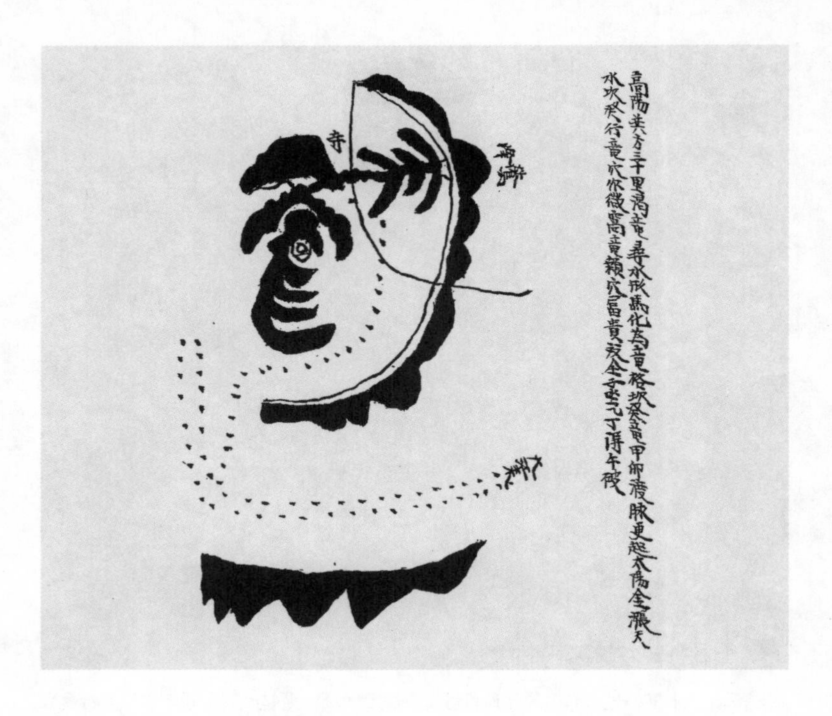

에서는 갈룡음수형이라 하였다.

| 마화위룡격馬化爲龍格 풍수의 물형론에 갈마음수형渴馬飮水形과 갈룡음수형이 있는데, 산 속의 혈장 앞에 시냇물, 연못, 저수지 등이 있을 경우를 일컫는다. 여기서 갈마 혹은 갈룡의 판단은 입수룡의 장단과 형세에 달려 있다. 입수룡이 짧으면 말로 보고, 길면 용으로 보며, 또 형세가 한 번 꿈틀댔으면 말로, 여러 번 꿈틀댔으면 용으로 본다. 용혈도에 '말이 변하여 용이 되었다'란 뜻은 내룡이 풍화작용으로 흐름이 유순하고 상하 기복이 잦음을 말한다.

| 감계坎癸 내룡의 흐름을 패철로 판단할 때 쌍산이 배합인지 혹은 불배합인지가 중요하다. 감坎은 임 · 자 · 계방을 가리키니, 감계는 자계룡子癸龍을 말하고, 쌍산이 불배합된 잠룡潛龍을 일컫는다.

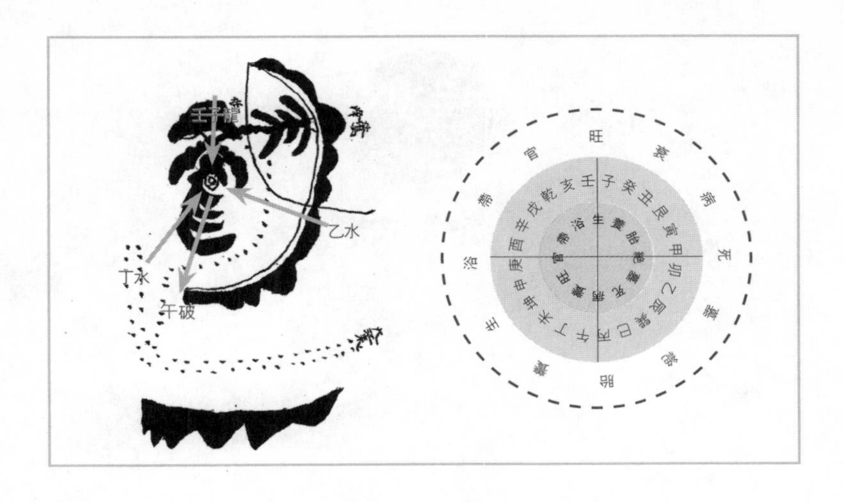


**감평**

파주의 계명산 북쪽에 앵무봉이 있어 용혈도에 나타난 앵봉鸑峰을 짐작케 한다. 고양에서 동남방[巽方]으로 30리 떨어진 지점에 갈룡심수형의 길지가 있는데, 내룡의 입수가 길고 상하기복이 잦은 형세이다. 자계룡子癸龍으로 뻗어 갑묘甲卯로 맥을 건너고 다시 일어서 태양 창천수漲天水를 이룬다. 자계子癸 행룡으로, 혈은 미미한 와혈窩穴이면서 내룡의 정상에 맺혔다.

오파午破이니 수국이고, 이때 임자룡은 장생룡에 해당하여 입수룡이 생기를 품었다. 물이 좌선하여 태방으로 소수할 때면 쇠향衰向인 계축향癸丑向이나 자생향인 손사향巽巳向을 놓아야 정법이다. 하지만 이 경우는 물이 오자午字를 범하지 말고 병자丙字로 출수해야 하며, 나아가 평야지대에서 전고후저해야 한다. 하지만 이 결록은 오파午破라서 지지를 범했음으로 안장하면 패절할 터이다. 또 임자룡에 오파인 상태에서 을진 득수는 좌득수이고, 정미득수는 우득수라 자연이 서로 황천으로 흘러가 생기가 응집되지 못하는 터이다.

서울시 금천구

## ●금천혈衿川穴

衿川西二十里右旋巽龍巳坐亥向坤申水丑寅破大地(浴地)

**용혈도**

금천에서 서쪽으로 20리 지점에 우선하는 손사巽巳 내룡에 혈이 맺혔다. 사좌해향巳坐亥向으로 곤신방坤申方에서 득수해 좌선한 다음 인방寅方으로 빠져나간다. 대지이다.

**주해**

| 금천衿川 현재 서울특별시 금천구이다.

| 축인파丑寅破 축파는 금국의 묘파墓破이고, 인파는 금국의 절파絶破로 서로 좌향법이 다르다. 현장 풍수에서 파를 볼 때, 90도를 기준으로 4대국을 나누고, 국을 바탕으로 내룡의 이기를 격정하며, 30도 각도로 묘파, 절파, 태파로 구분해 향법을 결정하고, 15도 각도로 파

衿川西二十里右旋巽
竜巳坐亥向坤申水
丑寅破大地
洛池


를 보아 천간파天干破라면 천간향天干向을 놓고 지지파라면 지지향을 놓는 입향立向을 결정하고, 0도 각도로 천간파의 5분금에 가장 적당한 곳으로 정혈한다. 따라서 축간파라 한 것은 풍수사가 향법을 모름을 대변한 말이며, 『명산도』에서는 인파寅破라고 하였다.

**감평**

금천에서 서쪽으로 20리 떨어진 곳에 우선하는 손사룡巽巳龍에 혈이 맺혔다. 사좌해향巳坐亥向을 놓고 곤신坤申 득수하여 인방寅方으로 소수하니, 대지이다. 물이 인방으로 빠지니 금국이고, 이때에 손사룡은 제왕帝旺에 해당되어 생기를 왕성히 품은 진룡眞龍이다. 비기는 사좌해향을 놓는다고 했는데, 의수입향依水立向하는 방식에 어긋난다. 해향을 놓으면 향상向上으로 목국이고 이때 곤신수는 절수絶水에 해당되어 소위 불임 · 이혼과 관련된 살인황천수이고 해향은 병향病向이 되어 소위 3대불입향법3大不立向法에 해당된다. 따라서 곤신수

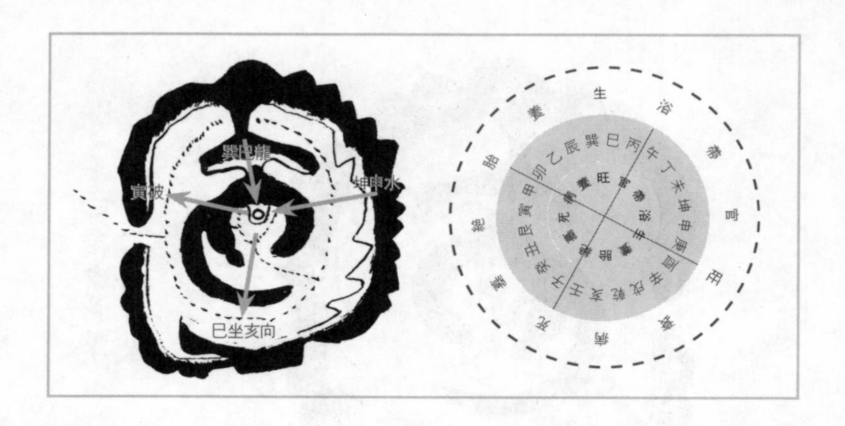


를 구빈황천수로 맞이하는 향법을 구사해야 하는데, 금국의 정묘향正墓向인 미좌축향未坐丑向을 놓으면 곤신 임관수가 도래해 절방으로 소수하는 격으로 과거 급제 후에 벼슬길이 높다. 향법에 어두운 비기로써 이 결록은 해향이 아닌 축향을 놓아야 한다.

연천군 삭녕

## ●선인대좌형仙人大坐形

朔寧郡西二十里長湍接界飛山來龍仙人大坐形詰冊案外萬疊祥雲亥坐之地. 杜師云地名仙寫嶺百代榮華之地. 一云上帝捧朝形群仙拜伏案代出儒宗血食之人

### 용혈도

삭녕군의 서쪽 20리 지점이며 장단과 경계 지점에 비산飛山이 있고, 그곳에서 뻗어온 내룡에 선인대좌형仙人大坐形의 명당이 있다. 책 읽기를 독려하는 모습의 안산이 있고, 그 밖에는 첩첩한 봉우리들에 상스런 구름에 서려 있다. 혈장은 건해乾亥로 입수한 자리이다. 두사충杜師忠이 선사령仙寫嶺에 백대에 걸쳐 영화를 누릴 땅이 있다고 한 곳이다. 다른 말로는 상제봉조형上帝奉朝形이라 하며 뭇 신선이 엎드려 절을 하는 안산[仙拜伏案]이니, 대대로 유학의 시조 같은 학자와 나라를 떠받칠 인재가 태어난다.

**주해**

| 삭녕朔寧 연천의 북쪽 지역에 있었던 조선 시대의 군.

| 선인대좌형仙人大坐形 신선이 책을 펴놓고 독서하는 형국.

| 힐책안詰冊案 '꾸중하다'란 뜻인 힐책詰責에 대한 오기.

| 두사충杜師忠 명나라 기주자사 교림喬林의 아들이다. 본국에서 상서 벼슬을 지내다가 1592년 임진왜란 때 원군援軍으로서 명장 이여송李如松 및 그 사위 진인陳隣과 함께 왜병을 격퇴하여 난을 평정하는 데 공을 세웠다. 장차 명나라가 망할 것을 알아차리고 조선에 귀화하여 대구에 정착해 영주하였다.

| 유종儒宗 유학에 밝아 우두머리가 될 사람.

**감평**

삭녕은 연천 북쪽에 위치하며 조선시대에는 군이었으나 현재는 북한 땅이다. 내룡을 건해룡으로 보고 수구를 격정하면, 좌선수에 병파丙破이다. 수국의 건해룡은 12포태법으로 목욕룡에 해당된다. 물구덩이거나 수맥이 흐르는 흉지이다. 좌향을 놓는다면 자생향인 건좌손향乾坐巽向을 놓을 수 있으나, 이곳은 평야가 아니며, 전고후저前高後低도 될 수 없다. 용진혈적해야 무방하나 내룡까지 흉룡이라 패절을 면치 못할 땅이다.

공주_ "장사 지낸 후 10년이면 집안에 자손이 가득한 명당이 있다."
천안_ "장사 지낸 후 3년이면 문무과에 연달아 급제한다."
음성_ "5대에 걸쳐 청현이 배출될 땅이다."
노성/논산시 노성면_ "크게 발복하니 백자천손으로 공경이 배출된다."
충주_ "효자 · 충신이 대대로 끊어지지 않을 땅이다."
온양_ "두사충은 혈식군자가 천년을 거쳐 배출될 땅이라 했다."
청주_ "우연히 얻어 묘를 쓰면 공경이 무수히 배출될 땅이다."
청양_ "칠갑산에 혈이 맺혀 장사 후에 장상이 끊어지지 않는다."
연기_ "장사 후 20년이면 많은 자손이 큰 부자가 된다."
문의/청원군 문의면_ "장상과 자손이 많이 배출된 다음 흉수가 있으니 조심하라."
진천_ "문구리 남쪽에 장사 지낸 후 백자천손이 번창하는 명당이 있다."
진잠/대전시 유성구 원내동_ "명당이 국세를 갖추었으니 안장 후 5년이면 부자가 된다."
은진/논산시 은진면_ "읍내의 여러 명당 중 으뜸이니 함부로 전하지 마라."
옥천_ "명당이 있으니 복 있는 사람이 차지할 것이다."
부여_ "혈의 살기를 제압치 못하면 불행이 찾아오니 신중해야 한다."
남포/보령시 남포면_ "만대에 영화를 누릴 목단형의 명당이 있다
홍산/부여군 홍산면_ "천보산에 혈이 맺혀 부귀를 누리고 후손이 번창할 명당이다."
청산/옥천군 청산면_ "평대대로 문무과에 급제해 오래도록 복을 누릴 터이다."
단양_ "청렴한 관리로 이름을 타국에까지 떨칠 것이다."
비인/서천군 비인면_ "충효자식이 대대로 끊어지지 않으니 장상將相의 땅이다."
목천/천안시 목천면_ "7대에 걸쳐 재상을 배출할 터이다."
청안/괴산군 청안면_ "두타산 정상에 생기가 응집되었다."
임천/부여군 임천면_ "백자천손이 번창하고 부귀영화를 누릴 터이다."
한산/서천군 한산면_ "조상의 뼈를 남몰래 관아의 마루 밑에 깊이 암장하였다."
직산/천안시 직산면_ "자손이 모두 원만하고 또한 고귀하고 화려한 생활을 한다."
보은_ "백자천손이 번창하고 유명한 정승 · 판서가 부지기수일 터이다."
연산/논산시 연산면_ "안장 후 당대에 발복해 부귀함이 오래도록 이어질 땅이다."
회인/보은군 회북 회남면_ "산 기운의 발복에 의심이 없다."
정산/청양군 정산면_ "장사 지낸 후 5년이면 큰 횡재를 얻는다."

제2장

# 충청도

## ●반월형半月形

公州月城山石井下乾亥龍酉坐半月形一台案扦後十年子孫滿堂翰林學士世世不絕之地

### 용혈도

공주에 월성산이 있는데, 그곳의 석정石井 아래에 건해룡乾亥龍에 경유庚酉 입수로 반월형半月形이 맺혔다. 안산은 일태一台이고, 장사 지낸 후 10년이 지나면 집안에 자손이 가득하고, 한림학사가 대를 이어 끊어지지 않을 땅이다.

### 주해

| 월성산月城山 공주에서 동쪽으로 5리 지점인 옥룡동에 있다. 봉수대가 있어 현재는 봉화산(烽火臺 312m)이라 불린다.

| 석정石井 '돌우물'로 봉화산에 있는 우물을 가리킨다.

| 반월형半月形 반달은 만월이 되기 위해 애를 쓰기 때문에 기가 뭉

쳐 혈을 맺는다.

| 한림학사翰林學士 조선시대의 예문관 검열의 별칭.

**감평**

계룡산은 금남정맥에 우뚝 선 명산으로 능선이 마치 닭 볏을 쓴 용을 닮았다하여 붙여진 이름이다. 계룡산의 정상인 천황봉(845m)에서 북서진한 용맥은 수정봉으로 솟은 후 몸을 돌려 계룡면으로 들어서고, 곧 옥고개를 지나며 동쪽으로 진학천을 따라서 북진한다. 봉화산은 공주에서 동쪽으로 5리 떨어진 지점에 있으며, 공산성의 남동방에 우뚝 서 있다.

이 산에는 돌우물이 있는데, 그곳에서 발원한 용맥이 건해(乾亥

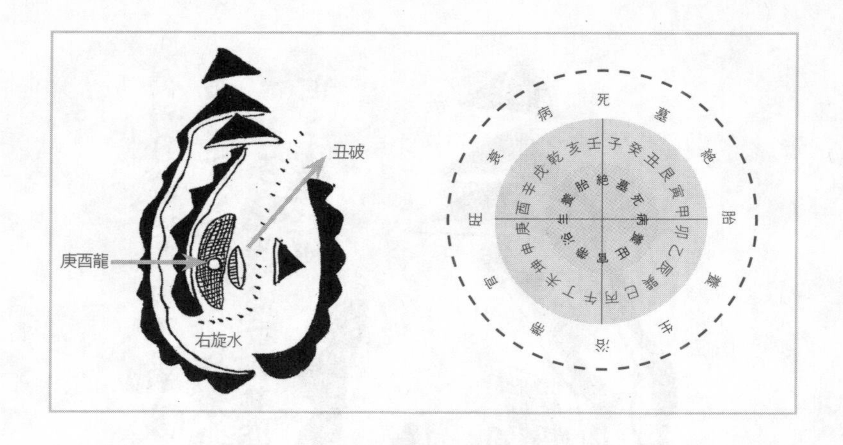


남동진)로 혈저천血底川을 향해 뻗으니 신기 마을의 뒷산에 경유庚酉로 입수하였다. 『명산도』에서는 이곳을 "公州東十里月城西石井下乾亥酉坐一云辛入辛坐酉得丑破半月形葬十年大發官冕不繼之地"라 하여 물은 경유방에서 득수해 우선한 다음 축방丑方으로 빠져나가는 반월형半月形의 명당이라 하였다. 앞에는 한 개의 봉우리가 솟은 일태안一台案이 있으니, 장사 지낸 후 10년이면 집안에 자손이 가득하고, 한림학사가 대대로 끊어지질 않는다. 물이 우선해 축방丑方으로 빠지니 금국이다. 이때 경유는 장생長生 입수로 생기를 충만히 품었고, 경유 제왕수帝旺水가 우선하니 부귀가 쉬지 않는다. 88향법에 따르면, 금국의 정생향인 해좌사향亥坐巳向을 놓아야 하지만 경유룡에 사향은 용상팔살이라 놓을 수 없다. 따라서 자생향인 신좌인향申坐寅向을 놓으면, 화국의 양위養位를 충파한다고 하지 않으며 부귀하고 장수하고 인정이 흥왕한다. 또 차남이 먼저 발복한다고 한다.

## ●장군대좌형將軍大坐形

公州見山南五里柳洞寅來甲坐將軍大坐形日月相對左馬右軍扦後十五年始發柱石大將以至于七代

### 용혈도

공주의 견산見山 남쪽 5리 지점에 유동柳洞 마을이 있다. 간인艮寅 내룡이 갑묘甲卯로 입수하고, 장군대좌형將軍大坐形이다. 일월日月이 상대하고 좌측에는 말이요, 우측에는 병졸들이다. 장사 지낸 후 15년에 발복이 시작되고 주석柱石 대장이 7대에 이른다.

### 주해

| 견산見山 현재의 위치를 확인하지 못했다.

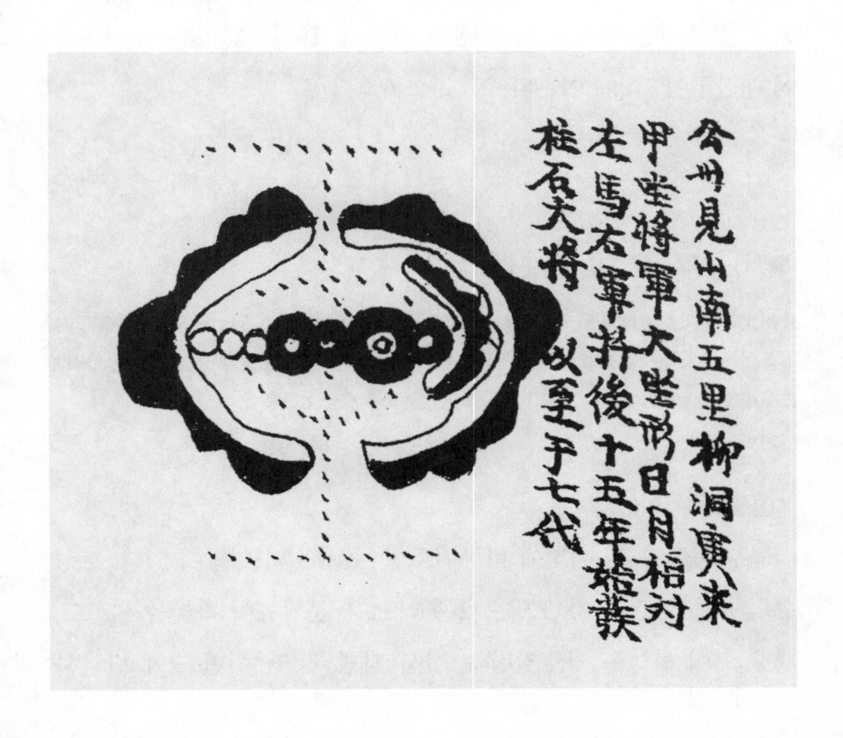

| 유동柳洞 현재의 위치를 확인하지 못했다.

| 주석대장柱石大將 가장 중요한 자리에 있는 대장, 즉 대장군이다.

**감평**

공주에 있는 봉황산은 반달 모양의 산으로 높이가 147m이다. 산의 봉우리가 봉황이 알을 품는 형세라 하여 유래된 이름이다. 이 산 기슭의 연못가에 효자가 노모를 모시고 살고 있었다. 어느 날, 고기를 잡으러 바다로 나간 사이 괴물이 나타나 노모를 죽이고 효자까지 죽이고자 기다렸다. 그러자 산신령이 나타나 괴물을 죽이고 효자를 구해주었다고 한다. 공주의 견산見山 남쪽 5리 지점에 유동柳洞 마을이 있다. 그곳에 간인艮寅으로 뻗은 내룡이 갑묘甲卯로 입수하여 혈을 맺었다. 장군대좌형으로 일월日月이 상대하고, 좌측에는 말이 있고, 우측에는 병졸이 있다. 장사 지낸 후 15년이면 발복이 시작하여 대장군이 7대에 이른다.

## ●비봉귀소형飛鳳歸巢形

公州東二十里飛鳳歸巢形土星之玄水文筆插天掛榜橫空扞過八年大發五代後淸宦子孫不乏之地龍長虎短艮來艮作玄武九峯來作龍腰上高屹左水右流丁破丑坐龍高虎低水口三峯高屹穴上金岩下龜岩前有小路小溪近案狮山龍虎外文筆高

**용혈도**

공주 동쪽 20리 지점에 비봉귀소형飛鳳歸巢形의 명당이 있다. 토성수土星水가 '之 · 玄'자 모양으로 흘러오고, 문필봉이 하늘을 찌르고, 괘방掛榜이 하늘을 가로질렀다. 장사 지낸 후 8년이면 크게 발복하

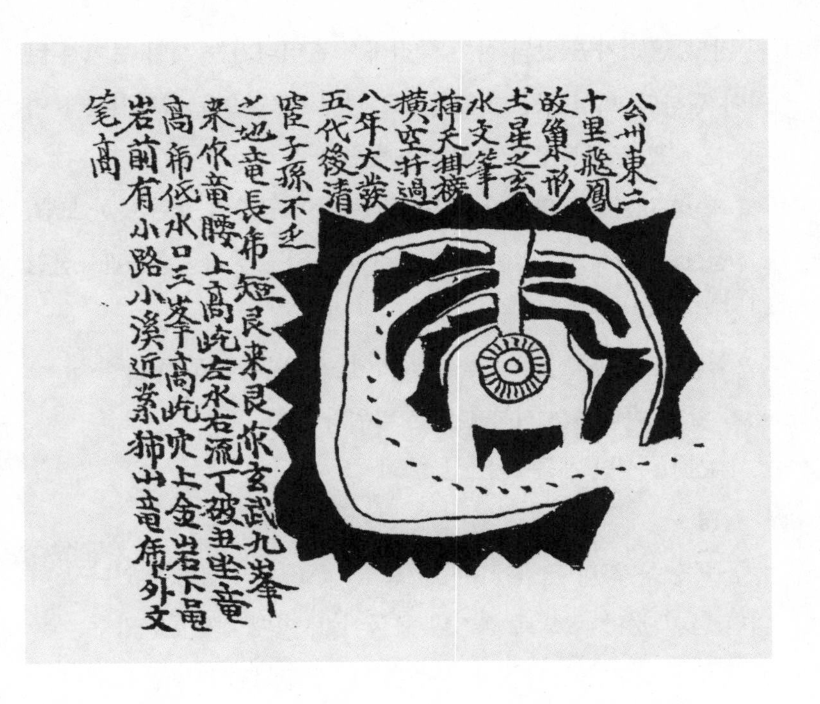

고, 5대 후에는 청환淸宦의 자손이 끊어지질 않을 자리이다. 청룡은 길고, 백호는 짧으며, 간인艮寅 내룡이 간인으로 입수했는데, 9개 봉우리의 주산에서 용맥이 뻗어왔다. 청룡의 허리께로 높은 산이 우뚝 솟고, 좌수가 우측으로 흘러 정방丁方으로 빠져나간다. 계축癸丑 입수로 청룡이 높고, 백호는 낮으며 수구에 3봉이 높이 솟아 있다. 혈 위에는 금암金岩이 있고, 아래에는 귀암龜岩이 있고, 앞에는 작은 길과 작은 개울이 있고, 가까이에 성난 개를 닮은 안산이 있다. 청룡과 백호 너머로 문필봉이 높이 솟아 보인다.

**주해**

| **토성지현수**土星之玄水 물의 흐름은 묘 앞으로 흘러들 때는 유유히 자신을 되돌아보며 머물듯이 하고, 또 물이 흘러오는 근원이 보이

지 않고, 흘러가면 앞의 산이 둘러싸서 흘러나가는 것이 보이지 않아야 길하다. 토성수는 혈 앞쪽으로 '凵' 모양으로 흘러가는 물이며, '之 · 玄'은 구불구불 흘러감을 뜻한다.

| 괘방횡공掛榜橫空 과거합격자를 적은 방이 공중에 걸린 듯한 모습.

| 청신淸宦 학식 · 문벌이 높은 사람이 하던 규장각 · 홍문관 · 선전관청 등의 벼슬.

| 혈상금암불귀암穴上金岩下龜岩 혈 위에는 쟁반처럼 넙적한 바위[金盤岩]가 있고, 아래에는 거북을 닮은 바위가 있다.

| 시산猘山 성난 개를 닮은 산.

**감평**

공주 동쪽 20리 지점에 비봉귀소형飛鳳歸巢形의 명당이 있다고 하지만 물이 정방丁方으로 빠지니 목국이고, 이때 간인艮寅 입수는 목욕룡이다. 입수가 생기를 품지 못했으니 안장하면 불발할 터이다.

## ●선인독서형仙人讀書形

公州西三十里仙人讀書形玉冊案龍虎重重又有朝天案土星金作穴扦過三年始發名公巨卿連出不絶中派孫血食千秋之地壬來坎作龍虎俱長龍虎合血殘山連脉近案三峰左右水穴前合流丙巽存破穴上小宗峰穴下猘山溫泉前有大路大川六秀高屹土山石穴穴處土厚上有名山下有千基

**용혈도**

공주 서쪽 30리 지점에 선인독서형仙人讀書形이 있는데 옥책안玉冊案이다. 청룡과 백호가 겹겹으로 에워싸고 또 조천안朝天案이 있다. 토성에 둥근 혈이 맺혔는데, 장사 지낸 후 3년에 발복이 시작되어

명공거경名公巨卿이 연달아 끊어지지 않는다. 차남의 후손 중에 혈식 군자가 나올 터이다. 임자壬子 내룡에 임자 입수이고 용호가 길게 뻗어 서로 합쳐졌으니 혈잔산血殘山의 용맥이 연결된 것이다. 가까운 곳의 안산이 3개의 봉우리이고, 좌우에서 물이 나와 혈 앞쪽에서 합류해 병파丙破와 손파巽破이다. 혈 위쪽에는 작은 조종산이 있고, 아래에는 성난 개 모양의 산, 온천 앞에는 큰 길과 큰 내가 있다. 육수六秀봉이 높이 솟아 토산의 석혈인데 혈에는 흙이 풍부하다. 혈 위는 명산이고, 아래에는 많은 묘들이 있다.

**주해**

| 선인독서형仙人讀書形 혈 앞쪽에 책을 펼쳐놓은 듯한 형상의 안산

이 있어야 제격이다.

| 명공거경名公巨卿 유명한 재상과 큰 벼슬아치.

| 혈잔산血殘山 현재의 위치를 확인하지 못했다.

| 육수六秀 艮 · 丙 · 巽 · 辛 · 酉 · 丁方에 있는 봉우리를 말한다.

| 혈처토후穴處土厚 혈은 생기가 응집된 곳으로, 생기는 흙을 따라 흐르고 흙에 머문다. 따라서 혈에는 비석비토의 흙이 있어야 한다.

| 하유천기下有千基 '기基'란 보통 풍수학에서 묘나 혈을 뜻한다.

**감평**

공주 서쪽 30리 지점에 선인독서형仙人讀書形의 명당이 있다. 안산은 책을 펼쳐놓은 듯하고[玉册案], 청룡과 백호가 겹겹으로 에워싸고, 하늘을 우러러 솟아난 안산도 있다. 자연이 우선해 병방丙方 혹은 손방巽方으로 빠지니 수국이고, 이때에 임자룡壬子龍은 장생룡이다. 입수가 생기를 품었으니 안장하면 대발할 것이다. 이 경우 손파라면 수국의 정양향正養向인 계좌정향癸坐丁向을 놓아야 정법이고, 병파라면 태향태파胎向胎破로 병향丙向을 놓으면 정법이다. 하지만 병파일 경우는 꼭 백보전란百步轉欄한 형세라야 발복하고 용진혈적龍眞穴的하지 못했다면 안장 후 패절을 면치 못해 함부로 쓰지 못한다.

## ● 와룡망수형臥龍望水形

公州東辛龍乙向臥龍望水形乳怪穴富貴雙全朱紫滿門三千粉黛近十代大發十全吉地文局

**용혈도**

공주 동쪽으로 신술辛戌 내룡에 신좌을향辛坐乙向인 명당이 있다.

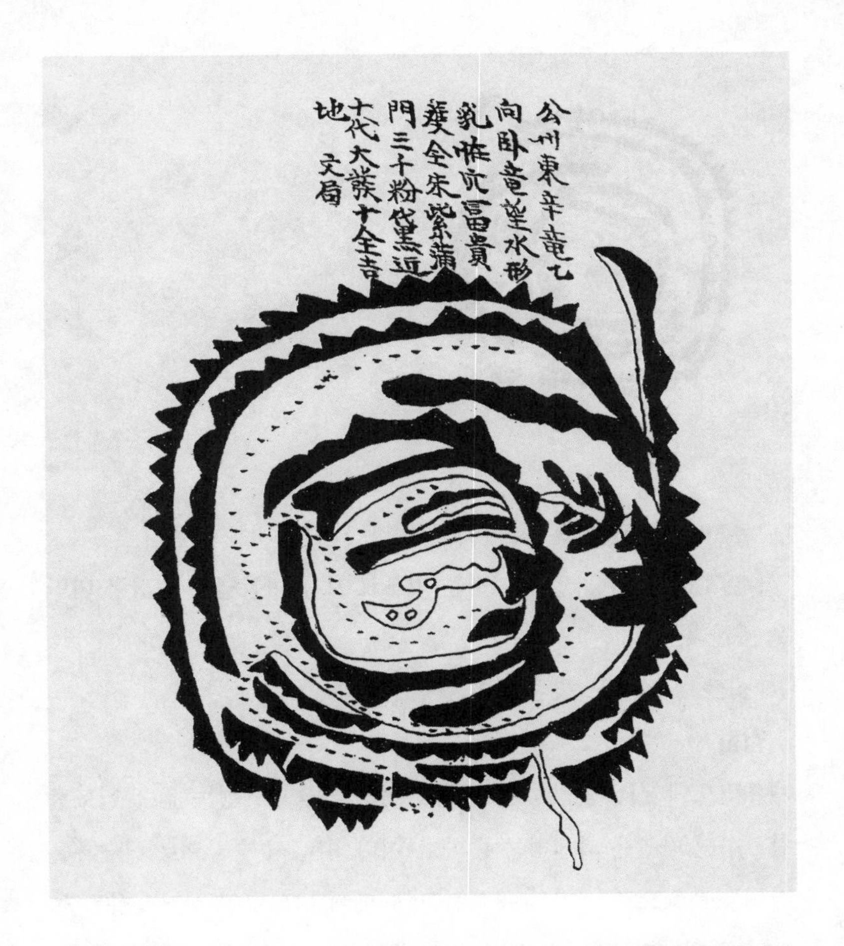


와룡망수형臥龍望水形으로 유혈乳穴이며 괴혈怪穴이다. 부귀를 함께하고 귀관貴官이 집안에 가득하고, 3천명의 미인을 가까이 둔다. 10대에 걸쳐 대발하니, 완전무결한 대지이다.

**주해**

| **와룡망수형**臥龍望水形 누운 용이 물을 바라보는 형국. 앞쪽에는 내나 연못 등이 있는 경우다.

| **유괴혈**乳怪穴 혈장의 모양이 유혈乳穴이면서 괴이하게 생겼다.

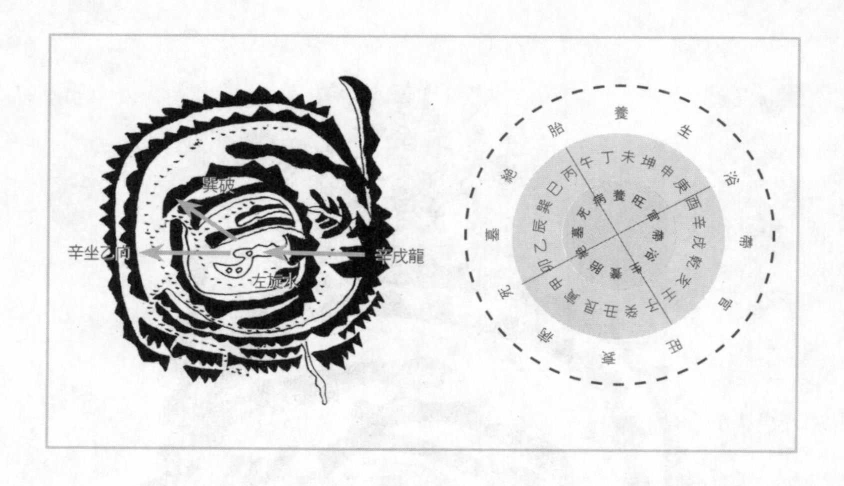


| 주자朱紫 귀관의 복색으로 보통 높은 벼슬아치를 뜻한다.

| 분대粉黛 분과 눈썹을 그리는 먹으로 보통 아름답게 화장한 미인을 뜻한다.

| 십전十全 조금도 결점 없이 완전무결함.

### 감평

용혈도에 신술룡辛戌龍에 을향乙向을 놓는다고 했는데, 용혈도를 참고하면 자연은 좌선하는 손파巽破이다. 따라서 수국으로 신술룡은 관대룡冠帶龍으로 생기가 왕성하고, 이때에 정묘향인 신좌을향을 놓으면 정법이다. 관대수冠帶水가 장생수長生水와 합쳐져 절방絶方으로 소수하니 '을향손류청부귀乙向巽流淸富貴'이라 하여 발부발귀하고 인정이 대왕하며 복수쌍전한다.

## ●선인격고형仙人擊鼓形

公州大洞倉六七里又茂城北二十里仙人擊鼓形舞童案龍蹲虎伏水星三回水葬後十年大發七代尚書子孫千百富貴兼全之地

### 용혈도

공주 대동창大洞倉의 6~7리 지점, 또는 무성산茂城山 북쪽 20리 지점에 선인격고형仙人擊鼓形의 명당이 있는데, 무동안舞童案이다. 청룡은 웅크리고, 백호는 엎드리고, 수성에서 나온 물이 3번이나 감싸 흐른다. 장사 지낸 후 10년이면 대발하여 7대에 걸쳐 상서尙書가 배출된다. 백자천손하고 부귀가 함께할 땅이다.

### 주해

| 대동창大洞倉 현재의 위치를 확인하지 못했다.

| 무성茂城 현재 사곡면에 있는 무성산(茂盛山 613m)으로, 옛 지명은 무성산茂城山이다.

| 선인격고형仙人擊鼓形 신선이 북을 두드리는 형국.

| 무동안舞童案 춤을 추는 아이의 모습을 닮은 안산.

| 용준호복龍蹲虎伏 청룡은 웅크린 모양, 백호는 엎드린 모양이다.

| 상서尙書 고려 때에 육부六部의 장관을 뜻하는 벼슬, 훗날에 판서判書로 고쳐 불렀다.

**감평**

공주의 무성산茂盛山은 광복 후 『정감록鄭鑑錄』의 '유구에 마곡사가 있고, 두 물이 가운데에 만인이 목숨을 부지할 땅이 있다(維麻兩水之間可活萬人)'란 글귀를 믿고 월남 피난민들이 몰려 와 화전을 일구었다. 한때 양귀비를 재배하여 사회적 물의를 일으켰고, 현재는 고랭지 무를 재배한다. 홍길동이 쌓았다는 무성산성(일명 홍길동성)과 그가 기거했다는 굴이 현재도 남아 있다. 이 산의 북쪽으로 20리 지점에 선인격고형仙人擊鼓形의 명당이 있는데 무동안舞童案이다. 청룡은 웅크리고, 백호는 엎드리고, 수성에서 나온 물이 3번이나 감싸 안은 채 흐른다. 장사 지낸 후 10년이면 대발하여 7대에 걸쳐 상서尙書가 배출되고, 나아가 백자천손하고 부귀가 함께할 땅이다.

## ●비룡함주형飛龍含珠形

公州南三十里元山亭午丁龍巳丙轉換午坐飛龍含珠形大江逆水天太特立掛榜橫空日月馬上貴捍門葬後二十年大發名載獜閣功名垂萬以至九世愼勿浪傳

公州南三十里元山亭午丁龍
巳丙轉換午坐飛龍含珠形
大江逆水天太特立掛榜橫空
日月馬上貴捍門葬後二十
年大發名載獜閣功名垂
下以至九世慎勿浪傳

**용혈도/감평**

공주 남쪽 30리 지점에 원산정元山亭이 있고, 그곳에 오정午丁 용맥이 사병巳丙으로 전환하여 병오룡丙午龍에 비룡함주형飛龍含珠形의 혈을 맺었다. 큰 강이 혈장으로 흘러오고, 천을天乙 · 태을太乙이 우뚝 서고, 괘방이 하늘을 가로지르고, 일월日月모양의 산이 수구를 막아섰다. 장사 지낸 후 20년이 되면 크게 발복한다. 유명해져 고래등 같은 집을 짓고, 공명이 9대에 이르기까지 하늘을 찌른다. 삼가고 헛되게 전하지 말라.

**주해**

| 원산정元山亭 현재 위치를 확인하지 못했다.

| 비룡함주형飛龍含珠形 날아가는 용이 여의주를 입에 문 형국.

| 천태天太 천을天乙 · 태을太乙을 가리키며, 천을은 신방辛方에 우뚝

선 산이고, 태을은 손방巽方에 우뚝 선 산이다.

| 일월마상귀한문日月馬上貴捍門 수구의 양측에 대치하여 문호를 지키는 산으로, 해와 달을 닮았다.

| 명재린각名載獜閣 이름이 높아져 고래 등 같은 집을 짓고 산다.

| 신물낭전愼勿浪傳 삼가고 삼가여서 함부로 전하지 마라.

## ●건마탈안형蹇馬脫鞍形

公州西四十里坎龍左旋壬坐丙向坤申水辰破顙穴五色土紫石大吉地案鷄龍山秘訣有之

### 용혈도

공주 서쪽 40리 지점에 임자壬子 내룡이 좌선하며 임좌병향壬坐丙向을 놓는다. 곤신방에서 득수해 진방으로 빠지는데 상혈顙穴이다. 오색토에 자주색 돌이 있으니 대 길지이다. 계룡산이 안산에 해당하며 비결에도 나타난 터이다.

### 주해

| 상혈顙穴 내룡 중에서 우뚝 솟아난 부위에 혈이 맺혔다.

| 비결秘訣 현재 우리나라에 전하는 풍수책은 10여 권에 이르며, 대개가 지방에 산재한 용혈도吉地圖이다. 저자는 분명치 않고, 어느 비기에 있는 용혈도가 다른 비결에도 수록된 경우가 흔하다.

### 감평

공주 서쪽 40리 지점에 임자壬子 내룡이 좌선한 곳에 혈이 맺혔다. 『명산도』에는 '公州西四十里一云二十里大左坎龍亥坐或壬坐坤申水辰破顙穴五色土上等地紫石上吉地騫馬脫鞍一云仙人讀書'라 하

여 건마탈안형騫馬脫鞍形 또는 선인독서형이라 하였다.

물이 우선하여 진방辰方으로 소수하니 수국이다. 이때 임자룡壬子龍은 장생룡으로 생기를 왕성하게 품은 진룡이고, 곤신수坤申水는 장생수로 부귀하고 귀하게 될 물이다. 이때 좌향은 수국의 정생향正生向인 인좌신향寅坐申向을 놓아야 정법으로 인정이 대왕하고 부귀하며 자식은 효도하고 부부가 함께 늙으며 복록이 광대하다. 임자 제왕수, 임관수, 관대수가 향 앞의 장생수와 합쳐져 금성수로 옥대전

요玉帶纏腰하여 상당하니 즉 왕거영생旺去迎生으로 부귀를 기약한다. 하지만 결록에 따라 임좌병향壬坐丙向을 놓는다면 수水가 을진방乙辰方으로 흐르니 향상으로 관대방冠帶方을 충파한다. 유년기의 총명한 아들이 상하게 되고 아울러 규중의 부녀와 딸들이 상하고 재산이 패하며 오래되면 패절할 것이다. 옛 결록의 좌향은 대개가 내룡에 맞추어 놓아 88향법에 비추어 보면 틀린 경우가 많다. 신중하게 판단해야 한다. 위 경우는 자생향自生向인 해좌사향亥坐巳向도 길하다.

## ●화산혈花山穴

公州西四十四里右旋坎龍庚兌入庚坐甲向坎癸水辰破花山幕道寺洞口秘訣有之. 猪實面花岩去屈里川十里維巭二十里中間大路花岩村五六家三馬場院堂里自院堂 里去麻谷十里

### 용혈도

공주 서쪽 44리 지점에 우선하는 임자壬子 내룡이 경유庚酉로 입

수하였다. 경좌갑향庚坐甲向을 놓는데, 임자壬子 · 계축癸丑방에서 득수해 좌선한 다음 진방辰方으로 빠져나간다. 화산花山의 막도사幕道寺 입구인데, 비결에도 나타난 혈이다.

### 주해

| 화산花山 사곡면 호계리에 있는 화암花巖을 말하며, 정상에는 화암정花巖亭이 있다. 화암정 주변에는 송림이 울창하고 아래에는 유구천이 흘러간다. 1935년 매월리 주민들이 정자를 지었고, 정이희鄭以喜가 쓴 현판이 걸려 있다.

| 막도사幕道寺 현재의 위치를 확인하지 못했다.

### 감평

공주 서쪽 44리 지점에 우선하는 임자壬子 내룡이 경유庚酉로 입수하여 혈을 맺었다. 이곳은 물이 진방辰方으로 빠지니 수국이고, 이때

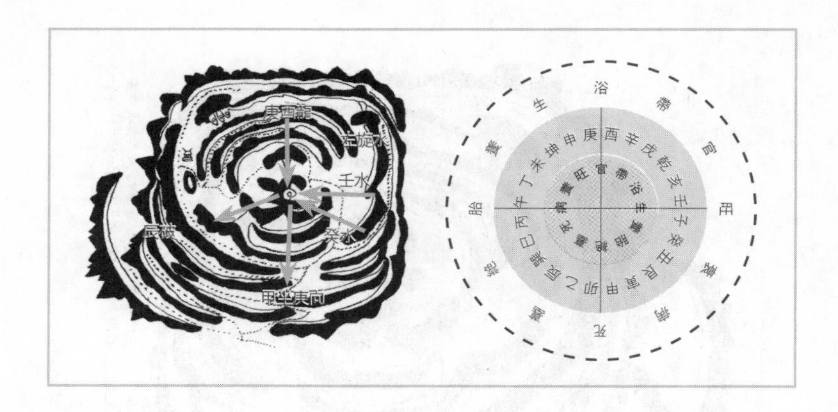


경유庚酉 입수는 임관룡 입수로 생기를 품은 진룡이다. 또 임자 제왕수와 계축 쇠수가 좌선해 진방으로 빠지니, 이 경우는 자왕향인 유좌묘향酉坐卯向을 놓으면 정법이다. 따라서 결록에 따라 경좌갑향을 놓아도 당국 내에 천간향이냐 지지향이냐의 약간의 차이만 있을 것이나 흉하지는 않다. 다만 천간파에는 천간향을, 지지파에는 지지향을 놓아야 정법이다. 좌선수가 묘위 진방墓位辰方으로 소수하니 목국의 건해 장생수, 계축 관대수, 간인 임관수가 회합하여 상당한 뒤에 쇠방인 진방으로 소수한다. 생래회왕生來會旺하여 발부발귀하고 오래 살고 인정이 흥왕할 것이다.

## ●비봉은산형飛鳳隱山形

公州東三十里王洞田左旋丁未龍寅艮水戌破與上里數雖相左必是同本九節飛龍隱山形

### 용혈도

공주 동쪽 30리 지점에 왕동王洞 마을이 있다. 좌선하는 정미丁未

公州東三十里王洞
田左旋丁未竜寅
艮水戌破巽上
里數雖相左
必是同本九
郞飛竜
隱山形

내룡에 혈이 맺혔는데, 간인방艮寅方에서 득수하여 우선한 다음 술방戌方으로 빠져나간다.

**주해**

| 왕동王洞 현재 계룡면 구왕리 마을이다.

| 비룡은산형飛龍隱山形 날던 용이 산에 숨어버린 형국.

**감평**

이곳은 구왕리 마을의 뒷산으로 계룡산에서 수정봉을 거쳐 구재를 건넌 용맥이 구곡천을 향해 뻗어가 혈을 응집시켰다. 물이 술방

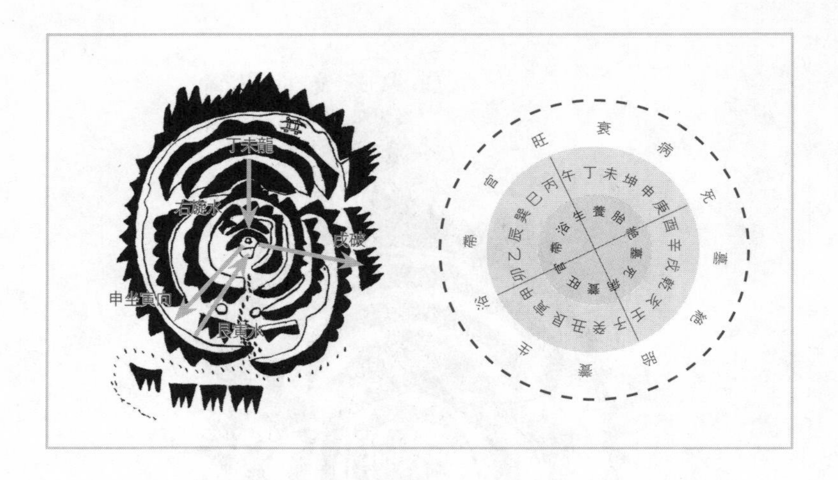


戌方으로 빠지니 화국火局이고, 이때에 정미룡丁未龍은 양룡養龍이다. 입수가 생기를 품었으니 안장하면 대발할 것이다. 간인 장생수艮寅長生水가 우선하여 묘위 술방墓位戌方으로 빠지니, 화국의 정생향인 신좌인향申坐寅向을 놓으면 정법이다.

## ●옥녀단장형玉女端粧形

天安三巨里行龍孔碩谷艮坐午水歸丁玉女端粧形鏡臺案

**용혈도**

천안삼거리의 용맥이 공석곡孔碩谷으로 뻗고, 간인艮寅 입수이다. 병오방丙午方에서 득수하여 좌선한 다음 정방丁方으로 빠져나간다. 옥녀단장형玉女端粧形으로 경대를 닮은 안산이 있다.

**주해**

| 공석곡孔碩谷 현재 위치를 확인하지 못했다.

| 옥녀단장형玉女端粧形 옥녀가 화장하는 형국으로 옥녀가 머리를 감는 옥녀산발형玉女散髮形과 같다. 주변에는 화장에 소용되는 거울, 분갑, 기름병油瓶 등의 형상을 닮은 봉우리가 필요하다. 사람들이 우러러보는 인재나 미인 혹은 한림학사가 태어날 터이다.

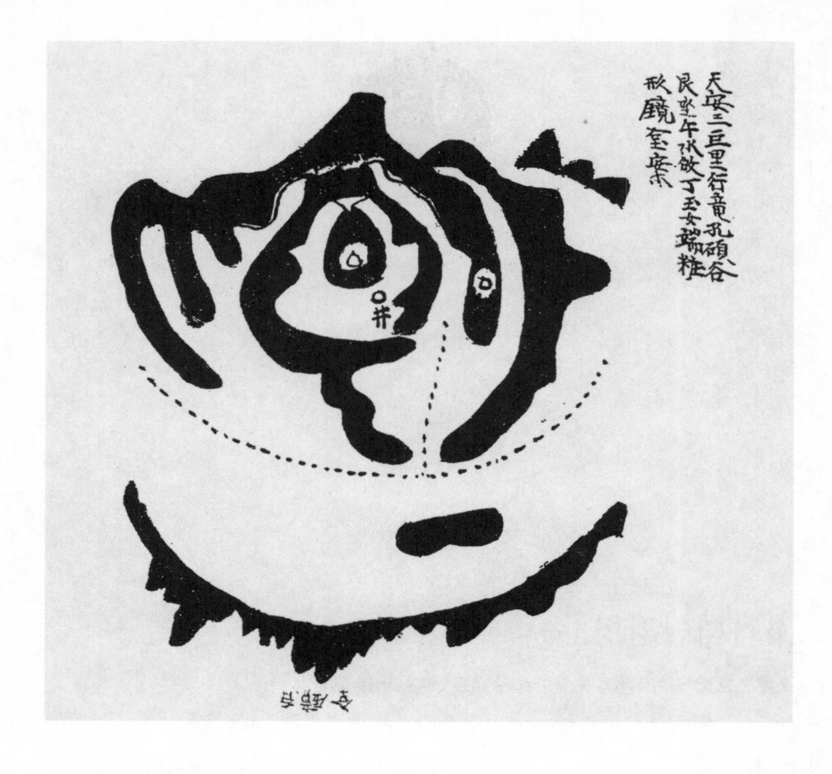


| 경대안鏡臺案 옥녀가 화장하는데 필요한 거울 걸이로 보통 혈장 앞에 절벽이 있는 경우이다.

**감평**

천안에는 능수버들이 많아 천안을 상징하는 나무가 되었는데, 이 나무에 대한 애틋한 전설이 전해진다. 옛날 한 홀아비가 능수(또는 능소)라는 어린 딸과 함께 살고 있었다. 너무도 가난한 그는 딸을 데리고 정처 없이 길을 떠돌아 다녔는데, 이곳에 와서는 도저히 더는 딸을 데리고 다닐 수 없었다. 그러자 그는 길모퉁이에 딸을 앉혀 놓고는 짚고 있던 지팡이를 땅에 꽂으며, "이 지팡이에서 싹이 나면 다시 오마." 하며 홀로 길을 떠났다. 한번 떠난 아버지는 그 후 소식

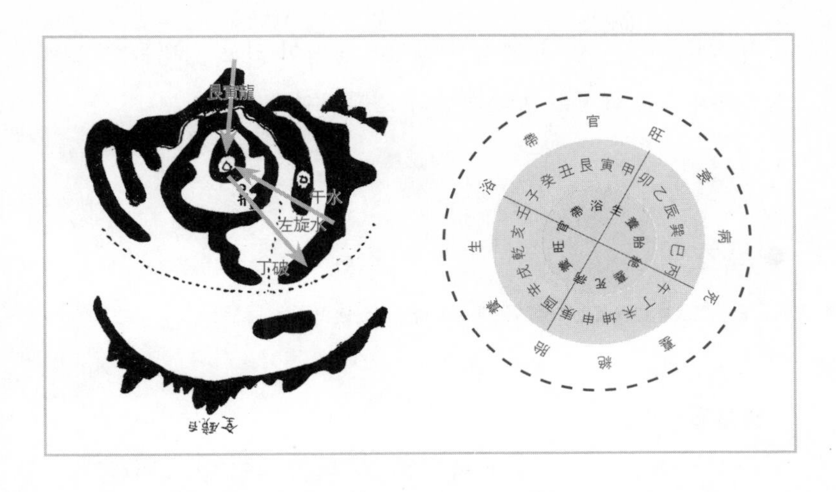


이 없었고, 결국 딸은 아버지를 기다리다 죽었다. 지팡이에서 싹이 나 자라니, 사람들은 딸의 죽음을 슬퍼하며 그 나무를 능수라 불렀다. 또 전하는 이야기로 천안삼거리 근처에 능수라는 한 기생이 살았는데, 근처의 한 선비와 열렬히 사랑에 빠졌다. 과거 보러 한양으로 떠나게 된 선비는 이별의 순간에 막대기 하나를 길에 꽂으며, "이 막대기에서 싹이 나면 다시 만날 수 있을 것입니다." 하고는 떠났다. 그러나 막대기에서 싹이 났는데도 선비는 영영 돌아오지 않았다. 이를 아는 사람들은 그 나무를 능수라 불러 기생을 위로하였다.

천안삼거리의 용맥이 공석곡孔碩谷으로 뻗어가고, 혈장으로는 간인艮寅으로 입수하였다. 병오방丙午方에서 득수하여 좌선한 다음 정방丁方으로 빠져나가니, 옥녀단장형玉女端粧形으로 경대안이 있다. 물이 정방丁方으로 빠지니 목국이다. 이때 간인룡은 목욕룡에 해당하며 혈장 앞에 우물[井]이 있어 이것을 증명한다. 입수룡이 생기를 품지 못했으니 안장하면 불발할 것이고, 또 병오 사수丙午死水가 들어오니 단명과숙수短命寡宿水이다. 부자간에 이별이 있고 자식은 먼 곳의 병졸로 차출 당한다. 자식이 있으면 공명이 없고, 공명을 얻으면 요수하여 결국 패절을 면치 못한다. 잘못된 결록이다.

## ●복호형伏虎形

天安北十里伏虎形眠犬案壬坐葬後三年大發文武科連出代代不絶之地

### 용혈도

천안의 북쪽 10리 지점에 복호형伏虎形의 명당이 있고 면견안眠犬案이다. 임자壬子 입수로 장사 지낸 후 3년이면 문무과에 연달아 급제하고 대대로 이어질 땅이다.

### 주해

| 복호형伏虎形 호랑이가 먹이를 보고 엎드린 형국이다. 안산은 먹잇감의 형세라야 하는데, 이곳에는 졸고 있는 개[眠狗]가 있다고 하였다. 복호형은 혈 앞쪽에 노루[獐案]나 개형[眠狗案]의 안산이 있어야 하고, 건술방乾戌方이 함몰하여 그곳으로부터 바람이 혈처로 불어와야 한다. 술방戌方에서 부는 바람을 견성이라 하고, 이 바람 소리를 듣고서 호랑이는 벌떡 일어서니, 그 힘으로 발복이 일어난다. 복호형은 정1품의 문무관원을 배출하고 또 천년 동안 향불이 꺼지지 않는 길지吉地라 하여 후손이 번성한다는 뜻이다.(『조선의 풍수』)

| 면견안眠犬案 조는 개의 형상이 있어야 호랑이가 기를 응집시킬 원인이 된다. 혈처는 눈이나 앞발 부위이다.

### 감평

옛날 경상도 안동 땅에 의좋은 형제가 살았는데, 어쩌다가 동생

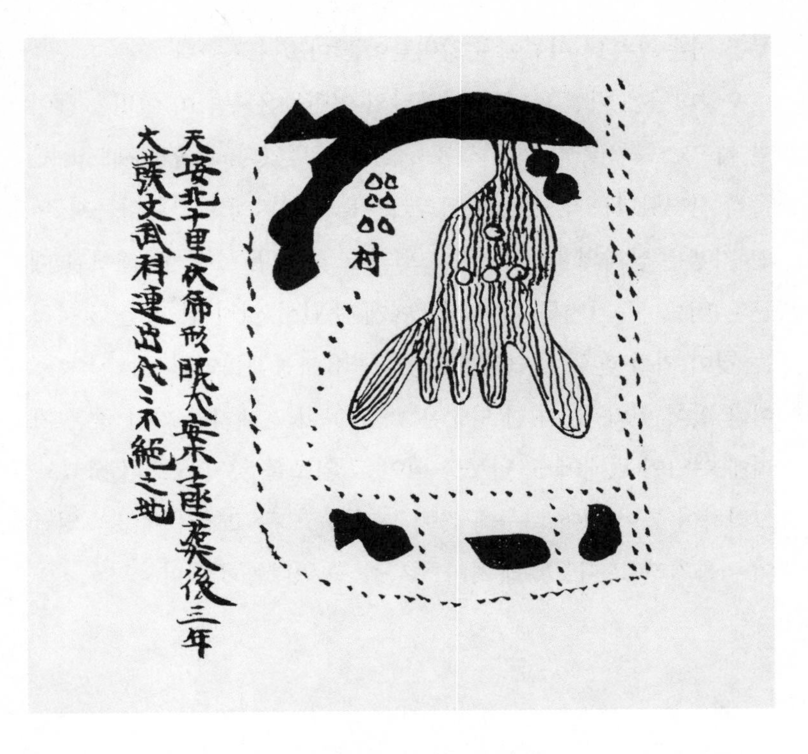

이 먼저 천안에 있는 박진사의 딸과 혼례를 치르게 되었다. 그러자 그는 형보다 먼저 장가를 갈 수 없다며 자취를 감추었고, 부득이 형이 대신 혼례를 치르게 되었다. 형은 동생의 처가 될 뻔한 규수와 혼례를 치르기가 언짢아서 마침 천안 객사에 묵고 있던 전라감사의 아들을 대신 신방에 들여보내 부부의 인연을 맺게 하였다. 이러한 인연으로 형은 전라감사의 사위가 되었으며 자취를 감춘 동생은 서울로 가 과거에 급제하고 그곳에서 장가도 들었다. 얼마 후 세 사람은 천안삼거리에서 만났는데, 이곳을 잊을 수 없는 곳이라 하며 각각 나무를 한 그루씩 심었다. 형은 서울로 가는 길목에, 동생은 경상도로 가는 길목에, 감사 아들은 전라도로 가는 길목에 각각 버드나무를 심은 후부터 이곳에 수양버들이 많아졌다고 한다.

수양버들은 이별의 나무다. 옛날의 연인들은 부득이 이별을 해야 할 때 약조를 지키기 위해 신표信標를 주고받았다. 거울을 깨뜨려 반쪽씩 간직한다든지, 여인의 머리카락을 주머니에 보관한다든지, 어떤 기생은 남자의 이빨을 뽑아 달라고 하였다. 그 중에 헤어질 때 근처 버드나무가지를 꺾어 낭군에게 주면서 잊지 말 것을 당부하는 것이 가장 흔한 이별의 약조였다. '유조농색불인견柳條弄色不忍見' 이란 말이 있다. 길 떠난 낭군은 머물 곳이 정해지면 가장 좋은 자리에 여인이 건네어 준 나무를 심어 그 약조를 잊지 않으려 하였고, 그리하여 봄이 되어 나무에 싹이 트면 두고 온 고향과 여인의 얼굴이 어른거려 그 나뭇잎을 차마 쳐다볼 수 없다는 뜻이다.

## ●옥녀산발형玉女散髮形

陰城日馬上玉女散髮形五代清顯之地已用

### 용혈도

음성의 백마산白馬山 위에 옥녀산발형의 명당이 있다. 5대에 걸쳐 청현淸顯이 배출될 땅이다. 하지만 이미 묘를 써 버렸다.

### 주해

| 일마日馬 음성군 원남면에 위치한 백마산白馬山을 가리킨다.

| 옥녀산발형玉女散髮形 옥녀가 화장하는 형국으로 옥녀가 머리를 감는 옥녀단장형과 같다. 주변에는 화장에 소용되는 거울, 분갑, 기름병油甁 등의 형상을 닮은 사(砂 봉우리)가 필요하다.

| 청현淸顯 청환淸宦과 현직顯職.

## 감평

음성은 바다가 없는 내륙지방이다. 하지만 물과 바다에 관한 땅 이름이 많다. 땅이 배 모양을 닮았으면 배터마을, 마당처럼 넓고 편편한 바위에 물이 고여 있으면 수암水岩마을이다. 아마도 산골 사람들이 바다를 동경해서 생긴 이름일 것이다. 특히 음성읍 평곡리에는 섬처럼 둥근 구릉지가 있어 '작도鵲島'라 하고, 그 일대를 '해산海山'이라 한다. 작도는 까마귀 · 까치가 많이 날아 들어, 해산은 들판이 비교적 넓어 생긴 이름이다. 조선 초기의 일이다. 이 고을에서 바치는 진상품은 대개가 약초였는데, 하루는 진상품을 결정하는 조정의 관리가 굴비를 추가로 진상토록 했다. 음성 고을의 장부에 '바다[海]'와 '섬[島]'자가 든 지명을 보고 그곳을 해안가로 착각했기 때문이다. 당황한 음성 사또는 즉시 상소문을 올려 음성에서는 굴비가 잡히지 않는다고 해명을 했다. 그러나 잘못을 인정하지 않는 중앙 관리의 미움만 사고 물러나야 했다. 할 수 없이 사또는 매년 서해안에서 굴비를 사다가 진상을 했다. 이 터무니없는 굴비 진상 사건은 그 뒤 3년이 지나서야 진상품목에서 빠졌다. 땅 이름 때문에 생긴 어처구니없는 촌극이었다.

음성에서 37번 국도로 금왕(무극) 방면으로 가면, 10리 지점에 기름고개(油峙)가 있고, 용혈도 상의 대지는 무극(삼성)저수지이다. 용혈도의 일마日馬는 백마산을 가리키며, 혈처는 감우리의 안감우재 마을의 뒷산이다. 옥녀산발형인데 5대에 걸쳐 청현淸顯이 배출될 땅이다.

## ● 고초천혈古草川穴

陰城巽巳發動午丁落局午丙二穴鉗穴水歸坎古草川縣址

### 용혈도

음성에서 손사巽巳 용맥으로 발원하여 오정午丁으로 국局을 이루었다. 병오丙午의 2개 혈인데, 겸혈鉗穴로 물은 임자壬子로 빠져나간다. 고초천古草川의 현지縣址다.

### 주해

| 겸혈鉗穴 혈장의 모양이 와혈窩穴처럼 전체적인 생김새가 가운데

쪽으로 오목(凹)하게 들어간 음혈 陰穴이다. 일명 '개각혈開脚穴'이라 하며 두 개의 지각支脚이 다리를 벌리고 다리 사이에 혈장을 받쳐 든 형상이다.

| 고초천古草川 현재 지명을 알지 못한다.

**감평**

음성에서 생극면 방촌리로 가자면 흉행치凶行峙 즉 '흔행이고개'

를 넘어야 한다. 이 고개에 살벌하기 짝이 없는 이름이 붙게 된 이유는 조선 중기에 어느 장사꾼의 살인 사건 때문이다. 돈을 허리에 차고 고개를 넘던 장사꾼이 산적을 만났다. 도적들은 칼을 들이대며 돈을 내놓으라고 위협했다. 허리에 감춘 돈을 알 턱이 없다고 생각한 장사꾼은 반항을 했는데, 도적들은 그를 죽이고 돈 꾸러미까지 끌러 가 버렸다. 그 후로 이 고개는 죄인의 목을 자르는 사형터로 변하였고, 가난한 백성들이 몰래 시신을 버리는 곳이 되어 시체가 썩는 악취가 풍겼다고 한다. 사람들은 이 고개에서 흉악한 일이 자주 일어난다고 해 '흉행치'라 불렀다.

논산시 노성면

## ●회룡은산형回龍隱山形

魯城鷄龍山行龍沙瑟峙過峽中鳴山作主壬坐回龍隱山形葬後九年大發子孫千百公卿傳家

### 용혈도

노성에 계룡산에서 뻗어온 용맥이 사슬고개[沙瑟峙]에서 과협을 이루던 중, 명산鳴山이 주산으로 솟구쳤다. 임자壬子 내룡인데 회룡은산형回龍隱山形이다. 장사 지낸 후 9년이면 크게 발복하니 백자천손으로 공경이 배출된다.

### 주해

| 사슬치沙瑟峙 현재의 지명이 불분명하다.

| 명산鳴山 현재의 지명이 불분명하다.

| 회룡은산형回龍隱山形 용이 산에 숨어버린 형국.

## 감평

논산의 노성천에는 '노성게'가 서식하는데, 예로부터 임금의 수라상에 올리는 진상품이었다. 9월 초에 돌아와 하천이나 논에 굴을 파고 산다. 다리털이 적고 무거우며 특히 내장이 많아 맛이 독특하다. 현감은 청년과 부녀자들에게 깨끗한 옷을 입힌 후 게를 잡게 하고, 자신의 입회하에 어른 주먹만 한 암컷만을 골랐다. 목욕재계한 부녀자가 대나무 칼로 게의 내장을 긁어 항아리에 채운 후 봉인하여 궁중에 보냈다. 옛날에 가난한 사람이 참게가 너무 맛이 좋아 밥을 많이 먹자, 참게 그릇을 버리게 했다는 데서 '밥도둑 노성게'라는 이야기가 전해온다. 현재는 공업 폐수와 농약 남용으로 멸종 위기에 처해 있다. 득수와 수구에 대한 내용이 없어 감평이 어렵다.

## ●용마세족형龍馬洗足形

忠州西略三十里龍馬洗足形飛雲案右水左流合江富貴雙全百子千孫孝子忠臣世世不絶之地

### 용혈도

충주 서쪽 30리 지점에 용마세족형龍馬洗足形이 있고 비운안飛雲案이다. 물이 우측에서 흘러와 좌측으로 흘러 강에 합류한다. 부귀가 함께하고 백자천손이며, 효자 · 충신이 대대로 이어질 땅이다.

### 주해

| 용마세족형龍馬洗足形 말이 냇물에 발을 씻는 형국.

| 비운안飛雲案 용이 타고 다닐 구름 모습의 안산.

### 감평

충주에 흐르는 달천(達川, 달내강)은 충북의 젖줄로 많은 전설을

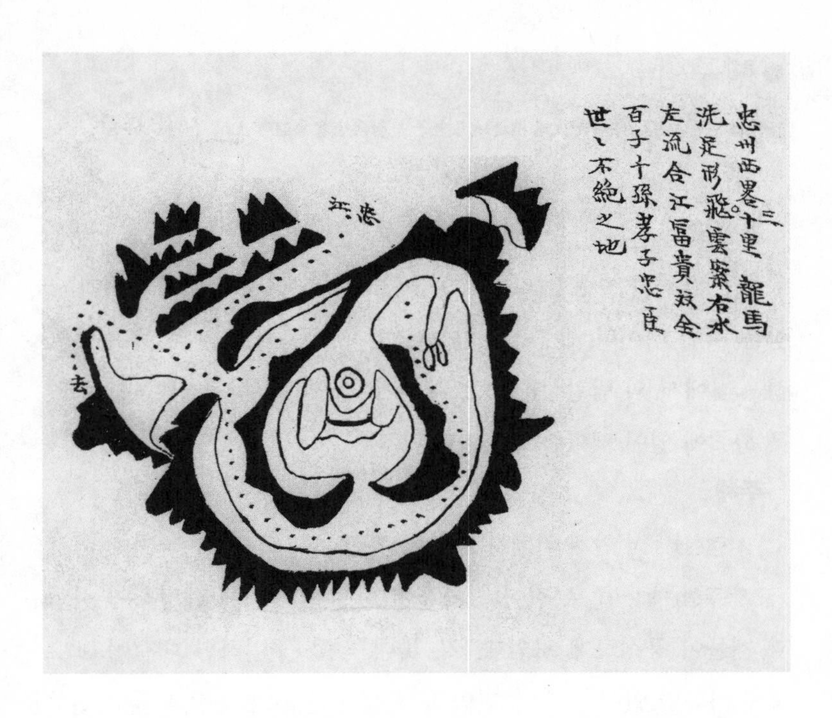


간직하고 있다. 남한강과 합류하는 지점에 있는 탄금대彈琴臺는 우륵于勒이 가야금을 연주하던 곳이고, 임진왜란 때에는 신립 장군이 왜구를 막기 위해 배수진을 쳤다가 패한 곳이기도 하다. 달천이라는 이름은 물이 맑고 맛이 좋다하여 지어졌다. 이여송이 군대를 이끌고 달내강을 건너다 강물을 마시고는, "중국 여산의 물맛과 같다."고 했다. 또 문장가 이행李荇도 한때 충주로 귀양을 와 강물을 맛보고는 '조선 제일'이라고 칭찬했다. 그 후로 '물맛이 달은 냇물'이란 뜻으로 '단 냇물', '달강'이 되었다 한다.

## ●행주형行舟形

忠州南方司令峴行舟形九代丞相之地乙坐子午水武來貪去旺丁土

### 용혈도

충주 남쪽의 사령현司令峴에 행주형行舟形의 명당이 있다. 9대에 승상을 지낼 터이다. 을진乙辰 입수로 임자壬子 · 병오丙午의 물이 무곡성武曲星에서 와 탐랑성貪狼星으로 나가니 크게 번성할 땅이다. 두 연못 사이에 혈이 맺혔다고 하였다.

### 주해

| 사령현司令峴 현재 위치를 파악치 못했다.

| 행주형行舟形 주로 집이나 마을이 들어설 길지에 해당하며 사람과 재물이 풍성하게 모인다. 키, 돛대, 닻을 구비하면 대길이고 그 중에 하나만 있어도 좋다. 만약 모두 없으면 배가 중심을 잃고 전복되든가 유실流失된다. 또 행주형은 우물을 파면 배 밑바닥이 깨져서 배가 침수됨으로 흉하다고 한다.(『조선의 풍수』)

| 무래탐거武來貪去 무곡성武曲星은 임관방臨官方의 물로 이곳에서 물을 얻으면 청운의 길을 얻고 어진 재상이 된다. 또 탐랑성貪狼星은 양생방養生方으로 이것으로 물이 나가면 자손이 끊어지는 화를 당한다.

### 감평

달천에 얽힌 전설이 또 하나 있다. 옛날에 어느 남매가 이곳을 지나게 되었다. 두 사람은 옷을 입은 채 강물을 건넜다. 물에 젖은 옷이 몸에 찰싹 달라붙자, 남동생은 누나의 여체를 보고 욕정이 솟아났다. 욕망을 주체하지 못한 동생은 나쁜 마음을 저주하며 스스로

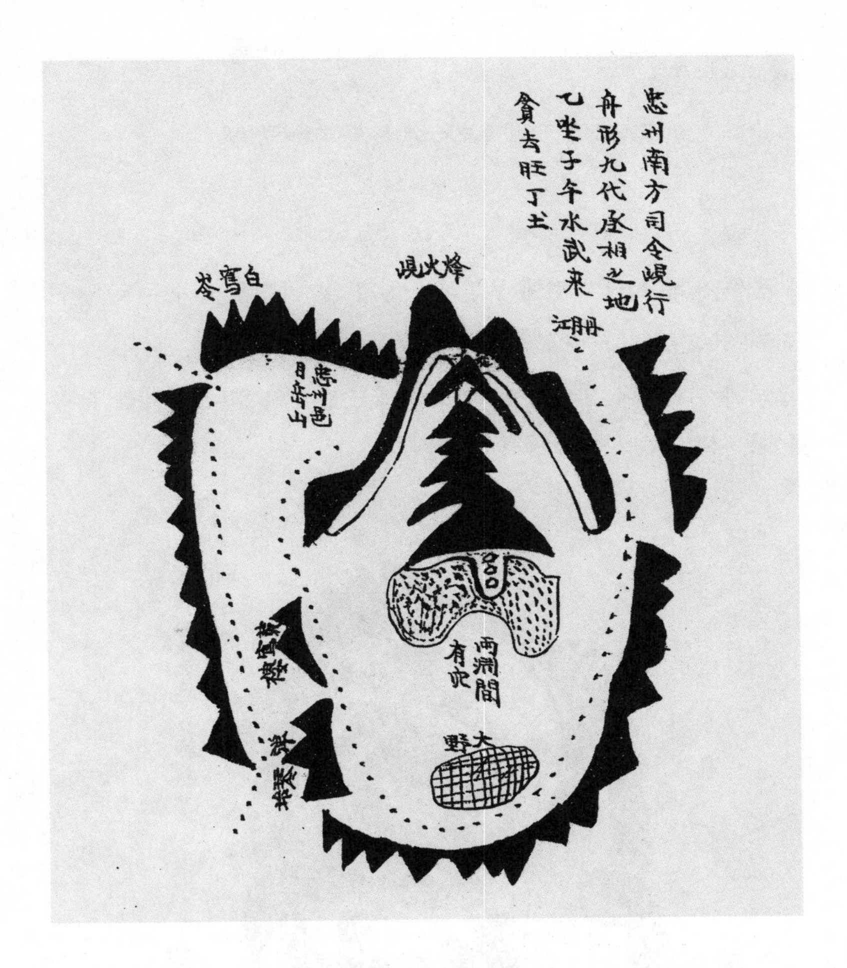


남근男根을 돌로 끊고는 죽었다. 그러자 동생의 죽음을 슬퍼한 누나가 "달래나 보지." 하며 슬피 울었다. 그 뒤로 강의 이름이 '달래강'이 되었다고 한다.

## ●충주혈忠州穴

忠州西三十里右旋壬龍坎作甲卯水未破東池北盤石南田畓西神堂井

### 용혈도

충주 서쪽 30리 지점에 우선하는 임자壬子 내룡이 임자壬子로 입수하여 혈을 맺었다. 갑묘방甲卯方에서 득수하여 좌선한 다음 미방未方으로 빠져나간다. 동에는 연못이, 북에는 반석이 있고, 남에는 밭과 논이, 서쪽에는 사당의 우물이 있다.

忠州西三十里右旋壬龍坎作甲卯水未破東池北盤石南田畓西
神堂井

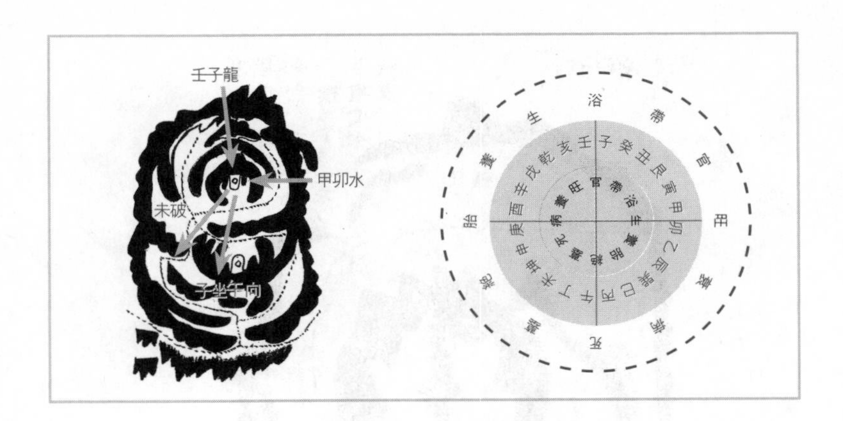


**주해**

| 신당神堂 무당이 신주를 모신 집.

**감평**

물이 좌선해 미파이니 목국이고, 이때 임자룡壬子龍은 임관룡으로 입수가 생기를 품었다. 안장하면 대발할 것이다. 또 갑묘 제왕수甲卯帝旺水가 좌선하니 자왕향인 자좌오향子坐午向을 놓으면 정법이다. 화국의 간인 장생수, 을진 관대수, 손사 임관수가 회합하여 상당한 뒤에 쇠방인 미방으로 소수하니, 생래회왕하여 발부발귀하고 오래 살고 인정이 흥왕한다.

## ●대상곡혈代相谷穴

忠州南倉近處代相谷九代卿相杜師置標上下兩穴左右有安姓班家

**용혈도/감평**

충주의 남창 근처에 대상곡代相谷이 있고, 그곳에 9대에 경상卿相

忠州南倉近處代相
谷九代卿相杜師
置標上下両穴左
右有安姓
班家

을 지낼 터가 있다. 두사충杜師忠이 상하 두 개의 혈을 표시해 두었고, 좌우에는 안씨 성의 양반 댁이 자리를 잡고 있다.

**주해**

| **남창**南倉 현재 지명이 불분명하다.

| **대상곡**代相谷 현재 지명이 불분명하다.

| **두사**杜師 조선시대에 활약했던 풍수사 두사충杜師忠을 가리킨다.

| **치표**置標 묘터를 미리 잡아 표적을 묻어 표시하는 일.

## ●월악산혈月岳山穴

忠州月岳山來龍

**용혈도/감평**

충주의 월악산月岳山 내룡에 혈이 맺혔다.

**주해**

| 월악산月岳山 충북 제원군 한수면과 덕산면의 경계에 위치한 산으로 높이는 1,093m이다.

## ●온양혈溫陽穴

溫陽南二十餘里新昌東二十餘里公州六十里三邑界茂城廣德兩龍相遇之間東海谷五龍洞左旋西向穴六尺龜蛇馬上貴人日月捍門六秀備判陵雲詰輻居震當代大發九代三公駙馬封君百代榮華之地羅訣云此穴越有大地不可言傳耳(徐判書家用之失穴)

### 용혈도

온양의 남쪽 20여리 지점이며 신창에서 동쪽으로 20여리 지점이고, 공주에서 60리 지점이다. 즉 3개 읍의 경계에 무성산茂城山과 광덕산廣德山의 양산에서 뻗어온 용맥의 가운데에 동해곡東海谷과 오룡동五龍洞이 있다. 좌선하는 내룡에 서향으로 혈이 맺혔는데, 6자 아래가 적당하다. 거북 · 뱀을 닮은 봉우리와 일월봉이 수구를 막아섰다. 육수六秀가 뾰족이 하늘을 뚫었고 바퀴살처럼 주밀하니, 당대에 발복해서 9대에 걸쳐 삼정승과 부마의 지위에 올라 군君에 봉해

지고 백대에 영화를 누릴 땅이다. 세상의 말에 이 혈 너머에 대지가 있다고 하는데 함부로 전하지 못한다.(서판서 집안에서 이미 묘를 썼다.)

**주해**

| **동해곡오룡동**東海谷五龍洞 현재 위치를 찾지 못했다.

| **귀사마상귀인**龜蛇馬上貴人 마상귀인은 말의 안장처럼 두 봉우리가 솟은 형태이다. 이곳은 한 개의 봉우리는 거북을 닮고, 다른 하나는

뱀을 닮았다.

| 판필능운힐축거진判筆陵雲詰軸居震 뾰족이 하늘을 뚫었고, 바퀴살처럼 주밀하니.

| 나결羅訣 세상에 전하는 말에 따르면.

**감평**

아산牙山이란 지명은 39번 국도 상 아산고개에 우뚝 솟은 '아금니[牙山]바위'에서 파생되었다. 산 정상에는 사람의 어금니를 닮은 바위가 서로 마주 보고 있는데, 그 가운데가 휑하니 뚫려 작은 바위 두세 개가 낮게 자리하고 있다. 또한 이곳은 옛날 충청도 일대의 여러 고을에서 거둔 세곡稅穀을 수납했다가 서울로 조운漕運하는 공세곶창貢稅串倉이 있어 물자가 풍부했던 곳이다.

## ●가학조천형駕鶴朝天形

溫陽北面蓮花洞近處駕鶴朝天形乾亥坐巽水九曲朝堂上上大地. 右地自聖居山漲天水星大斷天機頻起老雉鳳棲彌勒汝南寺諸山又回翻身以五星連珠飛蛾降勢卓立金星開口穴穴間平坦微乳粘法遠看則粗大近見則細微眞微地衆水聚于堂前九曲彎還水口一占羅星浮于潮海之間三吉六秀四神八將俱賢人君子忠臣孝子世不乏絶. 杜師云葬後數世出儒宗如孔子血食千秋百代榮華. 吳斗贊云穴似閨中貴女穴坐主星尊嚴九曲朝堂貴砂羅列當代大發名人間出. 李朴智僧云辭樓下殿鷄群鶴立三代五相富如金谷.壬辰天將望見異之欲厭之未果

**용혈도**

온양 북쪽의 연화동蓮花洞 근처에 가학조천형駕鶴朝天形의 명당이 있다. 건해乾亥 내룡에 손사방巽巳方에서 득수해 구불구불 흘러 향상에 다다르니 제일의 대지이다. 이곳의 우측인 성거산聖居山으로부터

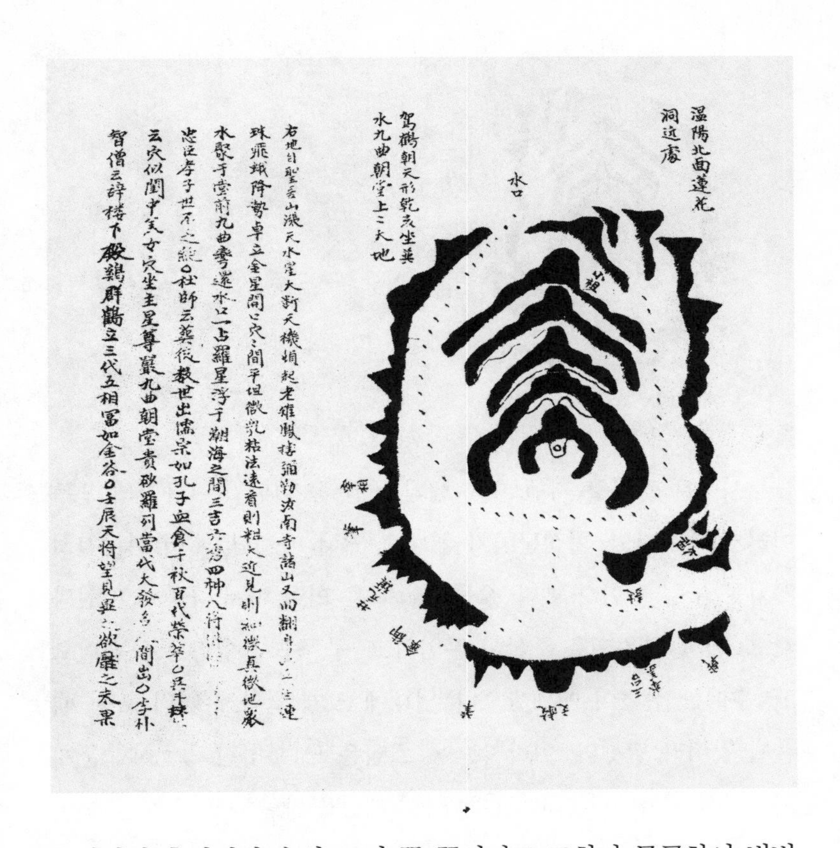


물결처럼 출렁대던 수성水星이 뚝 끊어지고 조화가 무궁하여 빈번히 일어서며 늙은 꿩과 봉황은 여남사의 미륵불에 둥지를 잡았다. 또 용맥이 몸을 돌리고 뒤집으니 오성五星이 구슬을 꿰는 듯하고, 열린 혈에는 나방이 몸을 숙인 것 같이 금성이 높이 섰다. 혈에는 평탄하면서도 미미한 돌기가 단단하게 솟고, 멀리서 보면 혈이 크고 거치나 가까이서 보면 흙이 가늘면서 곱다. 물은 혈장 앞에서 구곡만환九曲灣還으로 수구에 모이고, 일단의 여러 봉우리들은 삼길육수三吉六秀, 사신사, 팔산八山장군을 고루 갖춘 채 바다 위에 떠 있다. 현인 · 군자 · 충신 · 효자가 끊이지 않을 땅이다.

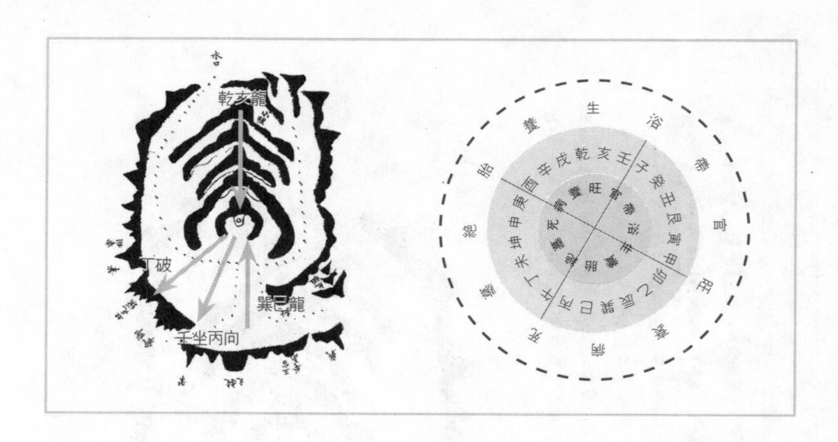


두사충은 장사를 지낸 후 수세기 동안 공자와 같은 유학의 우두머리가 태어나고, 혈식군자가 천년을 거쳐 배출되고, 백대를 걸쳐 영화를 누릴 땅이라 했다. 오두찬吳斗贊은 혈이 마치 규중의 미인과 같고, 혈의 뒤쪽으로 주산이 존엄하고, 구곡수가 혈장으로 흘러오고, 수려한 산들이 에워쌌으니, 당대에 크게 발복해 명인名人이 배출될 것이라 말했다. 이박지李朴智 스님은 "사루하전辭樓下殿이 군계일학처럼 빼어나니 3대에 걸쳐 다섯 재상을 배출하고 큰 부를 누릴 것이다." 하였다. 임진년에 천장天將이 이 혈에 대해 다른 의견이 있어 비판하고자 했으나 뜻을 이루지 못했다.

**주해**

| 연화동蓮花洞 온양 북쪽에서 연화동이란 지명을 찾지 못했다.

| 가학조천형駕鶴朝天形 가학은 신선이 타고 날아다니는 학으로 이 학이 하늘을 향해 날아오르는 형국이다.

| 성거산聖居山 현재 지명을 확인하지 못했다.

| 팔장八將 혈장을 에워싼 산 중에서 팔괘 방위에 있는 산으로, 팔산八山으로 부른다. 즉 乾·坎·離·艮·震·巽·坤·兌山을 말한다.

| 오두찬吳斗贊 어느 시대의 인물인지 확인하지 못했다.

| 이박지李朴智 어느 시대의 인물인지 확인하지 못했다.

| 사루하전辭樓下殿 용맥이 산줄기의 중심으로 뻗어 나오되 일어서고 엎드리며 겹겹으로 곁가지를 펼치며 전진하는 형세이다.

**감평**

온양의 북쪽으로 연화동과 성거산 · 여남사란 지명을 찾지 못해, 현재의 위치를 정확히 되찾기 어렵다. 가학조천형駕鶴朝天形으로 건해乾亥 내룡에 손사방巽巳方에서 득수한 물이 구불구불 흘러 향상에 다다르니 제일의 대지이다. 즉 신선이 학을 타고 하늘로 날아오르는 형국의 명당이다. 우측의 성거산聖居山에서부터 뻗어온 용맥이 물결치듯이 출렁대며 수성水星 모양을 이루더니, 뚝 끊어지며 몸을 낮추고 다시 빈번히 일어서며 무궁한 조화를 부렸고, 늙은 꿩과 봉황은 여남사의 미륵불에 둥지를 틀었다. 또 용맥은 몸을 돌리고 뒤집으면서 오성五星이 구슬을 꿰는 모양이고, 넓은 혈에는 나방이 몸을 숙인 것처럼 금성 모양의 흙더미가 솟아났다. 그럼으로 혈상穴象은 평탄하면서도 미미한 돌기가 단단히 솟아있어, 멀리서 보면 혈이 크면서도 거치나 가까이 보면 흙이 가늘면서 고운 진혈이다. 물은 혈장 앞에서 구곡만환九曲灣還으로 수구에 모이고, 일단의 여러 봉들은 삼길육수三吉六秀, 사신사, 팔산八山장군을 고루 갖춘 채 바다 위에 떠 있으니, 현인 · 군자 · 충신 · 효자가 끊이지 않을 땅이다.

용혈도를 보면 혈장을 둥글게 에워싼 채 극戟, 삼태화개三台華盖, 필筆, 어산御傘, 장원기壯元箕 등의 봉이 표시되어 대단한 길지로 그려졌다. 또한 건해 내룡에 손사방에서 득수해 좌선하고, 정미방으로 소수한다. 이 경우 목국의 정왕향正旺向인 갑묘향甲卯向을 놓으면 태조산을 되돌아보는 회룡고조형回龍顧祖形이 되며, 손사 병수巽巳病水가 향상으로 도래하지 않아 길하다. 『지리오결』은 '건해 장생수乾亥長生水가 좌선하여 정미방丁未方으로 소수하니, 삼합연주귀무가로 생래회왕한다. 금성수법으로 대부대귀하고 인정창성하며 충효현량하고 남녀 모두 오래 살고 자식마다 발복이 오래도록 이어진다.'고 하였다. 하지만 손사 득수만큼은 이 경우에 살인황천수에 해당되어 맞이하지 않음이 좋고, 자왕향인 병오향丙午向을 놓는다면 화국의 임관수에 해당되어 길하다. 따라서 갑묘향보다는 병오향을 놓는 것이 더욱 길한 터이다.

## ●비룡망수형飛龍望水形

清州南元興里十里飛龍望水形三重案子坐葬後二十年其麗不億文貴連出兼富貴之地三等之地

**용혈도**

청주 남쪽 원흥리元興里 10리 지점에 비룡망수형飛龍望水形의 명당이 있고, 삼중안三重案으로 임자壬子 내룡이다. 장사 지낸 후 20년이면 적은 숫자지만 문장가가 나고 부귀해질 땅이다. 3등의 대지이다.

**주해**

| 원흥리元興里 청주시 산남동 원흥이 마을.

| 비룡망수형飛龍望水形 하늘을 날던 용이 물을 바라보는 형국으로, 혈장 앞에는 못이나 저수지가 있어야 한다.

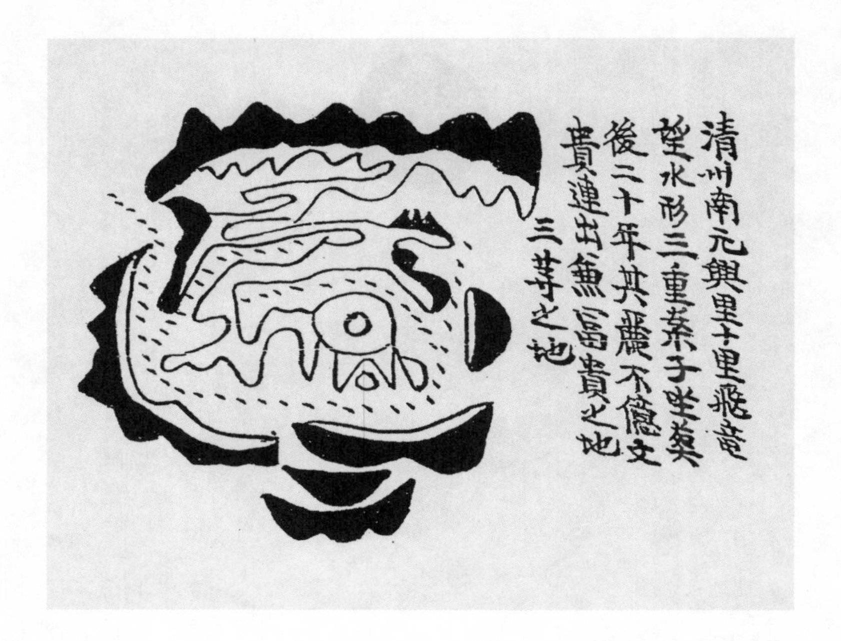


### 감평

청주는 지형이 배의 모습을 닮아 예로부터 주성舟城이라 불렸다. 고려 초에 혜원慧園 스님이 "배가 풍랑에 떠내려가지 않게 돛대를 세워라."라는 부처의 꿈을 꾸고서 돛대를 세울 장소를 몰라 고심하고 있었다. 하루는 초립을 쓴 과객이 절 앞뜰에서 "이 땅에 소금 배가 들어올 텐데 돛대가 없구나." 하고 중얼거렸다. 그 소리를 들은 혜원 스님이 급히 그 위치를 물었다. 그는 "목암산(현 우암산)에 올라가 사해四海를 정관하라." 하고는 사라졌다. 혜원이 산에 올라 지세를 살핀 지 열흘 만에 깨닫고서는 용두사龍頭寺 경내에 철당간(국보 제 41호)을 세웠다. 그 후로 주성이라 부르고, 철당간에는 중풍 3년(峻豐三年, 962년 광종 13년)이란 글씨가 새겨졌다.

## ●작천괴혈鵲川怪穴

清州鵲川平坦怪穴

**용혈도**

청주 작천 가 평탄한 곳에 괴혈이 맺혔다.

**주해**

| 작천鵲川 청주의 서쪽에 있다고 하나 현재의 위치를 파악치 못했고, 무심천無心川이 아닌가 생각한다.

| 괴혈怪穴 풍수에서 혈이 맺힐 산천지세를 갖추지 못한 곳에 우연히 혈이 맺힌 경우이다.

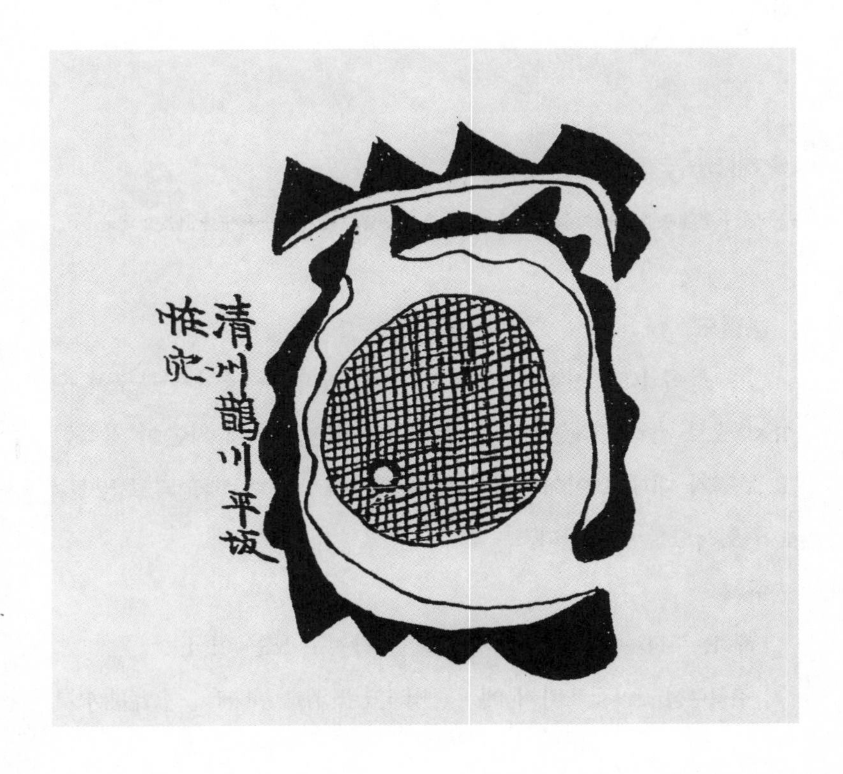

**감평**

『지리오결』에서는 '혈이 높은 곳에 있어서 풍취를 받거나, 악석이 혈장부근에 깔려 있거나, 주위가 석벽으로 흙이 없는 경우에 단지 결혈結穴하면 혈장을 이룬 곳만 흙이 있어서 비석비토 같을 수 있다. 하지만 혈장은 반드시 오색토를 겸비하고 혹은 홍황자윤해야 한다. 금정金井을 파 석벽이 나오거나 혹은 말라빠진 파실파실한 흙, 진황토, 돌맹이, 자갈이 나오면 모두 가혈假穴이다. 미미한 집안에서 훌륭한 자손이 나오는 것은 진정한 괴혈怪穴에는 반드시 진룡과 진안眞案이 있고 참답게 조대朝對하기 때문이다.'라 하였다. 청주 작천가에 평탄한 괴혈이 맺혔다고 하나 풍수적 내용이 부족해 감평이 어렵다.

## ●해하농주형海蝦弄珠形

淸州北十里海蝦弄珠形二水九曲星葬後八年子孫滿堂富貴冠世科甲連出長久之地

**용혈도**

청주 북쪽 10리 지점에 해하농주형이 있다. 두 물이 구불구불 수성水星으로 흘러든다. 장사 지낸 후 8년이면 집안에 자손이 가득하고 부귀가 대대로 이어진다. 장원급제자가 연달아 배출되고 명신名臣이 오래도록 이어진다.

**주해**

| 해하농주형海蝦弄珠形 새우가 구슬을 가지고 노는 형국.

| 구곡수성九曲水星 『비기』에 "淸州北十里海蝦弄珠形二水九曲水星

清州北十里海蝦
戲珠形二水九
曲星葬後八年
子孫滿堂富貴
冠世科甲連出
長久之地

八字子孫滿堂富貴冠世科甲連出世世名宦長久之地"라 하여 '구곡수성九曲水星'이라 하였다. 혈장 앞으로 물이 굽이굽이 흘러드는 것을 뜻한다.

**감평**

내룡, 득수, 파에 대한 내용이 없어 감평이 어렵다.

## ●작천괴혈鵲川怪穴

清州西鵲川邊丙坐平坡怪穴俗師不可見知然得用則公卿無數連出之地

**용혈도**

청주 서쪽 작천가에 병오 내룡에 평탄한 괴혈이 맺혔다. 속사俗師는 알아보지 못할 것이고, 우연히 얻어 묘를 쓰면 공경公卿이 무수히 배출될 땅이다.

## 주해

| 속사俗師 풍수사의 실력은 4단계로 구분한다. 범안凡眼은 산수의 형세를 매우 상식적으로 이해하여 혈을 잡는 수준이고, 법안法眼은 풍수이론에 맞추어 간룡과 장풍에 대한 높은 안목으로 혈을 잡으며, 도안道眼은 산을 보는 눈이 열려 정법에 의존하지 않고서도 혈을 잡으며, 신안神眼은 삼매나 귀신의 힘을 빌려 대지를 척척 잡아내는 수준을 가리킨다. 여기서 속사는 범안을 말한다.

| 공경公卿 삼공(영의정, 좌의정, 우의정)과 구경九卿의 총칭.

## 감평

『설심부』는 '진룡이면 반드시 진혈이 있는데, 사람이 흉한 모습을 피하다 보니 찾지 못한다. 사람의 외모가 부족해도 참다운 사람이 있듯이, 비록 겉보기에 경사지고 핍박하고 형체가 뚜렷하지 못하지만 자세히 보면 땅속에 생기를 품고 있다. 자손대대로 이어지는 벼슬은 대개가 괴혈과 인연이 깊다.' 하였다. 또 『인자수지』는 '괴혈은 천지조화가 은거한 곳으로 천지가 보호하고 신이 지키어 유덕有德

한 사람을 위해 남겨둔 것이다. 따라서 명사만이 능히 식별할 수 있고 덕을 쌓지 못한 사람에게 망령되게 가르쳐 주면 지사가 오히려 해를 당한다.'고 하였다.

## ●장군격고형將軍擊鼓形

清州二十里將軍擊鼓赴敵形龍蹲虎伏龍外立大石金星之玄水北向扞後七年始發九代將相地與本邑南二十里將軍擊鼓形互看

### 용혈도/감평

청주 남쪽 20리 지점에 공격 명령으로 북을 치는 장군의 형세를 닮은 명당[將軍擊鼓形]이 있다. 청룡은 웅크리고 백호는 엎드려 있다. 청룡 바깥으로 큰 돌이 서 있고, 물이 둥글면서 '之 · 玄'모양으로 북쪽으로 흐른다. 장사 지낸 후 7년이면 발복이 시작되어 9대에 장

상이 배출될 터이다. 이와 함께 청주 남쪽 20리 지점에 있는 장군격고형 역시 볼 만하다.

**주해**

| 장군격고형將軍擊鼓形 적군과 싸우기 위해 장군이 북을 쳐 공격을 명령하는 형국.

| 금성지형수金星之玄水 물이 둥글게 감싸고 흐르는데, 그 모양이 '之'와 '玄'자 모양이다.

## ●장군격고형將軍擊鼓形

清州南二十里將軍擊鼓赴敵形龍蹲虎伏龍外立大石金星之玄水午坐扞後四十年賢相名將連出三代之地

**용혈도**

청주 남쪽 20리 지점에 장군이 북을 치며 적진으로 달려가는 명당이 있다. 청룡은 웅크리고 백호는 엎드려 있다. 청룡 바깥으로 큰 돌이 서 있고, 금성수가 '之 · 玄'자 모양으로 흐른다. 병오丙午 내룡으로 장사 지낸 후 40년이면 현상賢相과 명장이 연달아 출현해 3대를 이어간다.

**주해**

| 용준호복龍蹲虎伏 청룡은 웅크리고, 백호는 엎드린 형세이다.

**감평**

내룡, 득수, 파에 대한 내용이 없어 감평이 어렵다.

## ●봉소포란형鳳巢抱卵形

清州東十里乻仁里村左邊鳳巢抱卵形三台案龍蹲虎伏土星之玄水葬後文科三代白花十八應

**용혈도/감평**

청주 동쪽 10리 지점에 어을리於乙里가 있고, 그 좌측에 봉소포란형鳳巢抱卵形이 있다. 삼태안三台案으로 청룡은 웅크리고 백호는 엎드려 있다. 토성수가 '之 · 玄'자 모양으로 흘러가니, 장사 지낸 후에 문과급제가 3대이고, 무과급제가 18대이다.

**주해**

| 어인리乻仁里 현재 지명을 찾지 못했다.

| 봉소포란형鳳巢抱卵形 봉황이 둥지에서 알을 품는 형국으로, 봉황

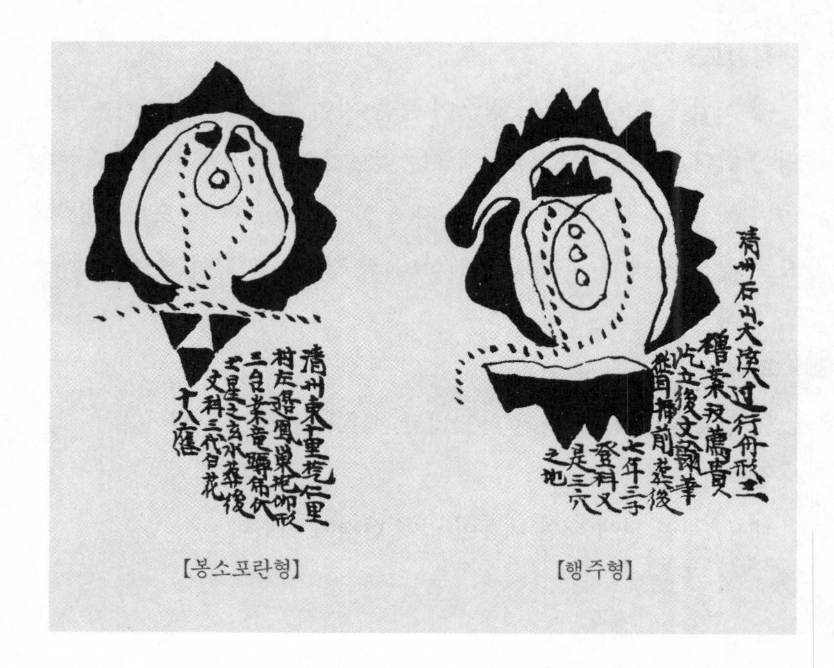

【봉소포란형】 【행주형】

은 대나무 열매를 먹고, 오동나무 가지에 둥지를 짓는다고 한다.

| **토성지현수**土星之玄水 물이 토성으로 흐르되, '之'와 '玄'자 모양이다.

| **백화**白花 무관을 뜻한다.

## ● 행주형行舟形

清州石山大溪邊行舟形三櫓案雙薦貴屹立後文翰筆聳揷前葬後七年三子登科又是三穴之地

### 용혈도/감평

청주의 석산石山 큰 계곡 가에 행주형行舟形이 있고 삼노안三櫓案이다. 뒤쪽에는 쌍천雙薦봉이 우뚝 섰으니 문장가와 한림학사가 배출되고, 앞에는 문필봉이 있다. 장사 지낸 후 7년이면 세 아들이 과거에 급제한다. 또 이곳에는 혈이 3개이다.

### 주해

| 행주형行舟形 주로 집이나 마을이 들어설 길지에 해당하며 사람과 재물이 풍성하게 모인다.

| 쌍천귀흘립雙薦貴屹立 두 개의 산봉우리가 우뚝 솟아 있다.

| 석산石山 현재 지명은 찾지 못했다.

## ● 오공형蜈蚣形

清州北蜈蚣院近處巳來巽坐蜈蚣形蚯蚓案玄武鬼格先吉後凶然富貴之地

### 용혈도

청주 북쪽의 오공원蜈蚣院 근처에 오공형이 있다. 손사 내룡에 손사입수이고 구인안蚯蚓案이다. 주산이 귀겁鬼劫이니 먼저는 길하고 나중에는 흉한 다음에 부자가 될 땅이다.

### 주해

| 오공형蜈蚣形 오공은 지네를 뜻하며, 지네의 먹이인 지렁이 안산[蚯蚓案]이 필요하다.

| 귀겁鬼劫 용맥에 붙은 작은 지맥으로 내룡의 기운을 빼앗거나 훔쳐가는 것들이다. 『옥수경』에 '짧은 것은 귀鬼가 되고, 긴 것은 겁劫이 된다.'고 하였다.

### 감평

전북 정읍시 산외면 오공리에 있는 김동수 가옥(중요민속자료 제

26호)은 지네형 명당으로 유명하다. 마을은 큰 산줄기가 도원천을 따라 길게 늘어서 있고, 형태가 지네를 닮았다하여 오공이라 부르는데, 현재의 오공五公은 오공蜈蚣을 다르게 표기한 것으로 보인다. 마을은 앞에는 동진강의 상류가 서남으로 흐르고 뒤쪽은 청하산이 둘러쳐 전형적인 배산임수의 지형이다. 특히 청하산은 지네를 닮았다 하여 지네산이라 부른다. 김동수 가옥에서 강 건너를 바라보면 독계봉獨鷄峰과 화견산火見山이 보인다. 닭은 지네의 천적이고, 지네는 불을 무서워한다. 따라서 집 둘레에 나무를 심어 독계봉과 화견산이 보이지 않게 비보하고, 숲을 만들어 습지에서 지네가 안심하고 살도록 하였다. 또 지네는 지렁이를 먹는다하여 집 앞에 폭이 좁고 길이가 긴 지렁이 모양의 연못을 팠다고 하나 지금은 텃밭으로 변하였다. 이 집터의 꾸밈은 모두 풍수지리설에 따른 것이다.

청주 북쪽에 오공원蜈蚣院 근처에 오공형이 있다. 손사巽巳 내룡에 손사 입수이고, 지렁이 안산[蚯蚓案]이다. 주산에서 뻗어 내린 내룡에 귀와 겁이 매달려 입수의 기운을 훔쳐갔으니, 먼저는 길하고 나중에는 흉한 다음에 부자가 될 땅이다.

## ●갈룡귀수형渴龍歸水形

清州東二十里渴龍歸水形水土星葬後連代發福富貴之地

### 용혈도/감평

청주 동쪽 20리 지점에 갈룡귀수형渴龍歸水形의 명당이 있다. 물이 토성土星으로 흐르고, 장사 후에 대대로 발복해 부귀해질 땅이다.

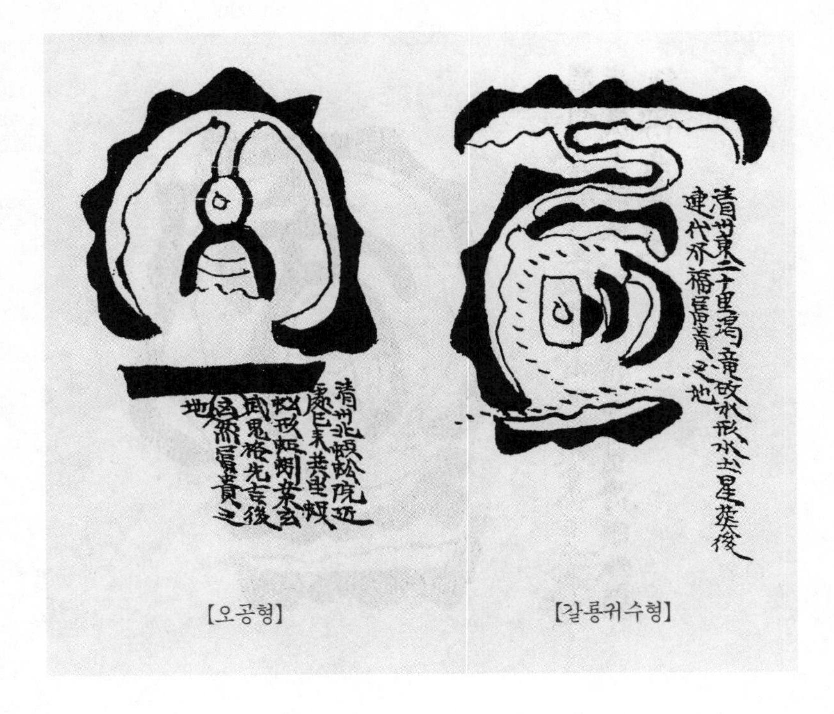


【오공형】 【갈룡귀수형】

**주해**

| 갈룡귀수형渴龍歸水形 목마른 용이 물을 먹는 갈용음수형과 같은 형국으로 혈장 앞에 저수지나 못이 있어야 한다.

## ● 맹호하산형猛虎下山形

清州東防築里猛虎下山形眠犬案若失穴則葬後十五年狂人出正穴則元帥出神眼外孰能辨其眞假

**용혈도/감평**

청주 동쪽의 방축防築 마을에 맹호하산형猛虎下山形의 명당이 있고, 면견안眠犬案이다. 약간이라도 혈을 벗어나면 장사 후 15년에 미친

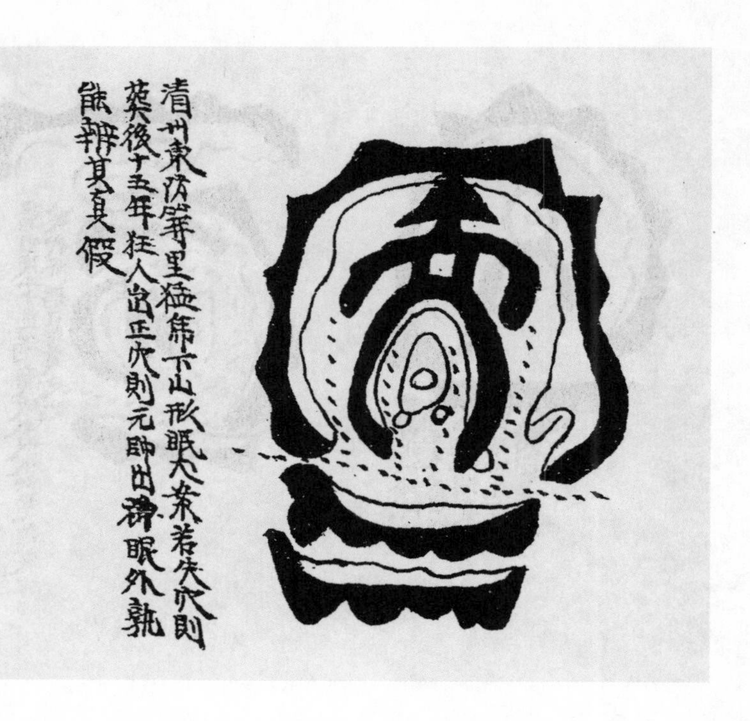


놈이 태어나고, 정혈에 안장하면 원수元帥가 배출된다. 신안神眼만이 능히 정혈을 찾아낼 것이다.

**주해**

| 방축리防築里 충북 연기군 남면 방축리를 가리킨다.

| 맹호하산형猛虎下山形 호랑이가 개를 잡아 먹이 위해 산을 내려오는 형국으로 맹호출림형猛虎出林形과 같다. 앞쪽에는 조는 개의 형상인 면구안眠狗案이 있어야 한다.

## ●행주형行舟形

清州石室下大溪邊行舟形三檣案水土星葬後二十年大發福三品卿千石君連出不絕之地

### 용혈도

청주 우측 당산堂山 아래의 큰 계곡에 행주형行舟形이 있고, 삼노안三檣案이다. 물이 토성土星으로 흐르고, 장사 후 20년이 지나면 크게 발복하여 3품의 벼슬에 오르고, 천석꾼의 부자가 연달아 배출될 땅이다.

### 주해

| 석실하石室下 『비기』에 '清州右堂山下大溪邊行舟形三檣案水土星二十發三品職千石富連代不絕'라 하여, 우측의 당산 아래라 하였다.

| 대계변大溪邊 무심천을 가리킨다.

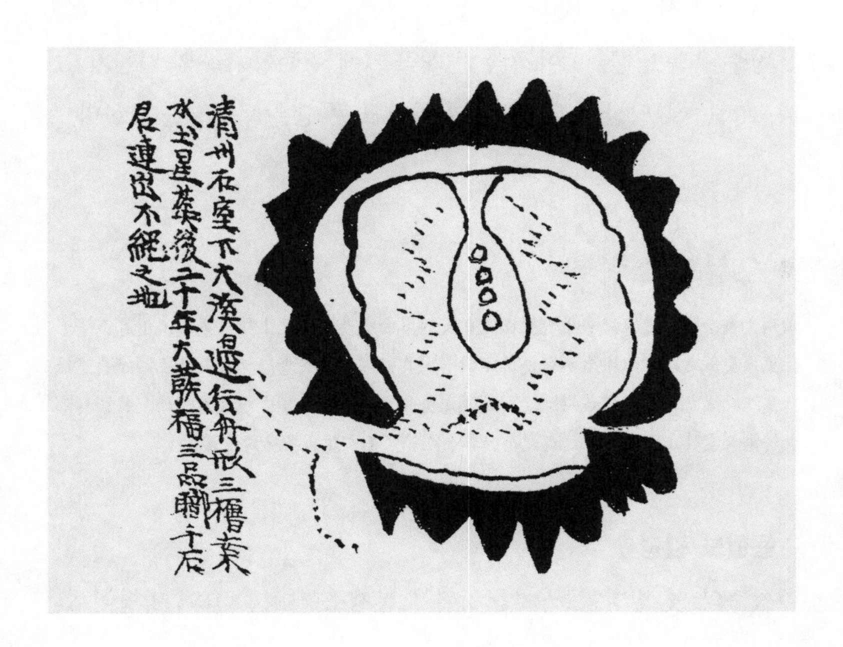

| 천석군연출千石君連出 『비기』에는 '石富連代不絶'이라 하여 천석꾼의 부자를 말한다.

**감평**

청주의 당산은 우암산(牛巖山 338m)으로 상당산에서 남서방으로 뻗어 청주 가까이에 와서 급경사를 이룬다. 이 산은 소가 앉아 있는 형국인데, 이지함이 이곳을 지나다가 황소 모습의 웅장한 산세를 발견하고는 급히 달려가 혈을 찾아냈다. 그리고는 앉아 있는 소의 배 부분에 바위를 굴려 표시하고는 "이곳은 장수에게 적합한 곳이니 일반 백성은 건들지 말라."는 푯말을 세워놓고 떠났다. 그때 진천에 사는 조풍수趙風水가 푯말을 뽑아내고는 그곳에 가묘를 써 버렸다. 그러자 눈에 황금불을 켠 우두장군牛頭將軍이 입에 피를 흘리며 가묘 속으로 가라앉아 화석으로 변했고, 지금도 화석묘가 있다고 청주의 전설에 전한다.

청주 우측 당산堂山 아래의 큰 계곡 가에 행주형行舟形의 길지가 있다고 하는데, 당산은 우암산을 가리키고 큰 강은 무심천을 말한다.

## ● 오봉쟁소형五鳳爭巢形

清州古長命驛近處五鳳爭巢形主山後官大路單白虎黃牛山之上鶴天峯鷄山近處百子千孫萬代榮華之地但以柳生不無是非頌曰八鳳其祖鶴天其父老姑倚杖而特立幞頭騰空拱衿楚江經漢分鷄山之勢鵲川拱北引鳳頭之垂文筆插天滿庭學士旗鼓連雲朝天將相其形也若垂天雲其止也若坐阜之鳥大而如阜小則若鷰壬亥龍寅艮脉穴是震艮

**용혈도/감평**

청주의 옛 장명역長命驛 근처에 오봉쟁소형五鳳爭巢形의 명당이 있다. 주산 뒤쪽으로 큰 관로官路가 있고, 홑 백호인 황우산黃牛山 위에 학천봉鶴天峰이 있으니 계산역鷄山驛 근처이다. 백자천손이 날 것이고, 만대에 영화를 누릴 땅이다. 단 유생원柳生員이 시비하며 노래하길, '학천봉의 조상인 팔봉산八峰山은 그 아비인 노고봉老姑峰에 의지하여 우뚝 섰다. 두건을 쓰고 하늘로 오르며 옷깃을 세로로 여미듯이 초강楚江과 계산鷄山을 구분 짓는 형세이다. 작천鵲川이 봉두산의

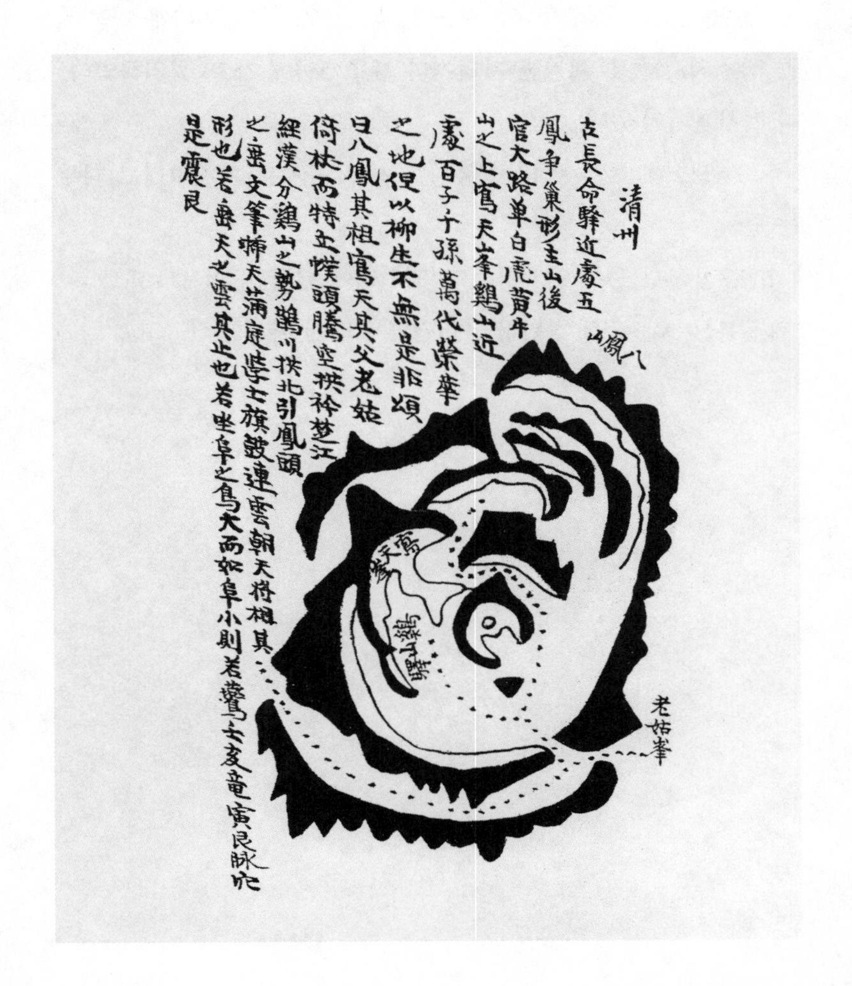

머리를 북쪽에서 끌어당겨 안고, 문필봉이 하늘을 찌르니 집안에 한림학사가 가득하고, 기고사旗鼓砂가 구름처럼 하늘에 연이어 있으니 장상將相이 배출될 땅이다.' 하였다. 구릉은 새가 앉아 있듯이 크기도 하고 또 작기도 하니 꼭 제비처럼 보인다. 임해壬亥 내룡에 간인艮寅 용맥이니, 혈은 간인艮寅 · 갑묘룡甲卯龍에서 맺혔다고 한다.

**주해**

| 장명역長命驛 『신증동국여지승람』에, '고을 서쪽 56리에 있는데, 곧 장지역長池驛을 폐지한 자리에다 태조 5년에 새로 설치하였다.' 하고 기록되어 있다.

| 오봉쟁소형五鳳爭巢形 다섯 봉황이 서로 둥지를 차지하려고 다투는 형국.

| 황우산黃牛山 충북 연기군 동면 명학리에 위치한 산(196m).

| 팔봉산八鳳山 충북 청원군 남이면 팔봉리에 위치한 산.

## ●장군단좌형將軍端坐形

青陽南十里七甲山來龍午丁巽巳回旋起峰三台丑艮垂頭癸坐辛戌得坤破將軍端坐形葬後科甲連出將相不絶之地

**용혈도**

청양의 남쪽 10리 지점에 칠갑산七甲山 내룡에 혈이 맺혔다. 오정午丁 · 손사巽巳로 머리를 돌려 3태봉으로 일어서고, 축간丑艮으로 주산을 이루었다. 혈은 계축癸丑 입수이고 신술辛戌방에서 득수해 곤방坤方으로 빠져 나간다. 장군단좌형將軍端坐形으로 장사 후에 장원급제자가 연달아 배출되고, 장상將相이 끊어지지 않을 땅이다.

**주해**

| 칠갑산七甲山 청양의 진산으로 '충남의 알프스'로 불릴 만큼 산세가 거칠고도 험준한 산.

| 장군단좌형將軍端坐形 장군이 바른 자세로 앉아 병졸의 사열하는 형국으로 기는 눈에 응집된다.

### 감평

청양의 남쪽 10리 지점에 칠갑산七甲山 내룡에 혈이 맺혔다. 칠갑산(561m)은 청양의 진산으로 '충남의 알프스'로 불릴 만큼 산세가 거칠고도 험준해 울창한 숲이 그대로 간직되어 있다. 산 정상에서 능선이 여러 곳으로 뻗어 있고, 7곳의 명당이 있다하여 칠갑산이라 불린다.

계축 입수에 물이 곤방坤方으로 소수하니 목국이고, 계축룡은 관

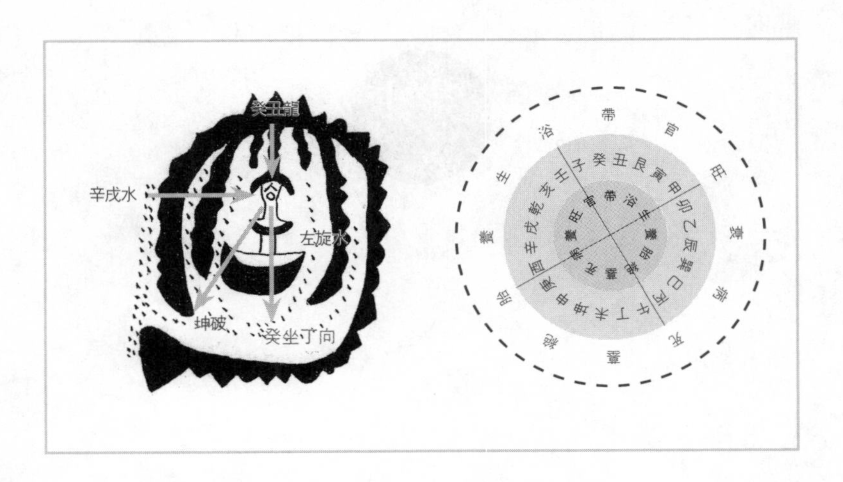


대룡에 해당된다. 입수가 생기를 왕성히 품은 진룡이니 대 명당이고, 이때 물은 용혈도와 같이 좌선해 절방絶方으로 빠지니 목국의 정묘향正墓向인 계좌정향癸坐丁向을 놓으면 정법이다. 하지만 신술방辛戌方에서 득수한 물은 계축룡을 넘지 못한 채 우선해 곤방坤方으로 빠지니, 소위 향상으로 우득우파右得右破로 혈은 양기를 얻지 못한다. 때문에 내룡의 입수는 길룡이나 득수에서 오판이 있는 결록이다. 이것은 혈장을 이룬 내룡이 계속 뻗어가 안산을 이루고, 그 결과 혈장으로 입수한 내룡이 지룡이 아닌 간룡에 해당하기 때문이다. 입수룡이 득수하지 못했으니 지기의 응집도 약하고 나아가 발복도 크지 못할 터이다.

## ●와우형臥牛形

燕岐東二十里臥牛形平坦案葬後二十年多子孫巨富連出之地黃牛山在

### 용혈도

연기 동쪽 20리 지점에 와우형臥牛形의 명당이 있는데, 안산이 평탄하다. 장사 후 20년이 지나면 많은 자손이 큰 부자가 된다. 황우산黃牛山에 있다.

### 주해

| 와우형臥牛形 소가 누워 있는 형국이다. 소는 성격이 온순하면서 강직하다. 자주 누워서 음식을 먹는데, 안산은 곡초를 쌓아놓은 형상이 필요하다. 와우형은 큰 사람이 태어나고 자손대대로 누워 먹을 수 있다. 누운 소는 되새김질을 하거나 꼬리로 파리를 쫓기 때문에 혈처는 입이나 꼬리에 있다.

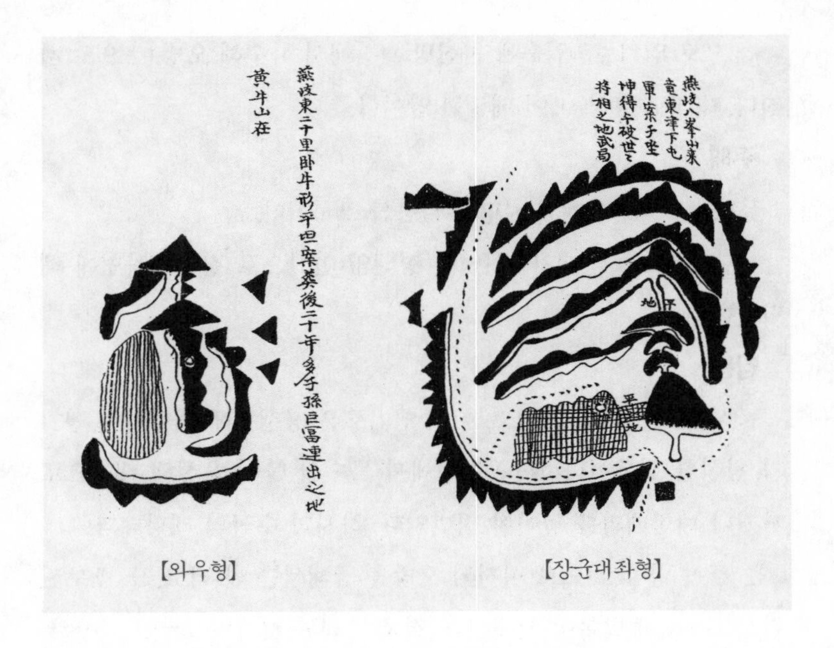

黃牛山在
燕岐東二十里臥牛形平坦案葬後二十年多子孫巨富連出之地
燕岐八峯山來
龍東津下屯
軍案子坐
坤得午破世世
將相之地武局
平地
平地

【와우형】 【장군대좌형】

| 황우산黃牛山 충북 연기군 동면 명학리에 위치한 산(196m).

**감평**

조치원은 신라시대의 최치원崔致遠으로부터 지명이 유래하였다. 최치원은 이곳에 시장을 개설하고 상업을 권장하면서 '최치원 시장'이라 부르게 했다. 그 후 '최치원'이 '조치원'으로 되었다.

## ● 장군대좌형將軍大坐形

燕岐八峯山來龍東津下屯軍案子坐坤得午破世世將相之地武局

**용혈도**

연기 팔봉산八峯山 내룡인데, 동진東津 아래에 혈을 맺혔다. 둔군안

屯軍案으로 임자壬子 입수에 곤신방坤申方에서 득수해 오방午方으로 빠진다. 대대로 장상將相이 배출될 땅이다.

**주해**

| 팔봉산八峯山 현재의 지명은 팔봉산八鳳山이다.

| 둔군안屯軍案 군대가 진을 친 형태의 안산으로 장군대좌형에 해당한다.

**감평**

물이 오파이니 수국이고, 이때 임자룡은 장생룡에 해당되어 생기가 왕성한 길룡이다. 또 곤신방에서 득수한 물이 우선해 태방으로 빠지니 태향태파를 놓아야 정법인다. 하지만 수국의 태향태파胎向胎破는 물이 병방丙方으로 빠지되 오방을 범해서는 안 되고, 또 백보전란百步轉欄해야 발복이 기대된다. 결록은 태위 지지胎位地支인 오방午方으로 출수하니 혈을 정하거나 발복을 기대할 수 없다.

청원군 문의면

## ●운중선좌형 雲中仙坐形

文義驛村西雲中仙坐形葬後五年始發百子千孫將相連出不絶之地

**용혈도**

문의 역촌 서쪽에 운중선좌형雲中仙坐形이 있다. 장사 후 5년이면 발복하여 백자천손에 장상將相이 연달아 배출되어 끊어지지 않을 땅이다.

**주해**

| 문의文義 충북 청원군 문의면을 가리킨다.

| 운중선좌형雲中仙坐形 신선이 구름 속에 앉아 있는 형국.

**감평**

문의는 청원군의 남단에 위치하며 동쪽에 구룡산, 서쪽에 봉무산, 중앙에 작두산이 솟아 있다. 하지만 낮은 지대는 모두 대청호로 인해 수몰되어 현재는 대부분이 산지이다.

## ● 운중선좌형雲中仙坐形

文義西乾亥龍坤坐庚得乙破雲中仙坐形多出將相多子孫五十年後必有凶死者以三碧四綠休囚旺生之義趨吉避凶駈入殺氣財市則或必虎而損庚酉坐則庶可

**용혈도**

문의 서쪽에 건해乾亥 내룡에 곤신坤申 입수이다. 경유방庚酉方에서 득수하여 을방乙方으로 빠지니 운중선좌형雲中仙坐形이다. 장상將相과 자손이 많이 배출된 다음 50년이 지나면 반드시 흉한 사고로 죽는 후손이 생긴다. 삼벽사록三碧四綠이 왕상旺相의 기운을 그치게 하기 때문이다. 추길피흉하여 살기가 들어오면 재산을 잃고 혹 백호가 상한다. 경유庚酉 내룡에 묘를 쓰면 좋다.

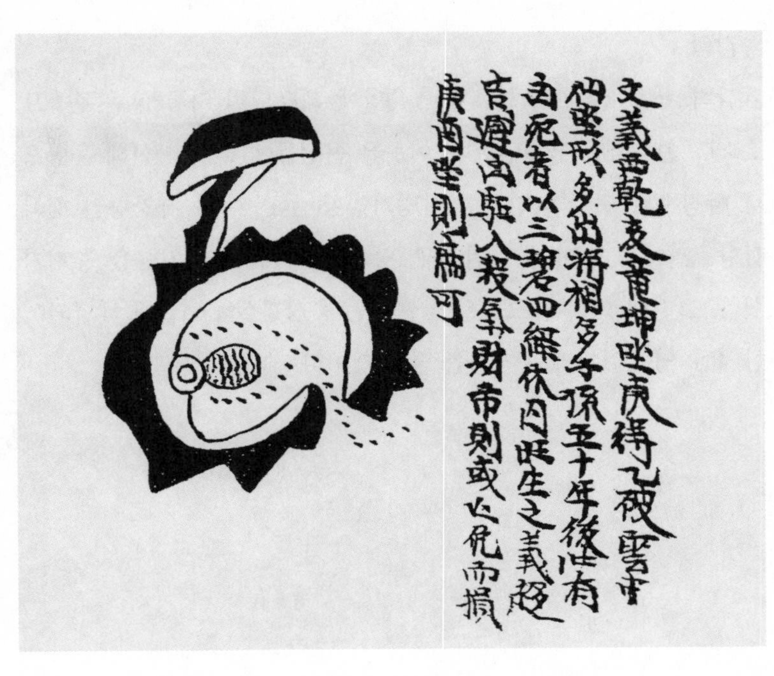

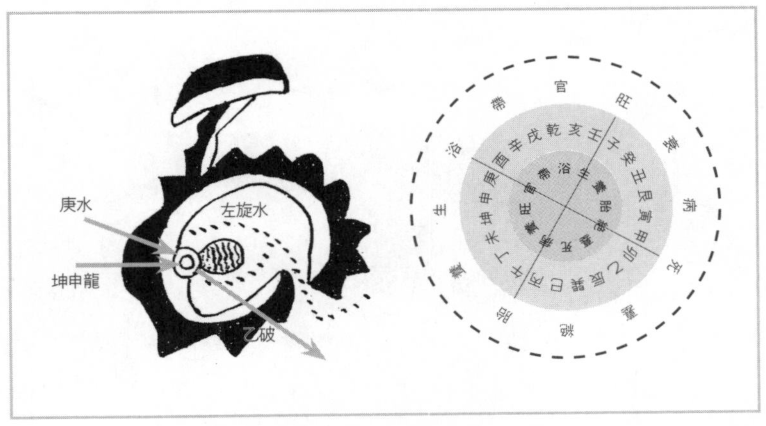


## 주해

| 삼벽三碧 풍수학에서 목성木星을 가리킨다.

| 사록四綠 동양철학에서 구성의 하나이며, 목성을 이른다.

**감평**

삼벽三碧은 진震으로 갑·묘·을방에 해당되며 사록四綠은 손巽으로 진·손·사방에 해당한다. 이곳은 곤신룡에 물이 좌선해 을방으로 빠짐으로 수국의 정왕향인 병좌임향丙坐壬向이나 자왕향인 경좌갑향庚坐甲向을 놓아야 정법인데, 당국의 형세 상 자왕향을 놓기가 쉽다. 그런데 만약 갑묘향을 놓는다면 용상팔살龍上八殺에 해당되어 한 집도 남김없이 멸문지화를 당할 것이다.

## ●금계포란형金鷄抱卵形

鎭川葉屯峙下左旋金鷄抱卵形鼓鷄案子坐午向日月馬上貴人捍門美砂俱六秀聳葬後富二代文貴五代清顯之地與下葉屯峙金鷄抱卵形同見

### 용혈도

진천의 엽둔고개 아래에 좌선하는 내룡에 금계포란형의 명당이 있다. 고계안鼓鷄案인데 자좌오향子坐午向을 놓는다. 마치 해와 달처럼 생긴 산이 수구의 양쪽에 대치해 아름답다. 육수六秀가 솟아 있으니 장사 후에 부자가 2대요, 문과에 급제해 귀해지며 5대에 청환清宦과 현직顯職이 날 땅이다.

### 주해

| 엽둔치葉屯峙 백곡면 갈월리에 있는 높이 344m의 고개이다.

| 고계안鼓鷄案 닭이 알을 낳는 북같이 생긴 둥지.

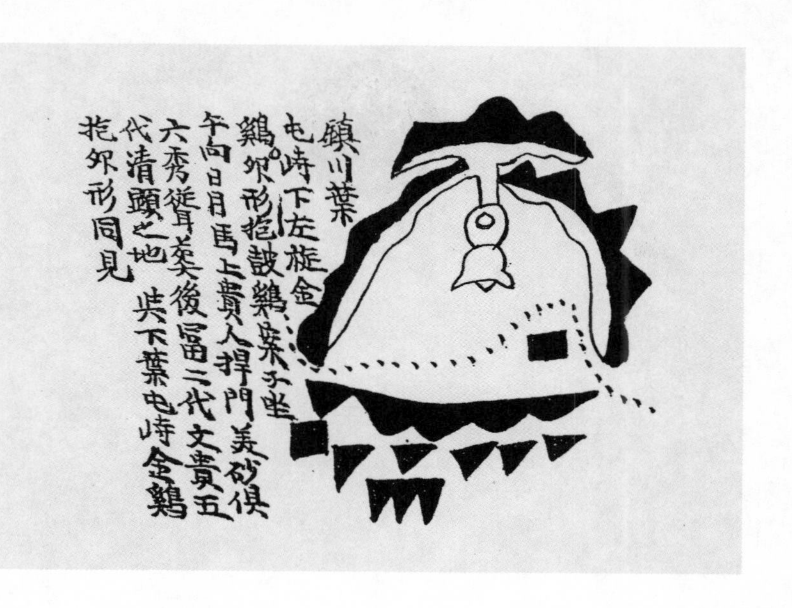


| 청현淸顯 청환淸宦과 현직顯職을 가리킨다. 청환은 학식 · 문벌이 높은 사람이 하던 규장각 · 홍문관 · 선전관청 등의 벼슬이고, 현직은 고귀한 관직을 말한다.

**감평**

진천의 엽둔고개는 천안과 경계를 이루며, 매우 험준한 고개로 일명 엽둔고개, 협탄령脇呑嶺 등으로 불린다. 삼국시대 이래로 교통이 빈번하였고, 신라와 백제의 국경으로 서수西水 마을에는 군청이 있던 서원 터가 남아 있다. 조선시대에는 도적떼의 소굴이 되었으며 임꺽정(林巨正)이 한때 이곳에서 관원을 괴롭혔다고 전한다. 임진왜란 때는 홍계남洪季男이 의병 수천 명을 거느리고 왜군과 싸운 성터가 지금도 남아 있다.

이 고개 아래에 좌선하는 내룡으로 금계포란형의 명당이 있다. 고계안鼓鷄案인데 자좌오향子坐午向을 놓는다. 마치 해와 달처럼 둥

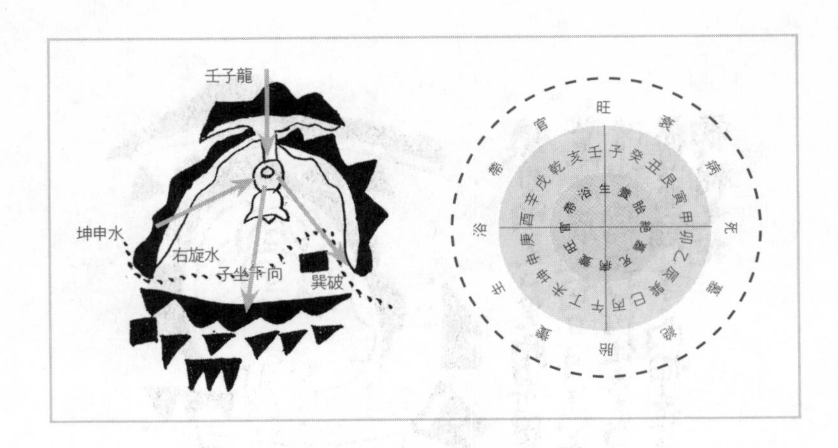


근 산이 수구 양쪽에 대치해 아름답다. 육수六秀가 솟아 있으니 장사 후에 부자가 2대요, 문과에 급제해 귀해지며 5대에 청환淸宦과 현직顯職이 날 땅이다. 용혈도에 따르면 우측의 곤신방坤申方에서 득수한 물이 우선한 다음 손방巽方으로 빠지는 격으로 소위 살인대황천을 범한다. 향상으로 곤신 병수坤申病水가 도래해 손사 임관방을 충파함으로 다 큰 자식이 요절하고, 재산은 패하여 오래지 않아 패절할 것이다. 정양향正養向인 계좌정향癸坐丁向을 놓아야 정법이다.

## ●장군무검형將軍舞劒形

鎭川南文口里南將軍舞劒形屯軍案左旋北向日月馬上貴捍門玉帶印砂輔弼得位六秀竝麗登天貴聳立翰筆高揷葬後百子千孫七代卿相之地

### 용혈도/감평

진천 남쪽에 문구리文口里가 있고, 그 남쪽에 장군무검형將軍舞劒形이 있는데 둔군안屯軍案이다. 좌선하며 북향北向으로 혈이 맺혔고, 일

월日月 모양의 말잔등 같은 산이 수구를 막아섰다. 옥대와 인사印砂가 토성과 금성체이고, 육수가 수려하게 하늘 높이 솟고, 문필봉이 하늘을 찌르니, 장사 지낸 후에 백자천손이 번창하고 7대에 걸쳐 재상이 배출될 터이다.

**주해**

| 문구리文口里 『비기』는 문상리文相里라 기록하였으나, 현재 위치는 파악치 못했다.

| 장군무검형將軍舞劍形 장군이 칼춤을 추는 형국.

| 일월마상귀日月馬上貴 해와 달을 닮은 산이 두 개의 봉우리가 되어 말의 잔등처럼 두 개로 솟은 모양이다.

| 옥대인사玉帶印砂 옥대는 횡목橫木이 만포하여 의대와 같은 모양이고, 인사印砂는 둥글고 작은 산이나 돌을 말한다.

| 보필輔弼 보輔는 좌보左輔이며 토성土星에 속하고, 필弼은 우필右弼로 금성金星에 속한다.

## ●장군출동형將軍出洞形

鎭川立石(先乭山)南將軍出形南向日月馬上貴捍門天馬聳出翰筆揷立登雙天貴屹然扦後當代致富七代卿相之地

### 용혈도

진천 입석(선돌산)의 남쪽에 장군출동형將軍出洞形의 명당이 남향

으로 자리를 잡았다. 해와 달을 닮은 말잔등 같은 봉이 수구를 막고, 천마봉이 솟고 문필봉이 하늘을 찌르고 쌍봉이 우뚝 솟아났다. 장사 지낸 후 당대에 부를 쌓고 7대에 재상을 배출할 터이다.

**주해**

| 입석立石 선돌산先乭山이라 했으나 현재의 위치는 파악치 못했다.

| 장군출동형將軍出洞形 장군이 싸움터로 나가기 위해 마을을 떠나는 형국.

**감평**

전천의 백곡면 명암리와 이월면 노원리의 경계에 있는 옥녀봉玉女峰은 봉우리의 모습이 옥녀가 금비녀를 지른 듯하다 하여 지어진 이름이다. 『상산지常山誌』에 의하면 산 아래 궁골宮洞마을은 중국 원나라 때 쿠빌라이의 비인 오씨吳氏가 상산의 아름다운 정기를 타고 옥녀봉의 옥녀와 같은 어여쁜 모습으로 태어난 곳이다. 궁골에는 쿠빌라이가 오 황후의 부모를 위해 궁궐을 지었다는 이야기가 내려오고, 지금도 기와 등의 유물이 발견된다. 마을에서 500m 떨어진 곳에는 오 황후가 출가 전에 물을 마셨다는 어수정御水井이 남아 있다.

## ●노룡희주형老龍戱珠形

鎭川東面道峙(一云倭峙)南老龍戱珠形右旋西向五尺六寸處日月馬上貴捍門天馬立離文筆陵雲玉帶印綬砂進田筆俱備葬後二代始發萬代榮華之地

**용혈도**

진천의 동쪽에 도고개(道峙, 일명 倭峙)가 있고, 그 남면에 노룡희

一云倭峙
鎭川東面道峙南老龍戲珠
形右旋西向五尺六寸處日月馬上
貴捍門天馬立蔽文筆殘雲玉
帶印緞砂進田筆俱備葬後二
代始發
萬代
榮華
之地


주형老龍戲珠形의 명당이 있다. 우선하는 서향으로 5.6자를 판다. 해와 달을 닮은 말잔등 같은 봉이 수구를 막고, 천마봉이 구름에 가린 문필봉과 떨어져 솟았다. 옥대玉帶 · 인사印砂를 앞쪽의 밭에 구비했으니, 장사를 지낸 후 2대만에 발복이 시작되어 만대에 걸쳐 영화를 누릴 땅이다.

### 주해

| **도치**道峙 일명 왜치倭峙라 했으나 현재의 위치를 찾지 못했다.

| **노룡희주형**老龍戲珠形 늙은 용이 여의주를 가지고 노는 형국.

### 감평

신라시대에 김서현金舒玄이 진천의 태수로 있을 때, 만명부인萬明夫人이 김유신을 20개월 만에 낳았다. 그 태를 도서성道西城에 묻고서 그 산을 태령산 또는 장태산藏胎山이라 불렀고 현재는 만뢰산萬賴山이다.

## ●금계포란형金鷄抱卵形

鎭川葉屯峙下金鷄抱卵形南向日月馬上貴捍門美砂俱備六秀聳空葬後七年應發拔貧當代巨富世世文貴五代淸顯之地

### 용혈도/감평

진천의 엽둔고개 아래에 금계포란형의 명당이 있다. 남향으로 해와 달처럼 둥글게 솟은 산이 수구 양쪽에 대치하여 아름답다. 육수六秀가 솟아 있으니 장사 후에 7년이면 능히 발복해 가난을 벗어나고 당대에 거부가 된다. 대대로 문관이 배출되고, 5대에 걸쳐 청환淸

宦과 현직顯職이 날 땅이다.

## ●장군무검형將軍舞劒形

**鎭川南面文扛里將軍舞劒形日月馬上貴捍門玉帶印砂得位雙薦貴聳出翰筆高揷葬後十年發五代文顯七代將相愼勿浪傳**

### 용혈도

진천 남쪽의 문강리文扛里에 장군무검형將軍舞劒形이 있다. 일월日月마상봉이 수구를 막아섰고, 옥대와 인사印砂를 갖추었다. 뾰족한 두 봉이 문필봉으로 높이 솟았으니, 장사를 지낸 후 10년이면 발복이 시작된다. 5대에 걸쳐 문현文顯이 7대에 걸쳐 장상將相이 배출될 것이니 함부로 전하지 마라.

### 주해

| 문강리文扛里 『비기』에는 문상리文相里라 기록되었으나, 현재 위치는 파악치 못했다.

### 감평

'생거진천 사거용인生居鎭川 死居龍仁'이란 말은 다음과 같은 연유에서 생겨났다고 한다. 옛날에 효심이 지극한 두 형제가 살고 있었는데 형은 용인에, 동생은 충북 진천에 살고 있었다. 어찌나 효성스러웠던지 서로가 어머니를 모시려고 다투었고, 어머니는 진천의 동생 집에서 살면서 항상 불안해하였다. 어느 날 형은 참다못하고 진천 원님을 찾아가 자기가 어머니를 모실 수 있게 하여 달라고 송사를 하였다. 그러자 원님은 두 형제의 뜻을 갸륵하게 여겨 말하기를, "부모를 모시는 데는 두 가지 방법이 있는데, 그것은 살아생전 모시는 것과 죽어 제사를 지내는 것이다. 따라서 살아서는 진천의 아우가 정성을 다하여 모시고, 돌아가시거든 묘를 용인에 두고 형이 제사를 지내도록 하라." 하였다.

대전광역시 유성구 원내동

## ●옥녀등공형玉女騰空形

鎭岑東玉女騰空形葬後連出牧守之地

**용혈도**

진잠 동쪽에 옥녀등공형玉女騰空形이 있다. 장사를 지낸 후 목수牧守가 연달아 배출될 터이다.

**주해**

| 옥녀등공형玉女騰空形 선녀가 하늘로 올라가는 형국.

| 목수牧守 목사牧使는 조선시대에 관찰사 아래에서 지방의 각 목牧을 맡아 다스리던 정3품의 외직 문관이고, 수령守令은 각 고을을 맡아 다스리던 지방관이다.

**감평**

진잠은 현재 대전광역시 유성구 원내동에 위치하며, 1914년 대

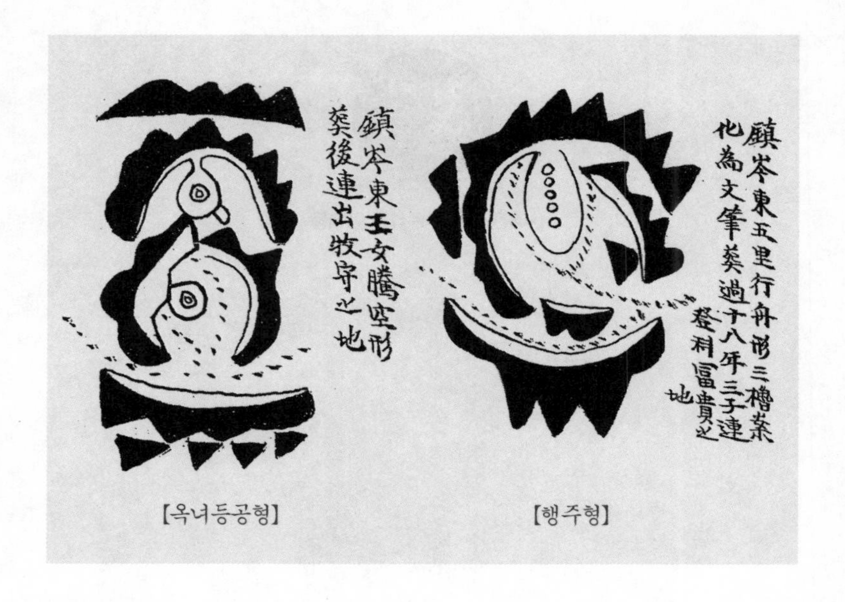
鎭岑東玉女騰空形
葬後連出牧守之地
鎭岑東五里行舟形三櫓案
化爲文筆葬過十八年三子連
登科富貴之
地
【옥녀등공형】 【행주형】

덕군에 병합되기 이전에는 조선시대의 현이었다. 밀암산密巖山의 옛 이름인 진현眞峴에서 유래된 지명이다.

## ●행주형行舟形

鎭岑東五里行舟形三櫓案化爲文筆葬過十八年三子連登科富貴之地

### 용혈도/감평

진잠 동쪽 5리 지점에 행주형行舟形이 있고 삼노안三櫓案이 변해 문필봉이 되었다. 장사 지낸 후 18년이 지나면 세 명의 자식이 과거에 급제해 부귀를 누릴 터이다.

### 주해

| 삼로안三櫓案 배를 젓는 노 3개가 모인 형태의 안산.

## ●생사형生蛇形

鎭岑南五里三岐山下生蛇形逐蛙案水龍下木姓人幽明間俱吉扦過五年富大發

### 용혈도/감평

진잠 남쪽 5리 지점에 있는 삼기산三岐山에 생사형生蛇形의 명당이 있고, 안산은 개구리를 쫓는 형세이다[逐蛙案]. 『비기』에 '水龍一木星下木姓人幽明間俱吉'라 했으니, 구불구불 뻗어온 내룡이 작은 목성체를 만들고 그 아래에 목성木姓을 가진 사람이 산다. 국세를 갖추었으니 안장 후 5년이면 부자가 된다.

### 주해

| 삼기산三岐山 진잠 남쪽 5리 지점에 현재 구봉산(264m)이 있다.

| 생사형生蛇形 생사출초형의 준말로 이 형국은 앞쪽에 개구리를 닮

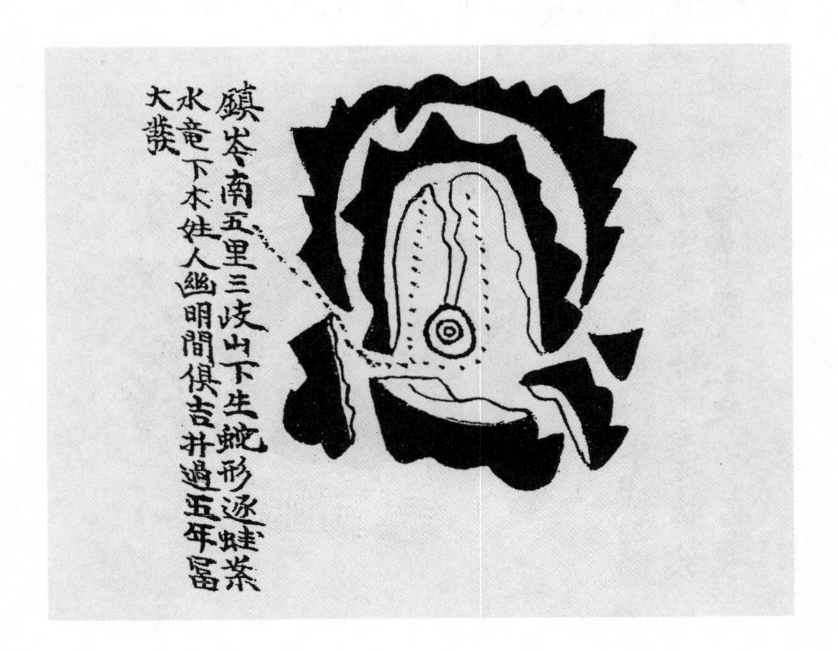

은 안산이 있어야 길하다. 바야흐로 뱀이 개구리를 잡아먹는 모양으로 산 기운의 발복에는 의심이 없다.(『조선의 풍수』)

## ●행우경전형行牛耕田形

鎭岑北二十里行牛耕田形甲坐艮坐扦過五年始發富貴兼全之地

**용혈도**

진잠 북쪽 20리 지점에 행우경전형行牛耕田形이 있다. 갑묘甲卯 내룡에 간인艮寅 입수로 안장 후 5년이면 발복이 시작되어 부귀를 겸하는 터이다.

**주해**

| 행우경전형行牛耕田形 소가 밭을 가는 형국으로 소의 다리와 등 부

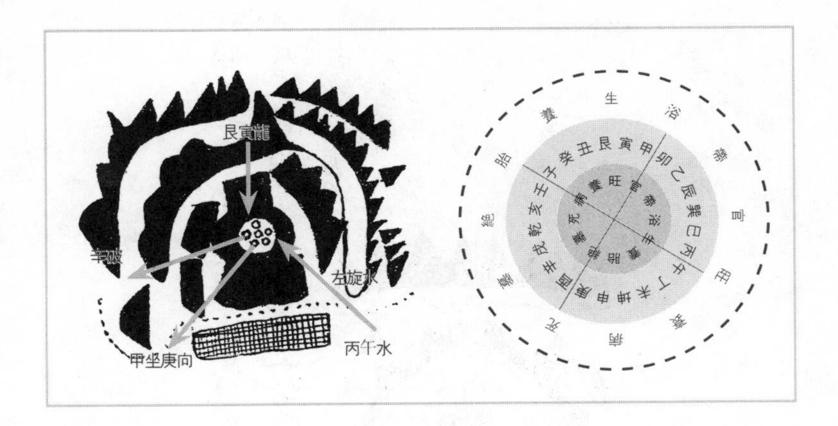


위에 혈이 응집된다.

### 감평

용혈도에 따르면, 좌측의 병오방丙午方에서 득수한 물이 좌선한 다음 신방辛方으로 빠지니, 화국의 간인룡은 제왕룡帝旺龍이 된다. 입수가 생기를 왕성히 품었으니 안장하면 대발할 터이다. 이때 병오 귀인수貴人水가 상당해 신위 쇠방辛位衰方으로 소수하니, 화국의 자왕향인 갑좌경향甲坐庚向을 놓으면 정법이다. 대부대귀하고 인정이 창성하고 발복이 오래간다.

## ●갈룡음수형渴龍飮水形

鎭岑九峰山南壬坐坤申得辰破葬後當代發百子千孫不知其數天下至寶仍輕許入雖有情示之人不肯用天藏地秘愼之也.貪來巨去衣食香柳塚在靑龍

### 용혈도

진잠 구봉산의 남쪽으로 임자壬子 내룡에 혈이 맺혔다. 곤신방坤申

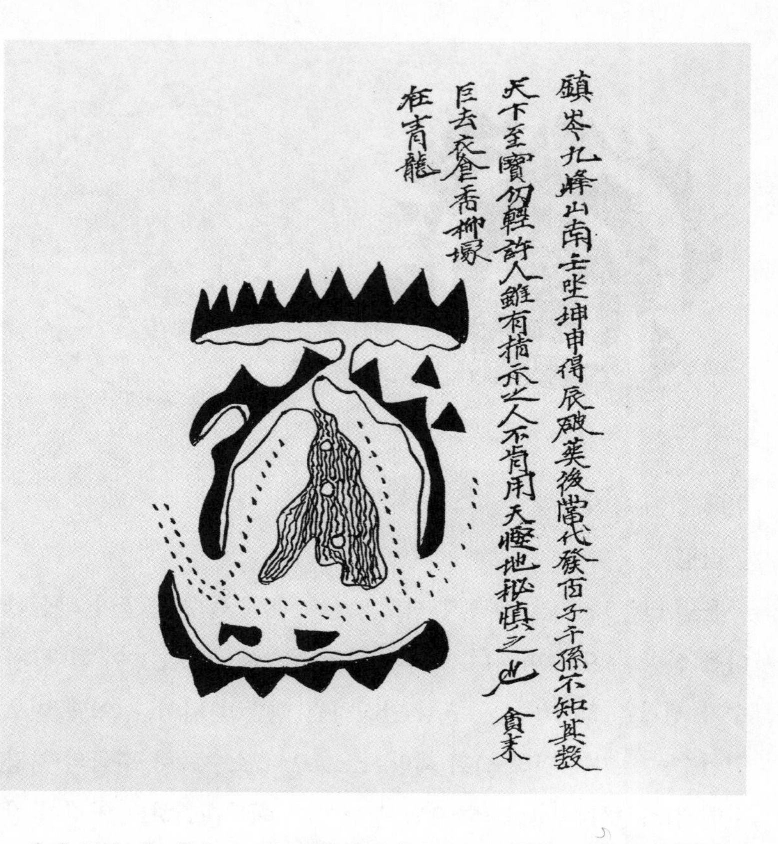


方에서 득수해 진방辰方으로 빠지니 『비기』에 갈룡음수형渴龍飮水形이라 하였다.(『명산도』는 연화부수형) 장사 지낸 후 당대에 발복해 백자천손이 부지기수이니 천하의 보배로, 아무 사람이나 안장을 허락하면 안 된다. 비록 인정을 베풀어 혈을 보여주더라도 천장지비天藏地秘이니 안장하게 해서는 안 된다. 명심할 일이다. 탐랑수가 도래하여 거문방으로 나가니 의식에서 향기가 날 것이며(풍족하고), 청룡 자락에 유씨네의 무덤이 있다.

### 주해

| **천장지비**天藏地秘 하늘이 감춰두고 땅이 비밀로 붙인 곳으로 보통

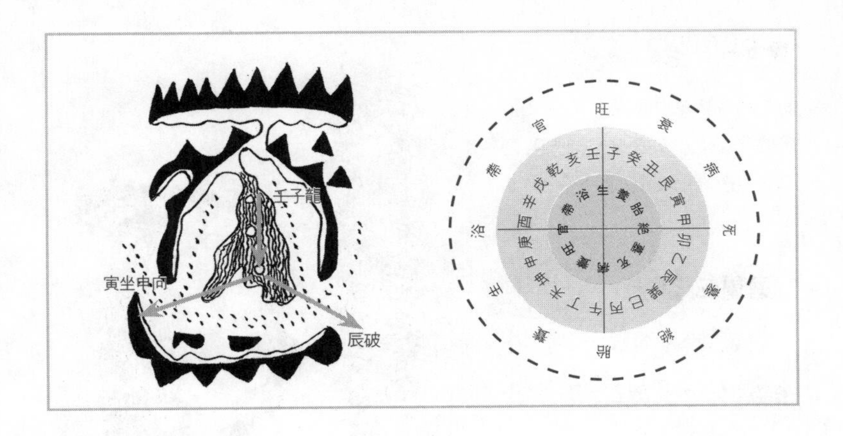


천하의 명당을 가리킨다.

| 탐래거거貪來巨去 탐랑수貪狼水는 양養과 장생방長生方에 들어오는 물이고, 거문수巨門水는 쇠방衰方으로 물이 빠짐을 뜻한다.

| 의식향衣食香 의식에서 향기가 난다는 뜻으로 풍족함을 말한다.

**감평**

물이 진방으로 빠지니 수국이고, 이때에 임자룡은 장생룡에 해당되어 생기를 품은 진룡이다. 입수가 생기를 품었으니 안장하면 대발할 터이고, 탐랑수가 도래해 쇠방으로 소수한다고 했다. 수국의 정생향인 인좌신향寅坐申向을 놓으면 곤신수는 향상으로 장생 탐랑수가 된다. 하지만 진방으로 빠지는 물은 쇠방 거문수가 아닌 묘방 파군수破軍水가 되니 결록에 착오가 있다. 『지리오결』은 '삼합연주귀무가로 인정이 대왕하고 부귀하며 자식은 효도하고 부부가 함께 늙으며 복록이 광대하다. 곤신방에서 탐랑성(木星)이 있어 혈을 대응하면 문장가가 난다. 만약 산이 없고 곤신 장생수가 내조한다면(貪狼沼超入壙前) 후손이 누에고치의 실처럼 오래도록 번성한다.' 하였다.

## ●와우형臥牛形

鎭岑雌牛山臥牛形積草案卯坐葬後當代發大小科世世不絶穴星豊厚必是佳地巽入首穴上十步

### 용혈도/감평

진잠 자우산雌牛山에 와우형臥牛形이 있고, 적초안積草案이다. 갑묘甲卯 입수이고, 장사를 지낸 후 당대에 발복하여 대 · 소과에 대를 이어 급제할 것이다. 혈장이 후덕하니 필히 아름다운 터이다. 혈에서 10보 위쪽에서 손사룡巽巳龍이 뻗어온다.

### 주해

| 자우산雌牛山 현재의 위치를 확인치 못했다.

충남 논산시 은진면

## ●반룡망수형盤龍望水形

恩津西十里盤龍望水形惑云弄珠形甲來艮坐午得戌破葬後名公巨卿世世不絶之地

**용혈도**

은진 남쪽 10리 지점에 반룡망수형盤龍望水形이 있는데, 일명 반룡농주형盤龍弄珠形이라고도 한다. 갑묘甲卯 내룡에 간인艮寅 입수하고, 병오방丙午方에서 도래한 물이 술방戌方으로 빠진다. 장사를 지낸 후 유명한 정승과 큰 벼슬아치가 대대로 끊어지지 않을 터이다.

**주해**

| 반룡망수형盤龍望水形 용이 물을 먹고자 바라보는 형국.

**감평**

은진면 관촉리에 있는 관촉사는 논산 시내의 반야산(般若寺) 중턱

에 자리 잡았고, 산이 가팔라 10여 척의 기단을 쌓고 땅을 고른 뒤 절을 세웠다. 이 절은 고려 광종 때 혜명慧明이 창건했는데, 창건 당시 조성한 '은진미륵恩津彌勒'에 얽힌 설화가 전해진다. 한 여인이 반야산에서 고사리를 꺾다 어린아이 우는 소리가 들려 달려가 보니, 아이는 없고 큰 바위가 땅에서 솟아오르고 있었다. 이 소식을 들은 광종은 바위에 불상을 조성할 것을 결정하고 혜명에게 그 일을 맡겼다. 일백 명의 공장工匠들이 970년 불상을 새기기 시작해 37년에 걸쳐 완성했으나 허리 아래의 하체와 그 윗부분 상체를 각각 다른 돌로 조각해 만들었기 때문에 상체와 하체를 사람의 힘으로 결합하기란 불가능하였다. 불상을 세우지 못하고 걱정하던 혜명은 어느 날 두 동자가 삼등분된 진흙 불상을 만들며 놀고 있는 것을 보게 되었다. 먼저 땅을 평평하게 하고 그 기초를 세운 뒤, 모래를 경사지

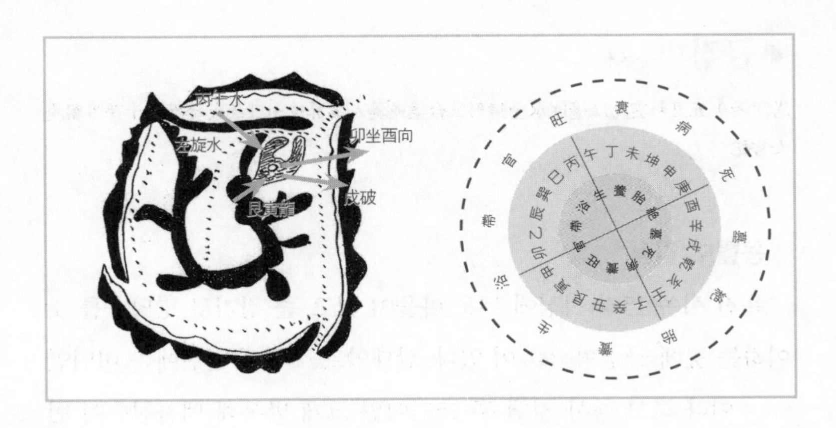


게 쌓아 중간과 윗부분을 세우고는 모래를 파내었다. 이를 보고 크게 깨달은 혜명은 같은 방법으로 미륵불의 상체를 세우니, 하늘에서 비가 내려 흙을 씻어주고, 서기가 21일 동안이나 서렸다고 한다. 미간의 옥호玉毫에서 발한 빛이 사방을 비추었는데, 중국의 승려 지안智眼이 그 빛을 보고 좇아 와 예배를 드렸으며 광명의 빛이 촛불의 빛과 같다하여 '관촉사'라고 절의 이름을 지었다. 이 절은 1386년 법당을 신축하고 1581년 백지白只가 중수했으며, 그 후 2차의 중수를 거쳐 지금에 이르고 있다.

물이 술방으로 빠지니 화국火局이고, 이때 간인룡은 제왕룡에 해당되어 생기를 품은 진룡이다. 병오방에서 득수한 물이 묘위 술방墓位戌方으로 좌선하니, 화국의 자왕향自旺向인 묘좌유향卯坐酉向을 놓으면 정법이다. 『지리오결』에서는, "삼합연주귀무가로 아내는 어질고 아들은 효도하고 오복이 집안에 가득하고 부귀하고 아들마다 모두 발복한다." 하였다.

## ●금경형金鏡形

恩津西十五里彩雲大江邊逆水金鏡形三台案或美人案葬後十五年大發百子千孫男駙馬女宮妃

### 용혈도/감평

은진 서쪽 15리 지점에 채운 마을이 있고, 큰 강가로 명당수를 맞이하는 곳에 금경형金鏡形이 있다. 삼태안三台案인데 일설에는 미인안美人案이라 하고 장사 지낸 후 15년이면 크게 발복해 백자천손이 번창하며, 남자는 임금의 사위(부마)가 되며 여자는 왕비가 된다.

### 주해

| 채운彩雲 충남 논산시 채운면을 가리킨다.

| 대강변大江邊 이곳은 금강 하류에 속하니, 금강을 가리킨다.

| 금경형金鏡形 미인이 거울을 바라보는 형국으로 옥녀단장형과 같다.

| 삼태안三台案 안산의 모양이 '品'자형이면 삼형제가 나란히 고거

에 급제하고, 'ㅁㅁㅁ'자형 삼태봉이면 삼정승이 배출된다.

## ● 천마형天馬形

恩津南平地天馬形穴格水格主格案格俱是誤差然吉人遇之葬過十年必捷科間間富貴異於他族邑内諸穴中爲魁勿浪傳

**용혈도/감평**

은진 남쪽의 평지에 천마형天馬形의 명당이 있다. 혈 · 수 · 주산 · 안산이 격식에 맞았다. 착오를 일으켜 재수 좋은 사람이 이 혈을 우연히 차지한다면, 장사 지낸 후 10년이면 반드시 과거에 급제해 간간이 부귀를 누리나 타 지방 사람에게는 소용이 없다. 읍내의 여러 명당 중 으뜸이니 함부로 전하지 마라.

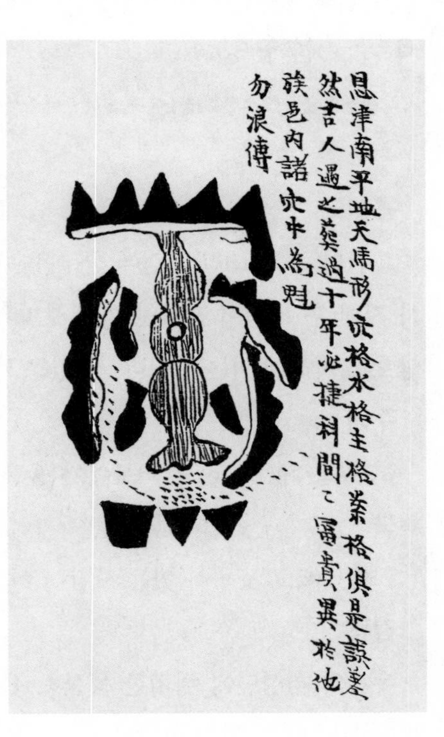


**주해**

| 천마형天馬形 천마가 하늘을 나는 형국.

| 혈중위괴穴中爲魁 혈 중에서 으뜸인 혈이다.

## ●금구음수형金龜飮水形

沃川東十里金龜飮水形葬後十年先富後貴位至七代公卿之地福人宜得

**용혈도**

옥천의 동쪽 10리 지점에 금구음수형金龜飮水形의 명당이 있다. 장사 지낸 후 10년이 지나면 먼저 부자가 되고, 나중에 7대에 걸쳐 재상으로 귀하게 되는 터이다. 복 있는 사람이 차지할 것이다.

**주해**

| 금구음수형金龜飮水形 거북이가 물을 먹기 위해 물가로 내려오는 형국.

| 복인의득福人宜得 복 있는 사람이 이 혈을 얻을 것이다.

**감평**

옥천의 청성면에 위치한 독산獨山은 본래 속리산 법주사에 있던

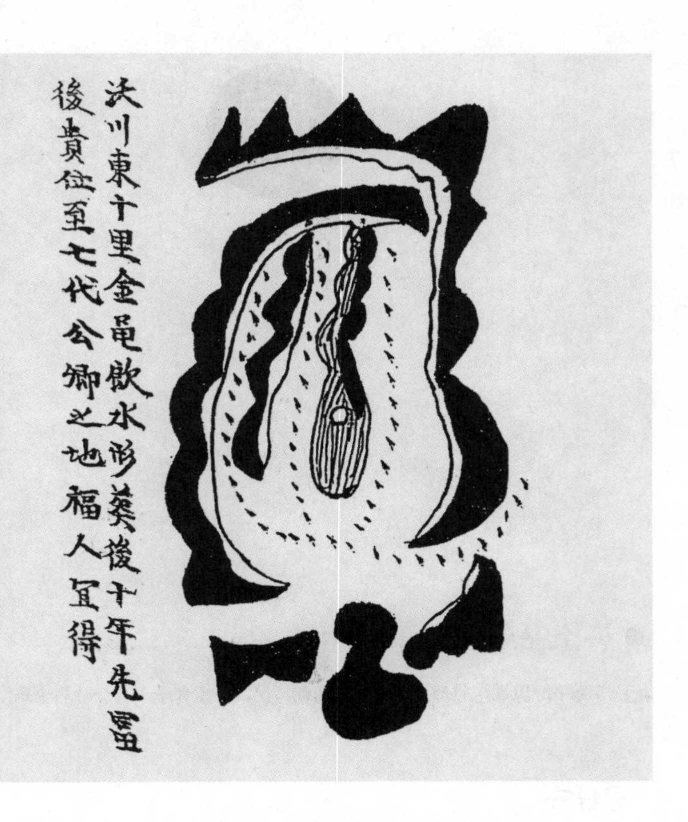
沃川東十里金龜飮水形葬後十年先富
後貴位至七代公卿之地福人宜得

산이다. 어느 해에 홍수가 나 이곳까지 떠내려 왔는데, 법주사는 해마다 독산의 지세地稅를 받아갔다. 어느 현감이 이를 부당하게 여겨 독산이 필요 없으니 도로 가져가라고 하자, 그 뒤로는 지세를 물지 않았다고 한다.

## ●봉소포란형鳳巢抱卵形

扶餘石灘平野鳳巢抱卵形壬坐三面水曲朝扞後二年生貴子十八發馳馬金馬門必矣

### 용혈도

부여의 석탄石灘 평야 지대에 봉소포란형鳳巢抱卵形의 명당이 있다. 임자壬子 내룡인데, 3면에서 물이 혈장 앞으로 굽어 흐르니 안장 후 2년이면 귀한 자식을 얻는다. 18년이면 치마금마馳馬金馬의 가문이 된다.

### 주해

| 석탄石灘 『신증동국여지승람』에 '현 동쪽의 12리에 있으며, 백마강의 상류이다.'하여 현재 백마강의 낙화암을 가리킨다.

| 봉소포란형鳳巢抱卵形 봉황이 둥지에서 알을 품는 형국.

| 삼면수三面水 혈장을 중심으로 물이 삼면에서 흘러든다.

| 치마금마馳馬金馬 명문대가를 뜻하는 것으로 추측됨.

## 감평

부여 양화면 원당리에 있는 유왕산(留王山 57m)은 백제의 멸망과 함께 의자왕의 아픔이 서려 있는 산이다. 660년 당나라 소정방은 백제를 멸망시킨 후 의자왕과 태자 효 그리고 93명의 대신을 비롯해 총 1만 2천8백명을 포로로 삼아 그 해 8월에 사비성을 떠났다. 이때 백성들은 임금의 행차를 조금이라도 멈추게 하려고 이 산에 올라 기다렸고, 그런 연유로 유왕산이라 불렀다. 부여의 석탄石灘 평야지대에 봉소포란형鳳巢抱卵形의 명당이 있다고 하나 용혈도에 득수와 파의 내용이 없어 풍수적 감평은 어렵다.

## ●와룡형臥龍形

扶餘恩山壬坐坤貪申巨水臥龍形扦後七八年發百子千孫傳於求世之地

### 용혈도

부여의 은산恩山에 임자壬子 내룡에 혈이 맺혔다. 곤방坤方의 탐랑수와 신방申方의 거문수가 들어오는 와룡형臥龍形이다. 안장 후 7~8년이면 발복해 백자천손이 전한다. 세상을 구할 터이다.

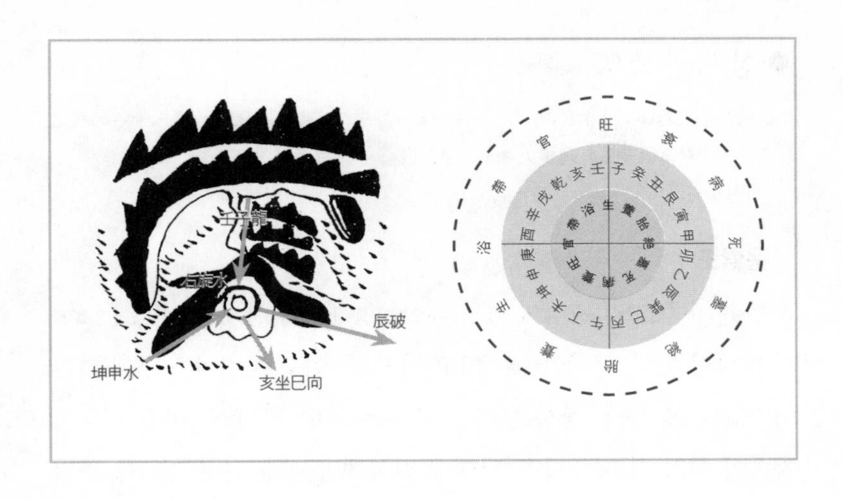


## 주해

| 은산恩山 부여군 은산면을 가리킨다.

| 곤탐신거수坤貪申巨水 곤방의 탐랑수와 신방의 거문수가 들어온다.

| 와룡형臥龍形 용이 누워 있는 형국.

## 감평

곤수坤水가 양생수養生水인 탐랑수가 되려면 수국에 한하니, 임자내룡은 수국의 장생룡에 해당되어 생기가 왕성하다. 하지만 신수申水는 어떤 경우든 쇠수衰水인 거문수가 될 수 없으니 착오가 있는 결록이다. 따라서 용혈도를 임자룡과 곤신 득수에 방위를 맞추어 수구를 격정하면 진파辰破이다. 수국으로 임자룡은 장생룡이 되어 생기가 왕성하며, 해좌사향亥坐巳向을 놓으면 향상으로 곤신 임관수가 도래해 양위養位로 빠지는 진신수법이다. 양위를 충파한다고 하지 않으며 대부대귀하고 인정이 창성하고 발복이 면원하다.

## ●상제봉조형上帝奉朝形

扶餘西三十里泰山下上帝捧朝形群臣案子坐内外水口石山崔巍之衆葬後三十年輔國之材多出當代發萬代榮華之地道天寺上十里許羅發峙한 참올나

**용혈도**

부여 서쪽 30리 지점에 있는 태산泰山 아래에 상제봉조형上帝捧朝形의 명당이 있다. 군신안群臣案이고 임자壬子 입수로 내외 수구에 석산이 가파르게 높다. 장사를 지낸 후 30년이면 정1품의 벼슬을 오를 자손이 여러 명 배출되고, 당대에 발복해 만대를 걸쳐 영화를 누릴 터이다. 도천사道天社 위쪽으로 10리 거리이며 나발치羅發峙에서 한 참 올라가 찾으라.

**주해**

| 태산泰山 혈처 근처에 도천사道天寺가 있다고 하는데, 『신증동국여지승람』에 '도천사道泉寺는 취령산鷲靈山에 있다.' 하였다. 따라서 현재의 조공산(306m)을 가리키는 것 같다.

| 상제봉조형上帝奉朝形 옥황상제가 신하들의 하례를 받는 형국으로 안산은 군신안群臣案이다.

| 보국지재輔國之材 대광보국숭록대부를 뜻하며, 정1품의 벼슬아치이다.

| 도천사道天寺 『신증동국여지승람』에 '도천사道泉寺는 취령산鷲靈山에 있다.' 하였다.

| 나발치羅發峙 부여의 은산과 청양의 남양을 경계 짓는 고개로 현재 29번 국도가 통과한다.

## 감평

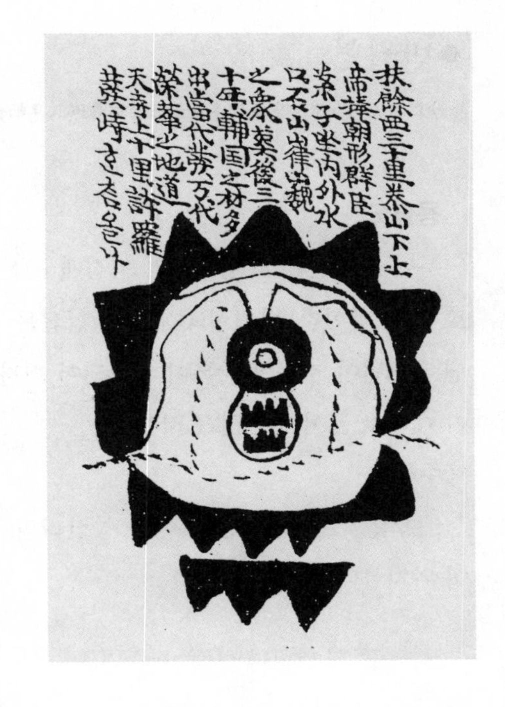

'대광보국숭록대부大匡輔國崇祿大夫'란 조선시대 벼슬아치의 품계로 정1품에 해당된다. 옛날 충청도에 한 노파와 아들이 살았는데, 노파는 떡 장사를 해 아들이 공부하는 뒷바라지를 하였다. 하루는 스님이 찾아와 시주를 요구하자 가난한 노파는 있는 식량을 모조리 퍼내어 시주하였다. 그러자 스님은 아비의 무덤을 어느 곳으로 옮기라 하면서, 그 자리는 대광보국숭록대부가 날 자리라고 말했다. 스님의 말을 '대광주리에 숭늉'으로 잘못 알아들은 노파는, 그 날부터 매일 남편의 무덤에 갈 때에는 꼭 대광주리에 숭늉을 담아 가지고 가서 아들의 급제를 빌었다. 이러한 정성으로 아들은 남보다 더욱 열심히 공부해 장원으로 급제하였고, 훗날 정1품의 대광보국숭록대부의 벼슬에 올랐다고 한다.

## ●반월형半月形

扶餘烏石山南八里坤來庚作半月形三台案葬過八年始發百子千孫淸官代代不絶之地

### 용혈도

부여 오석산烏石山 남쪽 8리 지점에 곤신坤申 내룡에 경유庚酉 입수로 혈이 맺혔다. 반월형半月形으로 안산은 삼태안三台案이다. 장사 지낸 후 8년이 지나면 발복이 시작되어 백자천손이 번창하고, 청백리가 대대로 끊어지지 않을 터이다.

### 주해

| 오석산烏石山 부여군 부여읍 능산리의 뒷산으로, 능산리 고분군이 위치한다.

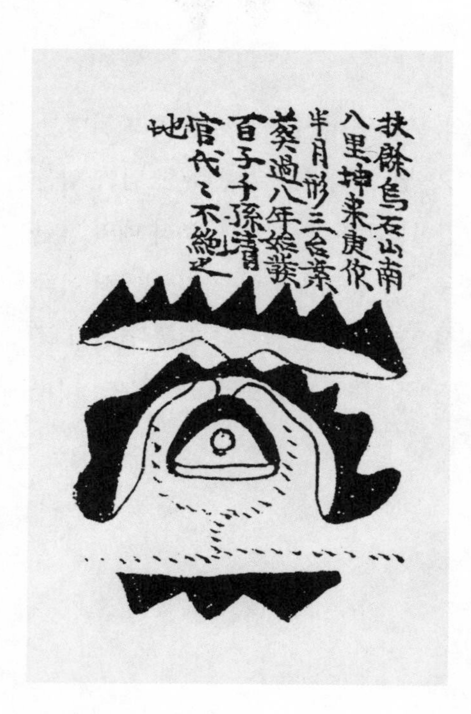


| 반월형半月形 반월은 만월이 되기 위해 기를 응집하니 혈을 맺는다.

| 청관淸官 청백리를 뜻한다.

### 감평

능산리 고분이 위치한 오석산은 동쪽에 청룡, 서쪽에 백호에 해당하는 능선이 각기 돌출되어 있고 전방에는 하천이 동에서 서로 흐른다. 또 들판을 건너 남쪽 전방에는 주작에 해당하는 안산이 솟아 있으며, 그 너머에는 백마강이 보인다.

## ●비룡음수형飛龍飮水形

扶餘南十里飛龍飮水形兌來坤坐葬後十五年子孫昌大然穴犯未殺則大不幸得用者愼之

**용혈도/감평**

부여 남쪽 10리 지점에(큰 강가로) 비룡음수형飛龍飮水形의 명당이 있다. 경유룡庚酉龍으로 뻗어와 곤신坤申 입수로 혈이 맺혔다. 장사 지낸 후 15년이 지나면 자손이 크게 번성한다. 그러나 혈의 살기를 제압치 못하면 큰 불행이 찾아오니 혈을 쓸 사람은 신중해야 한다.

**주해**

| 비룡음수형飛龍飮水形 하늘을 날던 용이 물을 마시려는 형국.

| 혈범미살穴犯未殺 혈을 침범한 살기가 아직 남아 있다.

## ●노구예미형老龜曳尾形

扶餘白馬江邊老龜曳尾形八水格壬坐葬後七年大發富貴冠於世凡人小而棄之然有主之地孰可知也

### 용혈도

부여 백마강 가로 노구예미형老龜曳尾形의 명당이 있다. 물이 '八'자 모양으로 흐르고 임자壬子로 입수하였다. 장사 지낸 후 7년이 지나면 크게 발복해 부귀와 함께 평범한 사람이 벼슬길에 오른다. 소인은 그것을 버릴 것이니 인연 있는 주인만이 능히 알아볼 것이다.

### 주해

| 노구예미형老龜曳尾形 늙은 거북이 꼬리를 끌고서 물로 들어가는 형국.

| 숙가지야孰可知也 능히 알아볼 것이다.

### 감평

용혈도에서 패철을 임자에 맞추고 수구를 격정하면, 우측의 곤신

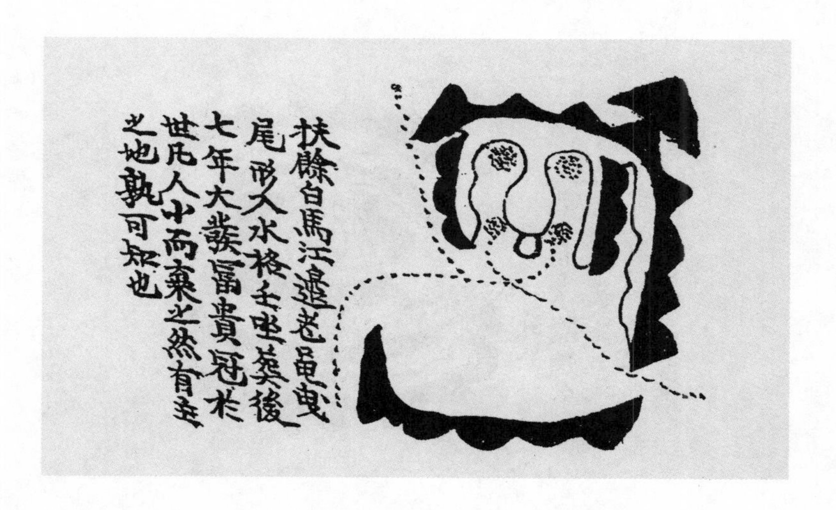

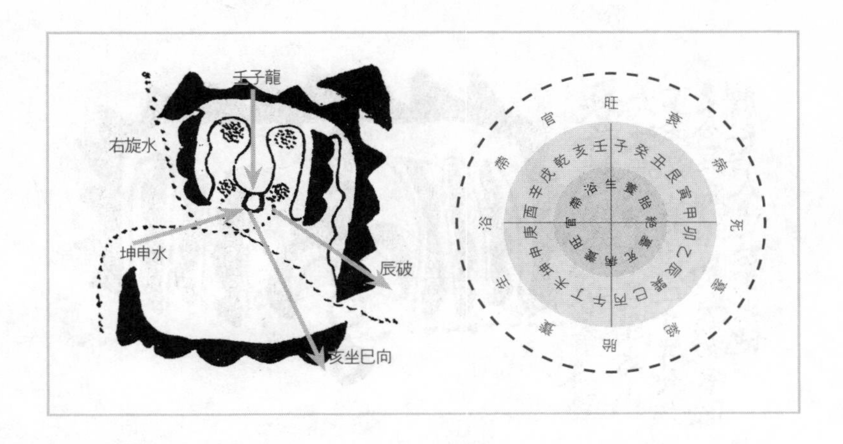


수坤申水가 도래해 진방辰方으로 빠진다. 이때에 해좌사향亥坐巳向을 놓으면 향상 금국에서 임관수가 상당하고, 내룡은 생기를 품은 장생룡이다. 안장하면 대발할 터이다.

## ●구룡쟁주형九龍爭珠形

扶餘鵲川北九龍爭珠形大江案甲來艮坐太山下土星葬後二十年大發名公巨卿不知其數名師薦之吉人過葬之地

### 용혈도

부여 작천鵲川 북쪽에 구룡쟁주형九龍爭珠形의 명당이 큰 강을 안산[大江案]으로 삼았다. 갑묘룡甲卯龍으로 뻗어와 간인艮寅으로 입수하니, 태산太山 아래의 토성土星이다. 장사 지낸 후 20년이면 크게 발복해 정승 · 판서가 부지기수로 배출된다. 뛰어난 풍수사의 추천을 받은 복 있는 사람이 장사 지낼 땅이다. 『비기』에는 "或云自兌轉亥入首乾坐卯得丁破吉地夫餘界"라 하여, 건해乾亥 입수에 갑묘甲卯 득수

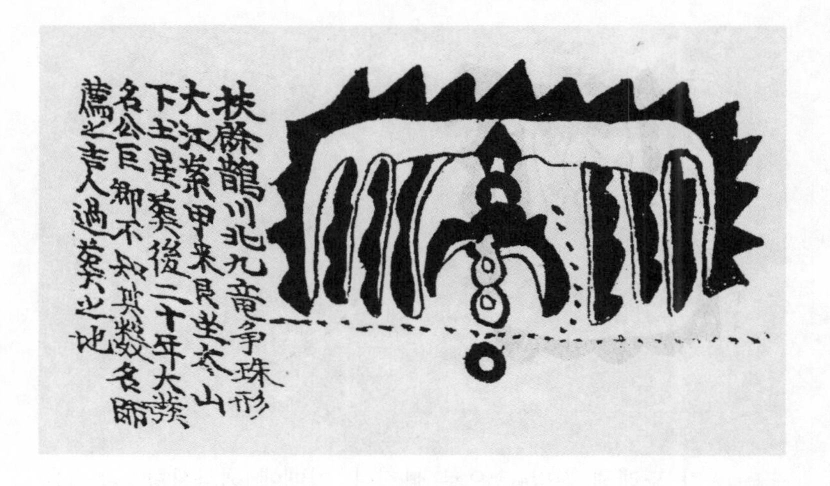


하고 정파丁破라고 하였다.

**주해**

| 작천鵲川 청양군 대치면 장곡의 남쪽 사면과 구치계곡에서 발원해 금강으로 합류하는 하천으로, 현재는 지천之川 · 까치내라고 부른다. 하천이 우회迂廻와 사행蛇行이 심하여 마치 갈지자(之)처럼 흘러서 생긴 이름이다.

| 구룡쟁주형九龍爭珠形 용은 여의주를 입에 물어야 승천하고, 얻지 못하면 승천할 수 없다. 때문에 여의주를 얻고자 서로 다투며, 만약 여의주를 얻는다면 가지고 논다. 이 농주弄珠는 승천의 조짐으로, 이 지형의 소응은 종묘에 배향될 큰 관리를 낼 터이다.(『조선의 풍수』)

| 태산하토성太山下土星 현재의 조공산(306m)을 가리키는 것 같다.

| 명사名師 풍수학에 밝은 지사地師를 가리킨다.

**감평**

물이 좌선해 정방丁方으로 빠지니 목국이고, 이때 간인艮寅 입수는 목욕룡에 해당되어 물이 차거나 수맥이 흐르는 흉지이다. 따라서

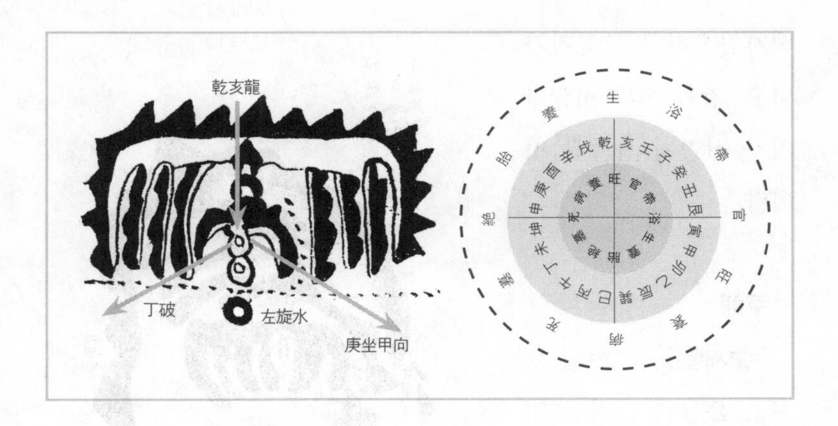


『비기』의 결록처럼 건해 제왕룡乾亥帝旺龍으로 입수된 것으로 판단한다. 또 갑묘방甲卯方에 득수하니, 목국의 정왕향인 경좌갑향庚坐甲向을 놓으면, 생래회왕하는 진신수법으로 부귀가 충만할 터이다. 『지리오결』에서는 '건해 장생수가 좌선하여 묘위 정미방으로 소수하니 삼합연주귀무가이다. 금성수법으로 대부대귀하고 인정창성하며 충효현량하고 남녀 모두 오래 살고 자식마다 발복이 오래도록 이어진다. 간인방에 산이 수려하면 복이 면면하고, 사모사紗帽砂가 있으면 소년 장원이 난다. 갑묘방의 왕수旺水는 한 방울이 천금같이 귀하다.' 하였다.

## ●상제봉조형上帝奉朝形

**扶餘高堤洞酉坐云百子千孫文章清顯朱紫滿門之地(『秘記』 上帝奉朝形)**

### 용혈도/감평

부여 고제동高堤洞에 경유庚酉 입수의 상제봉조형上帝奉朝形이 있다.

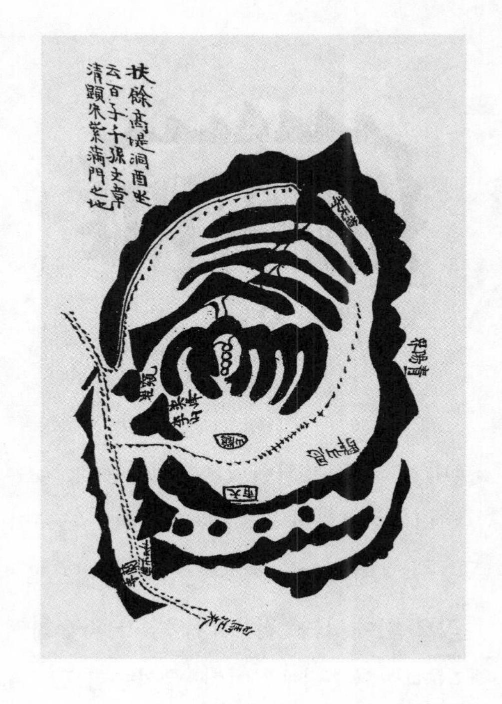


백자천손하고 문장가가 나고, 청현淸顯의 벼슬아치가 집안에 가득할 땅이다.

**주해**

| **고제동**高堤洞 현재 부여군 은산면 근처일 것이나 확인치 못했다.

| **청현주자**淸顯朱紫 청환淸宦과 현직顯職을 가리킨다. 청환은 학식·문벌이 높은 사람이 하던 규장각·홍문관·선전관청 등의 벼슬이고, 현직은 고귀한 관직을 말한다.

보령시 남포면

## ● 용형龍形

藍浦艮峙下甲卯龍西向龍形分明來八去八擁衛三吉六秀具備葬後十年大發百子千孫萬代榮華之地

### 용혈도

남포의 간치艮峙 아래에 갑묘甲卯 내룡에 서향으로 용형龍形이 맺혔다. 산줄기가 '八'자 모양으로 오고가며 옹위하고 삼길육수를 갖추었다. 장사 지낸 후 10년이면 크게 발복해 백자천손이 번창하고 만대에 영화를 누릴 땅이다.

### 주해

| 간치艮峙 다른 『비기』에는 '乾峙'로 기록되어 있으나 현재 위치는 확인치 못했다.

| 삼길육수三吉六秀 삼길은 卯 · 庚 · 亥방에 있는 수려한 산으로 부

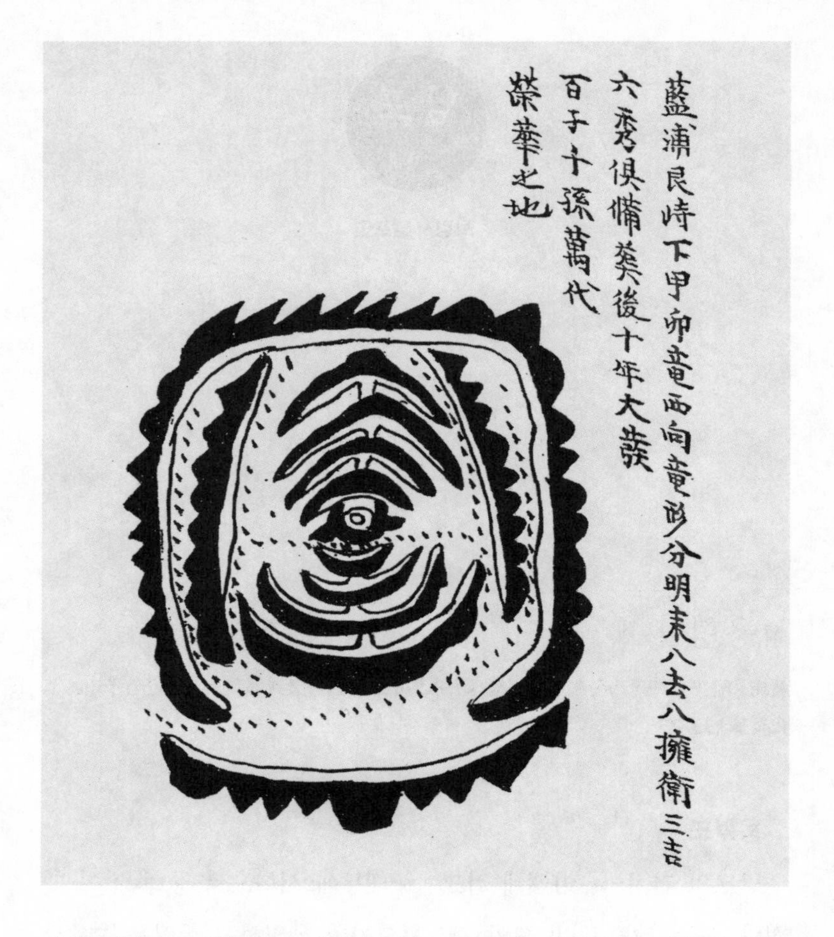
藍浦艮峙下甲卯龍西向龍砂分明來八去八擁衛三吉
六秀俱備葬後十年大發
百子千孫萬代
榮華之地

귀와 장수를 기약하고. 육수는 艮·丙·巽·辛·酉·丁방에 있는 산으로 혈장의 생기를 강화시켜 후손의 발복을 촉진한다.

**감평**

신라시대의 문장가 최치원은 벼슬을 그만두고서 남포 앞바다에 떠 있는 조그만 바위섬에서 한때를 머물렀다. 이 섬은 남포면 월전리에 있는데, 1986년 남포 지구 간척사업으로 지금은 육지와 연결되어 도로를 통해 들어갈 수 있다. 맥도麥島라고 불리는데, 바위가 병풍처럼 둘러 쳐 있어 일명 병풍바위라 불린다. 지금은 유적지로 가꾸어 널찍한 마당과 산으로 오르는 계단이 설치되어 있으나, 찾는 사람이 없어 잡초만 가득하다. 거대한 바위들이 우뚝 솟은 섬에 최치원이 머물 때이다. 하루는 조그만 바위를 반석盤石 위에 올려놓고 자정만 되면 저절로 회전하게 해 놓았다. 그러고는 떠나면서 말하기를, "이 바위가 회전을 멈추는 날은 내가 생명을 마치는 날이다." 하고 예언하였다. 이 일로 이 바위를 자마석自磨石이라 불렀는데, 섬에 가득한 바위 중 어떤 것이 자마석인지는 알 수 없다.

## ●목단형牧丹形

藍浦東二十里聖住山牧丹形艮來巽落起七峰穴在土巖中卯坐癸亥得坤歸水龍淵內龍虎重疊東無量西玉馬山北聖主山南羊角山四大山水口龍淵周百里三十八將峯方圍重疊世世將相封君之地, 破來廉去雖先凶出將入相亦後分.『土亭 詩』行行聖主山前路/ 雲霧重重不暫開/ 一朶牧丹何處綻/ 青山萬疊水千回

### 용혈도

남포 동쪽 20리 지점에 성주산聖住山이 있고, 그곳에 목단형牧丹形의 명당이 맺혔다. 간인룡艮寅龍으로 뻗어와 손사巽巳로 떨어지고 일어서 7개의 봉을 이루었다. 혈은 흙더미[土巖] 속에 있고, 갑묘甲卯로 입수했는데, 계축癸丑 · 건해방乾亥方에서 득수해 곤방坤方으로 돌아가 용연龍淵에 흘러든다. 내 청룡과 백호가 몇 겹으로 감싸 안고, 동쪽에는 무량산, 서쪽에는 옥마산玉馬山, 북쪽에는 성주산, 남쪽에는 양각산羊角山 등 네 개의 큰 산이 있다. 수구인 용연은 그 물길이 백리에 미치고, 그 외에 38개의 장군봉들이 사방을 둥글게 겹겹으로

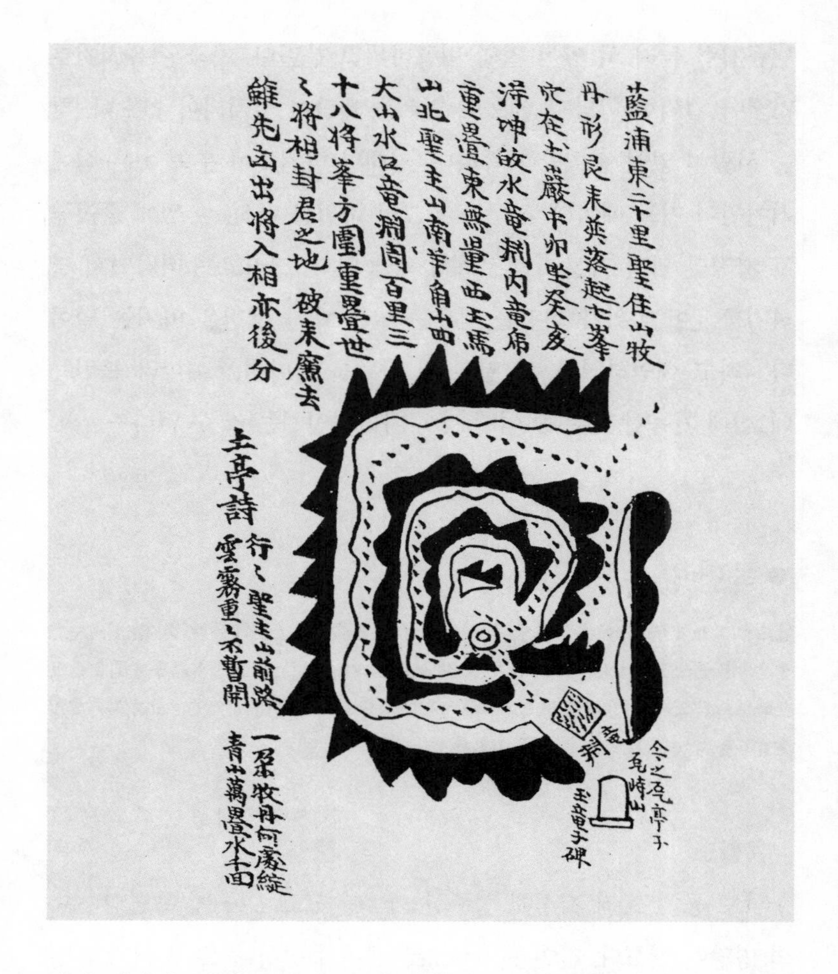


감싸 안았다. 대대로 장상將相이 배출되고, 군君에 봉해질 터이다. 파군수가 들어와 염정수로 나가니, 비록 먼저는 흉하나 나중에는 장군이 배출되고 재상의 반열에 오른다. 토정의 시가 전한다.

> 行行聖主山前路 성주산 앞쪽의 길을 가고 또 가는데
>
> 雲霧重重不暫開 짙은 운무가 잠시도 걷히지 않네

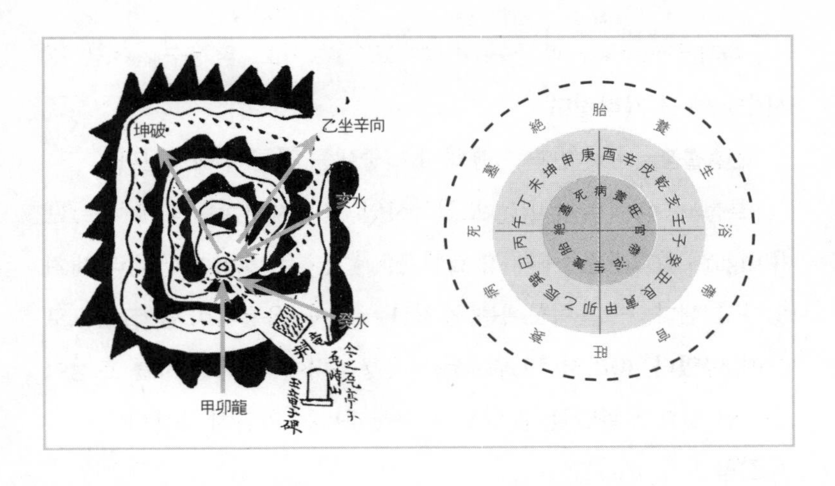


一朶牧丹何處綻 한 떨기 목단꽃은 어디에 피었는가

青山萬疊水千回 빼곡한 산 사이로 물은 굽어 흐른다

## 주해

| 성주산聖住山 성주산(680m)은 예로부터 선인이 살았다 하여 붙여진 이름이고, 무연탄광인 성주탄광이 있다. 또 신라 태종의 8세손인 무염無染이 당나라로 가서 30년 동안 수행한 뒤 귀국해 이 산에 있는 오합사烏合寺에서 입적하였다. 그 뒤 성승聖僧이 살았던 절이란 뜻에서 성주사聖住寺라 고쳐 부르고, 성주사가 있는 산을 성주산이라 부르게 되었다.

| 목단형牧丹形 모란은 부귀영화를 상징하는 꽃이다. 그러나 꽃이 활짝 피면 부귀영화의 절정에 올라 다음부터는 시든다. 그래서 영화가 계속되려면 반쯤 핀 꽃이 더 좋고, 꽃 수술에 혈이 맺힌다고 한다.

| 용연龍淵 용이 사는 못이란 뜻으로, 물웅덩이를 가리킨다.

| 파래염거破來廉去 파군수破軍水는 묘수墓水이고, 염정수廉貞水는 병사수病死水를 가리킨다.

| 선흉출장先凶出將 먼저는 흉하나 나중에는 장군이 배출된다.

| 토정시土亭詩 『비기』에는 도선국사인 '옥룡자비玉龍子碑'에 '行行聖主山前路 雲霧重重不暫開 依石牧丹何處托 靑山萬疊水千回'라 새겨 있다고 했다. 또 용혈도에는 돌치산乭峙山에 '옥룡자비'를 그림으로 그려 넣었다. 따라서 '土亭 詩'는 옥룡자비에 새겨진 시를 토정이 읊조린 것으로 판단할 수 있으나, 옥룡자비는 확인치 못했다.

**감평**

이곳을 감평하면, 물이 우선하여 곤파坤破이니 갑묘 입수는 목국의 장생룡에 해당한다. 입수룡이 생기를 품었고, 계축 관대수 · 건해 장생수가 도래하니 목국의 정양향인 을좌신향乙坐辛向을 놓으면 정법이다. 『지리오결』에서는, '삼합연주이며 귀인녹마상어가貴人祿馬上御街라 하여 인정과 재물이 풍성하며, 공명현달하며 발복이 면원하다. 남녀 모두 장수하고 자식마다 발복하지만 셋째가 더욱 발달하고 딸들도 모두 뛰어나다. 또 갑묘 왕수가 간인 임관수, 계축 관대수와 합쳐져 향 앞을 지나 절방絶方으로 소수하니 크게 귀부하다. 임관봉이 있으면 삼정승의 위치에 오른다.'고 하였다. 여기서 비결에 파군수破軍水가 들어와 염정수廉貞水로 나간다는 뜻은 목국의 파군수인 정미수丁未水와 도래해 병사수인 손사 · 병오방으로 빠진다는 것으로, 본 용혈도의 내용에 비춰보아 이치에 맞지 않는 기록이라 생각한다.

## ●목단형牧丹形

藍浦辰方二十里兩代大發萬代榮華牧丹形羊角山小祖玉馬山中祖聖主山太祖艮來二十里回放辛兌十里辛作腦亥入首乾坐丁未得乙破

### 용혈도

남포 진방辰方 20리 지점에 양 대에 걸쳐 발복해 만대에 영화를 누릴 목단형牧丹形의 명당이 있다. 양각산이 소조산이고, 옥마산이

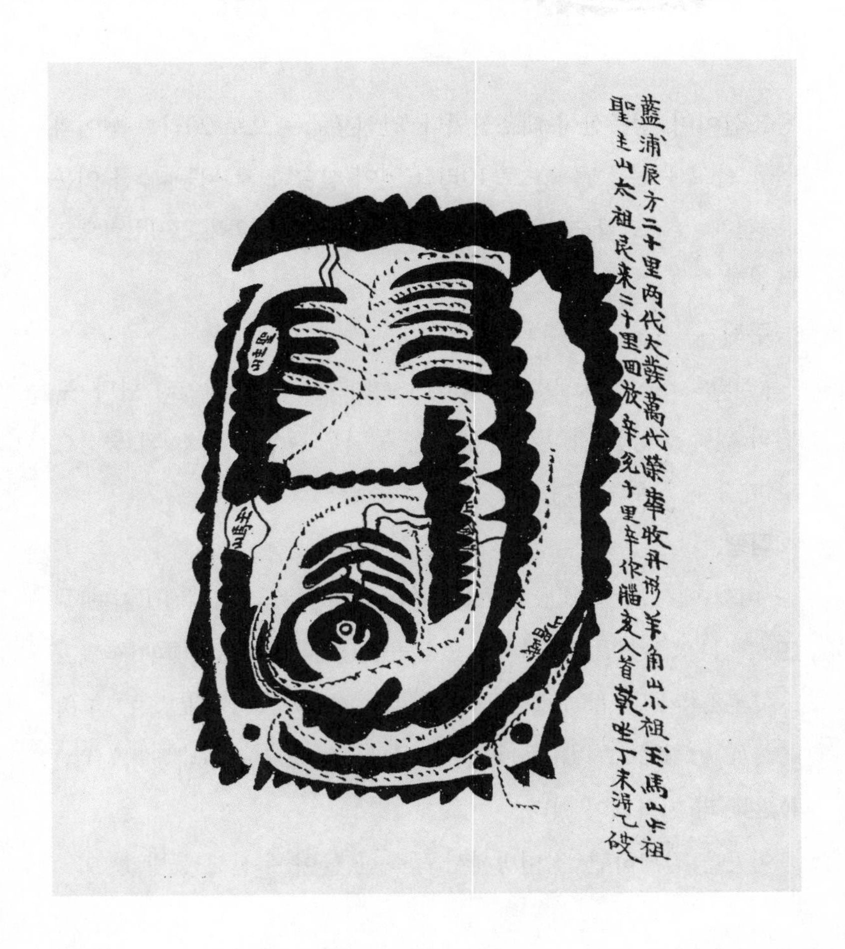

중조산이며, 성주산이 태조산이다. 간인룡艮寅龍으로 20리를 뻗어와 몸을 틀고 유신룡酉辛龍으로 10리를 뻗어 신술辛戌로 뇌두腦頭를 이룬 후 건해乾亥 로 입수하였다. 정미방丁未方에서 득수해 을방乙方으로 빠진다.

**주해**

| 작뇌作腦 두뇌頭腦로서, 일명 만두巒頭 혹은 승금乘金이라 한다. 무덤의 뒤쪽 중앙을 가리키며, 보통은 무덤을 감싼 성벽城壁의 중심으로 가장 높은 위치이다.

**감평**

『비기』에서는 '藍浦辰方三十里羊角山牧丹形羊角小祖玉馬中祖聖主太祖艮來二十里周廻辛兌十里羊角峻起七里帳中出辛垂頭作腦亥入乾坐乙得丁破. 龍虎重疊回結局外堂平圓艮方大川逆流未丙方羊角蹲蹲如虎跪蛾嵋眞以抱龍回聖住渴龍連玉馬牧丹一朶向陽開萬代榮華之地'라 기록되어 있다.

이곳을 감평하면, 정미방에서 득수한 물이 우선해 을방乙方으로 빠지니 수국이다. 이때에 건해 입수는 목욕룡에 해당되어 물이 차거나 수맥이 흐르는 흉지이다. 이 경우 수국의 자생향인 건좌손향乾坐巽向을 놓으면 정미 관대수丁未冠帶水가 우선해 양위 을방養位乙方으로 빠지니, 양위를 충파한다고 하지 않으며 부귀를 누리고 인정이 창성한다. 하지만 입수룡이 생기를 품지 못했으니 대발할 터는 못된다. 만약 『비기』의 결록처럼 을방에서 득수한 물이 좌선해 정방으로 빠진다면, 건해룡은 제왕룡에 해당하여 생기가 왕성한 진룡이고, 이때에 목국의 자왕향인 임좌병향壬坐丙向을 놓는다면 을진 관대수乙辰冠帶水가 좌선해 쇠방衰方으로 소수하는 진신수법이다. 『지리오결』에서는 '화국의 간인 장생수, 을진 관대수, 손사 임관수가 회합하여 상당한 뒤에 쇠방인 정미방으로 소수하니, 생래회왕하여 발부발귀하고 오래 살고 인정이 흥왕한다. 손사 임관방에 문필봉이 있으면 진위절지眞爲切地라 한다. 오방午方에 천마天馬가 있으면 최관최속하고 정봉丁峰이 있으면 장수하며 문과 급제가 끊어지지 않는다.' 하였다. 따라서 용혈도 상의 을파乙破가 아닌 『비기』와 같이 정파丁破 이며 좌선수일 가능성이 높은 터이다.

## ● 한천동혈寒泉洞穴

**藍浦鴻山接界寒泉洞右壬艮屈曲丑一節艮坐辰丙得辛(破)葬後百子千孫富貴兼全之地今云酒亭康藍浦塚上云云**

### 용혈도

남포와 홍산의 경계 지점에 한천동寒泉洞이 있고, 그 우측에 임간壬艮으로 굴곡하여 계축癸丑으로 1절이 꺾여 혈로는 간인艮寅이 입수

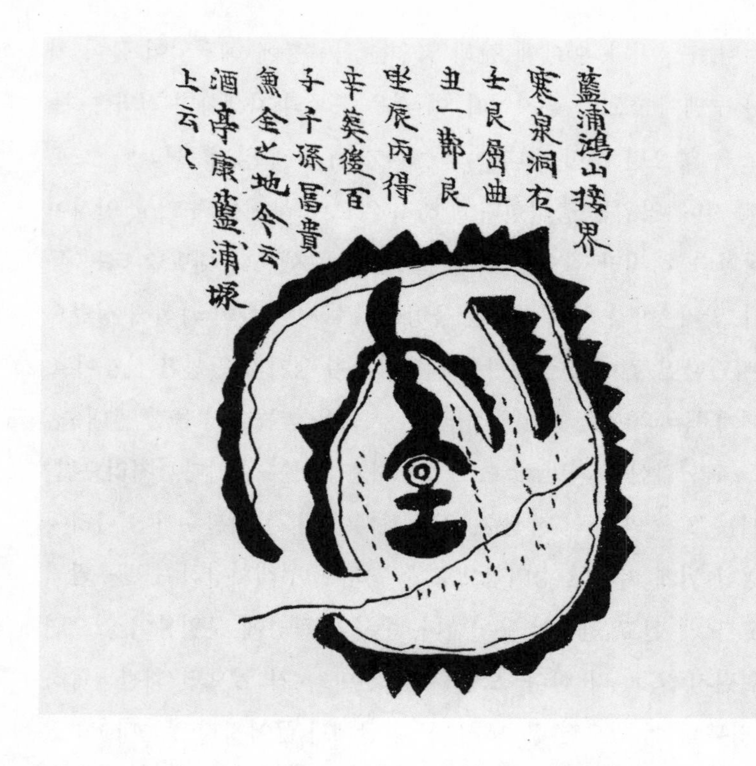


하였다. 을진乙辰 · 병오丙午에서 득수해 신파辛破이다. 장사 지낸 후 백자천손이 번성하고 부귀를 겸할 터이다. 근래에 듣기에 주정酒亭 강씨康氏네의 남포 무덤이 그 위에 있다는 말이 있다.

### 주해

| 한천동寒泉洞 현재의 위치를 확인치 못했다.

| 주정강酒亭康 아호가 주정酒亭이며, 강씨 성을 가진 사람일 것이다.

### 감평

물이 좌선해 신파辛破이니 화국이고, 이때에 간인은 제왕룡에 해당되어 생기를 왕성하게 품은 진룡이다. 화국의 정왕향인 임좌병향을 놓으면, 을진 관대수乙辰冠帶水가 향상의 병오 제왕수丙午帝旺水와

합쳐져 묘위墓位 신방으로 빠지는 진신수법이다. 『지리오결』에 '삼합연주귀무가로 생래회왕하니 금성수법으로 대부대귀하고 인정창성하며 충효현량하고 남녀 모두 오래 살고 자식마다 발복이 오래도록 이어진다. 손사방巽巳方에 문필봉이 있고 손사 임관수巽巳臨官水가 내조하면 자식과 손자들이 벼슬길에 올라 복록과 재물이 많으며, 병오방丙午方에 비만하고 통실한 산이 있고 병오 제왕수丙午帝旺水가 모여들면 석숭石崇 같은 큰 부자가 된다.' 하였다. 하지만 용혈도 상에서 간인 입수룡을 통과한 용맥이 앞쪽에 두 산으로 겹겹이 솟아났는데, 이것은 입수룡이 득수한 지룡支龍이 아닌 간룡幹龍에 해당함을 나타난다. 따라서 입수룡이 득수를 못했으니 지기의 응집 또한 약할 수밖에 없다.

충남 부여군 홍산면

## ●천보산혈天寶山穴

鴻山天寶山壬坎乾亥丑艮回旋甲卯垂頭甲坐乾亥得丁破三吉六秀俱備葬後科甲連出之地

**용혈도**

홍산의 천보산天寶山에 임자壬子→건해乾亥→축간丑艮으로 몸을 틀더니 갑묘甲卯로 몸을 세웠고 갑묘로 입수한 혈이 맺혔다. 건해방乾亥方에서 득수해 정파丁破이다. 삼길육수를 갖추었으니 장사 지낸 후 장원급제자가 연달아 배출한다.

**주해**

| 천보산天寶山 『신증동국여지승람』에 '본 읍의 북쪽 13리 지점에 있다.' 하였다. 현재 부여군 내산면 천보리의 뒷산을 가리킨다.

**감평**

건해방에서 득수한 물이 우선해 정방丁方으로 빠지니 목국이고,

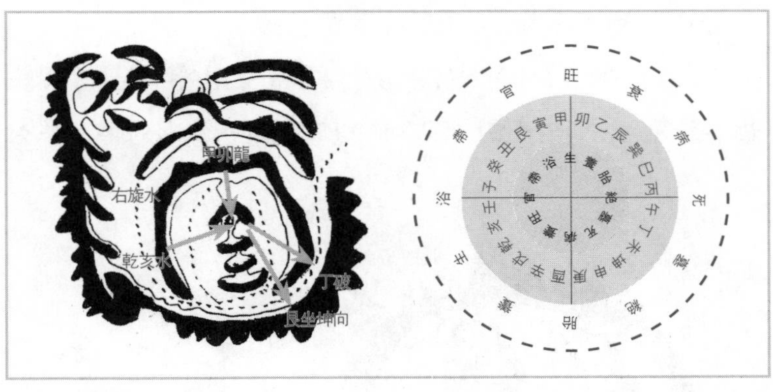


갑묘룡은 장생에 해당되어 생기를 품은 진룡이다. 이 경우 목국의 정생향인 손좌건향巽坐乾向을 놓는 것이 정법이다. 하지만 당국의 형세를 감안해 자생향인 간좌곤향艮坐坤向을 놓는다면, 건해 임관수가 양위養位 정방丁方 소수하는 격으로 양균송의 진신수법에 합당하다. 부귀를 누리고 후손이 번창하며 과거에 급제해 벼슬이 높을 명당이다. 만약 신향申向을 놓으면 용상팔살에 해당되어 극히 흉하다.

## ●장군대좌형將軍大坐形

鴻山揷峙辛兌龍兌入首酉坐壬得丙破將軍大坐形水口有華表三吉六秀俱備葬後十年文武連出卿相之地

### 용혈도

홍산 삽치揷峙에 유신酉辛으로 뻗어와 경유庚酉로 입수한 장군대좌형의 명당이 있다. 임방에서 득수해 병방丙方으로 빠지며, 수구에는 화표華表가 있다. 삼길육수를 갖추었으니, 장사 지낸 후 10년이면 문무과에 급제해 재상이 배출될 터이다.

### 주해

| **삽치揷峙** 현재의 지명을 확인치 못했다.

| **화표華表** 수구 사이에 기이한 봉우리가 불쑥 튀어나와서 우뚝 솟았거나, 혹은 양측의 산이 서로 대치하고 그 사이로 물이 흐르는 산

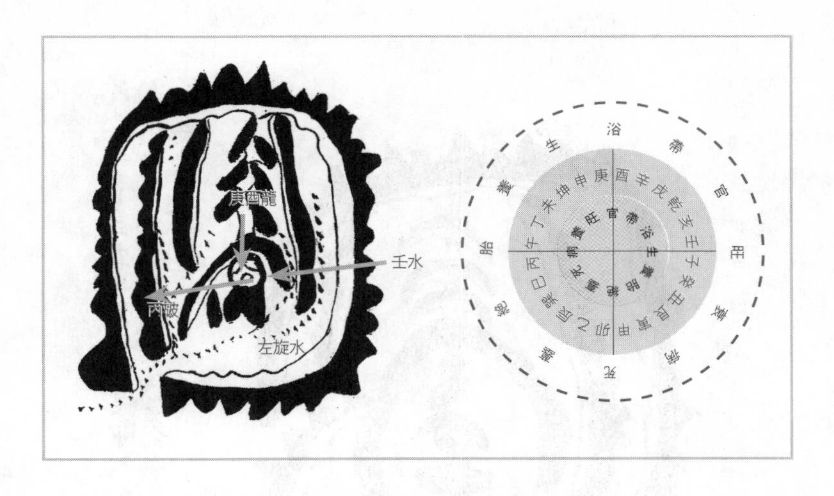


을 말한다. 왕후장상이 배출된다고 한다.(『조선의 풍수』)

**감평**

물이 좌선해 병방丙方으로 소수하니 수국이고, 경유룡은 임관룡으로 생기를 품은 진룡이다. 이 경우 수국의 쇠향衰向인 정좌계향丁坐癸向을 놓으면, 임수는 제왕수가 되어 창고에 곡물이 가득 쌓일 길수이다. 하지만 이곳은 평야지대이고 나아가 혈의 앞쪽이 뒤쪽보다 높은 전고후저前高後低한 지형일 경우에만 발복이 기대된다.

## ● 두응동혈斗應洞穴

鴻山北三十里斗應洞甲卯龍卯入首寅坐辛戌得午破葬後多子孫富貴兼全之地

**용혈도**

홍산 북쪽 30리 지점에 두응동斗應洞이 있고 그곳에 갑묘甲卯 내룡에 갑묘로 입수한 혈이 맺혔는데 좌향은 인좌신향寅坐申向이다. 신술

鴻山北三十里斗應洞甲卯龍卯入
首寅坐辛戌得午破葬後多子孫
富貴兼全之地

辛戌 득수하여 우선한 다음 오방午方으로 빠진다. 장사 지낸 후 자손이 많고 부귀를 누릴 터이다.

### 주해

| 두응동斗應洞 현재의 지명을 확인치 못했다.

### 감평

물이 우선하여 오파(午破)이니 수국이고, 이때 갑묘룡은 절룡絶龍에 해당되어 이기적으로 흉룡이라 생기를 품지 못하였다. 또 오파午破에 신향申向을 놓으면 신술 관대수辛戌冠帶水가 도래해 태신방胎神方을 충파하며, 더욱이 갑묘룡에 신향을 놓으면 용상팔살에 해당해

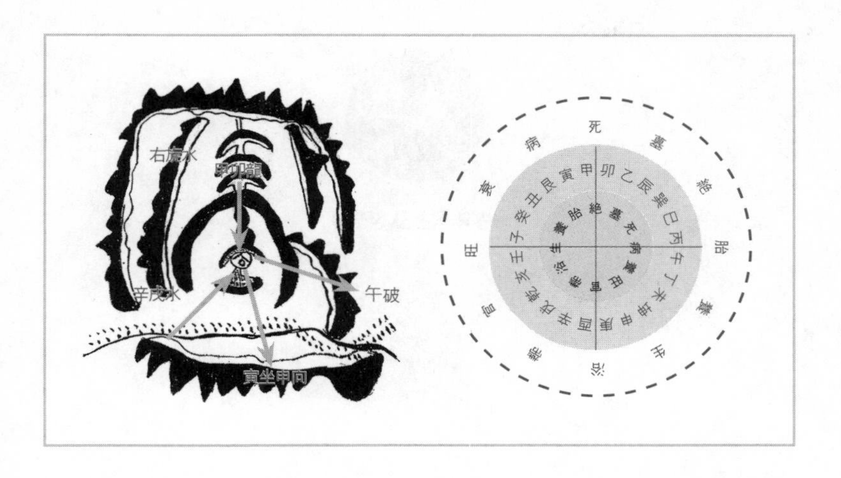


극히 흉하다. 또 오파는 수국의 태위胎位 지지파地支破로써 생기가 응집되지 못하니, 내룡도 흉룡이고 좌향도 잘못 놓은 결록이다.

충북 옥천군 청산면

## ●생룡희수형生龍戱水形

青山東五里平章洞生龍戱水形日月馬上捍門玉帶印砂得位六秀俱備文筆插天掛榜橫空扞過十年大發七代平章其左邊千基世世文武長久福人兼居陰陽宅

### 용혈도/감평

청산 동쪽 5리에 평장동平章洞이 있고, 그곳에 생룡절수형生龍截水形의 명당이 있다. 일월마상봉이 수구를 막아서고, 옥대 · 인사印砂를 갖추고, 육수를 구비했으며 문필봉이 하늘 높이 치솟아 허공을 가로질렀다. 장사 지낸 후 10년이 지나면 크게 발복해 7대에 비평가를 배출한다. 그 좌측에 있는 수많은 터는 대대로 문무과에 급제해 오래도록 복을 누릴 터이다. 음양택陰陽宅을 겸하였다.

### 주해

| 평장동平章洞 옥천 청산의 동쪽 5리 지점에 현재 평상목이란 마을

이 있다.

| 생룡희수형生龍戲水形 용이 물을 만나 희롱하며 놀고 있는 형국.

| 음양택陰陽宅 음택은 묘이고, 양택은 주택을 말한다.

## ● 금반형金盤形

丹陽北七里金盤形玉女案三重葬後五年應生奇童清官名振他邦

**용혈도/감평**

단양의 북쪽 7리 지점에 금반형金盤形의 명당이 있고, 옥녀안玉女案이 삼중으로 앞을 가렸다. 장사 지낸 후 5년이면 기이한 자식이 날 것이며, 청렴한 관리로 이름을 타국에까지 떨칠 것이다.

**주해**

| **금반형金盤形** 쟁반 위에 구슬이 굴러다니니, 사람들이 그 청아한 소리를 듣고 몰려든다. 따라서 세상에서 추앙받는 인물이 태어나는데, 앞쪽에 구슬을 담은 안산이나 쟁반을 든 옥녀봉이 필요하다.

| **명진타방名振他邦** 이름을 타국에까지 떨친다.

丹陽北七里金盤形
玉女案三重葬後五
年應生奇童清官
名振他邦

서천군 비인면

## ●복종형伏鐘形

庇仁驛村近處伏鐘形勢無奈何然百子千孫將相世世不絶之地

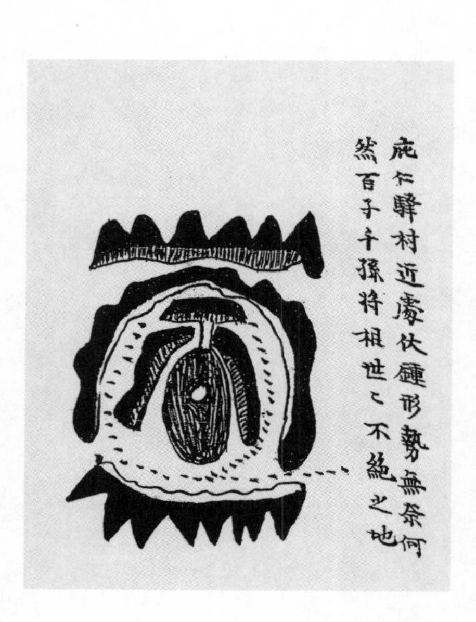


**용혈도/감평**

비인 역마을 근처에 복종형伏鐘形의 명당이 있다. 형세가 어찌함이 없으니 백자천손하고, 장군과 재상이 대대로 끊어지지 않을 땅이다.

**주해**

| 복종형伏鐘形 종을 엎어 놓은 형국으로 보통 주산

이 금성金星일 경우이다.

## ●하심동혈下深洞穴

庇仁下深洞壬亥龍丑艮一節壬坎壬亥甲卯回旋丑艮入首艮坐辛丙得丁破大海朝堂三吉六秀俱備葬後十年先發富後貴文武兼全忠孝代不乏絶將相之地

### 용혈도

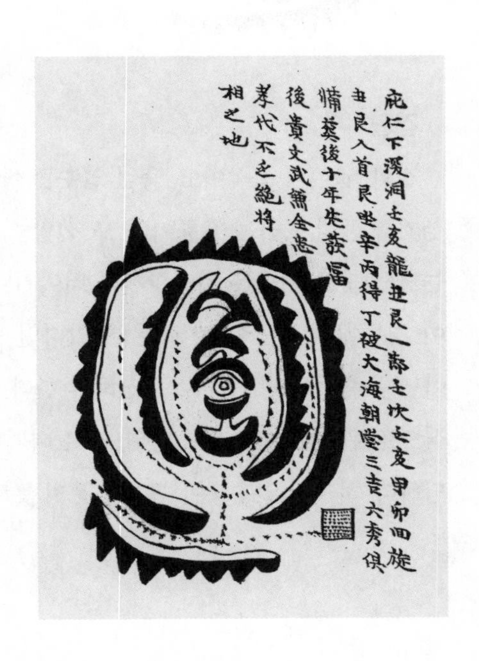


비인의 하심동下深洞 마을에 용맥이 해임亥壬으로 뻗어와 축간丑艮 일절로 몸을 틀고, 임자壬子→해임亥壬→갑묘룡으로 회전해 축간丑艮으로 입수하였다. 간좌곤향艮坐坤向을 놓고 신수辛水와 병수丙水가 도래하고는 정파丁破이다. 큰 바다를 앞에 둔 채 삼길육수까지 갖추었으니, 장사 지낸 후 10년이 지나면 먼저 부자가 되고 나중에 귀해져 문관과 무관 그리고 충효자식이 대대로 끊어지지 않으니 장상將相의 땅이다.

### 주해

| 하심동下深洞 비인면 심동리에 현재 하심동 마을이 있다.

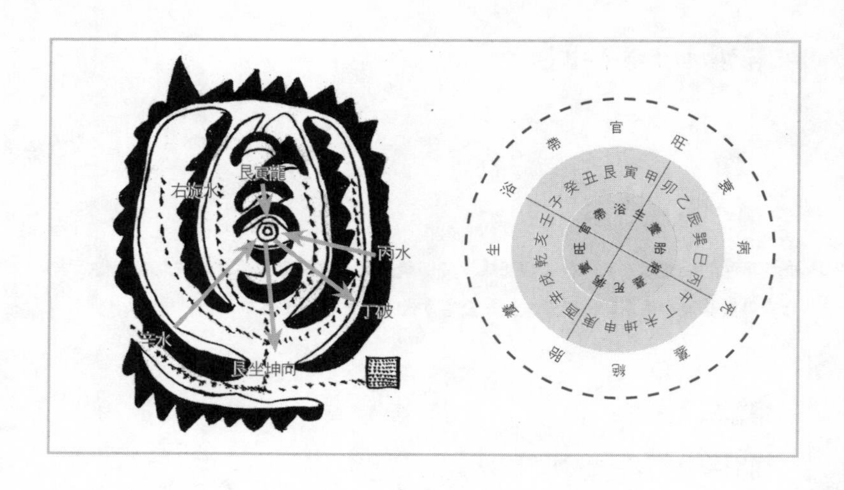


### 감평

정파丁破이니 목국이고, 축간 입수는 쌍산이 불배합된 잠룡潛龍이라 생기를 품지 못하는 흉룡이다. 또 신방 득수는 우선수이고, 병방 득수는 좌선수로 이곳은 자연황천의 터이거나 또는 결록에 잘못이 있다. 이 경우에 간좌곤향艮坐坤向을 놓았다면 당연히 좌측의 병방 득수가 아닌 우측의 신방 득수로 판단해야 한다. 목국의 자생향으로 소위 향상으로 관대수가 도래해 양위養位로 빠지니, 양균송의 진신수법에 합당하다. 하지만 입수룡이 생기를 품지 못해 대지는 되지 못한다.

## ● 장군만궁형將軍彎弓形

庇仁上深洞壬坎乾亥龍庚兌回旋庚入首壬得乙破回龍顧祖將相(軍)彎弓形將相之地

### 용혈도

비인의 상심동上深洞 마을에 용맥이 해임亥壬→건해룡乾亥龍으로 뻗어와 경유庚酉로 회전하여 경유로 입수하였다. 임壬 득수하여 을파乙破이다. 회룡고조형으로 장군이 활을 쏘는 형국將軍彎弓形이다. 장군과 재상이 배출될 터이다.

**주해**

| 상심동上深洞 보령시 미산면 남심리의 장태봉(367m) 동쪽에 상심도 마을이 있다.

| 장상만궁형將相(軍)彎弓形 장군이 활시위에 활을 매겨 쏘는 형국.

**감평**

물이 을파乙破이니 수국이고, 이때에 경유룡庚酉龍은 임관룡이다. 입수룡이 생기를 품고 또 수국의 자왕향인 경좌갑향庚坐甲向을 놓으면 향상으로 임귀인수壬貴人水가 도래해 쇠방衰方으로 빠지는 격이다. 『지리오결』에서는, '건해 장생수, 계축 관대수, 간인 임관수가 회합하여 상당한 뒤에 쇠방인 을진으로 소수하니, 생래회왕하여 발부발

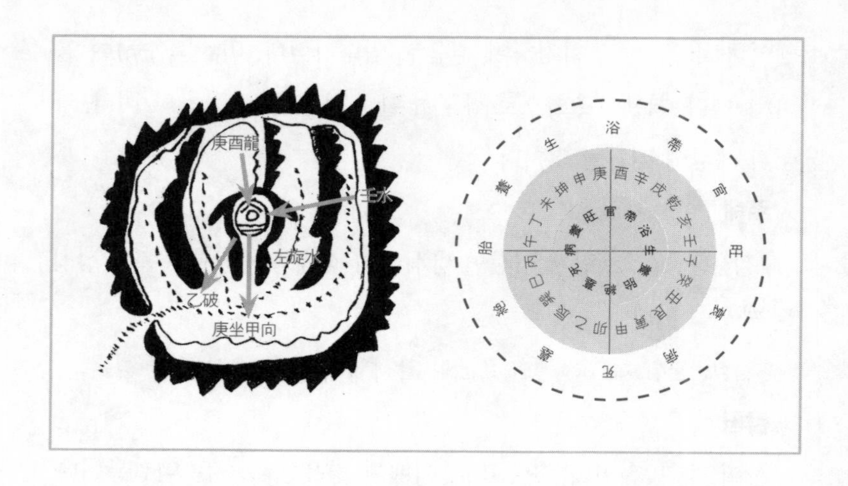


귀하고 오래 살고 인정이 흥왕한다. 간인 임관수가 내조하면 녹수이고 삼길육수라 신동이 태어나고 부귀가 집안에 가득하고 장원으로 급제한다.' 하였다.

천안시 목천면

## ● 영구포란형靈龜抱卵形

木川伏龜亭靈龜抱卵七代卿相之地云云羅標在案山左旋或云右旋南向艮坐或西向穴四尺五寸日月捍門印砂在地(坎)

**용혈도**

목천 복구정伏龜亭은 영구포란형靈龜抱卵形의 명당으로 7대에 걸쳐 재상을 배출할 터이다. 나표羅標가 안산 측에 있으며, 좌선 혹은 우선이라 하며 남향판이다. 간좌艮坐 혹은 서향으로 혈은 4.5자(척)에 있다. 일월日月이 수구를 막아서고, 인사印砂가 감방坎方에 있다.

**주해**

| **복구정伏龜亭** 천안시 목천면 연춘리에 위치하고, 정면 3간, 측면 2간의 정자로 정면 한 간을 제외하고는 모두 난간을 돌렸다. 지붕은 팔작지붕에 겹처마 형식으로 조선 선조 때에 처음 지어지고, 영조

때 신광수申光洙 · 이인실 · 이세희 등이 머물며 풍류를 즐기고 시를 읊었다고 한다. 현재의 건물은 장마로 유실된 것을 1964년에 복원한 것이다.

| 영구포란형靈龜抱卵形 신령스런 거북이 알을 품는 형국.

| 나표羅標 뜻을 파악치 못했다.

| 인사재지印砂在地(坎) 복구정에는 몇 사람이 걸터앉을 바위가 있고, 시가 음각되어 있다.

**감평**

복구정은 천안시 목천면 연춘리에 21번과 691번 국도가 만나는 삼거리 길가에 자리한다. 절벽이나 높은 곳이 아닌 평지에 자리를 잡은 정자이기 때문에 운치는 덜하지만 풍월주인이 이곳에 머물렀을 당시에는 풍광이 매우 수려한 곳이었을 것이다. 정면 3간, 측면 2간의 정자는 정면 한 간을 제외하고는 모두 난간을 돌렸고, 지붕은 팔작지붕에 겹처마 형식을 하고 있어 매우 멋스러워 보인다. 이 복구정은 조선 선조 때 지어진 것으로, 영조 때는 신광수申光洙 · 이인실 · 이세희 등이 머물며 풍류를 즐기고 시를 읊던 곳이다. 그때 지어진 정자는 장마로 유실되었고, 지금의 정자는 1964년 복원한 것이다. 정자 주변으로는 낮은 철책이 둘러쳐 있고, 그 안쪽에는 30년은 됨직한 느티나무가 그늘을 만들어 운치를 더한다. 정면 처마 아래에는 파란 바탕에 흰 글씨로 '伏龜亭'이라 쓴 현판이 걸려 있고, 안쪽에는 중수기가 달려 있다. 밖에 있는 나무 아래에는 사람이 걸터앉기 알맞은 큼직한 바위가 있는데, 그 위에는 시 한 수가 음각되어 있다. 오랜 세월이 흐르는 동안 이끼도 끼고 마멸도 되었으나 식별하기는 어렵지 않았다.

老木有古意 늙은 나무는 옛 뜻을 저버리지 않고

淸川流不停 푸른 내는 쉬지 않고 흐르네

秋陽無限思 가을빛에 시름 가득하여

獨上伏龜亭 홀로 복구정을 오르네

충북 괴산군 청안면

## ●두타산혈頭陁山穴

清安鎭川界山頭陁上聚三十里行龍

### 용혈도

청안과 진천의 경계 지점에 두타산頭陁山이 있고, 그 정상에 생기가 응집되었다. 내룡은 30리를 뻗어왔다.

### 주해

| 두타산頭陁山 두타산은 해발 598m로 진천군 초평면과 괴산군 도안면의 경계를 이룬다.

### 감평

괴산의 청천에는 청천 시장이 있는데, 정조 때 송종수가 7대 조상인 송시열의 묘를 수원에서 이곳으로 이장하면서 개설한 시장이다. 이 묘는 풍수상 '장군대좌형將軍大坐形'라 한다. 장군에게는 병졸이

필요한데, 병졸이 없으면 장군으로서의 위력이 없고 따라서 발복도 없다. 그래서 묘의 발복을 위해 앞쪽에 병졸에 해당하는 사람의 무리가 있어야 했다. 송종수는 청천의 주민과 의논하여 시장의 개설을 주선했고, 엽전 300냥을 기부하여 묘 앞에 시장을 개설하였다. 한 달에 여섯 번씩 장을 보기 위해 사람이 모이니 마치 시장 사람들이 병졸의 무리처럼 보이고, 사람들이 묘 앞쪽을 떠나지 않아 묘지의 지세에 잘 순응하여 자손이 영구히 번성한다는 것이다.

충남 부여군 임천면

## ●비봉귀소형飛鳳歸巢形

林川西十里垈谷村後壬亥龍壬坐庚艮得乙辰破葬後十年發百子千孫富貴榮華之地

**용혈도**

임천 서쪽 10리 지점에 대곡마을垈谷村이 있고, 그 뒷산에 해임亥壬 내룡에 임자壬子 입수로 혈이 맺혔다. 경유庚酉 · 간인艮寅방에서 득수하여 을진乙辰방으로 소수한다. 장사 지낸 후 10년이면 발복하여 백자천손이 번창하고 부귀영화를 누릴 터이다.

**주해**

| 대곡촌垈谷村 현재 충화면 복금리에 대숲골이 있는데, 그곳을 가리키는 것으로 생각한다.

**감평**

임금이 너그러워 세상이 편안하면 봉황이 나타나는데, 대나무 열

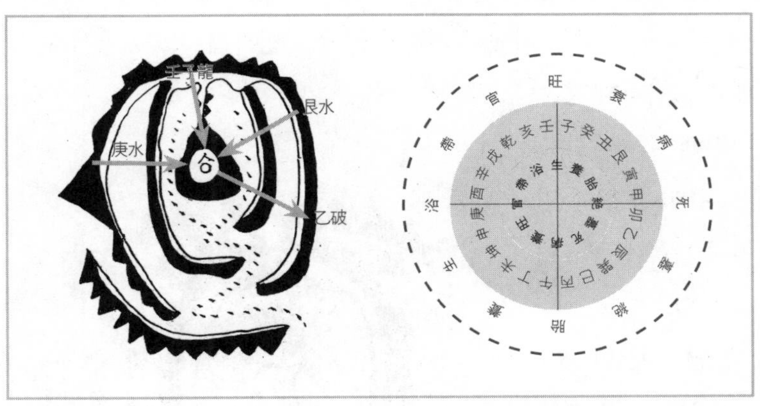


매[竹實]을 먹고 오동나무에 둥지를 튼다고 한다. 마을 이름이 대숲골이라 이곳의 물형국을 비봉귀소형飛鳳歸巢形이라 이름 지었다. 물이 을진파이니 수국이고, 이때에 임자壬子 입수는 장생룡長生龍에 해당되어 생기를 왕성히 품은 진룡이다. 또 간인 득수는 좌득수로 용혈도의 자연흐름과 맞지 않아 판단을 보류하고, 우측의 경유방庚酉方에서 도래한 물이 을진방으로 소수하니 수국의 자생향인 손사향巽巳向을 놓으면 정법이다. 경유 제왕수庚酉帝旺水가 향상으로 도래해 을진방으로 소수하니, 양위養位를 충파한다고 하지 않으며 대부대귀하고 인정이 창성하는 양균송의 진신수법이다.

## ● 영구하산형靈龜下山形

林川南龜岩子坐靈龜下山形葬後五年大發名公巨卿代代不乏地

### 용혈도/감평

임천의 남쪽 구암龜岩마을에 임자룡으로 혈이 맺혔다. 영구하산형靈龜下山形으로 장사 지낸 후 5년이면 크게 발복해 정승 · 판서가 대대로 끊어지지 않는다.

### 주해

| 구암龜岩 현재 임천의 남쪽에 구교리가 있다.

| 영구하산형靈龜下山形 신령스런 거북이 산을 내려오는 형국.

## ●장군대좌형將軍大坐形

林川東三十里將軍大坐形八陣案旗幟砂鼓角砂俱備日月馬上貴捍門葬後二十年大發六七代將相之地裁穴詳察伏劒砂避之

**용혈도/감평**

임천의 동쪽 30리 지점에 장군대좌형將軍大坐形의 명당이 있다. 팔진안八陣案으로 기치사旗幟砂 · 고각사鼓角砂를 갖추었다. 일월마상봉이 수구를 막아섰으며 장사 지낸 후 20년이면 크게 발복해 6~7대에 걸쳐 장군과 재상이 배출될 터이다. 재혈할 때는 복검사伏劒砂를 피하도록 자세히 관찰해야 한다.

**주해**

| **팔진안八陣案** 병법兵法에서 군대가 여덟 가지 모양으로 진을 친 형세를 가리킨다. 보통 천天 · 지地 · 풍風 · 운雲 · 용龍 · 호虎 · 조鳥 · 사蛇의 8가지로 나타내나 병가兵家에 따라 일률적이지 않다.

| **기치사旗幟砂** 군에서 쓴 기나 깃발.

| **고각사鼓角砂** 군에서 호령할 때 쓰는 북과 나팔.

| **복검사伏劒砂** 칼을 엎어놓은 형세의 산.

충남 서천군 한산면

## ●한산혈韓山穴

韓山北伏馬里亥坐奇怪穴人多賤棄然葬後十年大發連出將相之地

### 용혈도

한산의 북쪽 복마리伏馬里에 건해乾亥 입수하여 혈을 맺었는데, 형태가 기이한 괴혈怪穴이다. 많은 사람들이 천하다고 버리나 장사를 지낸 후 10년이면 크게 발복해 장군과 재상이 배출될 터이다.

### 주해

| 복마리伏馬里 『비기』에서는 '馬伏里'라 했으나 현재의 위치는 확인하지 못했다.

| 괴혈怪穴 괴혈은 천지조화가 은거한 곳으로 천지가 보호하고 신이 지켜 유덕한 사람을 위해 남겨둔 것이다. 따라서 명사明師만이 능히 식별할 수 있고 덕을 쌓지 못한 사람에게 망령되게 가리켜주면

지사가 오히려 해를 당한다.(『人子須知』)

### 감평

서천군 한산면에는 한산 이씨韓山李氏의 중시조 묘가 있다. 이 묘는 사환이던 사람이 조상의 뼈를 길지에 묻어 그 후손 중에 고관이 많이 배출된 것으로 유명하다. 고려 때의 일이다. 한산 이씨의 조상은 가난하고 신분이 낮아 관아의 심부름이나 하면서 근근이 생계를 이어갔다. 관아에는 연중행사처럼 벌어지는 일이 있었는데, 관아의 대청마루에 깔아 놓은 송판이 해마다 썩어 늘 새 나무로 바꿔 끼우는 일이다. 매년 반복되는 일이다 보니 사람들은 이상하게 생각하지 않았으나, 그만은 유독 그 이유가 궁금하였다. 그래서 어느 날 학식 있는 사람을 찾아가 이유를 물었다. “관아의 터는 길지로 송판이 썩는 자리가 바로 땅속의 생기가 흘러서 넘쳐 나오는 자리이다.” 그

말을 들은 그는 곧바로 조상의 뼈를 남몰래 관아의 마루 밑에 깊이 암장하였다. 그 후로 한산 이씨 가문은 번성하였다. 훗날 한산 이씨 후손 중 한 명이 그 지방을 순찰하던 중 관아 마루 밑을 파 보았더니 소문대로 유골이 발견되었다. 그는 즉시 관아를 다른 곳으로 옮기고 그 자리를 한산 이씨의 시조 묘로 삼았다. 이처럼 괴혈을 차지한 관아 심부름꾼의 후손은 자자손손으로 부귀영화를 누렸다고 한다.

한산의 북쪽 복마리伏馬里에 건해乾亥 입수로 혈이 맺혔는데, 형태가 기이한 괴혈怪穴이다. 괴혈은 조물주가 비장해 두었다가 지극히 선한 사람을 택해 내주는 것으로 풍수의 모든 묘법이 쓸모가 없다. 괴혈임이 확실하면 흙이 파지는 방향으로 향을 놓고 혈의 깊이도 구애받지 않는다. 이 혈은 많은 사람들이 천하다고 하여 버리나 장사를 지낸 후 10년이면 크게 발복해 장군과 재상을 연달아 배출할 터이다.

충남 천안시 직산면

## ●연화출수형蓮花出水形

稷山山井里蓮花出水形一云梅花落地形兩潭卽花羅水萬代榮華之地洪品官用之失穴

**용혈도**

직산의 산정리에 연화출수형蓮花出水形 또는 매화낙지형梅花落地形의 명당이 있다. 두 연못이 꽃잎에 해당하고, 만대에 영화를 누릴 터이다. 벼슬아치인 홍씨네가 묘를 써 혈을 잃었다.

**주해**

| 산정리山井里 천안시 입장면 산정리를 가리킨다.

| 연화출수형蓮花出水形 연꽃은 꽃도 열매도 구비된 원만한 꽃이다. 이 꽃은 수면에 뜰 때에 비로소 향기를 만발한다. 자손이 모두 원만하고 또한 고귀하고 화려한 생활을 한다.(『조선의 풍수』)

| 매화낙지형梅花落地形 매화는 고결한 꽃이며, 꽃이 떨어지면 향기

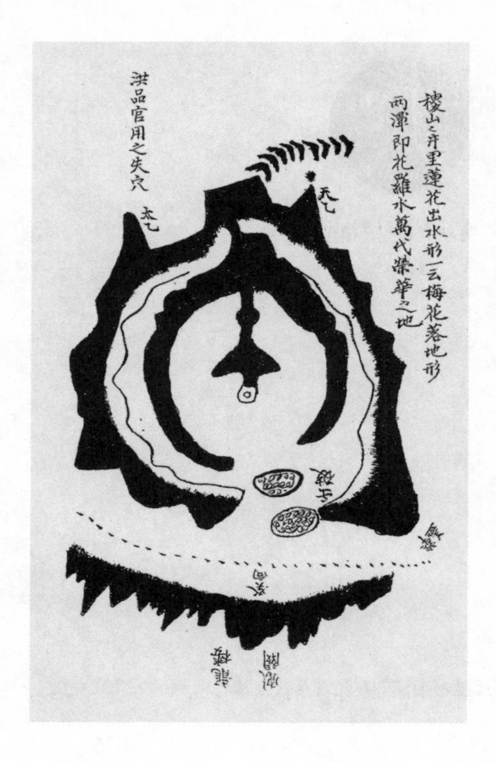


가 사방에 퍼진다. 때문에 자손의 발복이 큰 땅이다.(『조선의 풍수』)

**감평**

용혈도에 표시된 혈장 뒤쪽의 천을天乙은 신봉辛峯이고, 태을太乙은 손봉巽峯이다. 임파에 정좌계향丁坐癸向을 놓는다면 소황천에 해당되어 궁핍하고 요절하여 과부가 생겨난다. 이 경우는 임파壬破로 화국이고, 이때 자연이 우선수임으로 백보전란하고 또 용진혈적龍眞穴的하다면 태향태파胎向胎破인 병좌임향丙坐壬向을 놓아야 정법이다.

## ●성거산혈聖居山穴

稷山十里聖居山來龍巽作丁未水辛破

**용혈도**

직산의 10리 지점에 성거산聖居山이 있고, 그곳에서 뻗어 내린 용맥이 손사巽巳로 입수해 혈을 맺었다. 정미방丁未方에서 득수해 좌선한 다음 신파辛破이다.

**주해**

| 성거산聖居山 천안의 성거읍 동쪽에 있는 산으로 해발 579m이다.

**감평**

물이 좌선해 신방辛方으로 빠지니 화국이고, 이때 손사 입수는 목욕룡沐浴龍에 해당되어 물구덩이거나 수맥이 흐르는 흉지이다. 이 경우 화국의 자왕향인 갑좌경향甲坐庚向을 놓으면 정미 관대수丁未冠帶水가 도래해 쇠방으로 소수하는 정법이나, 입수가 이기적으로 사절死絶을 범하고 또 손사룡에 유향酉向은 용상팔살龍上八殺에 해당되어 향상向上으로 살기가 가득하다. 위험천만한 터로 길지가 되기 어렵다.

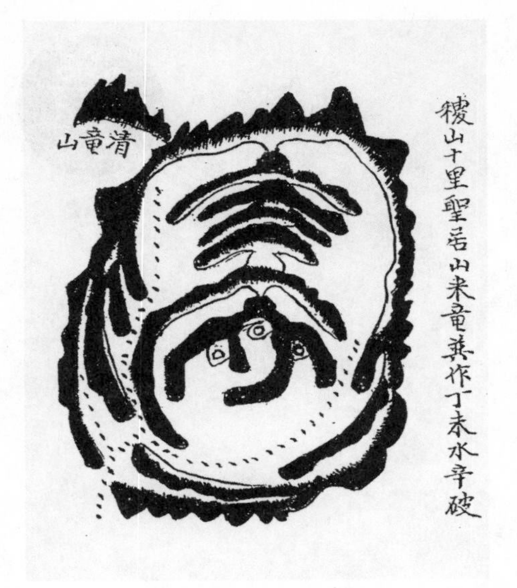


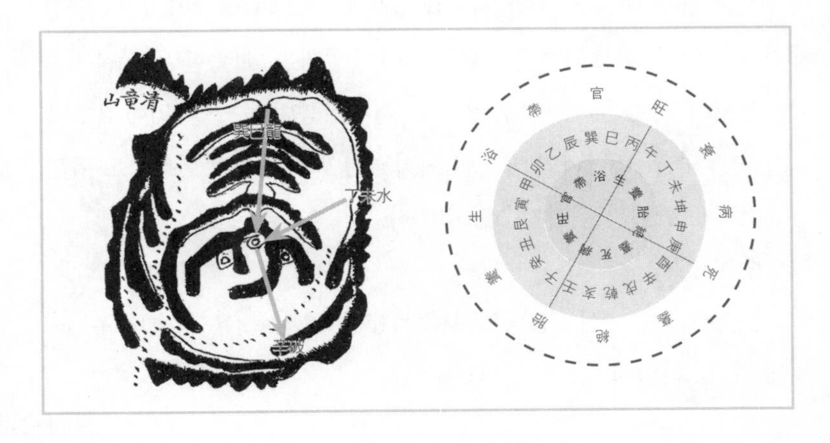

## ●옥마형玉馬形

報恩龍川池三十里玉馬形金鞍案龍虎重重雙薦貴屹後日月馬上貴捍門葬後十五年始發百子千孫名公巨卿不知其數

### 용혈도

보은 용천지龍川池 30리 지점에 옥마형玉馬形의 명당이 있다. 금안안金鞍案이고, 청룡 · 백호가 겹겹으로 에워싸고, 뾰족한 두 봉우리가 뒤쪽에서 하늘 높이 솟아 있다. 일월마상봉이 수구를 막아섰으니, 장사 지낸 후 15년이면 발복이 시작되어 백자천손이 번창하고 유명한 정승 · 판서가 부지기수일 터이다.

### 주해

| 용천지龍川池 『신증동국여지승람』에선 '용천龍川은 고을 동쪽 3리에 있다.' 하였다.

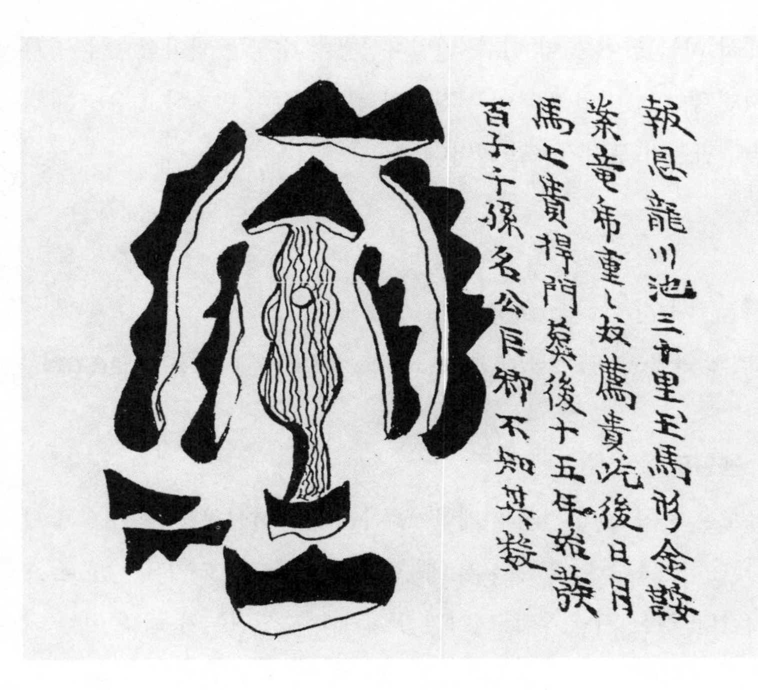


| 옥마형玉馬形 말의 등에 안장을 얹고 멀리 길을 떠나려는 형국. 앞쪽에는 말안장을 닮은[金鞍] 안산이 있다.

**감평**

속리산 수정봉에 거북 바위가 있고, 다음과 같은 전설이 전해진다. 당의 태종이 어느 날 세숫물 속에서 거북 형상을 보고는 이상히 여겨 술사에게 물었다. 거북 때문에 당나라의 재화가 조선(동국)으로 빠져나가고 국운도 쇠퇴할 것이라고 그가 말했다. 당 태종이 사람을 보내 이 거북바위를 찾아내고는 목을 자르니 피가 솟구쳤다. 그리고 거북 등에 탑을 세워 다시는 일어나지 못하게 만들었다. 보은 용천지龍川池 30리 지점에 옥마형玉馬形의 명당이 있다. 금안안金鞍案이고, 청룡·백호가 겹겹으로 에워싸고, 뾰족한 두 봉우리가 뒤쪽에서 하늘 높이 솟아 있다. 일월마상봉이 수구를 막아섰으니, 장사 지낸 후 15년이면 발복이 시작되어 백자천손이 번창하고 유명한 정승 · 판서가 부지기수일 터이다.

## ●운리신월형雲裡新月形

報恩北二十里台山下雲裡新月形銀河案土星之玄水葬後十五年發名公巨卿連代不絶

**용혈도**

보은 북쪽 20리 지점의 태산台山 아래에 운리신월형雲裡新月形이 있다. 은하안銀河案이고, 혈장 앞에는 토성수가 '之 · 玄'자 모양으로 흘러간다. 장사 지낸 후 15년이면 발복해 정승 · 판서가 대를 이어 배출될 터이다.

**주해**

| 태산台山 현재의 위치를 파악하지 못했다.

| 운리신월형雲裡新月形 구름 속에서 달이 빠져나오는 형국. 은하안銀河案이 있어야 격에 맞는다.

**감평**

속리산 법주사는 신라 진흥왕 14년(553)에 세워진 유서 깊은 사찰이다. 신라 진표율사가 법주사로 오는 도중이었다. 밭을 갈던 소들이 무릎을 꿇고서 율사를 맞아하자, 사람들이 '짐승까지 저러한데 하물며 사람에 있어서야 참으로 존엄한 분일 것이다.' 하며 머리를 깎고 율사를 따라 스님이 되었다. 그때부터 '속세를 떠난다'는 뜻에서 이곳을 속리산이라 불렀다. 그 후 의신조사義信祖師가 인도로

報恩北二十里台山下雲裡
新月形銀河落土星之玄
水葬後十五年發名公巨
卿連代不絶

부터 흰 나귀에 불경을 싣고 이곳에 이르러 절을 세우고 율법을 폈으므로 '법이 머무는 곳'이란 뜻에서 '법주사法住寺'라 하였다. 또 진표율사가 제자에게 불법을 전수하면서 속리산에 들어가 길상초吉祥草가 나는 곳에 절을 세우게 하였으므로 처음에는 '길상사'라 하였다. 속리산은 예로부터 3무三無, 즉 칡 · 할미꽃 · 모기가 없는 산으로 알려져 있다.

## ●금구음수형金龜飮水形

報恩(東)永同南十里天磨里金龜飮水形主案相對豊厚扞過十年内大發名公巨卿連代不絶君子三人血食千秋

### 용혈도

보은의 동쪽, 영동의 남쪽 10리 지점에 천마리天磨里가 있고, 그곳에 금구음수형金龜飮水形의 명당이 있다. 주산과 안산이 서로 덕스럽게 마주 본다. 안장하고 불과 10년 내에 크게 발복해 정승 · 판서를 대를 이어 배출되고, 군자가 3명이며 혈식군자도 끊어지지 않는다.

**주해**

| 천마리天磨里 현재의 위치를 파악하지 못했다.

| 금구음수형金龜飮水形 거북이가 물을 마시는 형국.

| 혈식군자血食君子 나라를 보존할 수 있는 큰 인물.

**감평**

조선 선조 때의 풍류가인 임제林悌가 속리산에서 글공부를 하고 있었다. 하루는 충청 감사의 아들이 법주사를 구경 온다는 소식이 들렸다. 임제는 평소 자질구레한 규범에 얽매인 선비는 좀스럽게 여기고, 양반가의 자제라며 거들먹거리는 자들은 경멸했다. 임제는 스님에게 여차여차하라 일러 준 다음, 청의동자靑衣童子를 데리고 산 위로 올라가 통소를 불게 하였다. 이윽고 감사 아들이 종들을 데리

고 산에 들어오니 어디선가 통소소리가 은은히 들려왔다. 산 속의 풍광에 마음을 놓던 그가 중에게 물었다. "이건 어디서 누가 부는 소리냐?" 중이 답하기를 "이 산에는 예로부터 신선의 놀이터가 있습니다. 그래서 세속을 떠났다고 하여 속리라고 하지요. 가끔 신선의 풍류 소리가 들려 찾아보면 자취가 묘연합니다."라고 했다.

감사 아들은 신선을 찾아 산 위로 올라갔다. 통소 소리를 따라 험한 산을 오르니, 과연 두 노인이 바둑을 두고 곁에는 동자가 시중을 들고 있었다. 조심스럽게 다가가자 한 신선이 입을 열었다. "티끌세상의 속물이 왔군." "우리가 진작 자리를 뜰걸. 안 보여줄 걸 보여주네. 그러나 찾아온 것도 신기하니 대접이나 하지 뭐." 하며 동자를 시켜 신선주를 권하고 사슴포를 안주로 내놓았다. 감사 아들이 신선주를 마시는데 악취가 오장육부를 뒤집어 놓았지만 분위기에 눌려 한 방울도 남기지 않고 모두 마셨다. 그때 신선주란 것은 말 오줌이었고, 사슴포는 개고기였다고 한다.

충남 논산시 연산면

## ●상제봉조형上帝奉朝形

連山南十里甲卯落脈到頭子坐上帝捧朝形群臣案朝山重重水三疊回扦過未十年名賢君子連出之地

**용혈도**

연산 남쪽 10리 지점에 갑묘甲卯로 용맥이 떨어져 임자壬子 도두일절에 혈이 맺혔다. 상제봉조형上帝奉朝形으로 군신안群臣案이다. 조산이 층층이 마주서고 물이 삼면에서 굽이굽이 (혈장 앞으로) 모여든다. 안장한 지 불과 10년이면 현자와 군자가 연달아 배출될 땅이다.

**주해**

| 도두到頭 도두일절到頭一節의 준말로 혈이 맺혀 있는 내용의 한 마디를 뜻한다.

### 감평

논산 연산면 천호리에 있는 천호봉天護峰은 본래 '누르기재'인 황산黃山으로 고려 태조가 후백제를 이곳에서 멸망시킨 후 하늘이 고려를 보호한다는 뜻에서 천호봉이라 하였다. 연산 남쪽 10리 지점에 갑묘甲卯로 용맥이 떨어져 임자壬子 도두일절에 혈이 맺혔다고 한다. 득수와 파에 대한 내용이 없어 정확한 감평은 어렵다.

## ●연화출수형蓮花出水形

連山西十里草浦南五里蓮花出水形甲坐扦後當代發富貴長遠之地

### 용혈도

연산 서쪽 10리 지점의 초포草浦 마을 남쪽 5리에 연화출수형蓮花

出水形의 명당이 있다. 갑묘甲卯 입수이고, 안장 후 당대에 발복해 부귀함이 오래도록 이어질 땅이다.

**주해**

| **초포**草浦 『신증동국여지승람』에 '초포草浦는 현 서쪽 20리에 있다. 근원이 계룡산에서 나와 사진私津으로 들어간다.'고 하였다.

**감평**

김장생(金長生 1548~1631)은 성리학자로 예학의 거두라 불리는데, 연산의 고정리에 위치한 묘는 손아랫사람을 손윗사람의 무덤보다 주산에 더 가까운 자리에 장사하는 역장逆葬으로 모셔져 있다. 내룡의 맨 위쪽은 김장생과 부인 조씨曺氏의 합장묘이고, 그 아래에는 광산 김씨의 중흥을 이룬 양천 허씨의 묘(1377~1455)가 있다. 왼쪽 맨 위쪽에 김겸광(金謙光 1419~1490)의 묘, 아래에 김겸광의 부모인 김철산金鐵山과 부인 묘, 그 아래에 김장생의 삼촌인 김공휘金公輝의 묘, 맨 아래에 김선생金善生의 묘가 위치한다. 조선시대에 성리학과 예학에 밝은 명문가에서 역장의 예는 많이 나타난다.

## ● 양기치혈 兩岐峙穴

連山北二十里兩岐峙酉坐壬坐兩穴用以八門九紫之法扦後朝貧暮富五年内大小科連疊平地怪穴以凡眼難知人多賤棄有福人始可用

### 용혈도

연산 북쪽 20리 지점에 있는 양기치兩岐峙에 두 개의 혈이 맺혔는데, 하나는 경유庚酉 입수이고, 하나는 임자壬子 입수가 쓸 만하다. 팔문구자八門九紫의 법으로 안장 후에 조빈모부朝貧暮富하고, 5년 이내에 대 · 소과에 연달아 급제한다. 평지의 괴혈로써 범안凡眼은 알아보지 못하고, 많은 사람들은 천하다며 버릴 것이니 복 있는 사람이 묘를 쓸 것이다.

### 주해

| 양기치兩岐峙 논산의 국사봉과 함지봉 사이에 윗산명재와 아랫산

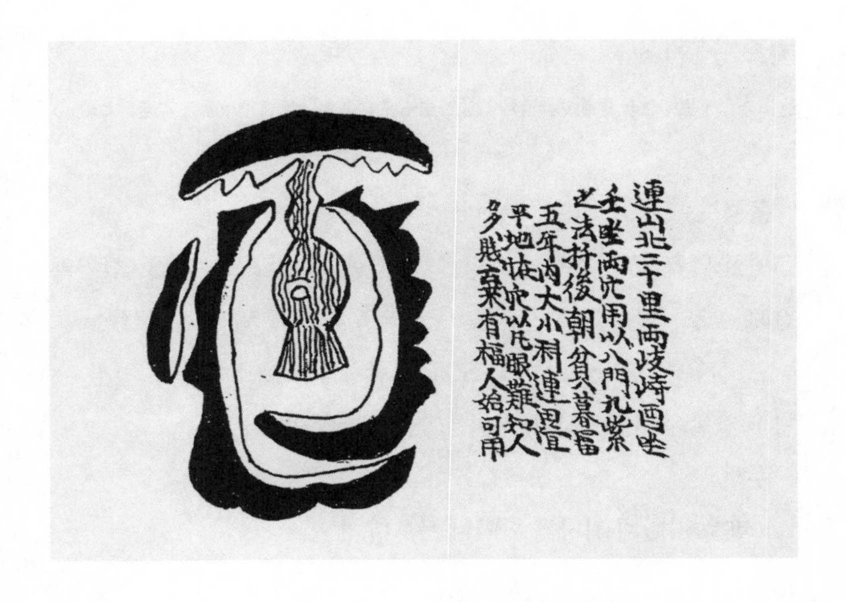
連山北二十里兩岐峙酉坐
壬坐兩穴用以八門九紫
之法扦後朝貧暮富
五年内大小科連疊
平地怪穴以凡眼難知人
多賤棄有福人始可用

명재가 있는데, 이 두 고개를 가리키는 것이라 생각한다.

| 팔문구자八門九紫 풍수에서 구궁수법九宮水法으로 땅의 길흉을 판단하는 8가지 방법.

| 범안凡眼 풍수 실력이 땅의 형세를 대략적으로 판단하는 보통 수준이다.

| 조빈모부朝貧暮富 당의 국사 양균송은 수법의 시조로 많은 사람을 가난에서 구제해 호가 '구빈救貧'이며, 또 '寅時 매장에 卯時 발복'일 만큼 속발로도 유명하다.

### 감평

연산 신암리에 있는 함박봉咸朴峰의 서쪽 산록에는 연산 미륵이라 불리는 약 4.5m 높이의 입석 불상이 노송에 싸여 있다. 조성 연대는 알 수 없으나, 고려 말기에 건립된 것으로 추정된다.

## ● 연산혈連山穴

連山南二十里石塘坎癸龍乾轉換坤入首酉坐水來貪去貪扦後百子千孫巨富連出之地

### 용혈도

연산 남쪽 20리 지점의 석당石塘 마을에 자계子癸 용맥으로 뻗어와 건해乾亥로 몸을 틀고 곤신坤申으로 입수하였다. 유좌묘향酉坐卯向을 놓고, 물은 탐랑방貪狼方에서 도래해 탐랑방으로 소수한다. 안장 후에 백자천손이 번창하고, 부자를 연달아 배출할 터이다.

### 주해

| 석당石塘 현재 위치를 확인치 못했다.

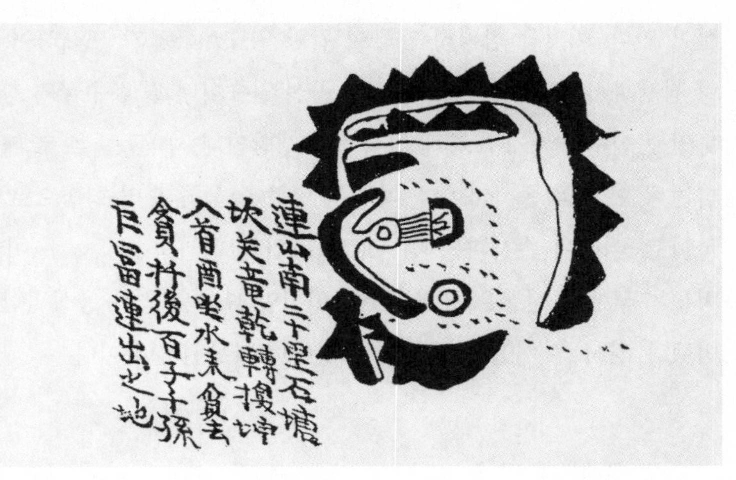


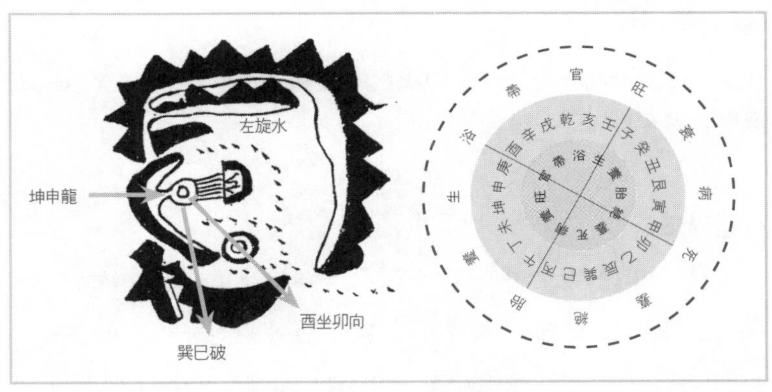


| 곤입수유좌坤入首酉坐 혈이 곤신룡에 맺혔고, 이때에 유좌묘향을 놓는다. 하지만 곤신룡에 묘향은 용상팔살이라 한 집도 남김없이 재앙을 받을 것이다. 따라서 용상팔살을 모르고 쓴 결록이다.

| 수래탐거탐水來貪去貪 물이 탐랑성貪狼星인 양수養水가 도래하여, 장생방長生方으로 빠진다.

### 감평

『비기』에는 '或云李哥用'라 하여 이곳에 이씨네가 묘를 썼다는 설이 있다. 이곳을 감평하면 물이 탐랑 양수貪狼養水가 도래하여 탐랑 장생파貪狼長生破라 하고, 내룡이 곤신 입수이니 결국 수국의 장생수인 곤신수坤申水가 도래해 금국의 장생방인 손사방巽巳方으로 빠진다는 뜻으로 곧 손사파이다. 따라서 묘향卯向을 놓으면 향상으로 목국이고, 이때에 손사파는 병파로써 소위 단명과숙수短命寡宿水이다. 비록 수국에 곤신룡은 제왕룡帝旺龍이지만 묘향을 놓아 용상팔살을 범했다. 장사 후 재앙을 면치 못할 것이니 잘못된 결록이다.

## ● 와우형臥牛形

連山客望山下臥牛形積草案午向龜蛇馬上貴捍門翰筆六秀俱庫砂在前扦後當代發七代將相穴六尺五寸

### 용혈도

연산 객망산客望山 아래에 와우형臥牛形이 있고 적초안積草案이다. 자좌오향子坐午向인데, 거북과 뱀을 닮은 산이 말잔등처럼 솟아 수구를 막아섰다. 문필봉과 육수를 구비하고, 고궤사庫櫃砂가 앞쪽에 있다. 안장 후 당대에 발복하여 7대에 걸쳐 장군과 재상이 태어난다. 혈은 6.5자[尺] 깊이에 있다.

### 주해

| 객망산客望山 현재의 위치를 확인하지 못했다.

| 구사마상귀한문龜蛇馬上貴捍門 수구를 막아선 봉우리가 거북과 뱀의 모양을 닮아서 말잔등처럼 생긴 것이다.

| 고사庫砂 고궤사庫櫃砂이다. 토성土星의 산으로 부를 이룩한다. 4국

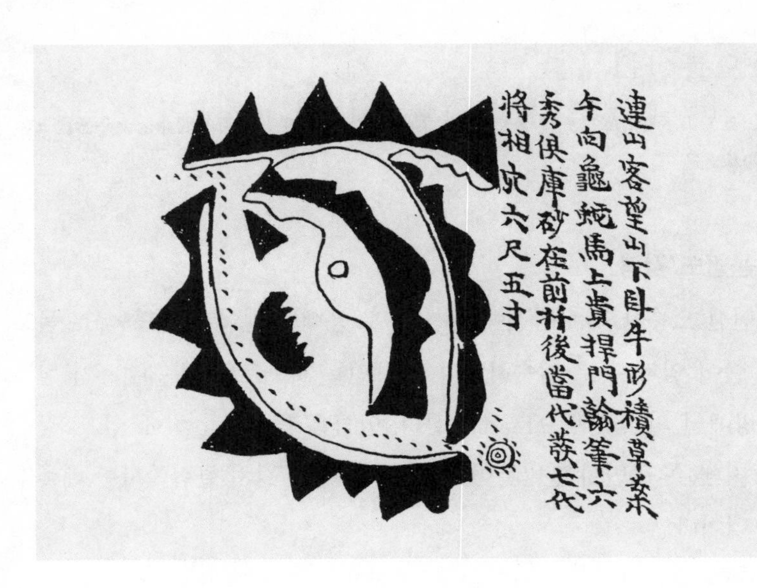

連山客望山下臥牛形積草案
午向龜蛇馬上貴捍門翰筆六
秀俱庫砂在前折後當代發七代
將相穴六尺五寸

의 묘고(墓庫, 辰戌丑未)에 있으면 좋고, 특히 목국의 간방艮方에 있으면 이는 임관 고궤사臨官庫櫃砂가 되어 거부가 난다.

### 감평

용혈도에 의해 수구를 격정하면 우선수에 을파乙破이다. 여기서 향상으로 화국이고, 우선한 물이 을자 관대방乙字冠帶方을 충파함으로 총명한 어린 자식을 키우기 어렵다. 세상에서 남향인 자좌오향子坐午向을 선호하는데, 겨울에 따뜻하고 또 잔디가 잘 자란다는 통념 때문이다. 남향이라 봉분의 눈이 일찍 녹는 장점은 있지만 잔디는 햇볕보다는 바람이 순하게 불어와야 잘 자란다. 풍수학에서 가장 놓기 어려운 좌향이 자좌오향인데, 물이 우선할 경우는 놓을 수 없으며 물이 좌선해 미파未破이거나 술파戌破인 경우에만 놓을 수 있다.

## ● 오봉산혈五峯山穴

連山五峯山下巽落脈甲卯轉換子坐一台案土星貪坐(來)貪去案丙午則葬後十年始發五代翰林之地

### 용혈도/감평

연산 오봉산五峯山 아래에 손사巽巳로 용맥이 떨어져 갑묘甲卯로 몸을 틀어 임자壬子로 입수하였다. 일태안一台案으로 토성수土星水가 탐랑방에서 와 탐랑방으로 소수한다. 안산은 병오방丙午方에 있고, 장사 지낸 후 10년이면 발복이 시작되어 5대에 걸쳐 한림학사를 배출할 터이다.

### 주해

| 오봉산五峯山 현재 위치를 확인하지 못했다.

| 한림翰林 조선시대 예문관 검열의 별칭.

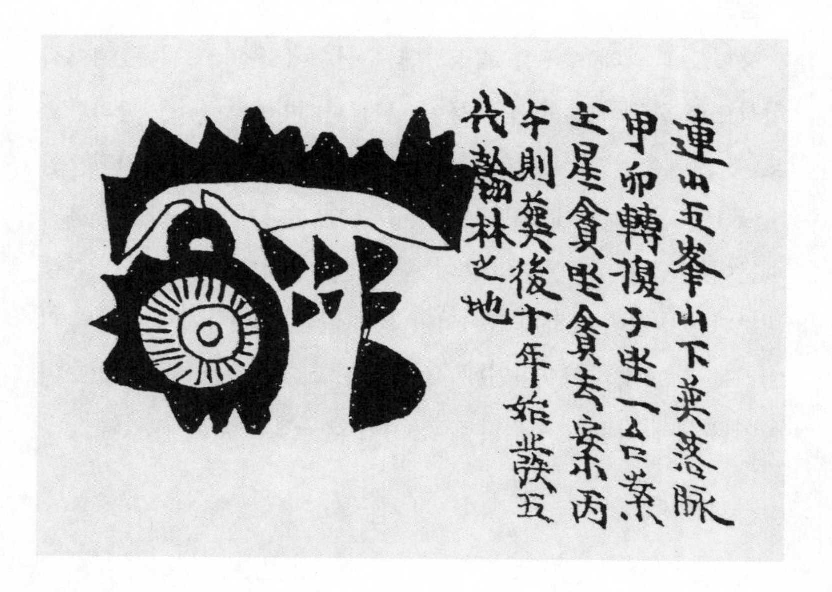

보은군 회북 회남면

## ●잠룡입수형潛龍入水形

懷仁墨峙南十里潛龍入水形弄珠案乾來亥坐大江邊三回九曲彎抱葬後十年大發百子千孫中子長保

### 용혈도

회인의 흑치 남쪽 10리 지점에 잠룡입수형潛龍入水形이 있고 농주안弄珠案이다. 건해 내룡에 건해 입수로 큰 강가에 혈이 맺혔다. 세 방위에서 물이 구불구불 흘러들어와 혈장을 둥글게 감싸 안고 흐른다. 장사 지낸 후 10년이면 크게 발복해 백자천손이 번창하던 중 자식은 장자長子로 보전된다.

### 주해

| 흑치黑峙 『신증동국여지승람』에 '흑현黑峴은 고을 서쪽 13리에 있다.' 하였다.

| 잠룡입수형潛龍入水形 내룡이 평야로 몸을 숨긴 채 물가를 향해 멀리 뻗어가 혈을 맺은 형국.

| 삼회구곡三回九曲 세 방위에서 물이 혈장 앞으로 흘러오되, 그 모양이 구불구불하게 흘러든다.

### 감평

보은의 회남면에는 어부동漁夫洞이 있다. 이곳은 호수가 없고 농사를 짓던 산 속의 마을이었다. 그런데 1980년 대청댐이 건설되면서 마을 앞까지 물이 들어차 고기를 잡을 수 있으니, 땅의 이름과 꼭 들어맞게 되었다.

## ●장사형長蛇形

懷仁長蛇形走蛙案

**용혈도/감평**

회인에 장사형長蛇形의 명당이 있는데, 안산은 개구리가 달아나는 모양의 주와안走蛙案이다.

**주해**

| 장사형長蛇形 이 물형은 앞쪽에 개구리를 닮은 안산이 있어야 길하다. 뱀이 바야흐로 개구리를 먹는 모양으로 산 기운의 발복에 의심이 없다.(『조선의 풍수』)

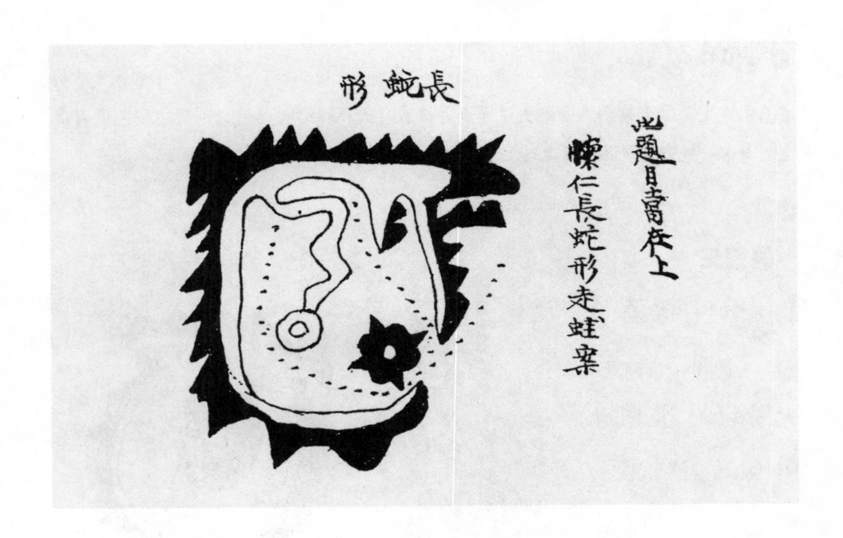

청양군 정산면

## ●금반형金盤形

定山東五里못골金盤形玉女案土星子坐葬後五年大得橫財文曲裁穴則男中一色廉貞裁穴則女中一色皆登一品富貴之地. 一云丑坐亥得丁歸

### 용혈도

정산의 동쪽 5리 지점에(못골) 금반형金盤形의 명당이 있고 옥녀안玉女案이 토성이다. 임자壬子 입수로 장사 지낸 후 5년이면 큰 횡재를 얻는다. 문곡文曲이 도래하도록 혈을 잡으면 남중일색男中

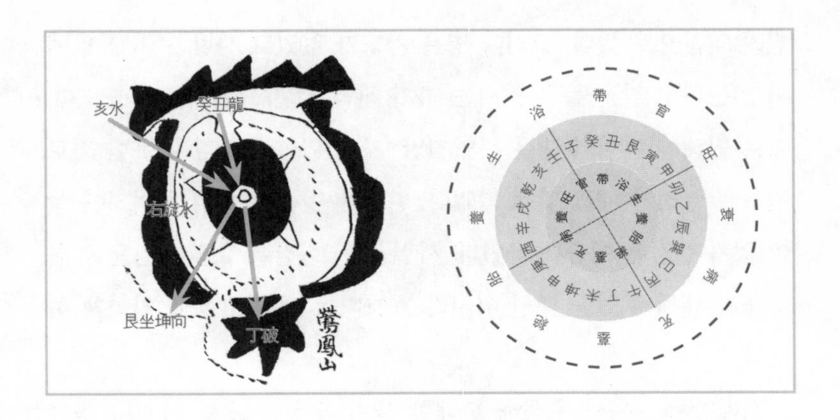


一色이고, 염정廉貞이 도래하도록 혈을 잡으면 여중일색女中一色이나, 모두 1품의 벼슬에 올라 부귀를 누릴 땅이다. 일설에 계축癸丑 입수에 건해乾亥 득수하고 정파丁破라고 한다.

### 주해

| 못골 청양군 목면 지곡리에 '안못골'과 '박못골'이 있고, 용혈도에 나타난 앵봉산鶯鳳山은 목면 가마리 남쪽 산이다.

| 금반형金盤形 쟁반 위에 구슬이 굴러다니니, 사람들이 그 청아한 소리를 듣고 몰려든다. 따라서 세상이 추앙하는 인물이 태어나는데, 앞쪽에 구슬을 담은 안산이 필요하다.

| 문곡재혈 · 염정재혈文曲裁穴 · 廉貞裁穴 문곡文曲은 목욕수沐浴水이고, 염정廉貞은 병사수病死水를 가리킨다.

| 남중일색 · 여중일색男中一色 · 女中一色 남자 중에 한 명이 음란하고, 여자 중에 한 명이 뛰어난 미인이다.

### 감평

정산면 서정리에 양씨 성을 가진 효자비가 있다. 조선 말기에 일어난 일이다. 어머니가 중병을 앓자, 양씨는 관청에서 환곡 100석을 빌려 약값으로 썼다. 그러나 병은 차도가 없었고 사람 고기를 먹여야 낳는다는 말을 들은 양씨는 자기 허벅지 살을 베어 고아드렸다. 이로 인해 어머니의 병은 나았지만, 자식은 환곡을 갚지 못한 죄로 관청에 끌려가 매를 맞게 되었다. 바지를 벗은 양씨의 허벅지에 살이 없자 현감은 이유를 물었다. 사실을 안 현감은 효심에 감동해 환곡을 면제해 주었을 뿐만 아니라 효자비를 세워 효행을 기리게 하였다.

건해방乾亥方에서 우선해 도래한 물이 정방丁方으로 빠지니 목국이고, 이때에 계축룡癸丑龍은 관대룡으로 생기를 품었다. 이 경우 목국의 자생향인 간좌곤향艮坐坤向을 놓으면, 건해 임관수가 도래해 양위 정방養位丁方으로 소수한다. 양위를 충파한다고 하지 않으면 대부대귀하고 인정이 창성한다.

## ●장군격고형將軍擊鼓形

定山東十五里將軍擊鼓形佩劍案裁穴若不得中反受其殃非神眼奈何

### 용혈도/감평

정산의 동쪽 15리 지점에 장군격고형將軍擊鼓形의 명당이 있고, 패검안佩劍案이다. 재혈할 때에 중심을 제대로 잡지 못하면 반대로 그 재앙을 받을 것이니 신안神眼이 아니라면 어찌 혈을 잡겠는가?

### 주해

| 장군격고형將軍擊鼓形 장군이 공격 명령으로 북을 치는 형국.

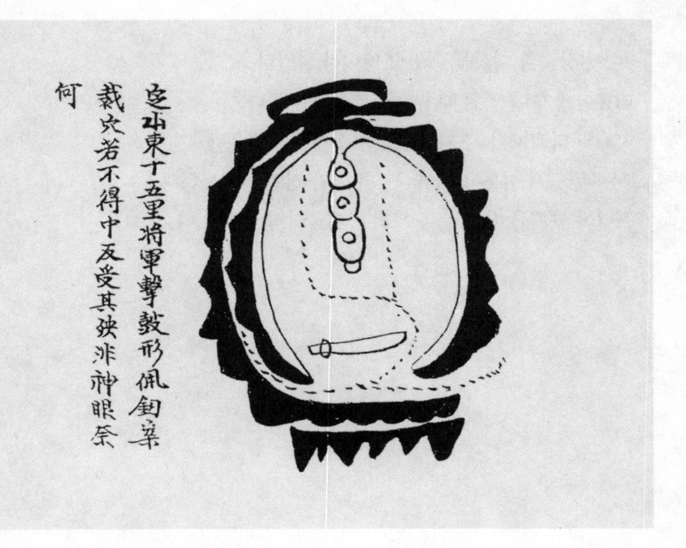
定山東十五里將軍擊鼓形佩劍案
裁穴若不得中反受其殃非神眼奈
何

원주_“9대에 장군과 재상을 배출할 땅이라 하였다.”
춘천_“대룡산에 혈이 맺혔으나 씀에 조심해야 한다.”
철원_“지네의 다리처럼 자손이 번성하고 재물을 모은다.”
낭천/화천_“반드시 신동이 태어나고 부귀가 집안에 가득하다.”
강릉_“스님이 부처를 향해 예를 올리는 형국의 명당이 있다.”

제3장

# 강원도

## ●치악산혈雉嶽山穴

原州雉嶽山左旋卯龍壬亥水庚破臍穴四五尺卯三介東赤石土木南古廟橫路西渠泉石人家井古寺坐大吉地(굴은거슬운이뫼)

### 용혈도

원주 치악산雉嶽山에서 좌선으로 뻗은 갑묘룡甲卯龍에 혈이 맺혔다. 임자壬子 · 건해방乾亥方에서 득수해 경파庚破이다. 혈상은 배꼽 모양으로 4~5자를 파면 알이 3개가 있다. 동쪽에는 붉은 돌 · 흙 · 나무가 있고, 남쪽에는 고려古廟 때 놓은 길에 있고, 서쪽 민가에 우물 샘과 옛 절터가 있으니 길지이다.

### 주해

| 치악산雉嶽山 원주의 진산(1,043m)으로 까치가 종을 쳐 선비를 구해준 보은 설화가 전해진다.

## 감평

원주 명륜동에 있는 향교는 천하의 명당이라 전한다. 남산 기슭에 향교를 지을 때이다. 목수가 목재를 깎고 다듬는데, 하루는 까치가 날아와 목수의 자를 물고 날아갔다. 허겁지겁 쫓아가니 까치는 어느 한 곳에 이르러 자를 땅에 떨어뜨렸다. 자를 주워든 목수가 주변 산세를 돌아보니 천하의 명당이라, 남산의 공사를 중지시키고 지금의 원주 향교로 옮겨서 지었다.

물이 경파庚破이니 목국이고, 갑묘룡은 장생룡으로 생기를 품은 길룡이다. 이때에 임자 귀인수壬子貴人水와 건해 장생수乾亥長生水가 우선해 태방으로 소수하니, 태향胎向인 경향을 놓아야 정법이다. 하

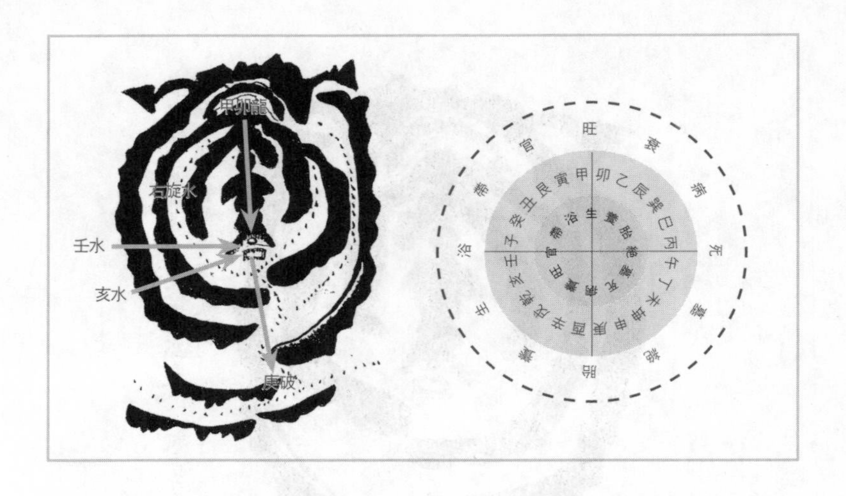


지만 이곳은 백보전란百步轉欄한 곳이어야 발복이 기대되며 가벼이 쓸 수 없는 곳이다.

## ●미덕산혈嵋德山穴

原州西四十里嵋德(德)山來龍左旋午丙龍丁坐癸向寅艮水戌破鼻穴

### 용혈도

원주 서쪽 40리 지점에 미덕산嵋德山이 있고, 그곳에서 뻗어 내린 내룡이 우선하면서 병오丙午 내룡에 혈이 맺혔다. 정좌계향丁坐癸向을 놓고, 간인방艮寅方에서 득수해 술파戌破이니 비혈鼻穴이다.

### 주해

| 미덕산嵋德山 현재의 위치를 확인치 못했다.

### 감평

물이 술파戌破이니 화국이고, 이때에 병오룡은 장생룡으로 생기를

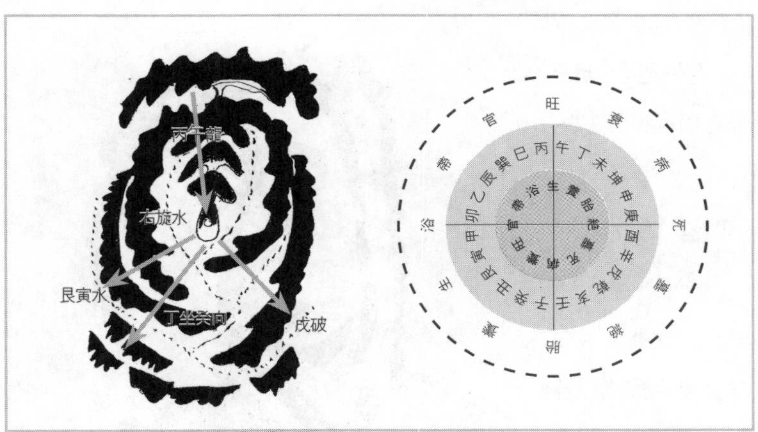


왕성히 품은 진룡이다. 하지만 정좌계향을 놓는다면, 퇴신退神을 범해 초년에는 인정人丁이 번창하여 재물이 흥하다. 또 공명은 불리하나 간인 장생수艮寅長生水가 도래하여 장수할 수는 있다. 88향법에 어두운 결록으로 이 경우 화국의 자생향인 손좌건향巽坐乾向을 놓으면 용상팔살의 위험이 있어 입향立向을 꺼리고, 화국의 정생향인 곤좌간향坤坐艮向을 놓아 삼합의 발복을 기대하는 편이 길하다.

## ●백운산혈白雲山穴

原州南白雲山來龍午來午作鼻穴

### 용혈도

원주 남쪽의 백운산 내룡에 혈이 맺혔는데, 병오룡丙午龍에 병오丙午로 입수한 비혈鼻穴이다.

### 주해

| 백운산白雲山 원주시 판부면의 남쪽에 있으며 해발 1,087m이다.

### 감평

비혈鼻穴로, 『명산도』는 '9대에 장군과 재상을 배출할 땅九代將相之地'이라 하였다.

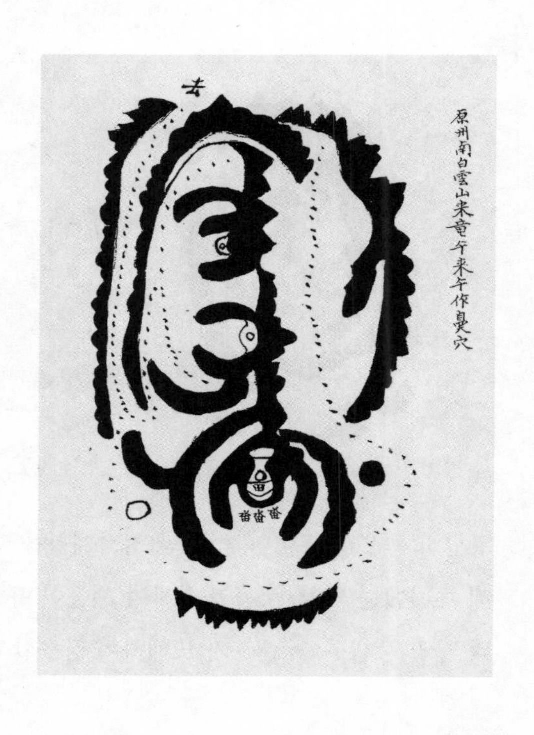

## ●대룡산혈大龍山穴

春川大龍山左旋卯龍甲坐庚向亥水丁未破春川西五十里加平界大龍山在於東西距邑二十里許

**용혈도**

춘천의 대룡산大龍山에 좌선하는 갑묘 내룡에 혈이 맺혔는데 갑좌경향甲坐庚向이다. 건해수乾亥水가 우선하여 정미파丁未破이다. 춘천의 서쪽 50리 지점에 가평과의 경계에 있는 대룡산은 거리가 읍에서 동서로 20리나 떨어져 있다.

**주해**

| **대룡산大龍山** 춘성군 동내면 · 동면과 홍천군 북방면의 경계를 이루는 산(해발 899m). 춘천 분지의 남동쪽을 병풍처럼 가리고 있으며 북동쪽으로 소양호, 북서쪽으로 춘천시를 굽어볼 수 있다.

春川大竜山左旋卯竜甲坐庚向亥水丁未破春川西五十里加平界大竜山在
於東西距邑二十里許


## 감평

춘성군의 서면 덕두원리에 있는 석파령席破嶺은 일명 쇠파령이라 부른다. 춘천으로 부임하는 지방관과 이임하는 관리가 이 고개에서 자리를 깔고 신구교체의 주연酒宴을 베풀어 석파령이라 불렀다. 물이 우선해 정미방으로 빠지니 목국木局이고, 이때에 갑묘룡은 장생룡에 해당되어 생기를 왕성히 품은 진룡이다. 목국의 자생향인 곤신향坤申向을 놓으면 건해 임관수乾亥臨官水가 상당하니, 과거에 급제해 벼슬이 높아질 양균송의 진신수법에 해당한다. 하지만 결록처럼 갑좌경향甲坐庚向을 놓는다면 향상으로 건해 병수病水가 도래해 관대방冠帶方을 충파하는 격으로 유년기의 총명한 자식이 상하고, 규중

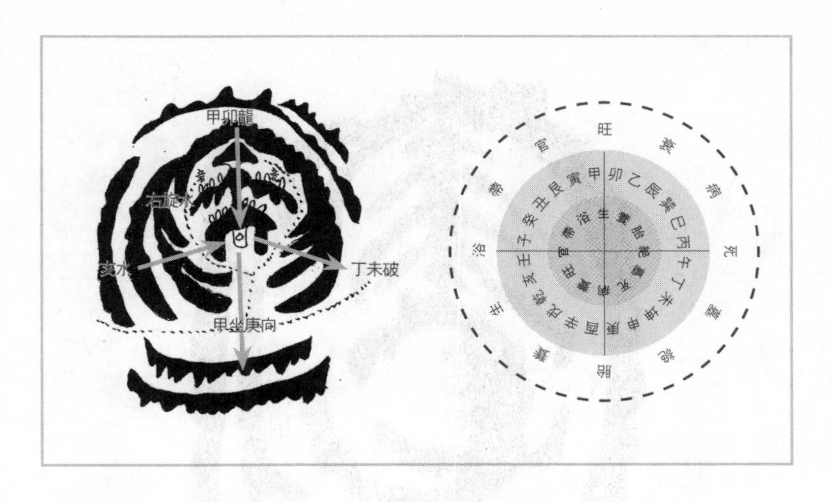


의 부녀자가 상한다. 따라서 풍수 향법에 어두운 결록이다.

## ●춘천혈春川穴

春川(李同知家垈)

**용혈도**

춘천에 있다.

**주해**

| 소양정昭陽亭 봉의산의 북쪽 산록에 있는 정자이다. 삼한시대에 세워진 정자로, 본래 '이요루二樂樓'라 하던 것을 조선 순조 때 부사 윤왕국尹王國이 지금의 이름으로 바꾸었다고 한다.

| 동지同知 직함이 없는 노인에 대한 존칭.

**감평**

춘천에 있는데, 이씨 노인의 집터이다. 용혈도에 '이동지李同知의

집터', '소양정', '밭우물(井田)'이 표시되었다. 하지만 내룡의 입수와 득수, 그리고 파에 대한 내용이 없어 풍수적 감평은 어렵다. 『손감묘결』은 작자와 출간 연대가 불분명한 풍수 답산기다. 그런데 본 용혈도에 '소양정'이 표시된 것으로 보아 조선 순조 이후의 풍수서로 간주할 수 있다. 소양정은 삼한시대에 세워진 정자로, 본래 '이요루二樂樓'라 하던 것을 조선 순조 때 부사 윤왕국尹王國이 지금의 이름으로 개칭했다고 전하기 때문이다.

## ●춘천혈春川穴

春川(上同北十里一右左旋丙龍巳坐寅艮水戌破)

### 용혈도

춘천의 북쪽 10리 지점에 한 번 우선하고 이어 좌선하는 병오룡丙午龍에 혈에는 사좌巳坐로 입수하였다. 간인艮寅 득수해 우선한 다음 술방戌方으로 소수한다.

### 주해

| 우선·좌선右旋·左旋 지리의 도는 음양의 이치를 벗어나지 않는다. 물과 바람은 움직이니 양이며, 좌측에서 나와 우측으로 빠지면 좌

선수라 한다. 우측에서 나와 좌측으로 빠지면 우선수이다. 용(산줄기)은 움직임이 없으니 음이고, 우측에서 좌측으로 휘어지면 우선용이다. 좌측에서 우측으로 휘어지면 좌선용이다. 그런데 좌선룡은 우선수와 짝이 되고, 우선룡은 좌선수와 배필이 됨이 마땅하다.(『지리오결地理伍訣』)

**감평**

춘천의 북쪽 10리 지점에 한 번 우선하고 이어 좌선하는 병오룡丙午龍에 손사巽巳로 입수해 혈을 맺었다. 간인艮寅 득수해 우선한 다음 술방戌方으로 소수하는데 술파戌破이니 화국이다. 이때에 병오룡은 장생룡에 해당하고, 손사 입수는 목욕에 해당되는 흉지다. 향상으로 간인 임관수艮寅臨官水가 도래해 양위 술방養位戌方으로 빠지니 손좌건향巽坐乾向을 놓으면 양위를 충파한다고 하지 않으며 대부대귀하고 인정이 창성할 것이다. 하지만 병오룡에 해향亥向은 용상팔살에 해당되고, 손사 입수가 목욕에 해당되니 발복은 기대하긴 어렵다.

## ●춘천혈春川穴

**春川北十里左旋丙龍巳坐亥向艮寅水戌破**

### 용혈도

춘천의 북쪽 10리 지점에 좌선하는 병오룡丙午龍에 혈이 맺혔다. 사좌해향巳坐亥向을 놓고 간인艮寅 득수해 우선한 다음 술방戌方으로 소수한다.

### 주해

| 용상팔살龍上八殺 용상팔살을 묘에서 만나게 되면 하루아침에 집안이 망하게 된다.(『지리오결』)

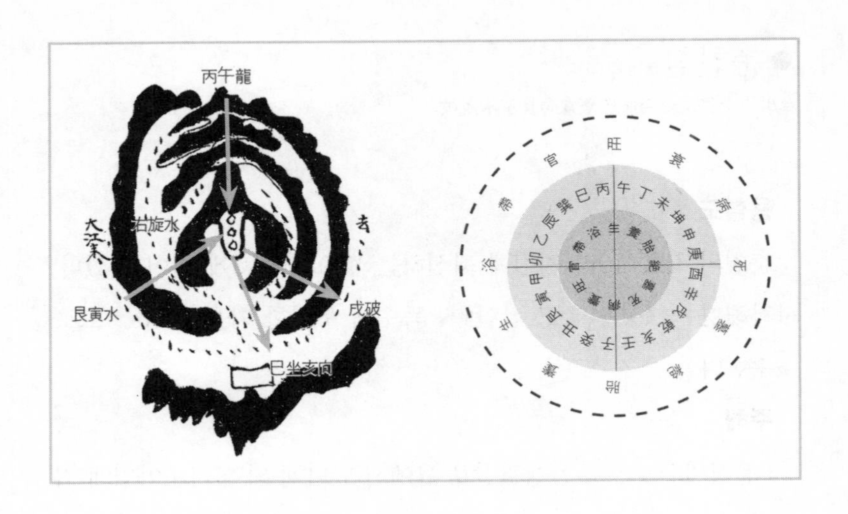


### 감평

물이 우선하여 술파戌破이니 화국이고, 이때에 병오룡은 장생룡에 해당된다. 입수가 생기를 품었으니 안장하면 대발할 터이다. 하지만 사좌해향을 놓았으니 향상으로 간인 임관수艮寅臨官水가 도래해 양위 술방養位戌方으로 빠지는 진신수법이나 병오룡에 해향亥向은 용상팔살에 해당된다. 따라서 하루아침에 망할 것이며, 정생향인 신좌인향申坐寅向을 놓아야 한다.

## ●춘천혈春川穴

春川南二十里壬亥龍亥坐坤申水辰流

### 용혈도

춘천의 남쪽 20리 지점, 해임亥壬 내룡에 건해乾亥 입수이다. 곤신坤申 득수하여 우선한 다음 진방辰方으로 소수한다.

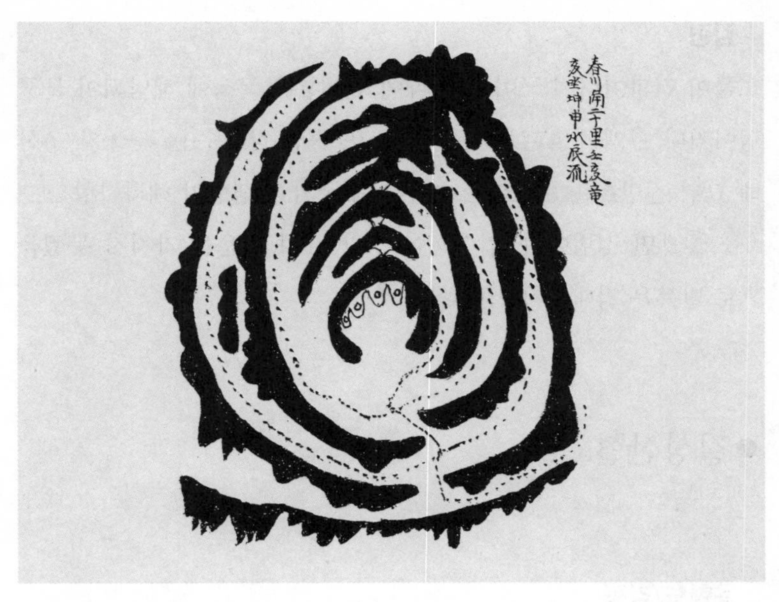


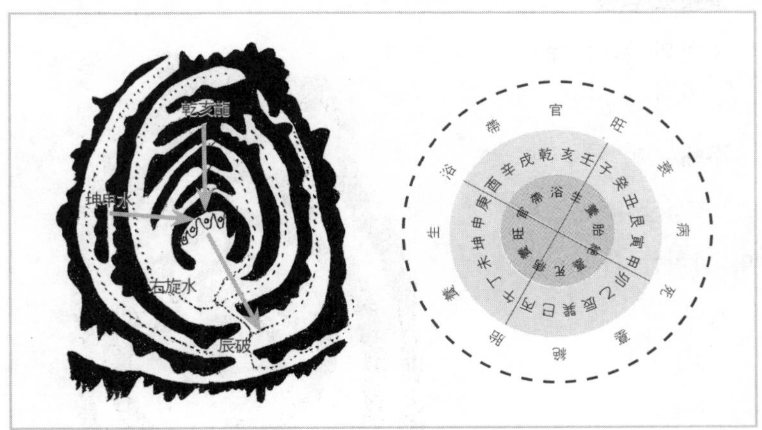


## 주해

| 잠룡潛龍 입수룡은 쌍산배합이 필요하고, 이기적으로 생왕의 기운을 얻어야 한다. 하지만 쌍산이 불배합된 잠룡은 음양이 불배합되어 생육작용을 할 수 없다.

**감평**

물이 진파이니 수국이고, 이때에 건해룡은 목욕에 해당되어 물구덩이거나 수맥이 흐르는 흉지이다. 또 곤신 장생수坤申長生水가 우선해 묘위 진방墓位辰方으로 소수하니, 수국의 자생향인 해좌사향亥坐巳向을 놓으면 정법이나, 입수룡이 생왕生旺의 기운을 가지지 못했음으로 발복은 기대하기 어렵다.

## ●길성산혈吉城山穴

春川吉城山

**용혈도/감평**

춘천의 길성산吉城山에 혈이 맺혔다.

**주해**

| 길성산吉城山 현재의 위치를 파악하지 못했다.

## ●반룡토주형蟠龍吐珠形

鐵原蟠龍吐珠形顧尾案艮坐坤向丙辛戌得外巳丙得酉破

**용혈도**

철원에 반룡토주형蟠龍吐珠形의 명당이 있고 고미안顧尾案이다. 간좌곤향艮坐坤向을 놓고, 내당內堂은 병丙 · 신술辛戌 득수이고, 외당은 사巳 · 병丙 득수하며 유파酉破이다.

**주해**

| 반룡토주형蟠龍吐珠形 똬리를 틀고 있는 용이 입에서 여의주를 토해내는 형국.

| 고미안顧尾案 용이 자기 꼬리를 바라보는 형세의 안산.

**감평**

철원에는 〈붕어 명당〉이 있는데, 노승의 지시를 어기고 묏자리를

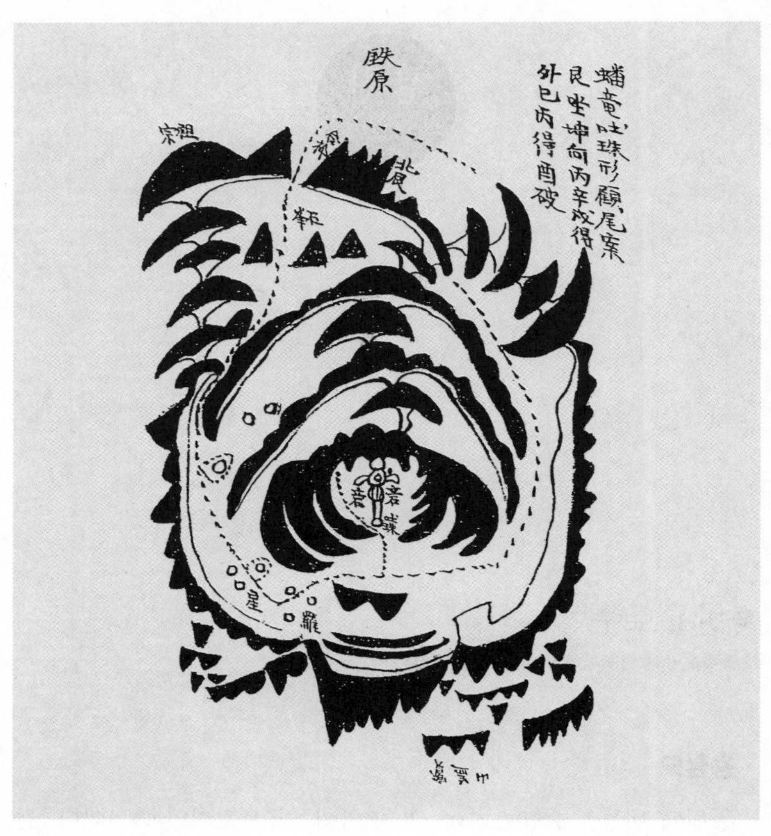

蟠竜吐珠形顧尾案
艮坐坤向丙辛戌得
外巳丙得酉破


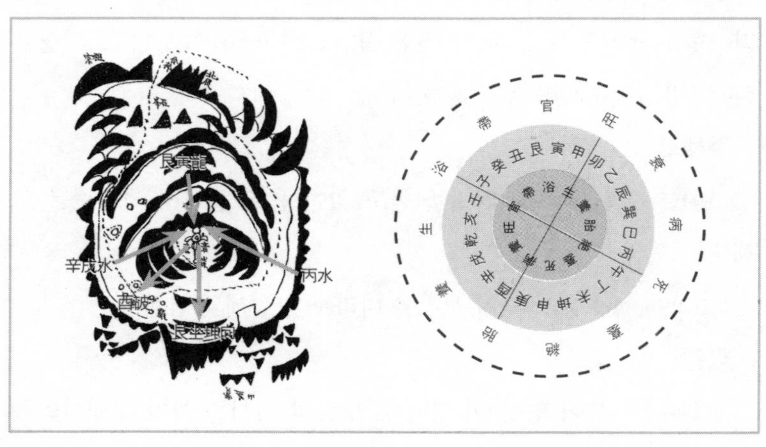

艮寅龍
辛戌水
丙水
酉破
艮坐坤向

파다 붕어의 눈 모양을 한 땅을 건드렸다. 그러자 그 집안은 대대로 눈병이 끊이질 않았다. 곤향을 놓고 유파酉破이니 자연은 좌선수이다. 이때에 득수는 내외당의 병 태수丙胎水와 외당의 사 절수巳絶水가 상당해 목욕방인 유방酉方으로 빠지는 격이다. 문고소수법文庫消水法으로 녹존방으로 물이 나가니 벼슬을 한다는 길향이나, 물이 지지地支를 범하고 또 절태수가 상당하여 불임과 이혼이 있을 것이다.

## ●보개산혈寶盖山穴

鐵原寶盖山石頭峯左旋卯龍甲坐庚向壬亥水寅破(或庚破)深源寺後卯龍甲坐巽巳水戌破亦大吉地云

### 용혈도

철원 보개산寶盖山의 석두봉石頭峯에서 좌선하는 내룡이 뻗어와 갑묘룡甲卯龍에 혈이 맺혔다. 갑좌경향甲坐庚向을 놓고, 임壬·해수亥水가 인파寅破 혹은 경파庚破이다. 또 심원사深源寺의 뒤쪽에 갑묘룡에 갑좌경향甲坐庚向을 놓고, 손사수巽巳水가 술방戌方으로 빠지는 곳이 있는데 이 역시 길지라고 전한다.

### 주해

| 보개산寶盖山 심원사가 위치한 산으로 현재 철원군 동송읍 이평리에 있는 금학산(947m)를 가리킨다.

| 심원사深源寺 동송읍 상로리에 위치하며, 경헌대사敬軒大師의 비가 서 있다.

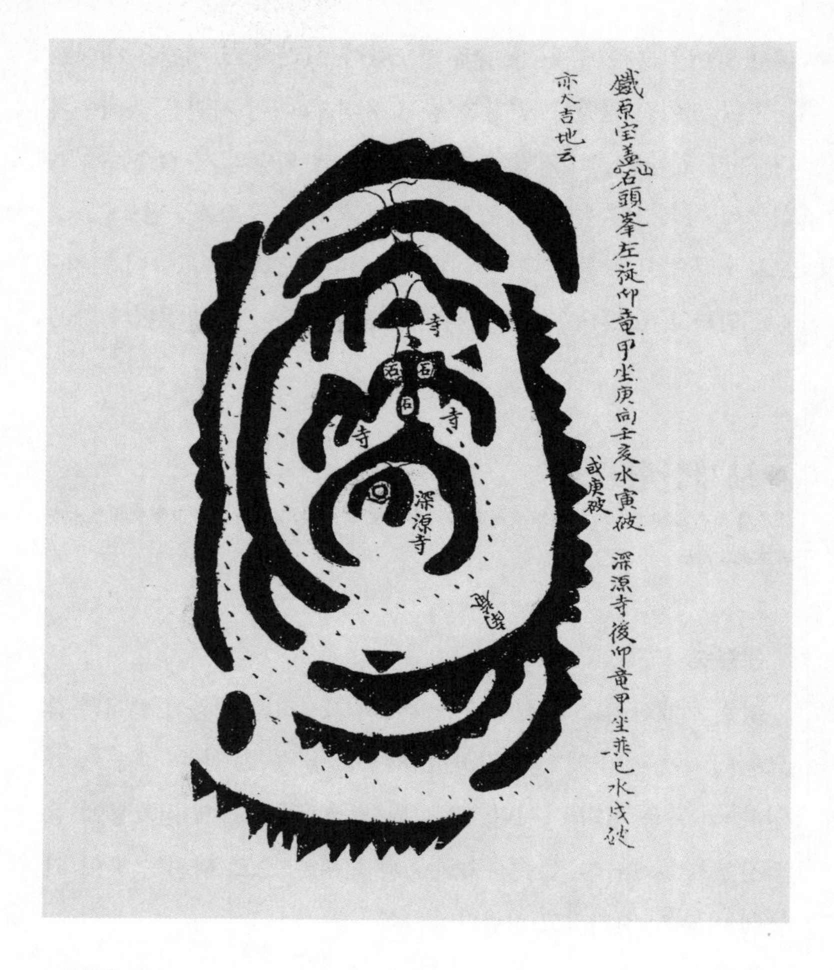


## 감평

갑묘룡에 임해수壬亥水가 상당하려면 인파寅破는 될 수 없고 경파庚破라야 합당하다. 소위 태향태파胎向胎破로 백보전란하고 용진혈적龍眞穴的하다면 임자 귀인수壬子貴人水와 건해 장생수乾亥長生水가 도래하니 안장 후에 대발할 터이다. 또 심원사 뒤쪽에 갑묘룡에 갑좌경향을 놓고 손사수가 좌선해 술방으로 빠지는 곳이 있다고 했다. 술

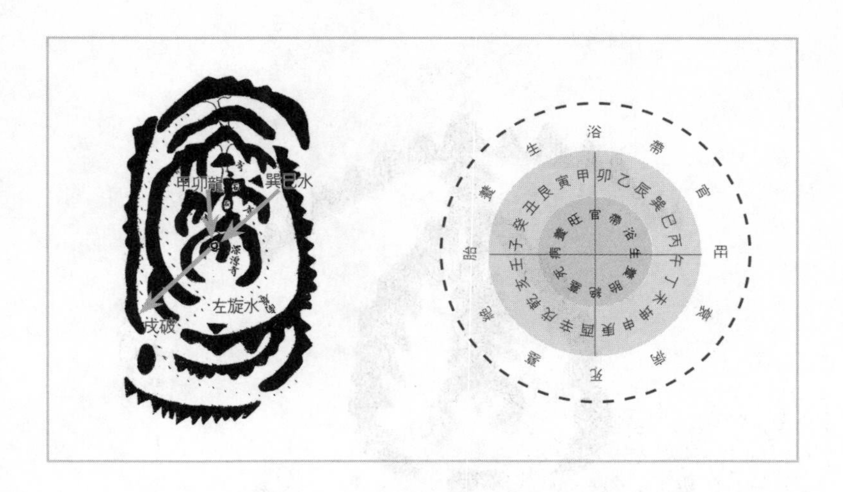


파이니 화국이고 갑묘룡은 임관룡에 해당되는 진룡이다. 향상으로 손사 장생수巽巳長生水가 도래해 쇠방衰方으로 소수하니, 양균송의 진신수법에 합당한 자왕향自旺向이 된다. 발부발귀하고 인정이 창성하며 발복이 면원할 대지이다.

## ● 오공형蜈蚣形

鐵原寶盖山下蜈蚣形蚯蚓案朴哥品官世居之地朴判書文秀以銀千兩歆買 不得云李懿信九代入閣之地

### 용혈도/감평

철원 보개산寶盖山 아래에 오공형蜈蚣形의 명당이 있고 지렁이 안산(蚯蚓案)이다. 벼슬아치인 박씨가 대대로 살아온 땅으로 판서인 박문수朴文秀가 은 천 냥을 주었어도 얻지 못했다. 이의신李懿信이 "9대가 조정의 관리가 될 땅이다."라고 말했다.

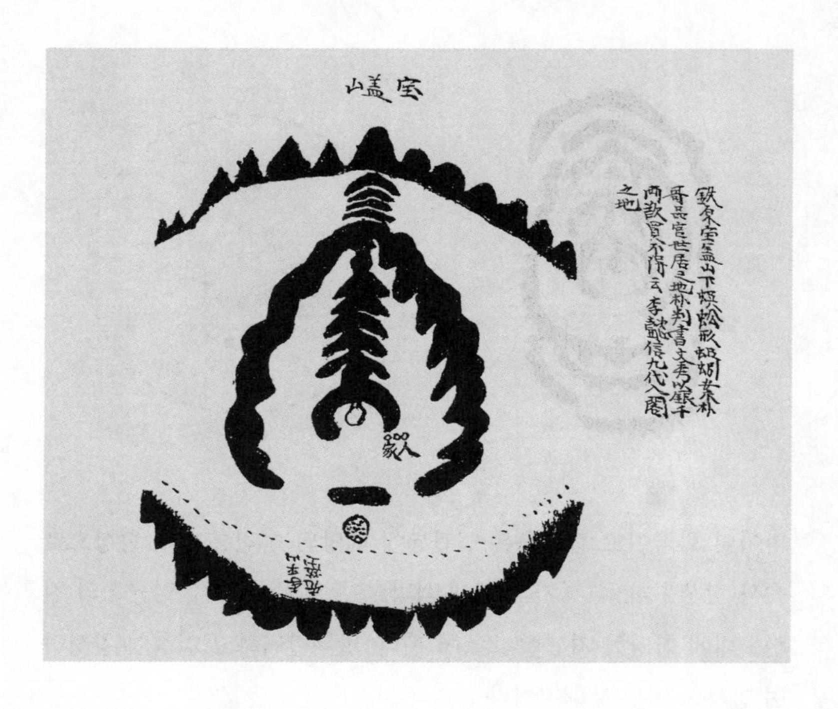

**주해**

| 오공형蜈蚣形 지네형 명당으로 지네의 다리처럼 자손이 번성하고 재물을 모을 수 있다. 앞에는 먹잇감인 지렁이 안산(蚯蚓案)이 필요하다.

| 박문수朴文秀 박문수는 영조 때 암행어사로 이름을 떨치고 병조판서에 올랐다. 암행어사인 '朴文秀'라 판단한다면 이 용혈도는 영조 이후에 쓰인 것이라 볼 수 있다.

## ●심원사혈深源寺穴

**鐵原深原寺後卯龍甲坐庚向巽巳水戌破**

### 용혈도

철원 심원사深源寺의 뒤쪽에 갑묘룡에 갑좌경향甲坐庚向을 놓고, 손사수巽巳水가 술방戌方으로 빠진다.

### 주해

| 심원사深源寺 동송읍 상로리에 위치하며, 경헌대사敬軒大師의 비가 서 있다.

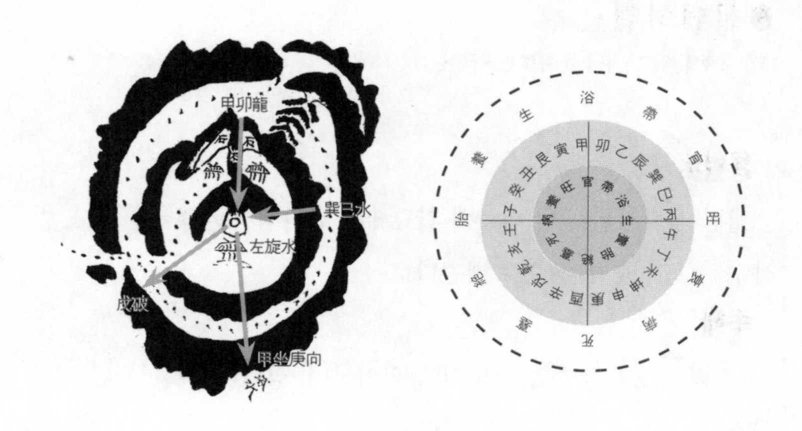


**감평**

술파이니 화국이고 갑묘룡은 임관룡에 해당되는 진룡이다. 향상으로 손사 장생수巽巳長生水가 도래해 쇠방衰方으로 소수하니, 양균송의 진신수법에 합당한 자왕향自旺向이다. 발부발귀하고 인정이 창성하며 발복이 면원할 대지이다.

강원 화천

## ●낭천혈狼川穴

狼川五里山來龍右旋庚兌入首庚坐甲向坎癸水辰破

### 용혈도

낭천(현재 강원도 화천)에서 5리 지점에 있는 산에서 용맥이 뻗어 왔다. 우선하는 경유룡庚酉龍이 입수하고 경좌갑향庚坐甲向을 놓고, 자子 · 계수癸水가 좌선해 진방辰方으로 빠진다.

### 주해

| 낭천狼川 현재는 강원도 화천군이다.

### 감평

화천의 사내면 광덕리에서 경기도 포천군 이동면으로 넘어가는 경계에 있는 고개를 '캐러멜고개'라 부른다. 고도 664m의 광덕산을 넘는 고개로 길이가 8km에 달하는데, 아흔아홉 개의 굽이가 있

狼川五里山来竜右旋
庚兌入首庚坐甲向
坎癸水辰破

는 험한 고개이다. 본래 광덕고개라 불렀는데 6 · 25동란 때 이곳에 주둔한 사단장이 작전 수행을 위해 부대가 이 고개를 넘을 때 운전병이 졸지 못하도록 모퉁이를 돌 때마다 입에 캐러멜을 넣어주도록 지시한 후부터 캐러멜고개가 되었다.

낭천(강원도 화천)에서 5리 지점에 있는 산에서 용맥이 뻗어왔다. 물이 진방으로 빠지니 수국이고 이때에 경유룡은 임관룡에 해당되어 생기를 왕성히 품은 진룡이다. 경좌갑향을 놓았으니, 향상으로

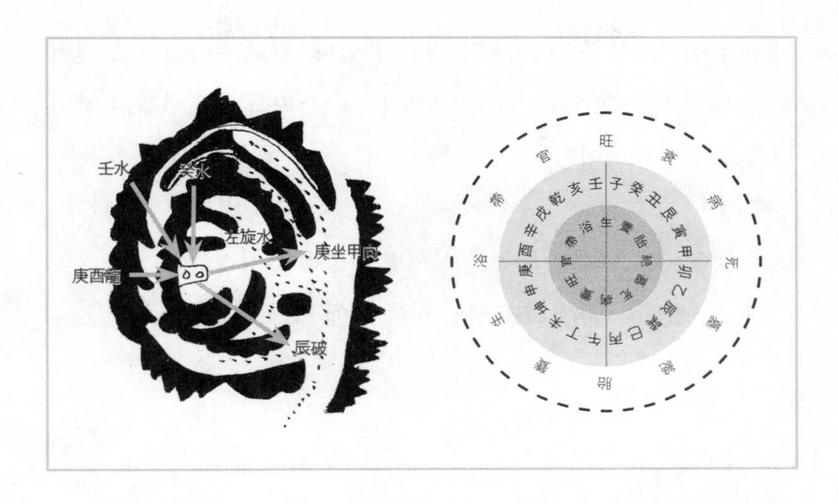


임자 귀인수壬子貴人水와 계축 관대수癸丑冠帶水가 상당하여 쇠방衰方으로 소수한다. 소위 수국의 자왕향自旺向이다. 『지리오결』에 '건해 장생수, 계축 관대수, 간인 임관수가 회합하여 상당한 뒤에 쇠방인 을진으로 소수하니, 생래회왕하여 발부발귀하고 오래 살고 인정이 흥왕한다. 간인 임관수가 내조하면 녹수祿水이고, 삼길육수의 수라 반드시 신동이 태어나고 부귀가 집안에 가득하고 장원으로 급제한다. 또 건방乾方에 천마天馬가 있으면 최관최속하고 간艮과 병봉丙峰이 서로 마주 보고 있으면 문무부절文武不絶한다.' 하였다.

## ●운리초월형雲裡初月形

狼川北四十里山羊驛下雲山下雲裡初月形卯龍卯入首臍穴四五尺卯三介大地

### 용혈도

낭천 북쪽 40리 지점의 산양역山羊驛 아래에 운산雲山이 있고, 그 아래에 운리초월형雲裡初月形의 명당이 있다. 갑묘룡甲卯龍으로 뻗어 와 갑묘로 입수한 배꼽 모양의 혈이다. 4~5자를 파면 3개의 알이 나올 것이며 대지이다.

**주해**

| 산양역山羊驛 현재는 화천군 상서면 산양리를 가리킨다.

| 운리초월형雲裡初月形 초승달이 구름 속에 가려 있는 형국.

**감평**

득수와 파에 대한 기록이 없어 정확한 감평은 어렵고, 『명산도』에는 다음과 같이 추가되어 있다.

狼川北四十里山羊驛下雲山下初月形三台案左旋卯來作來甲坐庚向亥水未破上上吉地臍穴四五尺土外三介富貴昌盛男長登科東赤石土木南古廟橫路西渠泉石有人屈井古寺垈

낭천 북쪽 40리 지점의 산양역山羊驛 아래에 운산이 있고, 그 아래에 초월형初月形의 명당이 있다. 삼태안이며, 좌선하는 갑묘룡이 뻗어와 혈은 갑묘룡에 맺혔다. 갑좌경향을 놓으며 해수亥水가 우선해 미파未破이니 매우 우수한 길지이다. 배꼽같이 생긴 혈로써 4~6자를 파면 흙이 나오니 부귀하고 번창하는데, 장남이 과거에 급제한다. 동쪽에는 붉은 돌, 흙, 나무가 있고, 남쪽에는 옛 왕조의 도로가 나 있고, 서쪽에는 옛 절의 우물에서 나오는 개천물이 흘러간다.

## ●호승배불형胡僧拜佛形

江陵胡僧拜佛形官鉢案

**용혈도/감평**

강릉에 스님이 부처를 향해 예를 올리는 형국의 명당이 있고, 안산은 발우를 닮았다.

**주해**

| **호승배불형**胡僧拜佛形 스님이 부처를 향해 예를 올리는 형국.

## ●회룡은유형回龍隱幽形

江陵(或昇平郡)回龍隱幽形顧祖案.回龍隱隱世難尋/貪水涓涓碧山深/五子已登黃甲上/百年無乃執翰林

【호승배불형】 【회룡은유형】

**용혈도/감평**

강릉(혹은 승평군)에 회룡은유형回龍隱幽形의 명당이 있는데, 조산을 돌아보는 안산이다.

용이 몸을 돌려 숨었으니 세상 사람이 찾기 어렵고
탐랑수貪狼水가 시냇물로 졸졸 흐르니 산은 더욱 푸르다
다섯 자식이 이미 과거에 장원으로 급제했으니
백년 이내에 한림학사가 배출되네

**주해**

| 회룡은유형回龍隱幽形 용이 몸을 돌려 땅속으로 숨은 형국.

| 연연涓涓 시냇물이 졸졸 흐르는 모양.

나주_ “금성산에 명당이 있다.”
강진_ “금사봉이 붓과 같은 모양이라 문장가가 많이 배출된다.”
익산_ “남자는 부마가 되고 여자는 왕비가 된다.”
남원_ “신선이 거문고를 무릎 위에 올려놓은 형국의 명당이 있다.”
순천_ “십여 명이 잇달아 출세하고 천하에 이름을 떨칠 터이다.”
동복/화순군 동복면_ “서쪽에 돼지가 누워 있는 와저형의 명당이 있다.”
보성_ “주름방죽에는 자라를 구해 주고 용왕의 사위가 된 설화가 전해진다.”
영암_ “한국 풍수의 시조인 도선국사가 태어나 자란 고장이다.”
금구/김제시 금구면_ “백제시대에 수동산현이 있던 곳으로 길지로 꼽힌다.”
흥덕/고창군 흥덕면_ “흥덕 서쪽 강 도랑을 만난 곳의 정상에 혈은 맺혔다.”

# 제4장 전라도

## ●용마음수형龍馬飮水形

羅州東四十五里龍馬飮水形貔貅案

### 용혈도

나주 동쪽 45리 지점에 용마음수형龍馬飮水形의 명당이 있다. 맹수의 한 종류인 비휴를 닮은 비휴안이다.

### 주해

| 용마음수형龍馬飮水形 용마가 물을 마시려는 형국.

| 비휴안貔貅案 맹수의 하나인 비휴를 닮은 안산.

### 감평

나주군 반남면 신촌리에는 '벌명당'에 얽힌 전설이 전해진다. 반남 박씨의 시조인 박응수朴應洙의 아들 박의朴宜는 아비가 죽자 지관에게 명당을 부탁했다. 지관은 명당을 찾았으나 하늘로부터 벌을 받을까 두려워 다른 곳을 소개하였다. 이를 눈치 챈 박의는 지관이 숨긴 명당을 찾은 후 땅을 팠다. 그때 땅속에서 커다란 벌이 나와 지관을 쏘아 죽였다. 반면 박씨 집안은 나날로 번성했고, 그 묘를 '벌명당'이라 불렀다. 나주 동쪽 40리 지점에 용마음수형龍馬飮水形의 명당이 있는데, 안산은 비휴를 닮았다.

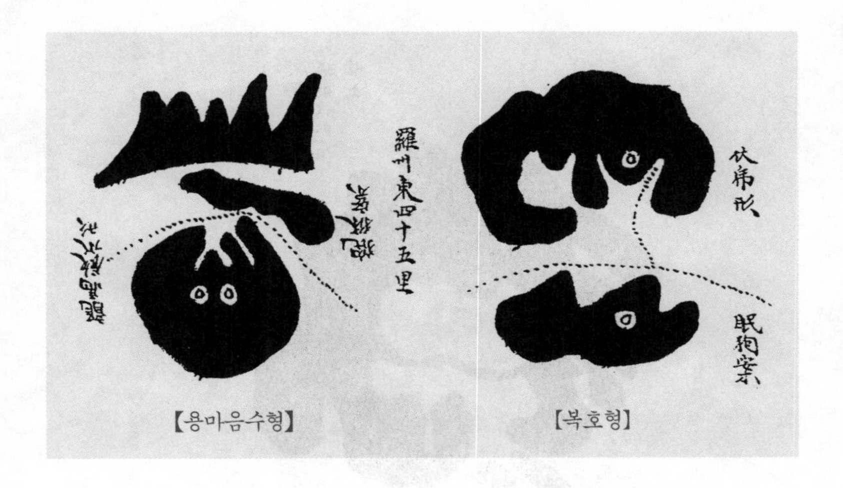


【용마음수형】 【복호형】

## ●복호형伏虎形

伏虎形眠狗案

**용혈도/감평**

복호형伏虎形의 명당이 있고, 앞쪽에 조는 개의 형상인 안산이 있다.

**주해**

| 복호형伏虎形 호랑이가 조는 개를 잡아먹기 위해 몸을 잔뜩 낮춘 형국.

## ●복사형伏獅形

羅州錦城山伏獅形逢祥獜則住穴居臍上

**용혈도/감평**

나주 금성산錦城山에 사자가 엎드려 개를 노리는 형국의 명당이

있고, 혈은 산 정상에 배꼽처럼 오목한 지점이다.

**주해**

| 복사형伏獅形 사자가 개를 잡아먹기 위해 몸을 잔뜩 낮춘 형국.

| 금성산錦城山 나주시와 나주군 노안면의 경계 지점에 있는 산. 해발 450m이다.

## ●금구입해형金龜入海形

康津北眞龍丕結明珠金龜入海形遠龍案.唐朝童元涓如以山穴百年爲相

### 용혈도

강진 북쪽의 진룡에 밝은 구슬처럼 기이하게 혈이 맺혔다. 금구입해형金龜入海形으로, 용이 멀리 있는 듯한 안산이다. 당나라 때 동원연童元涓 같은 산혈山穴이니 백년에 재상이 날 것이다.

### 주해

| 금구입해형金龜入海形 거북이가 바다로 들어가는 형국.

| 동원연童元涓 뜻을 파악하지 못했다.

### 감평

강진 금사봉(金沙峯 327m)은 강진의 안산에 해당한다. 이 산이 붓과 같은 모양이라 문장가가 많이 배출된다고 한다. 또 금사리 평야의 안개는 금사봉을 하늘 위에 있는 산처럼 보이게 만들어 그 경관이 매우 아름답다.

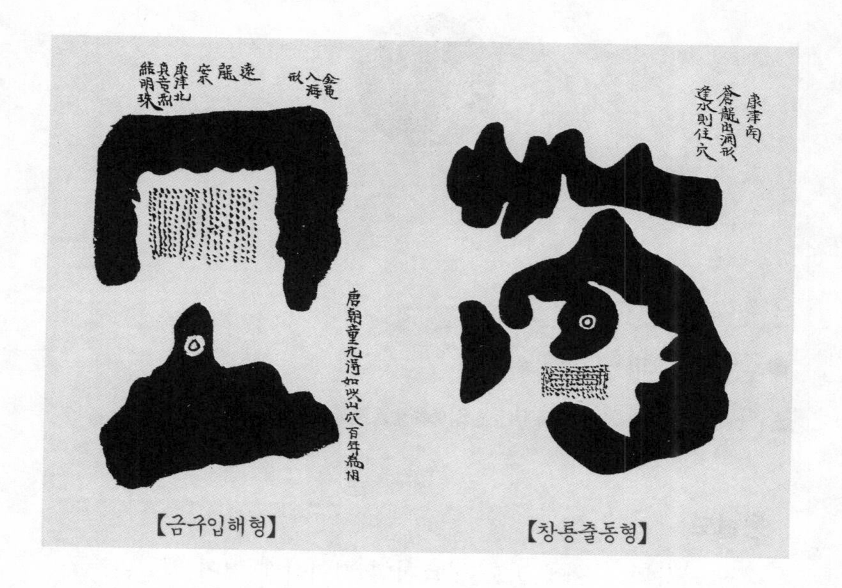

【금구입해형】 【창룡출동형】

## ●창룡출동형蒼龍出洞形

康津南蒼龍出洞形逢水則住穴

**용혈도**

강진 남쪽에 창룡출동형蒼龍出洞形의 명당이 있다. 물을 만나 혈을 맺었다.

**주해**

| 창룡출동형蒼龍出洞形 청룡이 마을을 빠져나가는 형국.

**감평**

약 300년 전, 강진에 부임한 현감들은 모두 아전의 횡포 때문에 소신껏 행정을 펼칠 수 없었다. 때로는 현감 자리가 빌 때도 있었다. 1653년 현감이 된 신유는 아전의 횡포가 강진의 지세 때문이라고 생각했다. 강진의 지세는 황소가 누워 있는 와우형으로, 신유는 '황소는 코뚜레를 꿰어야 말을 듣는다'는 점에 착안해 코뚜레 자리에 연못을 파 지세를 눌렀다. 그러자 아전의 횡포가 사라져 선정을 베풀 수 있었다. 지금의 어린이공원 주변이 연지蓮池가 있던 자리이다. 강진 남쪽에 창룡출동형蒼龍出洞形의 명당이 있다. 물을 만나 혈을 맺었다.

## ●목단반개형牧丹半開形

益山西北二十里竹青花寺甲來艮坐牧丹半開形天太乙特立玉笏相應男駙馬女宮妃七代封君脣前有卓氏塚云大坂伊花寺꽃절

### 용혈도/감평

익산 서북쪽 20리 지점에 죽청竹靑 마을이 있고, 그곳의 화사花寺는 갑묘甲卯 내룡에 간인艮寅으로 입수한 목단반개형牧丹半開形의 명당이다. 천을天乙 · 태을太乙이 특립하고, 옥홀玉笏이 서로 상대한다. 남자는 부마가 되고 여자는 왕비가 되며 7대에 걸쳐 군君에 봉해진다. 전순纏脣 앞쪽에 탁씨네의 묘가 있다고 한다. 즉 대판이大坂伊 화사(花寺 꽃절)를 말한다.

### 주해

| 죽청竹靑 익산시 황등면 죽촌리를 가리킨다.

| 화사花寺 꽃절로써 현재는 폐사되고 전하지 않는다.

| 목단반개형牧丹半開形 모란이 반쯤 핀 형국으로 꽃이 만발하면 곧 시든다. 따라서 반개한 꽃이 더 발복이 크다.

| 천을 · 태을天乙 · 太乙 천을은 신봉辛峯이고, 태을은 손봉巽峯을 말한다.

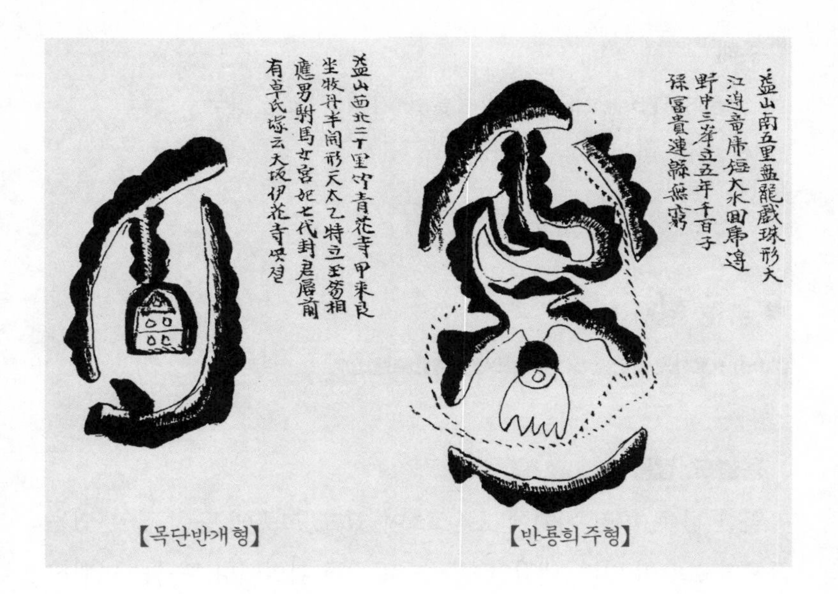


【목단반개형】 【반룡희주형】

| 순脣 전순纏脣의 준말로 혈장의 앞에 박힌 돌이나 단단한 흙을 말한다. 혈장의 기가 앞쪽으로 빠져나가는 것을 방지한다.

| 대판이大坂伊 뜻을 파악치 못했다.

## ●반룡희주형盤龍戲珠形

益山南五里盤龍戲珠形大江邊龍虎短大水回虎邊野中三峯立五年千百子孫富貴連綿無窮

### 용혈도/감평

익산 남쪽 5리 지점에 반룡희주형盤龍戲珠形의 명당이 큰 강가에 있다. 청룡 · 백호가 짧고 큰물이 감아 돌고, 백호 가로 들판에 3개의 봉우리가 서 있다. 장사 지낸 후 5년이면 백자천손이 번창하고 부귀가 면원하며 무궁하다.

**주해**

| 반룡희주형盤龍戲珠形 용이 구슬을 가지고 노는 형국.

| 대강大江 만경강을 말한다.

## ●독룡형獨龍形

益山南十里外草山獨龍大江案穴雖怪奇富貴綿遠道詵

**용혈도/감평**

익산 남쪽 10리 바깥에 초산草山이 있고, 그곳에 용이 홀로 있는 독룡형獨龍形이 있다. 대강안大江案으로 비록 괴혈이나 부귀는 면원하다. 『도선비기道詵秘記』에도 전한다.

**주해**

| 도선道詵 『옥룡자유산록』 '익산편'에 '草山下 獨龍形은 螟蛉繼祀하것구나'란 비기가 있다. 즉, '초산 아래의 독룡형은 양 아들이 제사를 지낼 곳이다.'란 뜻이다.

## ●금린출소형金鱗出沼形

益山濕水井金鱗出沼形二代後白花七人文科一人子孫千萬云

**용혈도**

익산 습수정濕水井에 금린출소형金鱗出沼形의 명당이 있다. 장사 지낸 후 2대를 지나면 무과에 7인, 문과에 1인이 급제하며 자손이 크

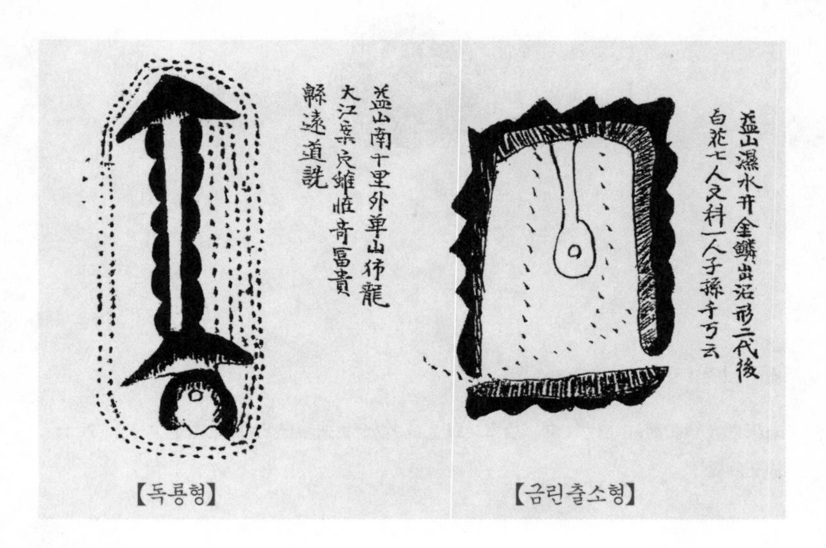
益山南十里外華山獨龍
大江棄穴雖陋奇富貴
縣遠道詵
益山濕水井金鱗出沼形二代後
白花七人文科一人子孫千万云
【독룡형】 【금린출소형】

게 번성한다.

**주해**

| **습수정**濕水井 현재의 위치를 확인치 못했다.

| **금린출소형**金鱗出沼形 물고기가 비늘을 번쩍이며 못에서 뛰어오르는 형국.

**감평**

미륵산(彌勒山 342m)은 익산의 진산으로 옛 이름은 용화산龍華山이다. 미륵과 용화는 모두 부처님 세계의 이름으로, 본래 용화산으로 불리다가 이 산에 미륵사가 들어서면서부터 미륵산으로 불렸다. 이 산에서 발원해 익산천으로 흘러드는 내를 옥룡천玉龍川이라 부르는데, 도선국사의 행적이 있는 것으로 추측된다. 도선의 호가 옥룡자玉龍子이기 때문이다.

## ●남원혈南原穴

南原東孝順體國師北迂歌曰 '后土地逢高高軟/世文武竝連出/揷空山連一字案/百子千孫別無疑'

### 용혈도

남원 동쪽에 효심이 크고 순한 혈이 맺혔다. 국사였던 북우北迂가 노래하길, "토지신이 땅을 높고도 순하게 만났으니, 세상에 문관과 무관이 함께 배출될 것이다/하늘을 찌르는 산들이 일자문성으로 연이어 있으니/백자천손은 의심할 바가 못 되네." 하였다.

### 주해

| 효순체孝順體 효심이 깊고 순한 명당.

| 후토后土 토지의 신.

### 감평

남원의 중심부를 관통해 흐르는 요천의 하류에 능구도綾龜島가 있다. 이 섬은 윗부분만 흙이 덮인 암석으로 거북 등과 같아 보여 '능구도'라 부른다. 고려 때의 일이다. 신씨 성을 가진 젊은이가 이 섬에 살면서 여러 번에 걸쳐 과거를 보았으나 모두 낙방하였다. 어느 해에 신씨는 과거를 보러 가고 아내는 섬에 남아 치성을 드렸는데,

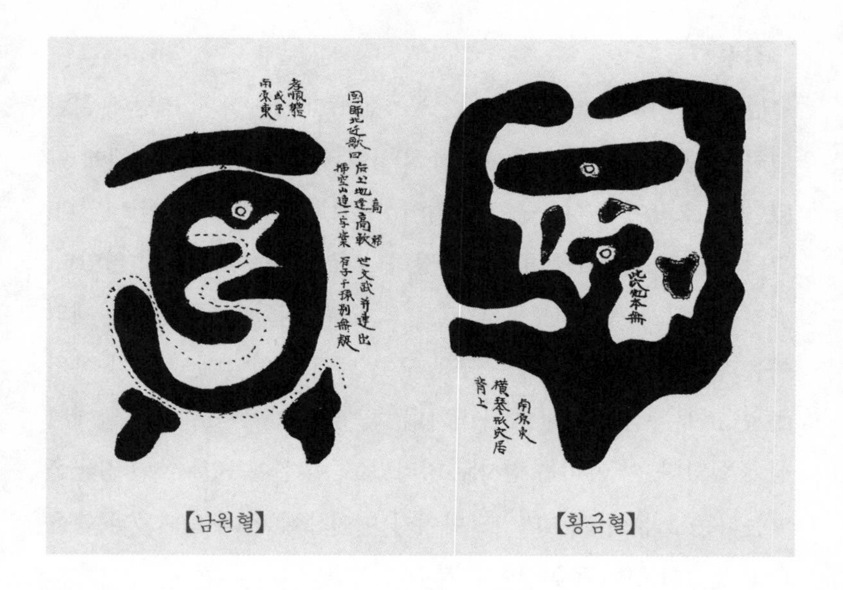


【남원혈】 【황금혈】

꿈에 오색찬란한 비단을 등에 덮은 거북이 나타나 광명光明이란 글자를 바위에 썼고 이후 신씨는 급제하였다. 이때부터 '능구도'라는 지명이 유래되었다.

## ●황금형橫琴形

南原東橫琴形穴居背上. 此穴他本無

### 용혈도

남원 동쪽에 횡금형橫琴形의 명당이 있는데, 혈은 내룡의 등 위에 맺혔다. 이 혈은 다른 지방에서는 볼 수 없다.

### 주해

| 횡금형橫琴形 신선이 거문고를 무릎 위에 올려놓은 형국.

**감평**

남원군 이백면 초산리에 있는 무동산無童山에는 돼지 명당에 얽힌 설화가 전해진다. 옛날 초산리에 50명이 넘는 대식구가 한 집에 살았는데, 호랑이가 식구를 잡아먹어 마침내 18세의 딸만이 남았다. 그녀가 화장으로 유부녀처럼 가장하니, 호랑이는 나타나지 않았다. 천지신명에게 백일기도를 드리고 백 일이 되었을 때, 옥황상제의 아들과 잠자리를 함께하는 꿈을 꾸고 태기가 있었다. 처녀가 아기를 안고 무동산의 동굴로 들어가니, 한 쌍의 산돼지도 그 동굴에서 함께 살았다. 이 아이는 장사로 자라났고, 이 산에 묘를 쓰면 장군을 낳는다는 소문이 퍼졌다. 또 아이가 미인봉에 올라 선녀들과 춤을 추고 놀았다 하여 무동산이라 불렀다고 한다.

## ●비룡입해형飛龍入海形

順天卽昇平東在突飛龍入海形驪珠案一作大江案.
飛龍逐水到江中/ 更逢大江來回抱/ 恰似玉維筆畵龍/ 子孫爵祿至三公

### 용혈도/감평

순천, 즉 승평의 동쪽에 돌혈突穴이 맺혔는데 비룡입해형飛龍入海形이다. 여의주 안산이고 또 하나는 대강안大江案이다. 다음과 같은 시가 전한다.

하늘을 날던 용이 물을 쫓아 강으로 내려오니
큰 강을 다시 만나 서로 함께 어울리네
마치 왕유王維가 붓으로 용 그림을 그린 듯
자손들의 관록이 삼정승에 이르네

### 주해

| 비룡입해형飛龍入海形 하늘을 날던 용이 바다로 들어가는 형국.

| 왕유王維 왕유(699~761)는 중국 당나라 때의 시인이며 화가이다. 자연의 정감이 담긴 서사시를 주로 짓고, 산수화를 잘 그려 남종화의 시조로 추앙된다.

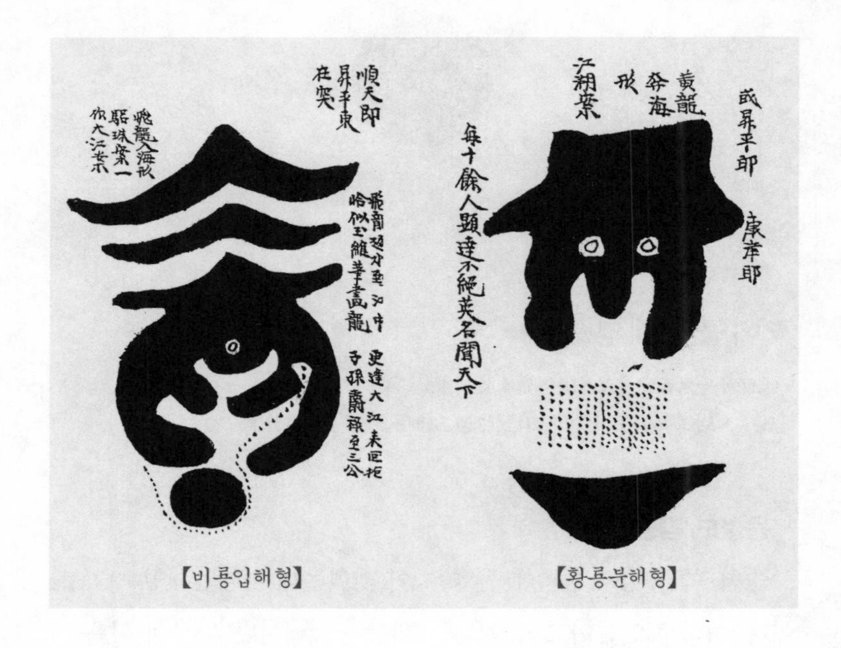

【비룡입해형】 【황룡분해형】

## ●황룡분해형黃龍奔海形

惑昇平郡康津郡黃龍奔海形江湖案每十餘人顯達不絕英名聞天下

### 용혈도/감평

승평 혹은 강진에 황룡분해형黃龍奔海形의 명당이 있고, 강호안江湖案이다. 십여 명이 잇달아 출세하고, 훌륭한 이름을 천하에 떨칠 터이다.

### 주해

| 황룡분해형黃龍奔海形 황룡이 바다로 들어가는 형국.

| 현달顯達 입신출세한다.

화순군 동복면

## ●와저형臥猪形

同福西臥猪形五子案

**용혈도**

동복 서쪽에 와저형臥猪形이 있고, 오자안五子案이다.

**주해**

| 와저형臥猪形 돼지가 누워 있는 형국.

**감평**

화순의 동복천同福川은 수량이 많고 물이 깨끗하며, 상류에서 잡히는 은어는 복천어福川魚라 하여 예로부터 진상되던 귀한 것이었다. 강변에는 붉은 암벽을 이룬 적벽이 있으며, 주변경관이 아름다운 만경대가 있다. 동복 서쪽에 돼지가 누워 있는 와저형臥猪形의 명당이 있고, 안산은 오자안五子案이다. 누워 있는 돼지라면 그 상황에서 돼지의 어느 특정 부위에 힘이 쓰이거나, 정신을 집중하거나, 또는 긴장을 하는지 알 수 없어 혈처의 판단이 어렵다. 돼지가 누워 새끼에게 젖을 주는 형국이라 간주하면 혈처는 돼지 젖꼭지 부위가 된다.

## ●복토형伏兎形

寶城北二十里伏兎形穴頂上隱月案

**용혈도**

보성 북쪽 20리 지점에 복토형伏兎形 명당이 산 정상에 맺혔다. 안산은 숨은 달 형세[隱月案]이다.

**주해**

| **복토형伏兎形** 토끼가 엎드려 달을 바라보는 형국으로 혈처는 눈동자 부위이다.

**감평**

보성의 문덕면에 관노가 자라를 구해 주고 용왕의 사위가 된 설화가 전해지는 '주름방죽'이 있다. 옛날 한 관노가 문서를 가지고 문덕으로 가는데, 용문 다리 근처에서 자라를 잡아가는 청년을 만났다. 불쌍히 여긴 관노는 자라를 사서 도로 물속에 넣어 주었다. 돌아오는 길에 한 소년이 "따라오세요"하며 길을 앞장섰고, 그가 막대기로 냇물을 치자 물이 갈라지며 길이 나타났다. 길을 따라가니 용왕이 사는 용궁이 나타났는데, 그가 구해준 자라는 용왕의 딸이었다. 용왕은 딸을 구해 준 은혜를 생각해 융숭히 대접하고 두 사람을 혼인시켰다. 두 사람은 행복하게 살았으나, 자라 부인의 미모를 탐한 원님 때문에 관노가 먼저 죽고 뒤를 이어 자라 부인도 연못에 빠져 죽었다. 이 연못이 '주름방죽'이다. 안산은 숨은 달 형세이다. 본래는 토끼가 달을 바라보는 복토망월형伏兎望月形으로 토끼는 달을 바라보며 절구를 찧는 생각에 젖어든다. 따라서 혈처는 토끼의 눈동자 부위이다.

## ●선인세족형仙人洗足形

仙人足形逢全則住穴居腹上一名花藤金刀形穴花萴案月出山南靈巖月出南鳩林汗谷洞前

### 용혈도

선인세족형仙人洗足形으로 혈은 배처럼 불룩한 곳에 맺혔다. 일명 화등금도형花藤金刀形이라 부르고 화절안花萴案이다. 월출산 남쪽의 영암이고, 월출산 남쪽 구림 마을의 한골 앞쪽에 있다.

### 주해

| 선인세족형仙人洗足形 신선이 발을 닦는 형국의 명당.

| 화등금도형花藤金刀形 꽃 덩굴을 칼로 잘라내는 형국.

| 화절안花萴案 꽃 마디를 닮은 안산.

### 감평

전남 영암의 구림은 한국 풍수의 시조인 도선국사(827~898)가 태어나 자란 고장이다. 그는 신라 왕가의 후예로 김씨라는 설도 있는데, 어머니가 빨래터로 떠내려 온 오이를 먹고 잉태했다고 한다. 아기를 낳은 후 바위에 버렸더니 비둘기들이 모여들어 보호해 할 수 없이 데려다 길렀다고 전한다. 도선국사는 고려의 창국에 지대한 공을 세운 분으로, 15세에 출가해 화엄사에서 승려가 되고, 태안사의 혜철 문하에 들어가 불법을 깨우쳤다. 그 후 옥룡사에 들어와 후학을 지도하다가 72세의 나이로 입적하였다. 도선국사는 이 땅에 풍수지리학을 널리 보급한 시조로, 일설에는 당나라의 일행선사一行禪師에게 풍수학을 배워 왔다고 한다. 고려 태조의 '훈요십조'에도 '신설한 사찰은 도선이 산수의 순역을 점쳐놓은데 따라 세운 것이다.'라는 글이 있어, 그가 풍수지리학에 밝았음을 암시하고 있다. 또 호남지방의 천장지비한 명혈을 소개한 기록이 현재까지 전해지니 의심할 여지가 없다. 이른바 『도선국사 유산록』이다. 이 책은 도선이 명혈들을 직접 답사한 기록으로, '구림鳩林으로 다시 오니, 구천 가신 부모 첨소봉영뿐이로다.'라는 글귀가 있어 저자가 도선임을 여실히 보여준다. 그런데 현재의 『도선국사 유산록』은 한문본이 아니고, 국한문 혼용의 가사체 형식이란 점에 문제가 있다. 그는 한글이 창제되기 이전에 살았던 사람으로 결국은 후세 사람에 의해 의역된 책이 자명하다. 가사 문학의 발달 과정에 비추어 보아 대략 영, 정조 시대의 것으로 추측된다. 그 결과 이 책은 본 내용이 첨가 내지 보충되었음이 분명하다. 본문 중에 '우리 선생先生가라칠제, 조선산수길흉지朝鮮山水吉凶地.'라는 글귀에서 '조선'이란

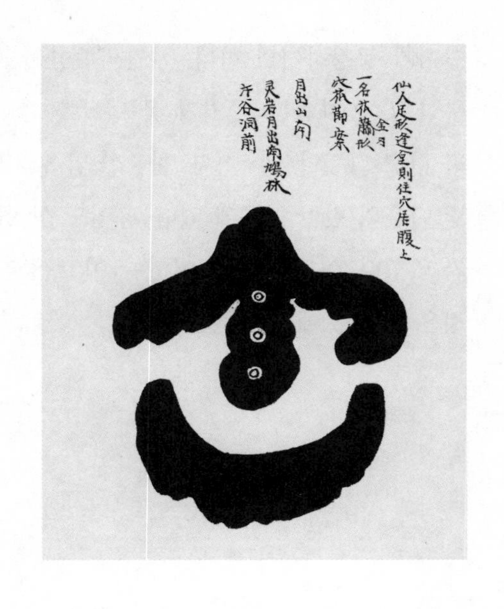

단어가 등장하기도 한다. 선인세족형仙人洗足形으로 혈은 배처럼 불룩한 곳에 자리한다. 일명 꽃 덩굴을 칼로 베어내는 화등금도형이라 하고 화절안花莭案이다. 월출산 남쪽의 영암이고, 월출산 남쪽 구림 마을의 한골 앞쪽에 있다. 용혈도 상 혈은 내룡 위에 상하로 3개가 맺혔다. 아래쪽 혈은 지혈地穴이고, 중간 것은 인혈人穴이고, 위쪽 것은 천혈天穴에 해당한다.

김제시 금구면

## ●횡룡형橫龍形

金溝橫龍形障水逢潭則住穴腹上

**용혈도**

금구에 횡룡형橫龍形의 명당이 있다. 가로로 흐르는 물이 연못을 만났다. 혈은 배처럼 불룩한 곳에 맺혔다.

**주해**

| 횡룡형橫龍形 용이 몸을 옆으로 길게 뻗은 형국.

**감평**

김제 사창산(社倉山 63m)은 일명 수동산首冬山이라 부르는데, 백제 시대에 수동산현이 있던 곳이다. 이 산의 명칭은 인근 7개 지방에서 환곡을 거두어 저장하던 사창이 있어 유래되었고, 산의 동쪽에 명당 마을, 북쪽에 거북 마을이 있어 풍수설에서 길지로 꼽던 산이다. 금구에 횡룡형橫龍形의 명당이 있다. 용혈도 상 혈장의 좌청룡 자락에 '타본혈차他本穴此'란 글자가 있는데 그 뜻을 알기 어렵다.

고창군 흥덕면

## ●부사형浮槎形

浮槎形興德西穴居頭上逢江溝則動

**용혈도**

부사형浮槎形으로 흥덕 서쪽에 있다. 혈은 강 도랑을 만난 곳의 정상에 맺혔고 움직인다.

**주해**

| 부사형浮槎形 뗏목이 물에 떠내려가는 형상.

**감평**

고창군 성내면 산림리 낙산마을에는 대추나무로 전통 패철을 제작하는 중요무형문화재 제110호 윤도장輪圖匠인 김종대金鍾垈씨가 있다. 이곳은 300년 동안이나 패철을 만들어 온 유서 깊은 고장으로, 마을 뒷산에는 신기하게도 '거북바위'가 있다. 동서로 가로놓여진 바위는 그 위에 7개의 구멍이 파여져 있고, 완성된 패철을 그 위에 놓으면 남북이 정확히 맞는지 확인할 수 있다. 그런데 다른 마을에서 패철을 만들어 '거북바위'에 올려놓으면 남북이 잘 맞지 않는다고 한다. 김종대는 백부伯父인 김정의에게서 패철을 만드는 기술을 전수받았다. 김정의는 치밀하고도 꼼꼼한 솜씨로 패철을 만든다는 소문이 나 평안도 · 함경도에 사는 사람들까지 사랑방에 진을 치고 패철을 사 갔다고 한다. 수요가 많을 때면, 패철 1개의 값이 쌀 10섬 가격에 해당되고, 뱃사람들이 한꺼번에 50개씩 주문하기도 했다. 덕분에 김정의는 일제강점기에도 별 어려움 없이 살았고, 기술을 조카에게 전수시킬 수 있었다. 패철을 만드는 재료는 대추나무가 사용된다. 대추나무는 재질이 단단하고 말려 놓으면 잘 트지 않는다. 그리고 비단같이 윤기가 나면서 오래 갖고 다니면 색이 더욱 빨개져 고와진다. 대추나무는 예로부터 보은에서 나는 것을 많이 썼다. 보은에는 대추나무가 많고, 이 고장 사람들은 대추를 팔아서 혼수 자금을 마련했다고 하는데, 그래서 '삼복三伏에 비가 오면 보은 처자가 운다.'는 속담이 전한다. 여름에 비가 많이 오면 대추가 적게 열리기 때문이다. 뗏목이 물에 떠내려가는 부사형浮槎形인데 흥덕 서쪽에 있다. 혈은 강 도랑을 만난 곳의 정상에 맺었고 움직인다. 혈장 앞에 돌石로 표시되어 있다.

청도_ "남쪽 80리 지점 마을 입구에 면견형의 명당이 있다."
남해_ "동남방 길지에 안장하면 지형에 맞는 고위관리가 배출된다."
진주_ "호마음수형의 명당이 있으니 후손 중에 무관의 재상이 배출된다."
하양/경산시 하양읍_ "금반형의 명당이 있으니 풍요로운 생산이 이루어진다."
곤양/사천시 곤양면_ "자손이 모두 원만하고 화려한 생활을 한다."
양산_ "팔각산에 장초반사형의 명당이 있다."
거창_ "명나라 이여송이 이곳에서 인재가 태어날 것을 염려하였다."
동래/부산시 동래구_ "여러 나라의 임금이 보물을 바치는 형국의 명당이 있다."
안동_ "터의 기운을 받아 '육부자등과지처'로 소문난 명가가 있다."
김천_ "사봉산에서 뻗어 내린 내룡에 혈이 맺혔다."

제5장

# 경상도

## ● 면견형眠犬形

清道南八十里音字草谷洞口眠犬形眠犬逢乳兒則住穴居腹上

**용혈도**

청도 남쪽 80리 지점에 음자音字 · 초곡동이 있고, 마을 입구에 면견형眠犬形의 명당이 있다. 졸던 개가 어린아이를 만난 격이다. 혈은 배처럼 불룩한 곳에 맺혔다.

**주해**

| **면견형**眠犬形 조는 개의 형국으로 개는 졸면서도 귀를 쫑긋 세운다. 귀 부위에 혈이 맺힌다.

| **음자 초곡동**音字草谷洞 청도읍의 남쪽에 음지리와 초현리가 있으나, 청도에서 80리 떨어진 곳은 아니다.

### 감평

청도의 남산(南山 860m)은 일명 오산鰲山이라 불리며 청도의 진산이다. 이 산은 화악산의 북쪽 사면에 해당하는데, 현풍의 비슬산에서 뻗어온 용맥이다. 산 동쪽에 고사동高沙洞이란 골짜기가 있다. 구름이 이 골짜기 안으로 들어가면 비가 오고, 골짜기 밖으로 나오면 바람이 분다고 한다.

## ●풍취나대형風吹羅帶形

風吹羅帶形蹄頭案南海東南中

**용혈도**

풍취나대형風吹羅帶形으로 제두안蹄頭案이다. 남해의 동남방에 있다.

**주해**

| 풍취나대형風吹羅帶形 이 형국은 고귀한 사람이 관복을 입고서 나대를 기분 좋게 바람에 나부끼는 형상이다. 뒤에 귀인형의 산이 있고 혈 앞쪽에 관복형의 산이 있으며 남쪽에 표풍(회오리바람)의 산이 있으면 길지이다. 안장하면 지형에 맞는 고위 관리가 배출된다.(『조선의 풍수』)

| 제두안蹄頭案 말의 발굽이나 머리의 형상을

닮은 안산.

**감평**

남해읍에서 5km 떨어진 무지개골에는 무지개 때문에 헤어진 부부의 이야기가 전한다. 이 마을에 금실 좋은 부부가 살았다. 하루는 남편이 무지개를 쫓아가더니 돌아오지 않았다. 딸을 데리고 기다리던 아내는 무지개가 뜨면 남편을 부르며 무지개를 향해 걷다가 쓰러지곤 하였다. 몇 년이 지나도 아내는 남편이 사라진 곳 부근의 바위에서 계속 남편을 기다렸다. 산신령이 남편이 간 방향을 일러주었으나, 가도 가도 끝이 없었다. 남편을 찾지 못한 아내는 결국 무지개를 타고 되돌아왔고, 그 후로 마을 이름을 무지개골이라 불렀다.

## ●부해금구형浮海金龜形

浮海金龜形南海二十五里井龍案

**용혈도**

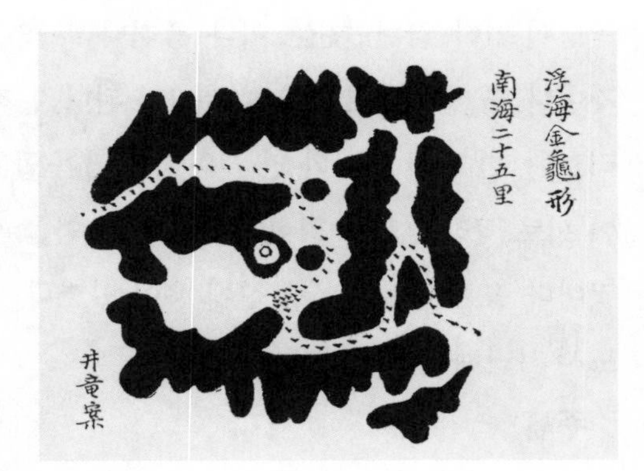


부해금구형浮海金龜形이 남해 25리 지점에 맺혔고 정룡안井龍案이다.

**주해**

| 부해금구형浮海金龜形 거북이가 바다에 떠 있는 형국.

| 정룡안井龍案 우물에 용이 사는 형세의 안산.

### 감평

남해 금산에 있는 보리암은 한국의 3대 관음성전 중의 하나이다. 683년 원효가 이곳에 초막을 짓고 수도하면서 관세음보살을 친견했다. 그 일이 있고서 산 이름을 보광산普光山이라 부르고 암자를 보광사普光寺라 불렀다. 그 뒤에 이성계가 이곳에서 백일기도를 드리고 조선을 창국한 것을 감사드리며 금산金山이라 고쳐 불렀고, 1660년 현종이 이 절을 왕실의 원당願堂으로 삼은 뒤 보리암이라 하였다.

## ●황사출초형黃蛇出草形

南海二十里白峙黃蛇出草形金盤案. 風吹羅帶世所希/速上青雲達且富/百萬名山仰以山/千枝萬葉娟封閑/黃蛇相會卽相連/龍案分明貴且事/便娟三公山封龍/爲官必乏至簾前

### 용혈도

남해 20리 지점에 백치白峙가 있고, 그곳에 황사출초형黃蛇出草形의 명당이 있다. 금반안金盤案이다. 풍취나대형의 명당은 세상에 희귀한 것이다. 출세가 빠르고 속히 부자가 된다. 온갖 산들이 이 산을 우러러보니, 천 가닥 가지와 만 개의 잎사귀가 곱고도 한가롭다. 누런 뱀이 서로 똬리를 틀고 얽힌 형상이며, 용안龍案이 분명하니 귀하게 될 것이다. 도랑 건너편 삼공산에 용이 있으니, 벼슬을 지낸 후에는 반드시 가난해질 것이다.

### 주해

| 백치白峙 현재의 위치를 확인치 못했다.

| 황사출초형黃蛇出草形 누런 뱀이 숲을 나오는 형국.

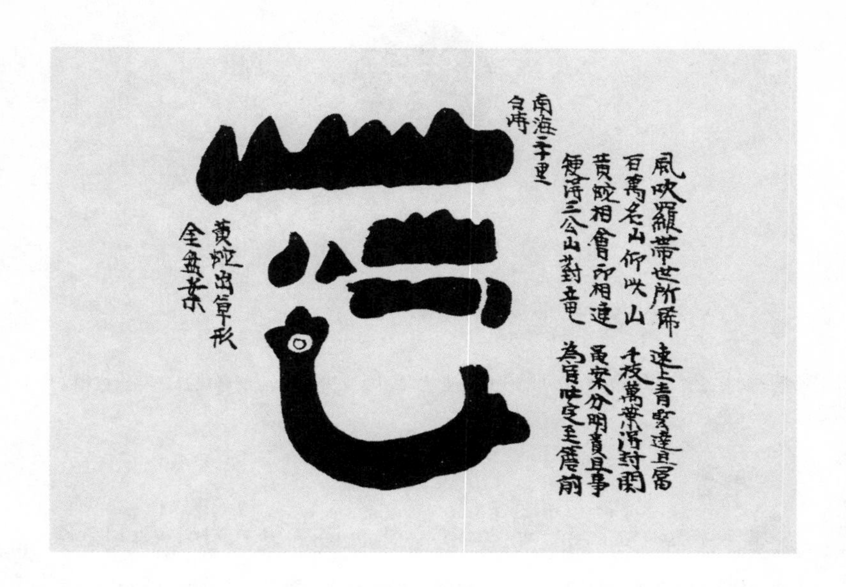


| 금반안金盤案 금쟁반은 황사가 풀 섶을 나올 원인을 제공하지 못함으로 물형의 이름이 적당치 못하다. 금반안의 경우는 옥녀와 관련된 물형이 제격이다.

**감평**

산이 누런 뱀이 똬리를 틀고 얽힌 형상이라 뱀과 관련된 설화가 전해진다. 남해의 금산에는 상사바위가 있다. 주인의 딸을 사랑하다 죽은 돌쇠는 뱀이 되었고, 딸의 방에 들어가 여자의 몸을 칭칭 감고서 풀어 주지 않았다. 주인은 꿈에서 본 노인의 말대로 금산에서 제일 높은 곳으로 딸을 데리고 가 굿을 하였다. 한참 만에 몸을 푼 뱀이 벼랑 아래로 떨어져 죽으니, 이후 이 벼랑을 '상사바위'라 불렀다.

## ●호마음수형胡馬飮水形

晉州東十五里胡馬飮水形逢湖則住穴一支案穴頭上.胡馬飮水世所稀後世兒孫出武相

### 용혈도

진주 동쪽 15리 지점에 호마음수형胡馬飮水形의 명당이 있다. 호수를 만난 곳에 혈이 맺혔고 일지안一支案이다. 혈은 정상에 맺혔다. 호마음수형은 세상에 귀한 것으로 후손 중에 무관의 재상이 배출된다.

### 주해

| **호마음수형**胡馬飮水形 오랑캐의 말이 물을 마시는 형국.

| **일지안**一支案 일자문성안一字文星案과 같은 뜻이다. 안산이 토성土星인 일자형一字形으로 풍비하게 이루어진 귀사貴砂이고, 부귀가 쌍전한다.

### 감평

진주 시내의 상봉동에는 진주의 진산인 비봉산(飛鳳山 139m)이 있고, 이 산과 마주 보는 평지에 '봉의 알자리'라는 인공 구조물이 있다. 흙으로 두둑이 쌓아올려 산처럼 만들고 한가운데를 움푹 파내어 마치 새의 알자리처럼 만들었다. 어느 시대에 만들어진 인공 구조물인지는 알 수 없으나 옛날 이 근처에는 민가도 없었고, 우거진 숲과 어울려서 아름다운 풍광이었다고 전한다. 여기에는 다음과 같은 전설이 전한다. 현재의 비봉산에는 봉암鳳巖이 있어 예전에는 대봉산大鳳山이라 불렸는데, 대봉산 아래에 모여 살던 진주 강씨네는 대봉산의 정기를 받아 뛰어난 인물을 많이 배출했다고 한다. 이곳에서 조선을 창국한 이성계는 산남山南 지방에서 정씨(鄭)·하씨(河)·강씨(姜) 등 세 성의 인물이 많이 나올 것이 염려되어 무학대사로 하여금 지리 형세를 살피도록 하였다. 진주에 다다른 무학대사가 비봉산에 올라가니, 비봉산이 바로 명당이고, 이 산의 지맥이 대룡골의 황새터와 연결돼 있어 크게 놀랐다. 그러자 무학대사는 대봉산이란 이름 때문에 진주에서 인물이 많이 나 세도를 부린다고 생각하고, 대봉산의 봉암을 깨어 없앤 다음 정기마저 끊어놓고자 '봉이 날아갔다'는 뜻으로 대봉산을 '비봉산'으로 고쳐 불렀다. 그 후 진주 강씨의 문중에서는 어쩐 일인지 큰 인물이 배출되지 않았다. 그러자 위기를 느낀 진주 강씨들은 이미 날아간 봉을 다시 부르려면 봉의 알자리가 있어야 된다고 믿고, 현재의 위치에 '봉의 알자리'를 만들었다고 전한다.

## ● 와우형臥牛形

晉州西百里望牛峙三峰富如崇臥牛形穀蒭案

### 용혈도

진주 서쪽 백 리 지점에 망우치望牛峙가 있고 봉이 세 개이니 석숭石崇 같은 부자가 된다. 와우형으로 안산은 곡식이 풀 더미처럼 쌓인 형상이다.

### 주해

| 망우치望牛峙 현재의 위치를 확인하지 못했다.

| 숭崇 중국의 전설적인 부자 석숭石崇을 가리킨다.

| 곡추안穀蒭案 곡식이 풀 더미처럼 쌓인 형상의 안산.

### 감평

중국 서진시대에(西晉 265~316) 호족인 석숭石崇과 홍제의 외삼춘인 왕개王愷라는 부자가 있었다. 왕개는 맥아당을 사용해 식기를 씻었는데, 이에 뒤질세라 석숭은 섶 대신에 백랍白蠟을 이용해 밥을 지었다. 왕개는 석숭을 앞서기 위해 자색 비단으로 20km를 둘러칠 수 있는 큰 장막을 만들었다. 그러자 석숭은 왕개가 사용한 비단보다 값이 훨씬 비싼 비단으로 25km를 둘러치는 어마어마한 장막을 만들었

다. 석숭이 향로의 열매로 방의 벽을 바르자, 왕개는 적석지로 담을 발라 맞섰다. 왕개가 두 자가 넘는 산호수를 보여주며 석숭에게 자랑했더니, 코웃음을 친 석숭은 쇠막대기로 산호수를 내리쳐 산산조각을 내 버렸다. 왕개가 노발대발하자, 석숭은, "이 정도의 물건이 무엇이 아깝습니까? 내가 깨끗이 변상해 드리겠소."하더니 하인을 시켜 집에 있던 산호수를 가져오게 했다. 그것은 높이가 3, 4척 되는 것이 6, 7개나 되어 왕개의 산호수는 보잘것없어 보일 정도였다. 그리고 석숭은 "이 가운데에서 마음에 드는 것 하나를 골라 가지시오." 하고 말했다. 세상은 석숭이 왕개보다 더 부자라고 입을 모았다.

경산시 하양읍

## ●금룡희미형金龍戲尾形

河陽北六十五里金龍戲尾形群鴻衆集

### 용혈도

하양의 북쪽 65리 지점에 금룡희미형金龍龜尾形의 명당이 있다. 기러기가 떼를 지어 모여 있다.

### 주해

| 금룡희미형金龍戲尾形 용이 꼬리치며 노는 형국.

【금룡희미형】 【금반형】

**감평**

하양의 진산은 무학산(舞學山 593m)인데, 옛 이름은 무락산無落山이다. 산 모양이 마치 학이 춤을 추는 형세라 무학산이라 불렀다. 이 산은 팔공산을 둘러싸고 있는 산 중 가장 높은데, 서북 사면은 급경사이나 동남 사면은 완사면으로 논이 넓게 펼쳐져 있다.

## ● 금반형金盤形

河陽金盤形玉女案

**용혈도**

하양에 금반형金盤形의 명당이 있고, 옥녀안玉女案이다.

**주해**

| 금반형金盤形 소반에는 여러 음식이 차려짐으로, 금소반은 부귀영화를 상징한다. 그 위에 옥잔玉盞이나 옥병玉瓶이 있으면 금상첨화이다. 소반은 너른 들판을 뜻하니 풍요로운 생산이 이루어진다.

**감평**

하양은 현재 경산시 하양읍으로 이곳에 일명 '소리만딩이' 또는 '성산聲山'이라 불리는 소리산(342m)이 있다. 최명원崔明遠이 가족을 데리고 이 산으로 피난을 왔는데, 서로 떨어져 산막을 치고 살았다. 그러자 가족들은 서로 소리를 질러 안부를 전해야 했으며 그런 연유로 소리산이라 불리게 되었다.

사천시 곤양면

## ●연화출수형蓮花出水形

昆陽西大江前蓮花出水形逢池住穴居花心

### 용혈도

곤양 서쪽에 있는 큰 강 앞에 연화출수형蓮花出水形의 명당이 있다. 연못을 만난 곳으로, 혈은 꽃의 중심에 있다.

### 주해

| 연화출수형蓮花出水形 연꽃은 꽃도 열매도 구비된 원만한 꽃이다. 이 꽃은 물 밖 또는 물속에 있어서는 피지 않는다. 수면에 뜰 때에 비로소 향기를 만발한다. 이 혈의 소응은 자손이 모두 원만하고 고귀하며 화려한 생활을 한다는 것이다.(『조선의 풍수』)

| 화심花心 연꽃의 중심을 뜻한다.

### 감평

경남 사천군 사남면 우천리(능화 마을)에 있는 능화봉에 고려 현종의 부친인 왕욱王郁의 묘가 있다. 이 묘의 발복으로 현종이 임금에 등극했다고 전한다. 고려 6대 왕인 성종成宗의 숙부에 왕욱王郁이란 사람이 있었다. 그의 집은 제4대 경종景宗의 미망인인 황보씨黃甫氏의 집과 이웃해 있어 두 사람은 서로 정을 통하였고 마침내 황보는 임신을 하였다. 그 일이 발각되자, 성종은 왕욱을 사수현泗水縣(현 사천)으로 귀양을 보냈다. 그가 귀양을 가던 날, 황보는 남자아이를 낳고는 죽었다. 아이는 유모가 키웠는데, 유모는 항시 그 아이에게 '아버지'라고 부르도록 하였다. 두 살 때에 성종이 이 아이를 처음 보았는데, 아이가 '아버지'라고 부르며 성종의 무르팍에 올라 그리운 듯 '아버지, 아버지'를 되풀이하였다. 성종은 이 아이가 아버지를 그리워하니 불쌍하다며 아버지가 있는 사수현으로 보냈다. 왕욱은 문장에 능통했으며 풍수지리에도 밝았다. 그는 금 한 주머니를 아들에게 주면서 "이 돈은 풍수사에게 주고 현의 서낭당 남쪽 귀룡동歸龍洞에 나를 묻어 달라."고 당부했다. 왕욱이 성종 15년에 죽자, 아들은 유언대로 술사에게 금을 주고 복매[伏埋, 엎어서 묻음]를 청했다. 술사도 복매가 신속하게 발복하는 것을 알았다. 그 결과 이듬해 2월에 목종穆宗이 즉위하자, 바로 이 아이가 태자가 되었다가 훗날 왕위에 올라 현종이 되었다.

곤양 서쪽에는 곤양천이 사천만으로 유입되고, 이 강을 앞에 두고 연화출수형蓮花出水形의 명당이 있다. 연못을 만난 곳에 혈이 맺혔으니 바로 꽃의 중심에 해당한다. 혈 앞쪽에 자연스럽게 고인 연못은 진응수眞應水라 하여 그 물만큼 재물과 곡식이 쌓여 부자가 된다고 한다.

## ●장초반사형藏草蟠蛇形

陽山南八角山藏草蟠蛇形蚯蚓案

**용혈도**

양산의 남쪽에 팔각산八角山이 있고, 그곳에 장초반사형藏草蟠蛇形의 명당이 있다. 지렁이 안산이다.

**주해**

| **팔각산八角山** 『대동여지도』 '양산편'에는 백운산 아래쪽으로 삼각산三角山이 표기돼 있다. 그런데 현대의 지도상에는 백운산 아래쪽에 망월산(522m)이 표기돼 있다. 따라서 팔각산은 삼각산의 오기로 보이며 망월산을 뜻한다.

| **장초반사형藏草蟠蛇形** 풀이 성긴 곳에 뱀이 몸을 서린 형국.

| **구인안蚯蚓案** 지렁이

와 같은 모양의 안산.

**감평**

양산의 천성산千聖山은 옛날에 원적산圓寂山으로 불렸다. 『양산군읍지』에 '취서산의 한 줄기가 옆으로 뻗은 곳에 통도사가 있고, 그 큰 줄기가 뻗어내려 평지에 와 협곡을 이루었으며, 이를 지나 순지蓴池가 되었다. 또 순지에서 다시 솟구쳐 일어나 원적이 되었으니, 원적은 동으로 기장과 울산을 끼고 서로는 본 군의 중앙이 되며 남쪽으로 뻗어내려 금정산金井山이 되었다. 실상인즉 부산과 동래의 진산이다.' 하고 기록되어 있다. 양산의 남쪽에 팔각산[八角山 망월산]이 있고, 그곳에 장초반사형藏草蟠蛇形의 명당이 있다. 안산은 지렁이를 닮았다. 보통 뱀과 관련시켜 물형을 설명할 때면 대개 앞쪽에 개구리를 닮은 와안蛙案이 있어야 한다. 지렁이는 지네형과 관련이 깊다. 따라서 본 용혈도는 물형국의 판단에 어두운 결록으로 생각되며, 기록된 연못과 절은 확인이 어렵다.

## ●약마부적형躍馬赴敵形

居昌東躍馬赴敵形聞鼓則駷. 穴腹上

**용혈도**

거창의 동쪽에 약마부적형躍馬赴敵形의 명당이 있다. 북소리를 듣고 재갈을 입에 물고 달린다. 혈은 배처럼 불록한 곳에 맺힌 것도 있다.

**주해**

| 약마부적형躍馬赴敵形 성난 말이 적진을 향해 달려가는 형국.

| 문고즉송聞鼓則駷 말이 북소리에 맞춰 재갈을 문 채 달린다.

**감평**

거창의 동쪽에 위치한 비계산(飛鷄山 1,126m)은 산세가 닭이 날아가는 형상을 닮

아 붙여진 이름이다. 이 산에서 남서쪽으로 뻗은 산등성에는 명나라 이여송李如松이 조선에서 인재가 태어날 것을 염려해 구릉을 끊었다는 구릉고개가 있다. 또 거창읍 양평리에는 '음석陰石바위'가 있는데, 이 바위 덕택에 운세가 트여 잘 살았으나 그 후에 운세가 기울자 음석을 없애고는 마을 이름을 양평陽坪으로 고쳐 불렀다고 한다. 거창의 동쪽에 약마부적형躍馬赴敵形의 명당이 있는데, 북소리를 듣고 말이 입에 재갈을 물고 달리는 형세이다. 또 다른 혈은 배처럼 불룩한 곳에 맺혔다.

부산 동래

## ●단군형團軍形

團軍形星旗案惑七星案東來鄭相墓九世宰樞已用

### 용혈도

동래에 있는 단군형團軍形으로 별을 그린 깃발 모양의 안산(星旗案) 또는 일곱 개의 별을 닮은 안산(七星案)이 있다. 동래 정씨 재상의 묘로 9대에 걸쳐 재상이 나올 터이나 이미 묘를 썼다.

### 주해

| 단군형團軍形 군대가 집결해 있는 형국.

| 성기안星旗案 깃발에 별의 모양이 그려진 듯한 형세의 안산.

| 칠성안七星案 북두칠성을 가리키며, 큰곰자리에서 가장 뚜렷하게 보이는 국자 모양의 일곱 개 별.

### 감평

부산시 연제구 거제동에 있는 화지산(和池山 142m)은 전형적인 구릉성 산지로 산 정상은 종을 엎어놓은 형상이나 비탈면은 완만하다. 이 산의 아래를 연지동이라 부르고, 그곳에는 '화지언和池堰'이란 연못이 있다. 현재 연지초등학교에 있던 못에 연이 많아 '연못골' 또는 '연지언蓮池堰'라 불러 연지동이 되었다. 또 1740년에 발간된 『동래부지』에 따르면, '동래부 서쪽 10리에 위치하고 호장戶長을 지낸 동래 정씨東萊鄭氏의 시조인 문도文道의 묘가 있는 산'이라 하여 이 산은 동래 정씨의 선산으로 알려져 있다. 『신증동국여지승람』에도

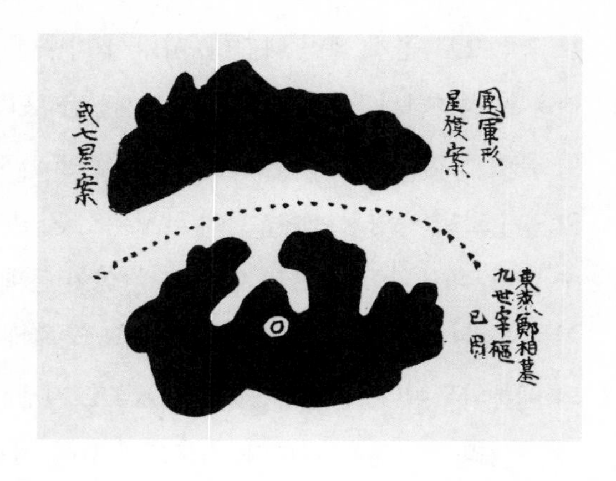


'정문도는 읍에 속한 아전이었는데, 세 아들이 모두 과거에 급제했고 묘는 현의 서쪽 7리 지점에 있다.'라고 기록되어 있다. 아전 벼슬은 직위가 낮은 관리이나 성명과 묘의 위치까지 기록된 까닭은 동래 정씨의 후손들이 그만큼 훌륭한 가문으로 대를 이어왔기 때문이다. 조선시대에 정승을 지낸 사람을 살펴보면, 전주 이씨가 22명, 안동 김씨가 19명, 동래 정씨가 17명, 청송 심씨가 13명 순인데 인구와 안동 김씨의 세도 정치를 고려하면 동래 정씨는 한국 최고의 가문이라 볼 수 있다.

정문도의 묘를 연화도수형蓮花到水形 또는 야자형也字形 명당이라 부르는데, 연꽃형의 명당은 주변이 넓고 평평해야 한다. 하지만 좌청룡과 우백호가 가깝게 있고 가까운 곳에 물이 보이지 않는다. 야자형으로 보면 우백호가 혈을 감싸 돌아 안산이 되어야 하는데, 이곳의 안산은 혈에서 약 11킬로 떨어진 영도의 봉래산이고 묘는 정남향(子坐吾向)이다. 봉래산은 곡식을 고봉으로 담은 형상, 즉 깔때기 모양이나 묘 앞에 흐르는 물이 적어 재산과는 인연이 멀 터이다. 또한 이 묘는 물이 좌측에서 나와 혈장을 감싸 안지 못한 채 무정하게

묘 앞쪽으로 곧게 흘러 빠진다. 따라서 좌우에 청룡과 백호가 감싸 장풍은 양호하나, 물이 직류함으로 재산은 흩어진다. 또 패철로 보아 물이 오방吾方으로 빠지고, 이때 정남향인 자좌오향子坐吾向을 놓았으니 소위 왕향왕파旺向旺破에 해당되어 가난을 면치 못하다고 할 수 있다. 내룡의 입수도 자계子癸로 쌍산이 불배합되어 생기가 왕성치는 못하다. 이 묘에서 볼만한 것은 묘 양쪽에 서 있는 수령 800년의 배롱나무이다. 천연기념물 제168호로 지정된 나무로, 묘 양쪽에서 사다리꼴 모양을 이룬다. 정문도의 묘를 성분할 때 식수한 것이 지금까지 살아남아 천연기념물로 지정되었다. 나무의 원줄기는 고사하여 수간만 남아 있으나, 나무의 움트는 힘에 의해 새로운 움이 여러 갈래로 뻗어 나와 뿌리에서부터 측간을 이룬다. 동쪽의 노거수는 4개의 측간이 형성되어 높이 8.3m에 가슴높이 25m에 이르고, 서쪽의 것은 3개의 측간에 높이 8.6m, 가슴둘레가 4.1m, 수관 목이 20m에 이른다. 꽃의 색깔은 동서 모두 분홍색 꽃을 피우나, 수령이 오래된 관계로 생장 상태가 양호한 편은 못된다. 배롱나무는 꽃이 백여 일 동안 떨어지지 않는다하여 목백일홍木百日紅 또는 상부에 많은 가지를 쳐서 여름철에 오랫동안 분홍빛 꽃이 가지 끝에 뭉쳐 피기 때문에 백일홍이라 불린다.

동래에 있는 정씨 재상의 묘는 9대에 걸쳐 재상이 나올 터이나 이미 묘를 썼다. 군대가 집결한 모양의 형세인 단군형團軍形으로, 별을 그린 깃발 모양의 안산 또는 북두칠성을 닮은 안산이 있다.

## ●번왕헌보형蕃王獻寶形

東來蕃王獻寶形兜鍪案

### 용혈도

동래에 여러 나라의 임금이 보물을 바치는 형국의 명당이 있다.

### 주해

| 번왕헌보형蕃王獻寶形 여러 나라의 임금이 보물을 받치는 형국.

| 두무안兜鍪案 투구처럼 생긴 안산.

### 감평

동래는 계명봉에서 남진한 용맥이 수영강과 온천천을 사이에 두고 뻗어 내렸고, 두 물이 합수한 지점에 용맥이 멈춤으로 지기가 매우 왕성한 터이다. 풍수에서 용맥을 타고 흐르는 지기는 물을 만나 멈추고, 그곳에 바람이 불면 지기가 흩어진다고 하였다. 그런데 동래는 계명봉에서 남동진한 기맥이 계좌산→구곡산→장산으로 이어지며 좌청룡이 되었고, 또 금정산에서 금정산성→만덕터널→금정봉→금용산으로 이어지는 산줄기가 우백호가 되어 장풍의 형국이 양호한 국세이다.

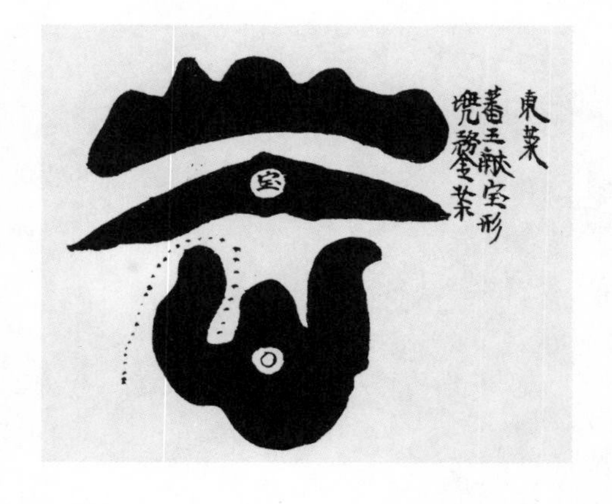


동래로 진입하는 수구가 좁고 그 안쪽에 마치 삼각주처럼 평탄하고 넓은 분지가 자리를 잡았으니 동래는 대를 이어 부를 이룰 명당이다. 『택리지』는

사람이 살 만한 곳으로 첫 번째로 수구를 꼽았다. 수구가 엉성하면 많은 살림도 여러 대를 이어가지 못하고 저절로 없어진다고 했는데, 좁은 수구는 부지의 내외를 격리시키고 안쪽으로 들어서면 확 트인 경관이 넓게 자리 잡아 별천지 같은 느낌을 준다. 내부의 땅이 평탄하여 곡식이 풍성하고, 바다가 가까워 해산물도 얻을 수 있다. 땅의 지기는 왕성하고, 장풍이 좋고, 땅은 비옥하면서 해산물도 얻을 수 있으며 수구까지 좁아 생기가 흩어짐 없이 머무르는 길지이다.

동래 부곡동의 구월산은 계명봉에서 남진한 지맥이 회동저수지와 온천천 사이를 좁게 뻗어와 솟은 산으로 동래의 진산이다. 옛 이름은 윤산輪山으로 동래 쪽에서 보면 산 모양이 수레바퀴처럼 둥글다 해서 붙여진 이름이다. 또 동래의 중앙에 위치한 마안산馬鞍山은 윤산에서 뻗어 내린 산등이의 봉우리로 동래의 주산이다. 산의 모습이 말의 안장을 닮은 데서 붙여진 이름이다. 동래에 이웃 나라 왕이 보물을 바치는 형국의 명당이 있다. 안산은 투구를 닮았다.

## ●선궁형仙宮形

安東東惑左仙宮形紅旅案

**용혈도**

안동의 동쪽 또는 좌측에 선궁형仙宮形의 명당이 있고, 홍여안紅旅案이다.

**주해**

| 선궁형仙宮形 신선이 산다는 궁전.

| 홍여안紅旅案 신선이 사는 궁전을 지키는 군대.

**감평**

안동의 동쪽인 임하면 천전리(내 앞 마을)에는 보물 제450호로 지정된 의성 김씨 종택이 있다. 조선 중기의 주택으로 총 55칸의 단층 기와집인데, 이 고택은 완사명월형浣紗明月形

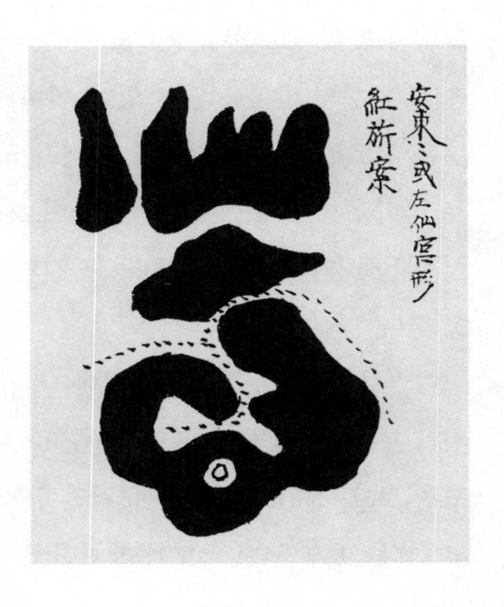

의 명당으로 3남(충청, 전라, 경상)의 4대 길지 중의 하나로 전해진다. 김진(金璡 1500~1580)이 처음으로 집을 짓고 살았는데, 터의 기운이 영험했던지 아들 5명이 모두 대과나 소과에 급제를 했고 자신도 사후에 이조 판서에 추증되었다. 그래서 '육부자등과지처六父子登科之處'로 소문난 명가名家이다. 이 집의 마당에 서면 배산임수의 부지에 축대를 쌓고 그 위에 가옥을 지어 마치 이층집처럼 높아 보인다. 이 집에 흥미로운 점은 생기가 응집된 방이 따로 있어 그곳에서만 아이를 출산한다는 것이다. 이 방을'태실胎室' 혹은 '산방産房'이라 부르며, 대소과에 급제한 다섯 아들은 모두 그 방에서 태어났다.

그런데 김진의 11대 후손인 김방렬金邦烈이 그 방을 헐어버리고 마루를 깔아 대청으로 만들었다. 이유는 영천의 영일 정씨네로 시집 간 딸이 첫째와 둘째 아들을 그 방에서 낳아 집의 지기가 쇠약해졌다고 여긴 탓이다. 딸은 할 수 없이 셋째 아들은 다른 방에서 낳았는데, 예상대로 첫째와 둘째는 대과에 급제했으나 셋째 아들은 그렇지 못했다고 한다. 현재의 주인 되는 김시우[金時雨, 김진의 15대 손]도 태실의 발복을 믿고 있다. 맏며느리가 대구의 친정에서 딸을 낳은 뒤로는 후사가 없었다. 그러자 없앴던 태실을 다시 온돌방으로 꾸미고 해외에 근무하는 아들이 휴가를 얻어 돌아오면 그 방에서 아들 내외를 지내게 했다. 그 결과 손자를 얻어 대를 잇게 됐다고 한다.

여기서 김진은 "대청에서 보아 담 밖으로 지나가는 사람의 갓 꼭지가 보이면, 땅의 정기가 다 빠진 것이니 다른 곳으로 이사하라."고 이르고, 강원도 명주군 구정면 금광리에 집터를 새로 마련했다고 한다. 그 후 34번 국도가 생기면서 사람과 차량의 통행이 빈번해졌다. 그러자 후손되는 김연수金鍊壽와 김병식은 김진의 예언이 딱 들어맞았다고 감탄하며 이사를 결심하고서 금광리를 찾아갔다. 80~100년 전의 일이다. 그렇지만 그곳은 주민들이 이미 터를 차지한 터였다. 조상이 보아둔 땅이라며 우격다짐으로 얻고자 했지만 실패했다. 김시우도 정자라도 지을 속셈으로 해방 전에 목재를 마련해 현지를 답사했다. 하지만 '곡谷'자 모양의 혈을 찾지 못하여 결국은 포기했다고 한다. 안동의 동쪽 또는 좌측에 신선이 산다는 선궁형仙宮形의 명당이 있다. 안산은 궁전을 지키는 군대의 형세이다.

## ●사봉산혈寫峰山穴

金川寫峰山來龍

**용혈도**

김천의 사봉산寫峰山에서 뻗어 내린 내룡에 혈이 맺혔다.

**주해**

| 사봉산寫峰山 현재의 위치를 확인치 못했다.

### 감평

옛날 김천(금릉)의 봉산면에 사이가 좋지 않은 정씨와 황씨가 함께 상을 당했다. 두 집안은 서로 태평사太平寺 뒷산의 명당에 묘를 쓰려고 하였다. 그런데 힘이 센 황울산을 두려워한 정씨네는 두 개의 상여를 준비했고, 빈 상여를 황씨네 상여와 마주치게 하였다. 황울산이 정씨네 상여를 붙잡아 두었으나 황씨네 상여가 묘에 도착했을 때는 이미 정씨네는 "달고"소리와 함께 장사를 마치고 있었다. 화가 난 황울산이 정씨네가 세운 비석을 주먹으로 쳐 두 조각으로 깨트려 버렸다. 훗날 황씨네는 몰락했고, 지금도 반 토막 난 비석이 남아 있다고 전한다.

신계_ "구봉산에 혈이 맺혔다."

연안/황해도 연백_ "비봉산에 혈이 맺혔다."

안주/황해도 재령_ "자손이 번성할 비천오공형의 명당이 있다."

제6장

# 황해도

## ● 구봉산혈九峯山穴

新溪九峯山

**용혈도**

신계의 구봉산에 혈이 맺혔다.

**주해**

| 신계新溪 황해도 중동부에 위치한 군.

**감평**

구봉산은 황해도 신계의 진산이며, 이 산의 지맥에 학소봉鶴巢峯이 있다. 산봉우리에 학이 깃들어 새끼를 길렀다 하여 '학소봉'이라 불린다. 이 구봉산에 혈이 맺혔다. 하지만 내룡의 입수와 득수, 파에 대한 설명이 없어 풍수적 감평은 어렵다.

황해도 연백

## ● 봉세산혈鳳勢山穴

延安鳳勢山來龍

**용혈도**

연안의 봉세산鳳勢山 내룡에 혈이 맺혔다.

**주해**

| 연안延安 황해도 연백군에 있던 조선시대의 도호부이다.

| 봉세산鳳勢山 황해도 연백의 비봉산(飛鳳山 282m)을 가리킨다.

**감평**

봉세산은 황해도 연백의 진산인 비봉산의 다른 이름이며, 연안읍을 한눈에 조망할 수 있어 연안 팔경의 하나로 손꼽힌다. 연안은 조선시대에 도호부가 있던 곳이다. 봉세산에서 뻗어 내린 내룡에 혈이 맺혔다고 한다.

황해도 재령

## ●비천오공형飛天蜈蚣形

安州東飛天蜈蚣形堆肉案

**용혈도**

안주의 동쪽에 비천오공형飛天蜈蚣形의 명당이 있고 퇴육안堆肉案이다.

**주해**

| 안주安州 황해도 중앙에 위치한 재령군載寧郡의 고려 초기의 지명이다.

| 비천오공형飛天蜈蚣形 지네가 하늘을 나는 형국.

**감평**

안주는 황해도 재령군載寧郡의 고려 초기의 지명이며 군 중앙에 장수봉(747m)이 있다. 이곳의 동쪽에 비천오공형의 명당이 있는데, 대략 국수봉(121m)의 산자락이라 추측된다. 안산은 고기를 쌓아놓은 듯한 퇴육안堆肉案으로 하늘을 날던 지네가 고기를 보고서 내려앉는 형국이다. 본래 오공형 명당에는 지렁이를 닮은 안산이 필요한데, 용혈도에는 썩은 고기를 닮은 안산이 있어 하늘을 날던 지네가 정신을 집중하여 하강할 수 있는 원인을 제공하였다고 한다. 혈처는 지네의 눈동자 부위며 자손이 번성할 터이다.

# 부록

一. 풍수지리의 방위와 그 의미의 해석

二. 손감묘결 원문

## 24방위의 성립

방위는 사람이 지닌 공간 의식의 한 형태이다. 서양에서는 주로 8방위를 사용하고, 동양에서는 24방위가 일상적으로 쓰였다. 콜럼버스는 서방항로로 가면 인도에 갈 수 있다는 설을 믿고 탐험에 나섰다. 하지만 아프리카와 아메리카 대륙을 발견하는데 그치고, 황당하게도 죽을 때까지 자기가 발견한 곳이 신대륙이란 사실을 몰랐다. 하지만 진시황을 위해 불로초를 구하러 떠난 서복徐福은 정확하게 동쪽인 한국 땅을 밟았다. 그리고 서복은 한국 땅의 기운이 좋아 스스로 신선이 되었다. 동양의 과학자들은 45억 년에 걸쳐 형성된 땅의 모양과 지질적 변화 그리고 순환 원리를 연구해 그 결과를 패철의 각층에 속속들이 담아 놓았다. 따라서 패철은 '남쪽을 가리키는 쇠'라는 뜻의 지남철(나침판)과는 쓰임이 전혀 다르다. 나침판은 항해나 여행 시에 동서남북의 방위만 보는 물건이고, 패철은 방위뿐만 아니라 풍수이론을 자연 현장에 투영시켜 혈을 잡고 좌향을 놓는 물건이기 때문이다.

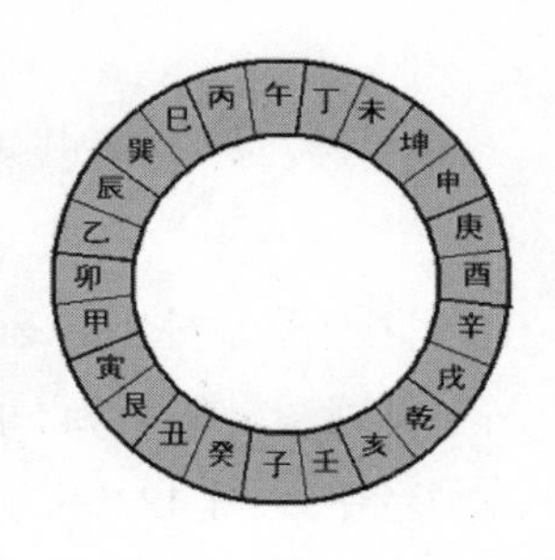


중국에서 패철이 처음 만들어졌을 때는 주역周易의 후천 팔괘를 응용한 12지지地支로 12개의 방위만을 표시하였다. '12지지'란 땅을 지키는 12명의 신장神將을 도교의 방위 신앙에 따라 12방위에 배치한 것으로, 자子, 축丑, 인寅, 묘卯, 진辰, 사巳, 오吾, 미未, 신申, 유酉, 술戌, 해亥를 가리킨다. 12지신은 얼굴은 짐승이지만 몸은 사람으로, 김유신 장군의 묘에서 보듯이 주로 능묘陵墓의 호석에 새겨서 묘로 침입하는 잡귀를 물리치도록 하였다. 동쪽에는 묘卯를, 서쪽에는 유酉를, 남쪽에는 오吾를, 북쪽에는 자子를 배치하여 방위를 분별하였다.

[12지지地支]

子(쥐), 丑(소), 寅(호랑이), 卯(토끼), 辰(용), 巳(뱀), 午(말), 未(양), 申(원숭이), 酉(닭), 戌(개), 亥(돼지)

하지만 풍수지리학이 혈을 찾는 방법론으로 심화 발전하면서 음陰인 지지로 이루어진 12방위로는 땅의 길흉 중 일부만을 판단할 수 있을 뿐, 정작 산줄기가 뻗어 나간 원리를 제대로 이해할 수 없었다. 땅은 비록 음이지만, 음은 다시 음과 양의 기운이 혼합되어 생성됨으로 음기 내에 속한 양기를 측정할 수 없었기 때문이다. 그래서 땅속의 양기를 측정하기 위해 한漢나라의 장량張良은 양기를 재는 12방위를 추가해 24방위를 완성하였다. 그것이 천간天干으로 음이요, 여자인 12지지에 맞춘 양이요, 남자인 12천간을 가리킨다. 하지만 60갑자의 위 단위인 천간은 10개밖에는 없어 12지지와 짝을 이룰 수 없었다. 갑甲, 을乙, 병丙, 정丁, 무戊, 기己, 경庚, 신辛, 임壬, 계癸가 바로 그들이며, 방위를 구분하면 동쪽은 갑甲, 서쪽은 경庚, 남쪽은 병丙, 북쪽은 임壬이다.

[10천간天干]

甲, 乙, 丙, 丁, 戊, 己, 庚. 辛, 壬. 癸

여기서 동양 사상은 음양오행론에 기초를 두는데, 10천간을 오행으로 구분할 때 갑 · 을은 목木, 병 · 정은 화火, 무 · 기는 토土, 경 · 신은 금金, 임 · 계는 수水이며, 12지지의 오행도 아래와 같다.

| 五行 | | 木 | 火 | 土 | 金 | 水 |
|---|---|---|---|---|---|---|
| 十天干 | 陽 | 甲 | 丙 | 戊 | 庚 | 壬 |
| | 陰 | 乙 | 丁 | 己 | 辛 | 癸 |
| 十二地支 | 陽 | 寅 | 午 | 辰戌 | 申 | 子 |
| | 陰 | 卯 | 巳 | 丑未 | 酉 | 亥 |

하지만 12지지와 짝을 지어야 할 천간이 10개 밖에 없어 방위를 나타내는 8괘卦를 주역에서 차용해 왔다. 8괘는 진震 · 동, 손巽 · 남동, 이離 · 남, 곤坤 · 남서, 태兌 · 서, 건乾 · 북서, 감坎 · 북, 간艮 · 북동으로, 10천간 중 토土에 해당하는 무戊 · 기己를 빼내어 8간八干으로 삼고, 8괘에서 건 · 곤 · 간 · 손인 4유四維를 차용해 와서 12천간을 만들었다. 이것이 4유8간四維八干이다.

[8괘卦]

震(동), 巽(남동), 離(남), 坤(남서), 兌(서), 乾(북서), 坎(북), 艮(북동)

이제 12개의 지지와 천간이 만들어졌으니, 서로 짝 짓는 일만 남았다. 여기에도 음양오행론이 적용되어 천간(남)과 지지(여)를 결합시켜 12쌍의 방위를 만드니, 임자壬子, 계축癸丑, 간인艮寅, 갑묘甲卯, 을진乙辰, 손사巽巳, 병오丙午, 정미丁未, 곤신坤申, 경유庚酉, 신술辛戌, 건해乾亥가 그들이다.

[24방위方位]

壬子, 癸丑, 艮寅, 甲卯, 乙辰, 巽巳, 丙午, 丁未, 坤申, 庚酉, 辛戌, 乾亥

임자壬子의 경우 부부라서 동궁同宮이라 부르며 임방과 자방은 15도 차이가 있지만 같은 방위로 간주한다. 임壬은 천간天干-양기陽氣-남자-동적動的이고, 자子는 지지地支-음기陰氣-여자-정적靜的이다. 나머지 계축癸丑, 간인艮寅 등도 모두 천간과 지지, 양과 음, 남여로 이루어진 동궁들이다. 따라서 패철은 24방위로 구성되어 있으나 실상은 12쌍이고, 이들의 방위는 오행에 의해 위치가 고정되어 있다. 임자壬子는 항상 북방에 위치하며, 계축癸丑은 항상 임자壬子의 좌측에 있어야 하고 건해乾亥는 항상 임자의 우측에 있어야 한다.

패철은 둥근 원판에 동심원을 층층으로 그려 넣은 다음 그 안에 자연의 원리를 판단하는 문자를 기입해 놓았고, 중앙에는 자성을 띤 침을 올려놓아 지구 자기장에 의해 침이 자연스럽게 남북을 가리키도록 만들었다. 패철 중앙의 바늘을 천지침天地針이라 하여 흰 표시가 난 곳은 자방子方으로 북쪽을 가리킨다. 패철은 지구의 자전축自轉軸과 자기축磁氣軸이 일치하지 않음으로 위도에 따라 진남북眞南北, 즉 지구의 자전축과의 편차 정도가 다르게 나타난다.

## 방위의 의미

### 국局의 결정

제주도는 명당이냐? 이 질문에 풍수는 답할 수 없다. 왜냐하면 제주도 전체의 땅 기운을 말할 수는 없고, 일정 범위가 정해져야 판별할 수 있다. 즉 이씨는 키가 크냐 하고 물으면 대답할 수 없다. 이백호李白虎란 사람을 분리해 놓아야 그 사람의 나이, 건강, 키, 성격을 판단할 수 있다. 땅을 무수

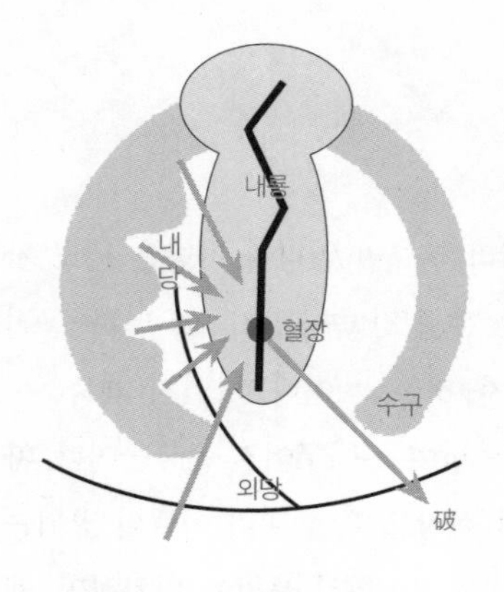


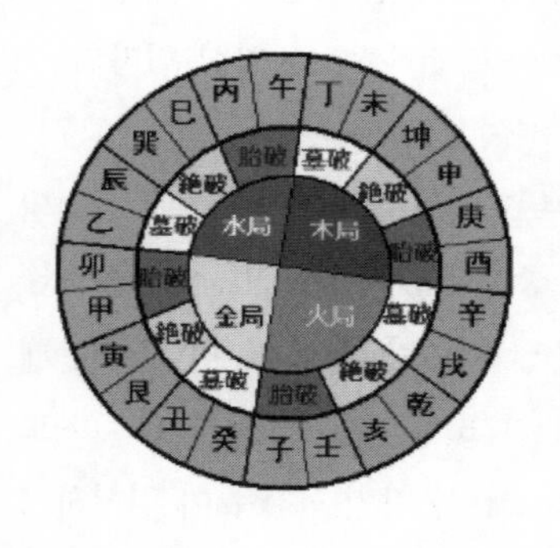


히 많은 생명체가 모여 이루어진 복합 생명체로 볼 때, 독립된 최소 단위의 생명체를 국局이라 부른다. 그리고 땅을 국으로 떼어놓아야 그 땅의 지기를 판단할 수 있다. 따라서 국局은 풍수적 길흉판단의 벼리이다.

음기인 땅은 양기인 바람과 물의 기계적 · 화학적 풍화작용에 의해 지형과 지질이 변화한다. 풍수는 바람과 물이 생겨난 지점(보통은 계곡)이나 방위를 득수得水라 하고, 외당 득수와 내당 득수가 있다. 그리고 혈장을 변화시킨 양기가 최종적으로 빠져나가 혈장의 변화에 더 이상 영향을 주지 않는 지점을 수구水口라 한다. 파破는 혈장에서 수구가 속한 방위를 패철로 판단한 방위 값인데, 파로 국을 결정하는 것이 이기풍수학의 핵심이다. 혈장에 서서 패철을 북쪽에 맞춰 조정한 후 수구의 방위를 패철로 본다. 주의할 점은 파를 볼 때에 항상 패철 8층인 천반봉침으로 보아야 한다는 것이다. 4층인 지반정침으로 보아서는 안 된다. 만약 파가 을진 · 손사 · 병오의 범주에 있으면 그곳은 수국이다. 파가 정미 · 곤신 · 경유방에 있으면 목국이고, 신술 · 건해 · 임자방에 있으면 화국이고, 계축 · 간인 · 갑묘방에 있으면 금국이다.

水局: 乙辰破, 巽巳破, 丙午破(동남방)

木局: 丁未破, 坤申破, 庚酉破(남서방)

火局: 辛戌破, 乾亥破, 壬子破(서북방)

金局: 癸丑破, 艮寅破, 甲卯破(북동방)

용맥의 어느 지점에서 파를 보았을 때 갑자 구획에 해당된다면 그 자리는 금국이다. 그런데 자리를 조금 위쪽으로 올라가 파를 다시 보니 을자 구획으로 변하면 그곳은 수국이고, 내려와서 파를 보았더니 임자 구획에 해당되면 화국이다. 따라서 하나의 산자락이라도 위치에 따라 파가 금국, 수국, 화국으로 구분 지어 다를 수 있고, 그 결과 땅의 독립된 크기, 즉 국을 정할 수 있다. 예를 들어 병파丙破라면 수국, 곤파坤破라면 목국, 해파亥破라면 화국, 계파癸破라면 금국이다. 또 각국 내에서 파는 다시 묘파墓破, 절파絶破, 태파胎破로 나뉘는데, 파로 구분된 양기의 길흉에서 묘파가 가장 길하고 절파도 길하다. 하지만 태파라면 당내에 생기가 수수收受되기 어려워 혈을 정하고 향을 놓는데 신중해야 한다. 묘파에 속하는 방위는 을진(수국), 정미(목국), 신술(화국), 계축(금국)이고, 절파에 속하는 방위는 손사(수국), 곤신(목국), 건해(화국), 간인(금국)이며, 태파에 속하는 방위는 병오(수국), 경유(목국), 임자(화국), 갑묘(금국)이다.

## 12포태법胞胎法의 응용

### ①국局으로써 지기地氣를 관찰

자연 현장에서 파破를 보아 국局을 정했다면, 다음에는 목국이든, 화국이든, 수국이든, 금국이든 간에 국局에 속한 지기를 알아야 한다. 이것은 땅의 개성을 파악하려는 것으로, 생기의 유무를 알아야 그곳에 주택을 짓고 살거나 혹은 조상을 매장할 때 좋고 나쁨을 가릴 수 있다. 여기서 좋은 땅이란 흙이 두터워 초목이 무성히 자라는 곳이고, 흉한 땅은 바위 위나 물이 많은 곳이다. 사람은 기운의 정도를 유아기, 소년기, 청년기, 장년기, 노년기 등 5가지로 구분하는데, 우리는 사람을 보지 않고서도 그 사람의 기운을 짐작할 수 있다. 유아기라면 부모의 보살핌을 받아야 할 시기이고, 청년기라면 혈기 왕성한 시기이고, 노년기면 죽음을 준비할 시기이다.

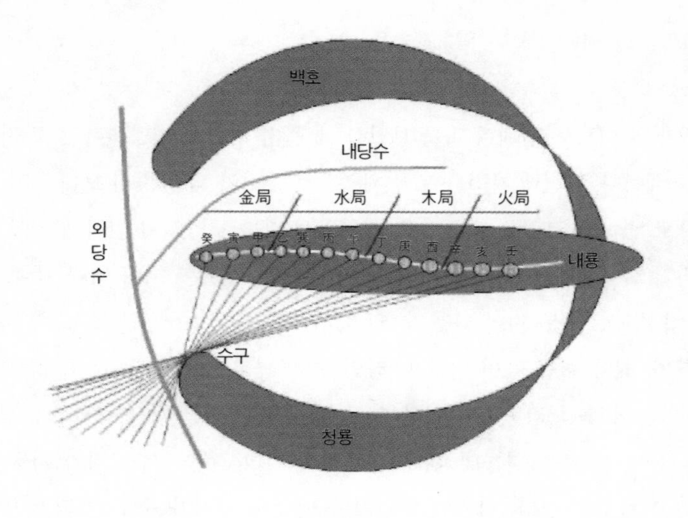


②12포태법胞胎法

땅의 기운이 좋고 나쁨을 12단계로 구분한 사람이 호순신胡舜申이다. 그는 『지리신법』을 저술해 생명체나 우주가 생성되어 멸망해 가는 순환의 법칙을 처음으로 주장했다. 이것은 자연이 춘 · 하 · 추 · 동으로 순환하는 것처럼 땅도 태어나고, 자라고, 왕성해지고, 쇠해져서 병들고, 죽어 가는 과정을 12운성運星으로 정하고, 용, 혈, 사, 수, 향의 이기理氣까지 십이운성을 이용해 체계적으로 설명하였다. 이것이 12포태법胞胎法이다. 호순신은 음인 땅과 양인 수水의 기운을 절絶→태胎→양養→장생長生→목욕沐浴→관대冠帶→임관臨官→제왕帝旺→쇠衰→병病→사死→묘墓와 같이 12단계로 구분했고 그들이 순환한다고 보았다.

③12포태법의 내용

1)절絶: 모든 형체가 절멸된 채 기氣조차 형성되지 못하고 쉬는 상태이다.(단단한 바위-흉지)

2)태胎: 생명의 기운은 받으나 외부적으론 형체가 없다.(무른 바위-흉지)

3)양養: 생명을 이루어 놓고 출생만을 기다린다.(거친 흙- 약한 생기)

4)장생長生: 한 생명이 태어났으니 기쁘다.(비석비토- 장한 생기)

5)목욕沐浴: 태어나 보니 지저분하다. 음란함을 뜻한다.(물구덩이- 흉지)

6)관대冠帶: 성년을 향해 자라나며 글을 배우는 소년기이다.(비석비토- 장한 생기)

7)임관臨官: 청년기에 해당하며 과거에 급제하고 결혼도 하는 시기이다.(거친 비석비토-약한 생기)

8)제왕帝旺: 벼슬이 높아지고 재물도 많아지니 인생의 최고 전성기이다.(비석비토-장한 생기)

9)쇠衰: 노년기로 접어든 시기로 기운은 쇠했으나 후학을 지도한다.(평야:약한 생기, 산:무른 바위, 흉지)

10)병病: 기운이 쇠해 병이 들었으니 죽을 날만 기다린다.(무른 바위-흉지)

11)사死: 기운이 다하여 조용히 죽음에 이른다(단단한 바위-흉지)

12)묘墓: 장葬,고庫라고 하며 모든 활동이 중지되었다.(단단한 바위-흉지)

④12포태법의 길흉

음기인 땅과 양기의 수의 12가지 기운도 좋고 나쁜 것이 있다. 좋은 땅은 양 · 장생 · 관대 · 임관 · 제왕 5개이고, 나쁜 것은 절 · 태 · 목욕 · 병 · 사 · 묘 6가지이다. 그 중에서 쇠衰만은 평지는 좋으나 산지는 흉하다. 즉, 지기가 절絶의 상태라면 생기를 전혀 품을 수 없는 바위를 말하고, 태 역시 아직 생기를 품지 못한 땅이다. 양의 상태부터 생기를 품은 흙인데, 장생은 생기가 왕성한 흙이고, 목욕은 수맥이 흘러가는 물이 찬 땅이라 흉하고, 관대는 생기 왕성한 땅이고, 임관은 비록 생기는 있지만 관대보다는 못하고, 제왕은 생기가 왕성하며, 쇠는 평야에서는 생기를 품은 흙이나 산에서는 흉지이다. 그 다음 단계인 병, 사, 묘 모두 생기를 품을 수 없는 흉지이다.

1)길한 상태: 養, 長生, 冠帶, 臨官, 帝旺,(衰)

2)흉한 상태: 絶, 胎, 沐浴, (衰), 病, 死, 墓

⑤12운성법運星法

그렇다면 국局에는 땅과 그 땅을 변화시키는 수가 있는데 그들의 기운은 어떻게 판별하는가? 땅의 기운은 용맥이 흘러온 방향을 패철로 보아(지반정침, 패철 4층) 그 방위별로 기운의 정도를 판단하고, 양기는 그것이 들어온 방위를 패철로 보아(천반봉침, 패철 8층) 기운의 정도를 판단한다. 자연의 순환 법칙은 용龍은 음기陰氣이니 시계 반대 방향으로 역행하고, 수水·향向은 양기陽氣이니 시계 방향으로 순행하고, 봉峰 역시 양기처럼 순행함을 기억해야 한다. 그런 다음 12포태법에 맞추어 각 국 방위에 따른 용, 수, 향의 기운을 판단한다. 먼저 용을 시계 반대 방향으로 역행시켜 12포태와 대비시킨다.

⑥수국水局의 12운성법運星法

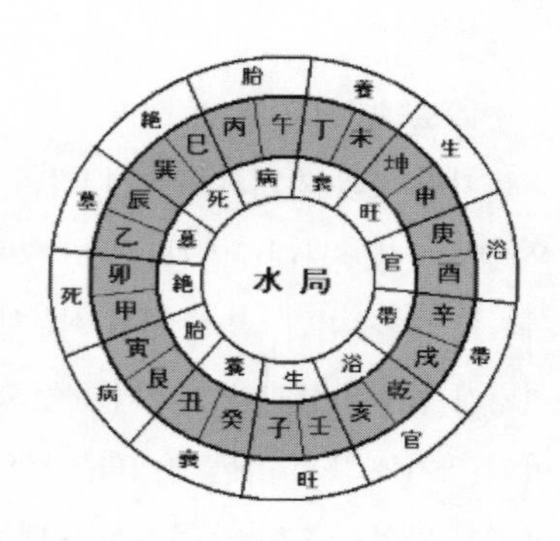


수국이라면 파破가 을진·손사·병오 방에 해당되는 땅으로, 12포태법 상의 기준인 묘墓가 음기와 양기 모두 을진乙辰에 속한다. 따라서 수국일 경우 을진방에서 용이 뻗어 왔다면 묘룡墓龍이고, 을진 방에서 수를 얻었다면 묘수墓水이고, 을진 향을 놓으면 묘향墓向이고, 을진 방에 산봉우리가 있으면 묘봉墓峰이다.

을진乙辰→묘룡墓龍 / 갑묘甲卯→ 절룡絶龍 / 간인艮寅→태룡胎龍
계축癸丑→양룡養龍 / 임자壬子→장생룡長生龍 / 건해乾亥→목욕룡沐浴龍
신술辛戌→관대룡冠帶龍 / 경유庚酉→임관룡臨官龍 / 곤신坤申→제왕룡帝旺龍

정미丁未→쇠룡衰龍 / 병오丙午→병룡病龍 / 손사巽巳→ 사룡死龍

양의 기운인 수, 향 그리고 봉은 시계 방향으로 순행시켜 12포태와 대비시킨다. 기준은 물론 을진이고, 을진방에 묘수, 묘향, 묘봉이 있다.

을진乙辰→ 묘수, 묘향, 묘봉 / 손사巽巳→ 절수, 절향, 절봉
병오丙午→ 태수, 태향, 태봉 / 정미丁未→ 양수, 양향, 양봉
곤신坤申→ 장생수, 장생향, 장생봉/ 경유庚酉→ 목욕수, 목욕향, 목욕봉
신술辛戌→ 관대수, 관대향, 관대봉 / 건해乾亥→ 임관수, 임관향, 임관봉
임자壬子→ 제왕수, 제왕향, 제왕봉 / 계축癸丑→ 쇠수, 쇠향, 쇠봉
간인艮寅→ 병수, 병향, 병봉 / 갑묘甲卯→ 사수, 사향, 사봉

⑦목국木局의 12운성법運星法

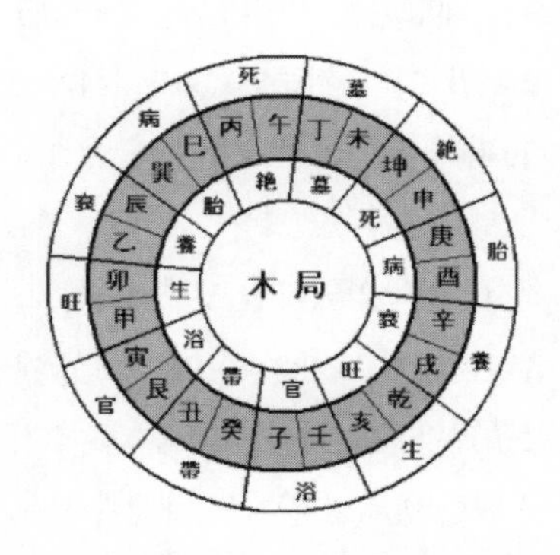


목국이라면 파가 정미 · 곤신 · 경유 방에 해당되는 땅이다. 이 경우라면 12포태법 상의 기준인 묘가 정미丁未에 있다. 따라서 정미방에서 용이 뻗어 왔다면 묘룡墓龍이고, 정미방에서 수를 얻었다면 묘수墓水이고, 정미향이라면 묘향墓向이고, 정미방에 산봉우리가 수려하다면 묘봉墓峰이다. 용에 대한 방위별 지기는 아래와 같은데, 역행한다.

정미→묘룡墓龍 / 병오→ 절룡絶龍 / 손사→태룡胎龍
을진→ 양룡養龍 / 갑묘→장생룡長生龍 / 간인→목욕룡沐浴龍
계축→관대룡冠帶龍 / 임자→임관룡臨官龍 / 건해→제왕룡帝旺龍
신술→쇠룡衰龍 / 경유→병룡病龍 / 곤신→ 사룡死龍

양의 기운인 수, 향 그리고 봉은 시계 방향으로 순행시켜 12포태와 대비시킨다. 기준은 물론 정미이고, 정미방에 묘수, 묘향, 묘봉이 있다.

정미→ 묘수, 묘향, 묘봉 / 곤신→ 절수, 절향, 절봉

경유→ 태수, 태향, 태봉 / 신술→ 양수, 양향, 양봉

건해→ 장생수, 장생향, 장생봉 / 임자→ 목욕수, 목욕향, 목욕봉

계축→ 관대수, 관대향, 관대봉 / 간인→ 임관수, 임관향, 임관봉

갑묘→ 제왕수, 제왕향, 제왕봉 / 을진→ 쇠수, 쇠향, 쇠봉

손사→ 병수, 병향, 병봉 / 병오→ 사수, 사향, 사봉

⑧ 화국火局의 12운성법運星法

화국은 파가 신술 · 건해 · 임자 방으로 해당되는 땅이다. 이 경우라면 12포태법 상의 기준인 묘가 신술辛戌이다. 따라서 화국일 경우 신술방에서 용이 뻗어 왔다면 묘룡墓龍이고, 신술방에서 수를 얻었다면 묘수墓水이고, 신술향이라면 묘향墓向이며, 신술방에 산봉우리가 수려하다면 묘봉墓峰이다. 용에 대한 방위별 지기는 아래와 같은데, 역행한다.

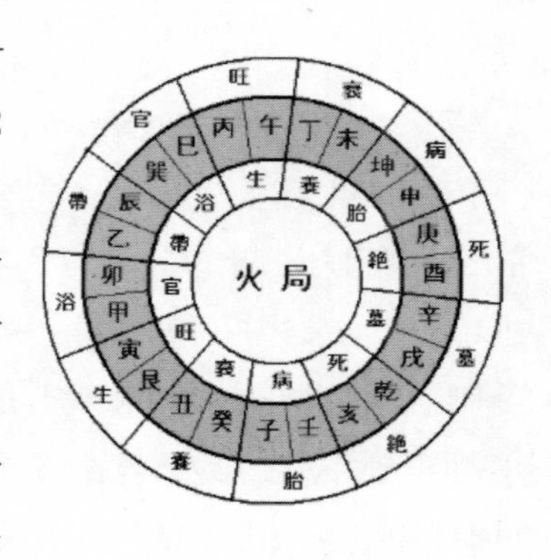


신술→묘룡墓龍/경유→ 절룡絶龍/곤신→태룡胎龍/정미→ 양룡養龍/병오→장생룡長生龍/손사→목욕룡沐浴龍

을진→관대룡冠帶龍/갑묘→임관룡臨官龍/간인→제왕룡帝旺龍

계축→쇠룡衰龍/임자→병룡病龍/건해→ 사룡死龍

양의 기운인 수, 향 그리고 봉은 시계 방향으로 순행시켜 12포태와 대비

시킨다. 기준은 물론 신술이고, 신술방에 묘수, 묘향, 묘봉이 있다.

신술→ 묘수, 묘향, 묘봉 / 건해→ 절수, 절향, 절봉
임자→ 태수, 태향, 태봉 / 계축→ 양수, 양향, 양봉
간인→ 장생수, 장생향, 장생봉 / 갑묘→ 목욕수, 목욕향, 목욕봉
을진→ 관대수, 관대향, 관대봉 / 손사→ 임관수, 임관향, 임관봉
병오→ 제왕수, 제왕향, 제왕봉 / 정미→ 쇠수, 쇠향, 쇠봉
곤신→ 병수, 병향, 병봉 / 경유→ 사수, 사향, 사봉

⑨ 금국金局의 12운성법運星法

금국이라면 파가 계축 · 간인 · 갑묘 방으로 해당되는 땅이다. 이 경우라면 12포태법 상의 기준인 묘가 계축癸丑에 속한다. 따라서 금국일 경우 계축 방에서 용이 뻗어왔다면 묘룡墓龍이고, 계축 방에서 수를 얻었다면 묘수墓水이고, 계축 향이라면 묘향墓向이며, 계축 방에 산봉우리가 수려하다면 묘봉墓峰이다. 용에 대한 방위별 지기는 아래와 같은데, 역행한다.

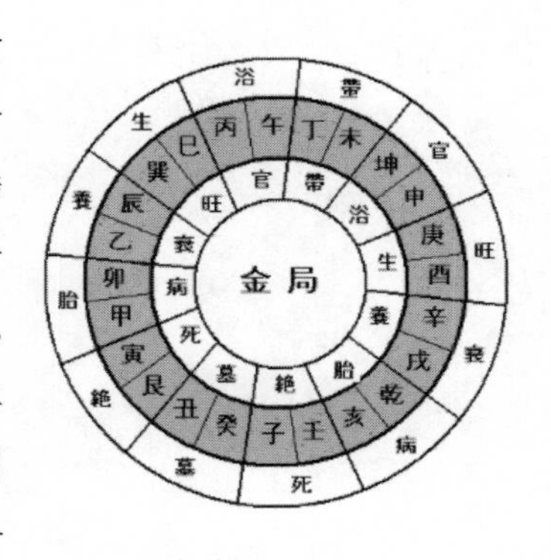


계축→묘룡墓龍 / 임자→ 절룡絶龍 / 건해→태룡胎龍 / 신술→ 양룡養龍 / 경유→장생룡長生龍 / 곤신→목욕룡沐浴龍
정미→관대룡冠帶龍 / 병오→임관룡臨官龍 / 손사→제왕룡帝旺龍
을진→쇠룡衰龍 / 갑묘→병룡病龍 / 곤신→ 사룡死龍

양의 기운인 수, 향 그리고 봉은 시계 방향으로 순행시켜 12포태와 대비시킨다. 기준은 물론 계축이고, 계축방에 묘수, 묘향, 묘봉이 있다.

계축→ 묘수, 묘향, 묘봉 / 간인→ 절수, 절향, 절봉

갑묘→ 태수, 태향, 태봉 / 을진→ 양수, 양향, 양봉

손사→ 장생수, 장생향, 장생봉 / 병오→ 목욕수, 목욕향, 목욕봉

정미→ 관대수, 관대향, 관대봉 / 곤신→ 임관수, 임관향, 임관봉

경유→ 제왕수, 제왕향, 제왕봉 / 신술→ 쇠수, 쇠향, 쇠봉

건해→ 병수, 병향, 병봉 / 임자→ 사수, 사향, 사봉

### ⑩ 12운성도표運星 圖表

| 局 / 12胞胎 | 水局 | | 木局 | | 火局 | | 金局 | |
|---|---|---|---|---|---|---|---|---|
| | 龍 | 水·向 | 龍 | 水·向 | 龍 | 水·向 | 龍 | 水·向 |
| 墓 | 乙辰 | 乙辰 | 丁未 | 丁未 | 辛戌 | 辛戌 | 癸丑 | 癸丑 |
| 絶 | 甲卯 | 巽巳 | 丙午 | 坤申 | 庚酉 | 乾亥 | 壬子 | 艮寅 |
| 胎 | 艮寅 | 丙午 | 巽巳 | 庚酉 | 坤申 | 壬子 | 乾亥 | 甲卯 |
| 養 | 癸丑 | 丁未 | 乙辰 | 辛戌 | 丁未 | 癸丑 | 辛戌 | 乙辰 |
| 長生(生) | 壬子 | 坤申 | 甲卯 | 乾亥 | 丙午 | 艮寅 | 庚酉 | 巽巳 |
| 沐浴(浴) | 乾亥 | 庚酉 | 艮寅 | 壬子 | 巽巳 | 甲卯 | 坤申 | 丙午 |
| 冠帶(帶) | 辛戌 | 辛戌 | 癸丑 | 癸丑 | 乙辰 | 乙辰 | 丁未 | 丁未 |
| 臨官(官) | 庚酉 | 乾亥 | 壬子 | 艮寅 | 甲卯 | 巽巳 | 丙午 | 坤申 |
| 帝旺(旺) | 坤申 | 壬子 | 乾亥 | 甲卯 | 艮寅 | 丙午 | 巽巳 | 庚酉 |
| 衰 | 丁未 | 癸丑 | 辛戌 | 乙辰 | 癸丑 | 丁未 | 乙辰 | 辛戌 |
| 病 | 丙午 | 艮寅 | 庚酉 | 巽巳 | 壬子 | 坤申 | 甲卯 | 乾亥 |
| 死 | 巽巳 | 甲卯 | 坤申 | 丙午 | 乾亥 | 庚酉 | 艮寅 | 壬子 |

## ● 손감묘결 원문

### 楊州

**玉女端粧形** 楊州東面下道加峴龍庚兌三十節壬坎入首子坐巽破玉女端粧形掛鏡案開穴四尺下必有生物龜屬其後五六年科甲多出七八代卿相之地. 穴下左右徐哥民塚有三焉

**遊魚弄派形** 楊州渴魚肥店後大川邊盤石上遊魚弄波形乾左之地.洪遂安家用之失穴

**楊州穴** 楊州東三十里右旋丑龍艮坐坤向子坐午向甲卯水丁未破東有井南有平田北巖石明堂闊掘三尺五色土一等大地. 丑來艮作兌宮臍穴前後重疊山川融結金庚魚帶玉荷牙笏山顧水曲捍門高峙龍後尖虎圓峰大江曲抱邑內二十里注乙之上自城內至退溪院葛葉形兌宮一作乾宮. 一本水落龍岩在左白虎案外有回峰水流其前面又流出外案之外龍後泉峴右龍岩水落鳩峰左有星飛谷

**車踰嶺穴** 楊州北三十五里車踰嶺左旋南向四五穴佛國山雙鷹貴人爲案. 坡州接界巨門川近處穴下多有人家忽然大火起盡燒其家移居青龍內占葬之後不過一年多出科甲地名柳浦

**金盤玉臺形** 楊州東二十里自祝石迤迤數十里盤旋顧祖小祖特出庚辛地辛兌落伏如蛛絲結大墩平面金淺窩鬼曜分明異石特立爲案庚坐巽水歸癸俗稱金盤玉臺格

**飛鳳刷翼形** 楊州佛國山來龍邑四十里盞山近處庚酉坐也字結局回龍顧祖飛鳳刷翼形

**秀獅美毬形** 楊州青松篁山來龍甲坐

**飛鳳歸巢形** 楊州摩釵山盡處大江邊飛鳳歸巢形華表案大江九曲朝堂水纏玄武文筆挿天旗鼓連雲大灘津下流乾亥坐巽朝來

楊州穴　楊州北二十里左旋壬亥龍坤申水辰破.一本壬坐云(有決廣石水出陳沓)

內洞山穴　楊州內洞山申丁字龍震來震作丁未得水右壬亥得庚破臍穴四五尺卵三介富貴昌盛長男登科東赤石土木南古廟橫路西渠泉有入居井古寺垈大吉之地

金釵形　楊州德峙近處巳丙巽行龍右旋巽作鼻穴世出千一之人金鼇形玉梳案. 一本古之川云李判書家用之失穴

金鷄抱卵形　楊州東二十五里右旋兌龍兌作壬亥水辰破金鷄耳穴穴脉石出庚金魚帶江流回折主山重重明堂寬大有脚有井南坑路石穴有泉東古廟. 一本庚坐金鷄耳穴左掩右抱前邃後擁天閣地軸捍門高峙.一本陽州별얼別非東.

武公端坐形　楊州東北三十里篁芳山下卯坐巽水入艮大石大帳帳中御屛交椅撲窠中金星穴作旗鼓樓坮文筆列于前華表在北華蓋在東爲捍門大江居其間大川彎抱黃砂重重完如大將軍坐軍中隊伍羅列三十八將得其位四神盡歸降穴作中聚左右無空缺處內堂稠密眞美地.或云武公端坐形或云仙人交椅形地名爾談右城近處

乾川穴　楊州東五十里乾川左旋卯龍巽入首巽坐壬亥水辛破天磨山西行龍二十里戊子金大師得見一云豊陽越村月陰大村中云. 一本未破.

大野池穴　楊州北二十里右旋辰龍巽入首巽坐丙丁水坎發破臍穴震來震作東赤石土南古墓橫路西渠有泉石人家井古寺垈大吉之地五六尺有卵三介一本地名大野池

山城穴　楊州南三十里山城來龍左旋(已用)

牧丹形　楊州天磨山東龍牧丹形花盆案左旋南向地名月吉連發百子千孫富貴雙全七代流祚有兒皆貴有孫皆達

水岳山穴　楊州南三十里水岳山下城來龍左旋艮坐辛水丙破或曰柳葬而未詳

摩嵯山穴　楊州北面五十里摩嵯山左旋辰龍乙作臍穴四五尺卵三介大吉地. 一本震來震乙坐艮寅得申破

螃蟹吐沫形　楊州議政府店下伏蟹平地庚脉以太陰眠體作腦酉坐庚坐螃蟹吐沫形

龍岩山穴　楊州東二十五里龍岩山下右旋卯龍卯坐坎癸水辛破大地

金盤形　楊州東二十里內松山右旋卯龍甲坐巽巳水戌破金盤形玉女案.一本云在松山近金永柔相距數百步旣被侵穴星濶難知

大德山穴　楊州土山西大德山來龍左旋申來坤作艮向壬亥水丑破水口立石水口三峯子孫之位貴人出坤作鶯宮耳穴明堂寬大主山重重大吉地. 一本土山西四十里惑曰二十里洞有立石水口立石石門子孫世世登科奉笏

楊州穴　楊州東右旋庚兌龍庚坐坎癸水辰破

天磨山穴　楊州天磨山右旋行龍.一云洪江來

水落山穴　楊州南三十里水落山下城來龍左旋艮坐辛水丙破案外有雙立石

內洞穴　楊州東三十里巽龍巳坐艮寅水庚破案山立石

芍藥半開形　楊州開花山穴作仰天湖古云芍藥半開形一云飛鳳歸巢形成承旨家已用

葡萄形　楊州左亥龍亥坐坤申得辰破葡萄形

## 果川

**靈龜曳尾形** 果川艮方五里坤坐乙得壬流穴作太極暉當代發五相八公公卿代代不乏忠烈節士血食千秋白衣三相萬代榮華之地曳尾龜形或云行舟杜思忠云云

**玉女騰空形** 玉女騰空形果川東十五里左旋丁龍午作寅艮水戌破前後左右無空缺金判書家已用

## 廣州

**雙嶺山穴** 廣州雙嶺山左旋庚兌龍庚坐甲向乙得辰破

## 南陽

**行舟形** 南陽踰廉堆峴纔一里許右邊李光先家後行舟形

**延署洞穴** 延署洞自京十五里大地

## 積城

**松峴穴** 積城北二十里午龍左旋丁坐艮寅水戌破地名松峴

**紺岳山穴** 積城二十里出紺岳山迤迤盤桓卓立中祖辭樓下殿飜身透作以成盤龍局梯連上天眞美地出于巽巳午丙庚酉乾亥剝換壬坎入首申水歸辰郭哥品官多居之李懿信賦曰望戌灘而西下白馬忽其繫柱耳

**回龍顧祖穴** 積城摩釵山南麓沙川壬坎行龍乾亥剝換甲卯數節艮坐回龍顧祖

**飛鳳抱卵形** 積城南面庚兌行龍壬坎度脉似廉貞頻起心月之間甲卯垂頭艮落水歸丁飛鳳抱卵形云云穴下有一古塚沙川李生庶侄無後葬

**雪馬峙穴** 積城雪馬峙已用

**斗日場穴** 積城後日北五里許古寺岱壬坐數穴斗日場

**馬山里穴** 積城馬山里乾亥坐三四穴

## 坡州

**坡州穴** 坡州右龍出付紺岳山頻起渠水星至于秦陵峴大斷度脉幹氣直走破平等諸山一枝腰裡落更頓金水芙蓉帳帳中脫下一脉蹲蹲起伏更起湊天土度脉橫作盤鞍凹腦之格古人聚謝雙金杠水也. 穴作窩中大突穴上絃稜明白穴情甚妙前案一木星揷立印石分明溪水彎環群砂揖聚水口立石石形如揷笏三峯鐘鼓猪轉危岩怪石嵯峨削立數十丈爲捍門令人可畏外案立石削出形如劍戟排列如陣隊樓垈分明旗鼓連雲文筆揷天堂氣藏聚四神俱全八景寬容豈不美栽就作萬笏朝天之格與宋范文正公祖地相似耳坐向以庚酉則合法坡州中第一大地

## 陽智

**雙嶺山穴** 陽智雙嶺山右旋庚兌龍庚坐甲向坎癸水辰破

**淨岳山穴** 陽智北十里淨岳山左旋庚兌龍壬亥入首亥坐巳向坤水辰破

淨水山穴　陽智東北淨水山來龍左旋水土山壬坐丙向辰破李新選墓近處

## 加平

行舟形　加平清平山下行舟形右旋坎龍坎作甲卯水丁未破穎穴三尺五色土元尺紫石惑
春川北四十里清平山下
加平大穴　加平南五里申哥家後山右旋庚兌龍坎癸得辰破大地

## 安城

德城山穴　安城東十五里右旋卯龍甲坐庚向丙午水戌破
臥龍抱霧形　安城北十五里三穴山來龍左旋卯龍丙入首巳坐亥向艮寅水戌破
三僧禮佛形　安城南十里靑龍山下石南寺左旋坤兌龍庚坐甲向巽巳水丑破
瑞雲山穴　安城南十里右旋卯龍甲坐庚向午丁水戌破大地

## 安山

安山穴　安山行龍右旋卯龍乙坐辛向一縣監西十里海口
蓮花出水形　安山邑十里蓮花出水形. 或云玉女洗足形或云石馬里後山或云西北十里
논주울방축머리장南山듸장十五里

## 金浦

金鷄抱卵形　金浦白石山金鷄抱卵形十三代將相名人間出朱紫滿門出自安南山一枝去
金陵鷹峯幹氣大頻小跌走美樓閃頻起大陽金閃落天巧穴在砂一枝爲玉帶橫衿屛帳分明
誥軸揷立于巽文筆得其位掛榜在丙眞美地土名富平接界峽山品官多用不無是非

## 長湍

玉女散髮形　長湍西四十里沙川東十里左旋丙龍午作艮水戌破水口有圓石龍後尖峯
二三立虎後肩峯向大江回抱丙龍午入首蟾宮鼻穴玉女散髮形

## 富平

金鷄抱卵形　安南山左旋兌龍兌作巽巳得水丑癸破金鷄耳穴權哥已葬云
桂陽山穴　富平安南山左旋壬亥龍壬入首亥坐巳向坤水辰破.一本云巽巳水丑破合格
産狗形　富平南面堂山下産狗形乾亥坐一云戌坐一本四穴

## 漣川

仙人吹笛形　漣川邑案山外楊哥品官多居仙遊山來龍壬坎坐三穴仙人吹笛形.

## 竹山

七長山穴　竹山西三十里七定山來龍右旋甲坐丙丁水戌破

## 永平

**雲中仙坐形** 永平白雲山左艮龍艮坐辛水丁未破

**臥牛形** 永平東三十里淸溪山來龍甲坐庚向臥牛形一云名土洞

**永平穴** 永平加平界左旋卯龍亥水丁未破

## 楊根

**龍門山穴** 楊根龍門山小雲寺右旋丑來艮坐甲卯水庚破(楊根北春川界)兌宮臍穴前後重疊山川融結山顧水曲捍門高峙虎後圓龍後尖子孫聰明登科不絶東有井南有平田法寺垈坑路北岩石明堂寬掘三尺五色土龍門山來北麓庚金魚帶葑玉笏

## 龍仁

**萬峰山穴** 龍仁縣南三十里萬峰左旋巳龍巽作艮寅得戌破鼻穴

## 高陽

**渴龍尋水形** 高陽巽方三十里渴龍尋水形馬化爲龍格坎癸龍甲卯渡脉更起太陽金漲天水坎癸行龍穴作微窩龍顙穴富貴雙全子坐乙丁得午破

## 衿川

**衿川穴** 衿川西二十里右旋巽龍巳坐亥向坤申水丑寅破大地(浴地)

## 朔寧

**仙人大坐形** 朔寧郡西二十里長湍接界飛山來龍仙人大坐形詰冊案外萬疊祥雲亥坐之地. 杜師云地名仙寫嶺百代榮華之地. 一云上帝捧朝形群仙拜伏案代出儒宗血食之人

## 公州

**半月形** 公州月城山石井下乾亥龍酉坐半月形一台案扦後十年子孫滿堂翰林學士世世不絶之地

**將軍大坐形** 公州見山南五里柳洞寅來甲坐將軍大坐形日月相對左馬右軍扦後十五年始發柱石大將以至于七代

**飛鳳歸巢形** 公州東二十里飛鳳歸巢形土星之玄水文筆挿天掛榜橫空扦過八年大發五代後淸宦子孫不乏之地龍長虎短艮來艮作玄武九峯來作龍腰上高屹左水右流丁破丑坐龍高虎低水口三峯高屹穴上金岩下龜岩前有小路小溪近案狮山龍虎外文筆高

**仙人讀書形** 公州西三十里仙人讀書形玉冊案龍虎重重又有朝天案土星金作穴扦過三年始發名公巨卿連出不絶中派孫血食千秋之地壬來坎作龍虎俱長龍虎合血殘山連脉近案三峰左右水穴前合流丙巽存破穴上小宗峰穴下狮山溫泉前有大路大川六秀高屹土山石穴穴處土厚上有名山下有千基

**臥龍望水形** 公州東辛龍乙向臥龍望水形乳怪穴富貴雙全朱紫滿門三千粉黛近十代大

發十全吉地文局

**仙人擊鼓形** 公州大洞倉六七里又茂城北二十里仙人擊鼓形舞童案龍蹲虎伏水星三回水葬後十年大發七代尙書子孫千百富貴兼全之地

**飛龍含珠形** 公州南三十里元山亭午丁龍巳丙轉換午坐飛龍含珠形大江逆水天太特立掛榜橫空日月馬上貴捍門葬後二十年大發名載麟閣功名垂萬以至九世愼勿浪傳

**蹇馬脫鞍形** 公州西四十里坎龍左旋壬坐丙向坤申水辰破窠穴五色土紫石大吉地案鷄龍山秘訣有之

**花山穴** 公州西四十四里右旋坎龍庚兌入庚坐甲向坎癸水辰破花山幕道寺洞口秘訣有之.猪實面花岩去屈里川十里維哭二十里中間大路花岩村五六家三馬場院堂里自院堂里去麻谷十里

**飛鳳隱山形** 公州東三十里王洞田左旋丁未龍寅艮水戌破.與上里數雖相左必是同本九節飛龍隱山形

## 天安

**玉女端粧形** 天安三巨里行龍孔碩谷艮坐午水歸丁玉女端粧形鏡臺案

**伏虎形** 天安北十里伏虎形眠犬案壬坐葬後三年大發文武科連出代代不絶之地

## 陰城

**玉女散髮形** 陰城日馬上玉女散髮形五代淸顯之地已用

**古草川穴** 陰城巽巳發動午丁落局午丙二穴鉗穴水歸坎古草川縣址

## 魯城

**回龍隱山形** 魯城鷄龍山行龍沙瑟峙過峽中鳴山作主壬坐回龍隱山形葬後九年大發子孫千百公卿傳家

## 忠州

**龍馬洗足形** 忠州西略三十里龍馬洗足形飛雲案右水左流合江富貴雙全百子千孫孝子忠臣世世不絶之地

**行舟形** 忠州南方司令峴行舟形九代丞相之地乙坐子午水武來貪去旺丁土

**忠州穴** 忠州西三十里右旋壬龍坎作甲卯水未破東池北盤石南田畓西神堂井

**代相谷穴** 忠州南倉近處代相谷九代卿相杜師置標上下兩穴左右有安姓班家

**月岳山穴** 忠州月岳山來龍

## 溫陽

**溫陽穴** 溫陽南二十餘里新昌東二十餘里公州六十里三邑界茂城廣德兩龍相遇之間東海谷五龍洞左旋西向穴六尺龜蛇馬上貴人日月捍門六秀備判陵雲詰軸居震當代大發九代三公駙馬封君百代榮華之地羅訣云此穴越有大地不可言傳耳(徐判書家用之失穴)

**駕鶴朝天形** 溫陽北面蓮花洞近處駕鶴朝天形乾亥坐巽水九曲朝堂上上大地. 右地自聖居山漲天水星大斷天機頻起老雉鳳棲彌勒汝南寺諸山又回翻身以五星連珠飛蛾降勢卓立金星開口穴穴間平坦微乳粘法遠看則粗大近見則細微眞微地衆水聚于堂前九曲彎還水口一占羅星浮于潮海之間三吉六秀四神八將俱賢人君子忠臣孝子世不乏絶. 杜師云葬後數世出儒宗如孔子血食千秋百代榮華. 嗚斗贊云穴似閨中貴女穴坐主星尊嚴九曲朝堂貴砂羅列當代大發名人間出. 李朴智僧云辭樓下殿鷄群鶴立三代五相富如金谷.壬辰天將望見異之欲厭之未果

## 清州

**飛龍望水形** 清州南元興里十里飛龍望水形三重案子坐葬後二十年其麗不億文貴連出兼富貴之地三等之地

**鵲川怪穴** 清州鵲川平坦怪穴

**海蝦弄珠形** 清州北十里海蝦弄珠形二水九曲星葬後八年子孫滿堂富貴冠世科甲連出長久之地

**鵲川怪穴** 清州西鵲川邊丙坐平坡怪穴俗師不可見知然得用則公卿無數連出之地

**將軍擊鼓形** 清州二十里將軍擊鼓赴敵形龍蹲虎伏龍外立大石金星之玄水北向扦後七年始發九代將相地與本邑南二十里將軍擊鼓形互看

**將軍擊鼓形** 清州南二十里將軍擊鼓赴敵形龍蹲虎伏龍外立大石金星之玄水午坐扦後四十年賢相名將連出三代之地

**鳳巢抱卵形** 清州東十里芝仁里村左邊鳳巢抱卵形三台案龍蹲虎伏土星之玄水葬後文科三代白花十八應

**行舟形** 清州石山大溪邊行舟形三檣案雙薦貴屹立後文翰筆聳揷前葬後七年三子登科又是三穴之地

**蜈蚣形** 清州北蜈蚣院近處巳來巽坐蜈蚣形蚯蚓案玄武鬼格先吉後凶然富貴之地

**渴龍歸水形** 清州東二十里渴龍歸水形水土星葬後連代發福富貴之地

**猛虎下山形** 清州東防築里猛虎下山形眠犬案若失穴則葬後十五年狂人出正穴則元帥出神眼外孰能辨其眞假

**行舟形** 清州石室下大溪邊行舟形三檣案水土星葬後二十年大發福三品卿千石君連出不絶之地

**五鳳爭巢形** 清州古長命驛近處五鳳爭巢形主山後官大路單白虎黃牛山之上鶴天峯鷄山近處百子千孫萬代榮華之地但以柳生不無是非頌曰八鳳其祖鶴天其父老姑倚杖而特立幞頭騰空拱衿楚江經漢分鷄山之勢鵲川拱北引鳳頭之垂文筆揷天滿庭學士旗鼓連雲朝天將相其形也若垂天雲其止也若坐阜之鳥大而如阜小則若鷲壬亥龍寅艮脉穴是震艮

## 青陽

**將軍端坐形** 青陽南十里七甲山來龍午丁巽巳回旋起峰三台丑艮垂頭癸坐辛戌得坤破將軍端坐形葬後科甲連出將相不絶之地

## 燕岐

**臥牛形** 燕岐東二十里臥牛形平坦案葬後二十年多子孫巨富連出之地黃牛山在

**將軍大坐形** 燕岐八峯山來龍東津下屯軍案子坐坤得午破世世將相之地武局

## 文義

**雲中仙坐形** 文義驛村西雲中仙坐形葬後五年始發百子千孫將相連出不絶之地

**雲中仙坐形** 文義西乾亥龍坤坐庚得乙破雲中仙坐形多出將相多子孫五十年後必有凶死者以三碧四綠休囚旺生之義趨吉避凶斷入殺氣財市則或必虎而損庚酉坐則庶可

## 鎭川

**金鷄抱卵形** 鎭川葉屯峙下左旋金鷄抱卵形鼓鷄案子坐午向日月馬上貴人捍門美砂俱六秀聳葬後富二代文貴五代淸顯之地.與下葉屯峙金鷄抱卵形同見

**將軍舞劒形** 鎭川南文口里南將軍舞劒形屯軍案左旋北向日月馬上貴捍門玉帶印砂輔弼得位六秀竝麗登天貴聳立翰筆高挿葬後百子千孫七代卿相之地

**將軍出洞形** 鎭川立石(先乭山)南將軍出形南向日月馬上貴捍門天馬聳出翰筆挿立登雙天貴屹然扦後當代致富七代卿相之地

**老龍戱珠形** 鎭川東面道峙(一云倭峙)南老龍戱珠形右旋西向五尺六寸處日月馬上貴捍門天馬立離文筆陵雲玉帶印綬砂進田筆俱備葬後二代始發萬代榮華之地

**金鷄抱卵形** 鎭川葉屯峙下金鷄抱卵形南向日月馬上貴捍門美砂俱備六秀聳空葬後七年應發拔貧當代巨富世世文貴五代淸顯之地

**將軍舞劒形** 鎭川南面文扛里將軍舞劒形日月馬上貴捍門玉帶印砂得位雙薦貴聳出翰筆高挿葬後十年發五代文顯七代將相愼勿浪傳

## 鎭岑

**玉女騰空形** 鎭岑東玉女騰空形葬後連出牧守之地

**行舟形** 鎭岑東五里行舟形三檣案化爲文筆葬過十八年三子連登科富貴之地

**生蛇形** 鎭岑南五里三岐山下生蛇形逐蛙案水龍下木姓人幽明間俱吉扦過五年富大發

**行牛耕田形** 鎭岑北二十里行牛耕田形甲坐艮坐扦過五年始發富貴兼全之地

**渴龍飮水形** 鎭岑九峰山南壬坐坤申得辰破葬後當代發百子千孫不知其數天下至寶仞輕許入雖有情示之人不肯用天藏地秘愼之也.貪來巨去衣食香柳塚在靑龍

**臥牛形** 鎭岑雌牛山臥牛形積草案卯坐葬後當代發大小科世世不絶穴星豊厚必是佳地巽入首穴上十步

## 恩津

**盤龍望水形** 恩津西十里盤龍望水形惑云弄珠形甲來艮坐午得戌破葬後名公巨卿世世不絶之地

**金鏡形** 恩津西十五里彩雲大江邊逆水金鏡形三台案或美人案葬後十五年大發百子千

孫男駙馬女宮妃

**天馬形** 恩津南平地天馬形穴格水格主格案格俱是誤差然吉人遇之葬過十年必捷科間間富貴異於他族邑內諸穴中爲魁勿浪傳

## 沃川

**金龜飮水形** 沃川東十里金龜飮水形葬後十年先富後貴位至七代公卿之地福人宜得

## 扶餘

**鳳巢抱卵形** 扶餘石灘平野鳳巢抱卵形壬坐三面水曲朝扦後二年生貴子十八發馳馬金馬門必矣

**臥龍形** 扶餘恩山壬坐坤貪申巨水臥龍形扦後七八年發百子千孫傳於求世之地

**上帝奉朝形** 扶餘西三十里泰山下上帝捧朝形群臣案子坐內外水口石山嵂巍之衆葬後三十年輔國之材多出當代發萬代榮華之地道天寺上十里許羅發峙ᄒᆞᆫ참올나

**半月形** 扶餘烏石山南八里坤來庚作半月形三台案葬過八年始發百子千孫淸官代代不絶之地

**飛龍飮水形** 扶餘南十里飛龍飮水形兌來坤坐葬後十五年子孫昌大然穴犯未殺則大不幸得用者愼之

**老龜曳尾形** 扶餘白馬江邊老龜曳尾形八水格壬坐葬後七年大發富貴冠於世凡人小而棄之然有主之地孰可知也

**九龍爭珠形** 扶餘鵲川北九龍爭珠形大江案甲來艮坐太山下土星葬後二十年大發名公巨卿不知其數名師薦之吉人過葬之地

**上帝奉朝形** 扶餘高堤洞酉坐云百子千孫文章淸顯朱紫滿門之地(『秘記』上帝奉朝形)

## 藍浦

**龍形** 藍浦艮峙下甲卯龍西向龍形分明來八去八擁衛三吉六秀具備葬後十年大發百子千孫萬代榮華之地

**牧丹形** 藍浦東二十里聖住山牧丹形艮來巽落起七峰穴在土巖中卯坐癸亥得坤歸水龍淵內龍虎重疊東無量西玉馬山北聖主山南羊角山四大山水口龍淵周百里三十八將峯方圍重疊世世將相封君之地, 破來廉去雖先凶出將入相亦後分.『土亭 詩』行行聖主山前路/雲霧重重不暫開/ 一朶牧丹何處綻/ 靑山萬疊水千回

**牧丹形** 藍浦辰方二十里兩代大發萬代榮華牧丹形羊角山小祖玉馬山中祖聖主山太祖艮來二十里回放辛兌十里辛作腦亥入首乾坐丁未得乙破

**寒泉洞穴** 藍浦鴻山接界寒泉洞右壬艮屈曲丑一節艮坐辰丙得辛(破)葬後百子千孫富貴兼全之地今云酒亭康藍浦塚上云云

## 鴻山

**天寶山穴** 鴻山天寶山壬坎乾亥丑艮回旋甲卯垂頭甲坐乾亥得丁破三吉六秀俱備葬後

科甲連出之地

**將軍大坐形** 鴻山揷峙辛兌龍兌入首酉坐壬得丙破將軍大坐形水口有華表三吉六秀俱備葬後十年文武連出卿相之地

**斗應洞穴** 鴻山北三十里斗應洞甲卯龍卯入首寅坐辛戌得午破葬後多子孫富貴兼全之地

## 青山

**生龍戲水形** 青山東五里平章洞生龍戲水形日月馬上捍門玉帶印砂得位六秀俱備文筆揷天掛榜橫空扦過十年大發七代平章其左邊千基世世文武長久福人兼居陰陽宅

## 丹陽

**金盤形** 丹陽北七里金盤形玉女案三重葬後五年應生奇童淸官名振他邦

## 庇仁

**伏鐘形** 庇仁驛村近處伏鐘形勢無奈何然百子千孫將相世世不絶之地

**下深洞穴** 庇仁下深洞壬亥龍丑艮一節壬坎壬亥甲卯回旋丑艮入首艮坐辛丙得丁破大海朝堂三吉六秀俱備葬後十年先發富後貴文武兼全忠孝代不乏絶將相之地

**將軍彎弓形** 庇仁上深洞壬坎乾亥龍庚兌回旋庚入首壬得乙破回龍顧祖將相(軍)彎弓形將相之地

## 木川

**靈龜抱卵形** 木川伏龜亭靈龜抱卵七代卿相之地云云羅標在案山左旋或云右旋南向艮坐或西向穴四尺五寸日月捍門印砂在地(坎)

## 淸安

**頭陁山穴** 淸安鎭川界山頭陁上聚三十里行龍

## 林川

**飛鳳歸巢形** 林川西十里岱谷村後壬亥龍壬坐庚艮得乙辰破葬後十年發百子千孫富貴榮華之地

**靈龜下山形** 林川南龜岩子坐靈龜下山形葬後五年大發名公巨卿代代不乏地

**將軍大坐形** 林川東三十里將軍大坐形八陣案旗幟砂鼓角砂俱備日月馬上貴捍門葬後二十年大發六七代將相之地裁穴詳察伏劒砂避之

## 韓山

**韓山穴** 韓山北伏馬里亥坐奇怪穴人多賤棄然葬後十年大發連出將相之地

## 稷山

**蓮花出水形** 稷山山井里蓮花出水形一云梅花落地形兩潭卽花羅水萬代榮華之地.洪品官用之失穴

**聖居山穴** 稷山十里聖居山來龍巽作丁未水辛破

## 報恩

**玉馬形** 報恩龍川池三十里玉馬形金鞍案龍虎重重雙薦貴屹後日月馬上貴捍門葬後十五年始發百子千孫名公巨卿不知其數

**雲裡新月形** 報恩北二十里台山下雲裡新月形銀河案土星之玄水葬後十五年發名公巨卿連代不絶

**金龜飮水形** 報恩(東)永同南十里天磨里金龜飮水形主案相對豊厚扦過十年內大發名公巨卿連代不絶君子三人血食千秋

## 連山

**上帝奉朝形** 連山南十里甲卯落脈到頭子坐上帝捧朝形群臣案朝山重重水三疊回扦過未十年名賢君子連出之地

**蓮花出水形** 連山西十里草浦南五里蓮花出水形甲坐扦後當代發富貴長遠之地

**兩岐峙穴** 連山北二十里兩岐峙酉坐壬坐兩穴用以八門九紫之法扦後朝貧暮富五年內大小科連疊平地怪穴以凡眼難知人多賤棄有福人始可用

**連山穴** 連山南二十里石塘坎癸龍乾轉換坤入首酉坐水來貪去貪扦後百子千孫巨富連出之地

**臥牛形** 連山客望山下臥牛形積草案午向龜蛇馬上貴捍門翰筆六秀俱庫砂在前扦後當代發七代將相穴六尺五寸

**五峯山穴** 連山五峯山下巽落脈甲卯轉換子坐一台案土星貪坐(來)貪去案丙午則葬後十年始發五代翰林之地

## 懷仁

**潛龍入水形** 懷仁墨峙南十里潛龍入水形弄珠案乾來亥坐大江邊三回九曲彎抱葬後十年大發百子千孫中子長保

**長蛇形** 懷仁長蛇形走蛙案

## 定山

**金盤形** 定山東五里못골金盤形玉女案土星子坐葬後五年大得橫財文曲裁穴則男中一色廉貞裁穴則女中一色皆登一品富貴之地. 一云丑坐亥得丁歸

**將軍擊鼓形** 定山東十五里將軍擊鼓形佩劍案裁穴若不得中反受其殃非神眼奈何

## 原州

**雉嶽山穴** 原州雉嶽山左旋卯龍壬亥水庚破臍穴四五尺卯三介東赤石土木南古廟橫路西渠泉石人家井古寺垈大吉地(굴은거슬운이뫼)

**嵋德山穴** 原州西四十里嵋億(德)山來龍左旋午丙龍丁坐癸向寅艮水戌破鼻穴

**白雲山穴** 原州南白雲山來龍午來午作鼻穴

## 春川

**大龍山穴** 春川大龍山左旋卯龍甲坐庚向亥水丁未破春川西五十里加平界大龍山在於東西距邑二十里許

**春川穴** 春川(李同知家垈)

**春川穴** 春川(上同北十里一右左旋丙龍巳坐寅艮水戌破)

**春川穴** 春川北十里左旋丙龍巳坐亥向艮寅水戌破

**春川穴** 春川南二十里壬亥龍亥坐坤申水辰流

**吉城山穴** 春川吉城山

## 鐵原

**蟠龍吐珠形** 鐵原蟠龍吐珠形顧尾案艮坐坤向丙辛戌得外巳丙得酉破

**寶盖山穴** 鐵原寶盖山石頭峯左旋卯龍甲坐庚向壬亥水寅破(或庚破)深源寺後卯龍甲坐巽巳水戌破亦大吉地云

**蜈蚣形** 鐵原寶盖山下蜈蚣形蚯蚓案朴哥品官世居之地朴判書文秀以銀千兩歎買 不得云李懿信九代入閣之地

**深源寺穴** 鐵原深原寺後卯龍甲坐庚向巽巳水戌破

## 狼川

**狼川穴** 狼川五里山來龍右旋庚兌入首庚坐甲向坎癸水辰破

**雲裡初月形** 狼川北四十里山羊驛下雲山下雲裡初月形卯龍卯入首臍穴四五尺卯三介大地

## 江陵

**胡僧拜佛形** 江陵胡僧拜佛形官鉢案

**回龍隱幽形** 江陵(或昇平郡)回龍隱幽形顧祖案.回龍隱隱世難尋/貪水涓涓碧山深/五子已登黃甲上/百年無乃執翰林

## 羅州

**龍馬飮水形** 羅州東四十五里龍馬飮水形貔貅案

**伏虎形** 伏虎形眠狗案

**伏獅形** 羅州錦城山伏獅形逢祥獜則住穴居臍上

## 康津

**金龜入海形** 康津北眞龍丕結明珠金龜入海形遠龍案.唐朝童元涓如以山穴百年爲相

**蒼龍出洞形** 康津南蒼龍出洞形逢水則住穴

## 益山

**牧丹半開形** 益山西北二十里竹青花寺甲來艮坐牧丹半開形天太乙特立玉笏相應男駙馬女宮妃七代封君脣前有卓氏塚云大坂伊花寺옷절

**盤龍戲珠形** 益山南五里盤龍戲珠形大江邊龍虎短大水回虎邊野中三峯立五年千百子孫富貴連綿無窮

**獨龍形** 益山南十里外草山獨龍大江案穴雖怪奇富貴綿遠道詵

**金鱗出沼形** 益山濕水井金鱗出沼形二代後白花七人文科一人子孫千萬云

## 南原

**南原穴** 南原東孝順體國師北迁歌曰'后土地逢高高軟/世文武竝連出/揷空山連一字案/百子千孫別無疑'

**橫琴形** 南原東橫琴形穴居背上.此穴他本無

## 順天

**飛龍入海形** 順天卽昇平東在突飛龍入海形驪珠案一作大江案.

飛龍逐水到江中/ 更逢大江來回抱/ 恰似王維筆畵龍/ 子孫爵祿至三公

**黃龍奔海形** 惑昇平郡康津郡黃龍奔海形江湖案每十餘人顯達不絶英名聞天下

## 同福

**臥猪形** 同福西臥猪形五子案

## 寶城

**伏兎形** 寶城北二十里伏兎形穴頂上隱月案

## 靈巖

**仙人洗足形** 仙人足形逢全則住穴居腹上一名花藤金刀形穴花節案月出山南靈巖月出南鳩林汗谷洞前

## 金溝

**橫龍形** 金溝橫龍形障水逢潭則住穴腹上

## 興德

**浮槎形** 浮槎形興德西穴居頭上逢江溝則動

## 淸道

眠犬形　淸道南八十里音字草谷洞口眠犬形眠犬逢乳兒則住穴居腹上

## 南海

風吹羅帶形　風吹羅帶形蹄頭案南海東南中

浮海金龜形　浮海金龜形南海二十五里井龍案

黃蛇出草形　南海二十里白峙黃蛇出草形金盤案. 風吹羅帶世所希 速上靑雲達且富 百萬名山仰以山 千枝萬葉娟封閑 黃蛇相會卽相連 龍案分明貴且事 便娟三公山葑龍 爲宦必乏至簾前

## 晉州

胡馬飮水形　晉州東十五里胡馬飮水形逢湖則住穴一支案穴頭上.胡馬飮水世所稀後世兒孫出武相

臥牛形　晉州西百里望牛峙三峰富如崇臥牛形穀蒭案

## 河陽

金龍戱尾形　河陽北六十五里金龍戱尾形群鴻衆集

金盤形　河陽金盤形玉女案

## 昆陽

蓮花出水形　昆陽西大江前蓮花出水形逢池住穴居花心

## 陽山

藏草蟠蛇形　陽山南八角山藏草蟠蛇形蚯蚓案

## 居昌

躍馬赴敵形　居昌東躍馬赴敵形聞鼓則駷. 穴腹上

## 東來

團軍形　團軍形星旗案惑七星案東來鄭相墓九世宰樞已用

蕃王獻寶形　東來蕃王獻寶形兜鍪案

## 安東

仙宮形　安東東惑左仙宮形紅旗案

## 金川

寫峰山穴　金川寫峰山來龍

## 新溪

**九峯山穴** 新溪九峯山

## 延安

**鳳勢山穴** 延安鳳勢山來龍

## 安州

**飛天蜈蚣形** 安州東飛天蜈蚣形堆肉案

## ●손감묘결 찾아보기

# 손감묘결

초판 1쇄 인쇄 2008년 8월 26일
초판 1쇄 발행 2008년 9월 01일

옮긴이 고제희
펴낸이 김선식
PD 이하정
다산초당 김상영
마케팅본부 곽유찬, 이도은, 신현숙, 박고운
저작권팀 이정순, 김미영
커뮤니케이션팀 우재오, 서선행, 한보라, 강선애, 정미진, 김태수
디자인본부 강찬규, 최부돈, 김희림, 손지영, 이인희
경영지원팀 방영배, 허미희, 김미현, 이경진, 고지훈

펴낸곳 (주)다산북스
주소 서울시 마포구 염리동 161-7번지 한청빌딩 6층
전화 02-702-1724(기획편집) 02-703-1723(마케팅) 02-704-1724(경영지원)
팩스 02-703-2219
이메일 dasanbooks@hanmail.net
홈페이지 www.dasanbooks.com
출판등록 2005년 12월 23일 제313-2005-00277호

필름출력 스크린그래픽센타
종이 신승지류유통(주)
인쇄 (주)현문
제본 광성문화사

ISBN 978-89-93285-24-6 03980

* 책값은 표지 뒤쪽에 있습니다.
* 파본은 본사와 구입하신 서점에서 교환해드립니다.